童国伦 程丽华 王 朕 编著

EndNote & Word 文献管理与论文写作

第三版

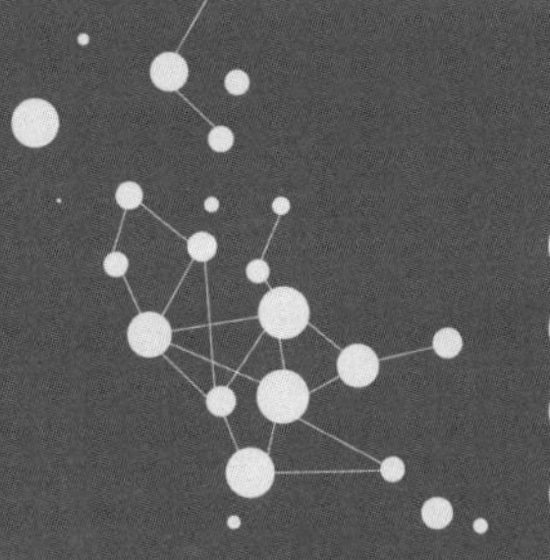

本书特色

- **一款软件** 既跨领域又富弹性的文献管理软件EndNote
- **一种方法** 轻松管理文献和自动生成指定论文写作格式的方法
- **一条捷径** 减轻文书工作负担、提高论文写作效率的捷径
- **一个技巧** 利用ESI、JCR评价论文及期刊影响力的技巧

化学工业出版社

·北京·

EndNote 是一款书目管理软件，本书分 6 章介绍了 EndNote 和 Word 在文献管理与论文写作中的应用。第 1 ～ 3 章介绍 EndNote 的操作，包括带领读者建立并利用个人 EndNote Library 收集大量数据、利用进阶管理技巧整理和分享数据，以及利用模板构建段落、格式符合投稿规定的文件，并自动形成正确的参考文献。第 4 章介绍 EndNote Online 的在线操作功能，使用户可以随时随地进行论文撰写、管理等活动，并进行数据的分享工作。第 5 章和第 6 章则引导读者进入 Word 2019 的进阶功能，例如图文交叉引用、中英文双栏对照、功能域设定，以及自动制作索引的技巧等，这些都是撰写论文时相当重要的功能。本书也将常见数据库的导入方法以及如何使用 JCR 数据库和 ESI 数据库的方法撰写于书末附录中，以使一切和论文管理与写作有关的项目都可以在本书中找到解决方案。

本书内容通俗易懂，不仅适用于理工领域，同样也适用于人文、社会、经济、法律等学科，是撰写论文必备的指南性用书。

图书在版编目（CIP）数据

EndNote & Word 文献管理与论文写作 / 童国伦，程丽华，王朕编著. —3 版. — 北京：化学工业出版社，2022.6

ISBN 978-7-122-41162-4

Ⅰ. ① E… Ⅱ. ①童… ②程… ③王… Ⅲ. ①文字处理系统 Ⅳ. ① TP391.12

中国版本图书馆 CIP 数据核字（2022）第 059565 号

责任编辑：李　萃　　装帧设计：张　辉

责任校对：宋　玮

出版发行：化学工业出版社（北京市东城区青年湖南街 13 号　邮政编码 100011）

印　　装：河北京平诚乾印刷有限公司

787mm×1092mm 1/16　印张 15　字数 298 千字　2022 年 8 月北京第 3 版第 1 次印刷

购书咨询：010-64518888　　售后服务：010-64518899

网　　址：http://www.cip.com.cn

凡购买本书，如有缺损质量问题，本社销售中心负责调换。

定　　价：38.00 元

第三版前言

《EndNote & Word 文献管理与论文写作》，于 2010 年 7 月发行第一版，2014 年 1 月第二版面世，本版为第三次修订。在此期间，EndNote 软件的版本，也从第一版的 EndNote X3，第二版的 EndNote X6，发展到今天的 EndNote 20。

2006 年至 2009 年，我在台湾中原大学薄膜研发中心做博士后期间结识本书第一作者童国伦教授，博士后结束返回浙江大学任教后，促成了本书第一版的出版；2012 年我应邀再次赴中国台湾访问研究，童教授正要转去台湾大学，次年有了本书的第二版；2021 年下半年，化学工业出版社联系本书的再版，我正开始在浙江大学上全校性的大学写作通识课，有感于大学生论文写作过程中对文献管理的需要，以及这些年研究生论文写作指导对文献管理和规范著录的要求，欣然开始修订本书。

本书在前两版图书内容的基础上，使用最新版本软件 EndNote 20，对其新的操作界面和新的功能进行了详细的介绍。另外，各大数据库网站在近几年也都有所更新，EndNote Online 可以帮助使用者更快速、更直接地引用文章，本书也进行了举例说明。

本书前两版累计印刷 13 次，一方面反映本书内容对读者文献管理和论文撰写有切实的帮助，另一方面也是本书出版质量得到了读者的肯定。在此，对台湾大学童国伦教授同意并授权本书在中国大陆出版的远见卓识致以敬意，另外也对协助本书修订的姚茹、张楷焄（台湾大学）、张沫、王朕（台湾大学）、崔明启表示感谢。

由于编者水平有限，本书若有不当之处，敬请读者不吝批评指正。

程丽华

2022 年 3 月

第一版前言

由于信息爆炸式的冲击，研究人员面对的不再是信息量的不足，而是如何对浩瀚的信息进行管理，并善于利用这些信息建立起个人的知识库，将时间和空间从繁琐的文件管理和文书处理当中释放出来，专注于本领域的课题研究。而「书目管理软件」也是顺应这种需求而产生的一种工具，其中，国内外研究人员使用最普遍的就是 ISI 公司制作的 EndNote。除了已经推出的 EndNote 之外，目前 ISI 更推出了网络版的 EndNote Web，让数据的管理变得无远弗届。借助于这样的管理工具，研究者不仅可以利用自己的计算机，甚至还可以利用公共计算机在任何时间和地点进行论文的管理和撰写工作。

EndNote 不仅适用于理工领域，也同样适用于人文、社会、经济、法律等学科。由书目过滤器以及论文模板精灵可以发现，EndNote 其实是适合各种研究背景的管理工具。除了书目过滤器和论文模板可以不断地下载更新，使用者也可进行各种个人化的偏好设定。因此，EndNote 可以说是一种既跨领域又极富弹性的通用软件。

本书共分为 6 章，第 1 ～ 3 章介绍 EndNote 的操作，包括带领读者建立个人 EndNote Library 并收集大量数据，利用进阶管理技巧将数据进行整理和分享，以及利用模板精灵建立起段落、格式符合投稿规定的文件，并自动形成正确的参考文献（Reference）。第 4 章介绍 EndNote Web 的在线操作功能，使用户可以随时随地进行论文的撰写、管理活动并分享数据。第 5 章和第 6 章则是引导读者进入 Word 2007 的进阶功能，如图文交叉引用、中英文双栏对照、功能域设定，以及自动制作索引的技巧等，这些都是撰写论文时相当重要的功能。

此外，在论文投稿时，研究人员经常会产生一些疑问：要投稿到哪个期刊比较好？发表过的论文被他人引用了几次？因此，本书也将如何使用 JCR 数据库（Journal of Citation Report，查询期刊排名）以及 ESI 数据库（Essential Science Index，查询热门作者、论文、期刊）的方法撰写于书末附录中，以使一切和论文管理与写作有关的项目都可以在本书中找到解决方案。

本书由童国伦、潘奕萍、程丽华编写。由于编者水平有限，不当之处在所难免，敬请读者批评指正！

编者

2010 年 3 月

目录

第1章 EndNote Library 的建立

1.1 EndNote 简介

EndNote 是一套由 ISI Thomson 公司开发、广受研究者欢迎的应用程序，它的功能主要可以分为三大项：收集和保存文献数据，查询和管理文献数据，以及帮助研究者快速地使用正确的论文格式撰写文章。

我们可以将 EndNote 的设计概念模拟成设计一座属于自己的图书馆（EndNote Library），这座图书馆由原先空无一物开始，我们将资料一笔一笔或一次多笔地放进图书馆中，这些资料包含图书、期刊论文、影音媒体资料、法律文件、图片等。当图书馆内的资料多起来时，还可以通过群组将资料归类。通过检索功能则可轻松调阅所需资料，方式与查询图书馆馆藏目录一样便利。到了撰写论文的阶段，通过 EndNote 内建的论文范本和自动形成引用格式的功能可以大幅地减少各项文书工作的时间。

EndNote 的版本从原来的 EndNote 1、EndNote 2、…、EndNote 9，演进到目前的 EndNote 20，其功能也不断提升。EndNote 还推出了网络版本的 EndNote Web，只要订购了 Web of Science 数据库的院校就有权使用 EndNote Web 进行文献管理的工作。网络版的 EndNote 相当于将个人图书馆建立在网络上，也就是在网络上开设一个账号空间，只要登入 EndNote Web 就可以使用最新版本的各项功能，而无须担心版本升级的问题。同时，即使使用他人的计算机也一样可以处理自己的研究数据。

由于 EndNote 应用程序版的功能较为齐全，因此本书将以程序版为主，并且以 EndNote 的初次使用者为对象进行撰写，在第 4 章则会介绍网络版的操作界面，使本书读者能够在两种版本的转换交互使用上自由无阻。

 1.1.1　建立 EndNote Library

EndNote 20 必须安装在下列环境中：

- Windows 10 版本，若是 Windows 7/8 请安装 EndNote X9；
- 1GHz 或更快的 x86 位或 x64 位处理器；
- 600MB 以上的硬盘空间；
- 2GB 以上的存储空间。

软件安装完成之后，可通过以下方法打开。

方法一：单击「开始」→「所有程序」→「EndNote」→「EndNote Program」命令，打开 EndNote 20，其界面如图 1-1 所示。

方法二：由 Word 2019 的工具栏打开 EndNote 20，如图 1-2 所示。

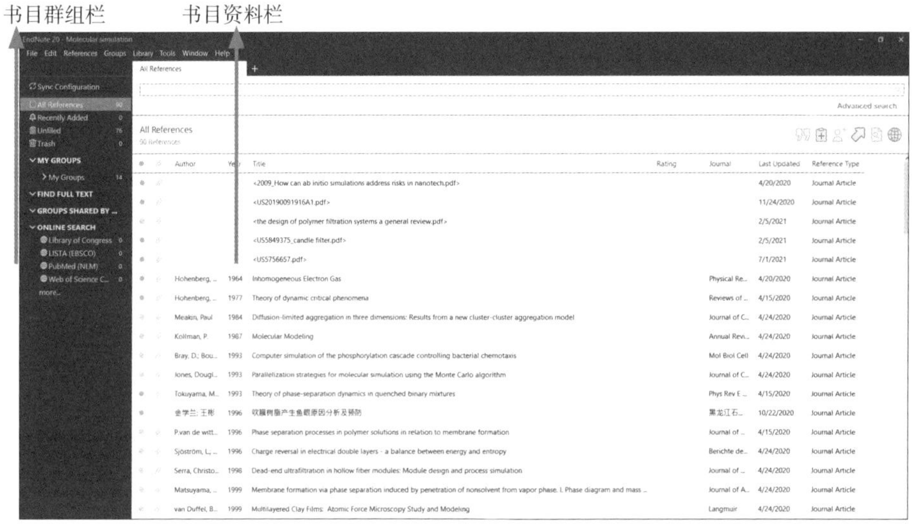

书目群组栏　　书目资料栏

图 1-1　EndNote Library 的界面

图 1-2　由 Word 2019 的工具栏打开 EndNote 20

若在 Word 2019 的工具栏没有看到 EndNote 20 的标签，可用以下方式将其固定至工具栏。首先，单击左上方的「文件」选项，在弹出的菜单中单击「选项」按钮，如图 1-3 所示，弹出如图 1-4 所示的「Word 选项」对话框。单击对话框左侧的「加载项」选项，在「加载项」列表框中选择「EndNote Cite While You Write」，则「管理」下拉列表中默认为「COM 加载项」，单击其右侧的「转到」按钮，在弹出的「COM 加载项」对话框中启用原本处于非活动状态的「EndNote Cite While You Write」加载项，这样就完成设置了。

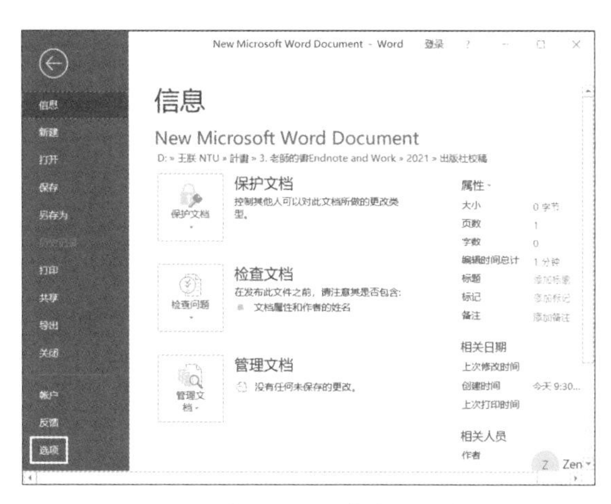

图 1-3　单击 Word「选项」按钮

图 1-4　启用「EndNote Cite While You Write」加载项

软件打开之后，接着就是要建立个人图书馆（Library）。我们可以依据研究题目、领域或计划、项目的名称等为图书馆命名，假设我们的研究方向是膜过滤，就可以将这座图书馆命名为「Membrane Filtration」。对图书馆进行命名的步骤如下。

Step 01 单击工具列的「File」→「New...」命令，如图 1-5 所示，建立个人图书馆，系统弹出如图 1-6 所示的「New Reference Library」对话框。

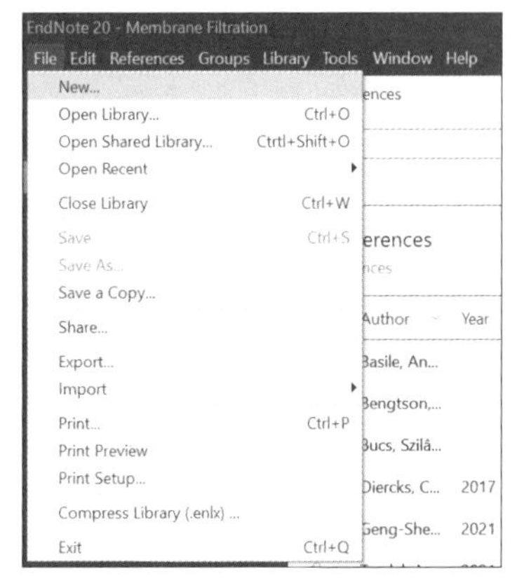

图 1-5　建立个人图书馆

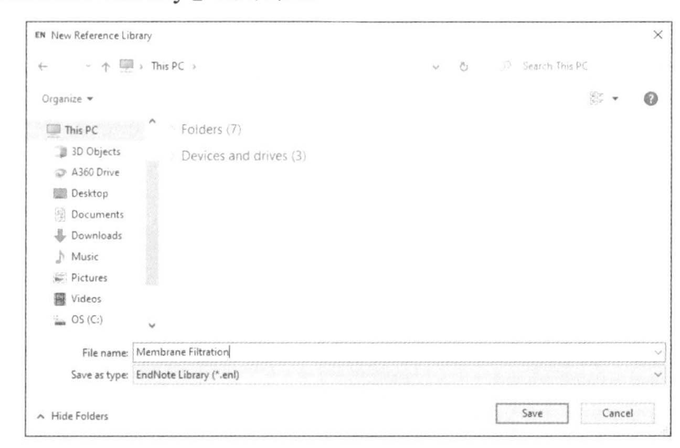

图 1-6　为图书馆命名并保存

Step 02 为图书馆取一个适当的名称，如「Membrane Filtration」，然后单击「Save」按钮。

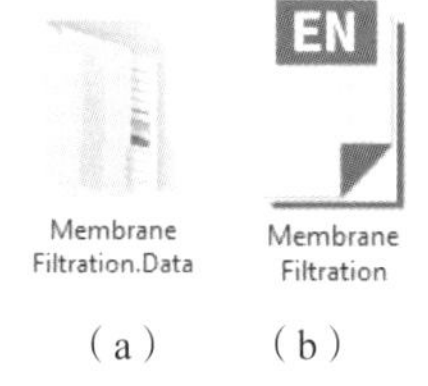

（a）　（b）

图 1-7 「Membrane Filtration」图标

这样，在建立 EndNote Library 的路径下可以看到名为「Membrane Filtration」的两个图标，分别如图 1-7（a）和图 1-7（b）所示。其中一个是 .Data 的文件夹，另一个是 .enl 文件，表示 EndNote Library。这两个文件必须成对地搭配才是完整的 EndNote Library，将来如果要与他人分享共用，也必须同时复制这组文件才可以运行。

1.1.2　认识 EndNote 工具列

首先，浏览整个 EndNote 工具列中各选项的名称和功能，如图 1-8～图 1-14 所示，包括「File」菜单、「Edit」菜单、「References」菜单、「Groups」菜单、「Tools」菜单、「Window」菜单和「Help」菜单。

图 1-8　「File」菜单

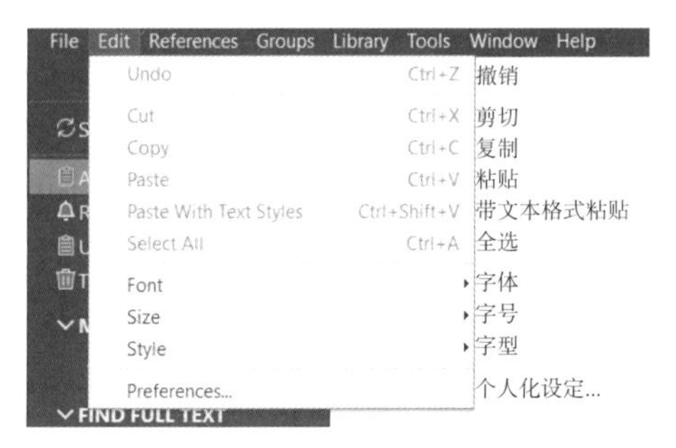

图 1-9　「Edit」菜单

图 1-10 「References」菜单

File Edit References Groups Library Tools Window Help
Create Group 建立群组
Create Smart Group... 建立智能群组...
Create From Groups... 从...建立群组
Rename Group 重新命名群组
Edit Group... 编辑群组...
Delete Group 删除群组
Share Group... 分享群组
Add References To 新增书目至
Remove References From Group 自群组中移除书目
Create Group Set 建立群组集
Delete Group Set 删除群组集
Rename Group Set 重新命名群组集
Create Citation Report 创建引文报告
Manuscript Matcher 手稿匹配

图 1-11 「Groups」菜单

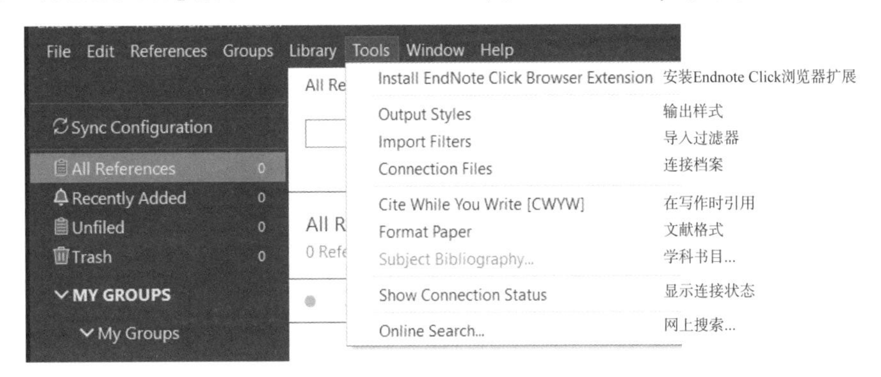

图 1-12 「Tools」菜单

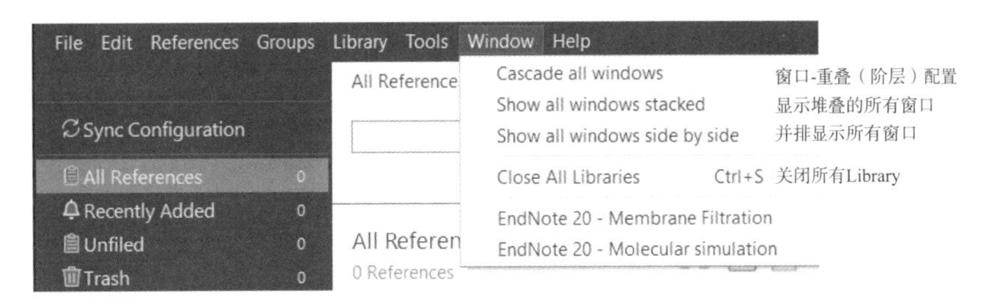

图 1-13 「Window」菜单

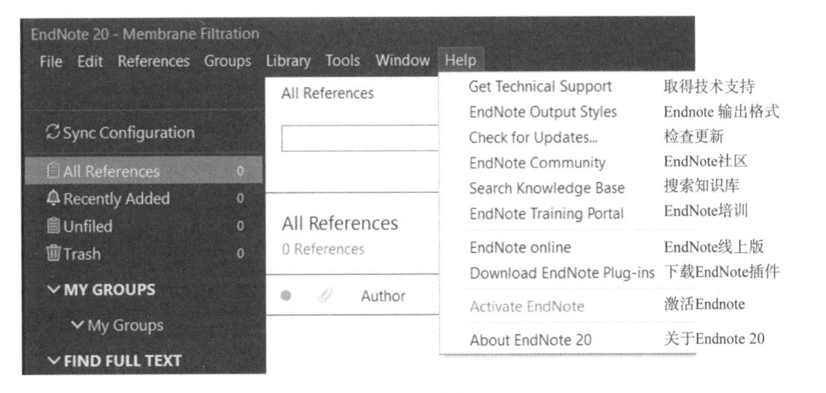

图 1-14 「Help」菜单

在大概了解了 EndNote 的各个命令之后，接着就是利用这些命令进行各项文献的管理工作。

图书馆建立完成后，第一步就是将数据导入图书馆中，其途径如图 1-15 所示。

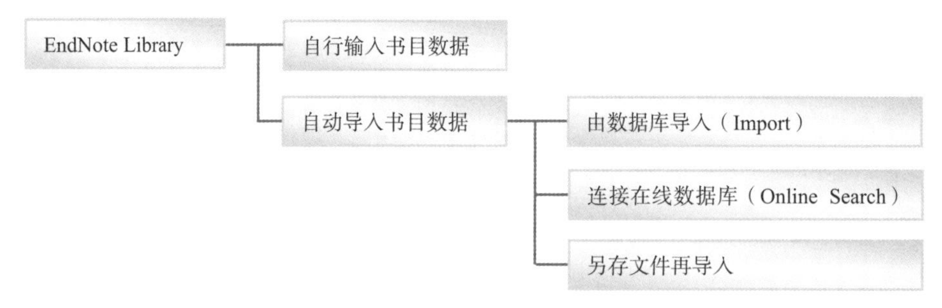

图 1-15 将数据导入 EndNote 的途径

接下来几节就将介绍「自行输入书目数据」「由数据库导入书目数据」「连接在线数据库」以及「另存文件再导入」等各种数据导入的方式。

1.2 自行输入书目数据

假设我们手边有几本书或几篇打印出来的论文，若想要将它们放入图书馆中，首先就要为它们建立书目数据。经过这样的练习，我们也可以了解 EndNote 关于书目数据的管理逻辑。

Step 01 单击工具列的「References」→「New Reference」命令，如图 1-16 所示，或单击 按钮打开新书目编辑功能。

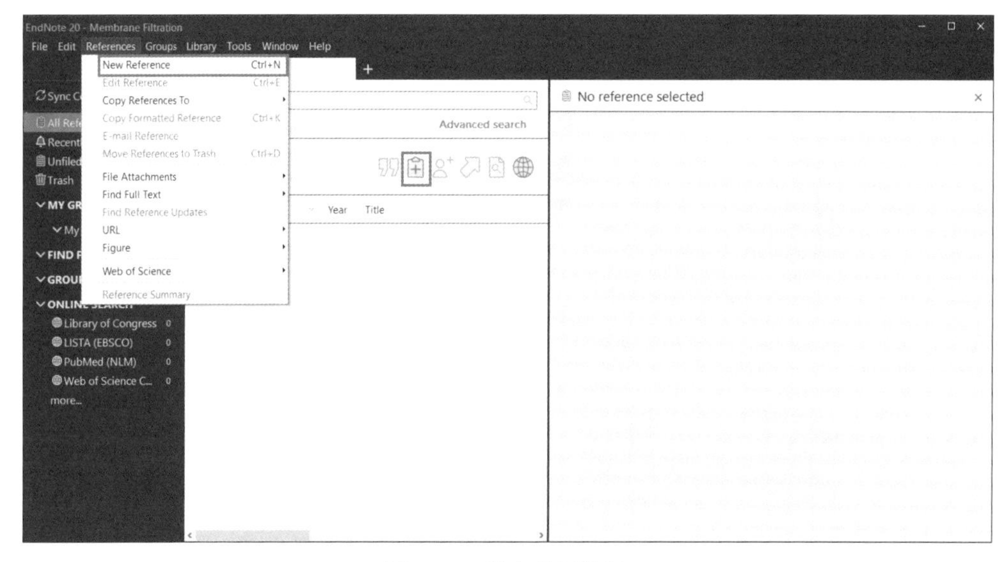

图 1-16 建立书目数据

Step 02 先通过「Reference Type」下拉列表选择数据类型，再将书目数据一一输入到各字段。每一种数据类型都会有相对应的字段组合。此处以一篇 PDF 文件的期刊论文为例，如图 1-17 所示，第一次输入的作者、书刊名称、关键词呈现红字，并列入字库当中，等下次输入相同的前几个字时，EndNote 会将输入过的字列为备选字。

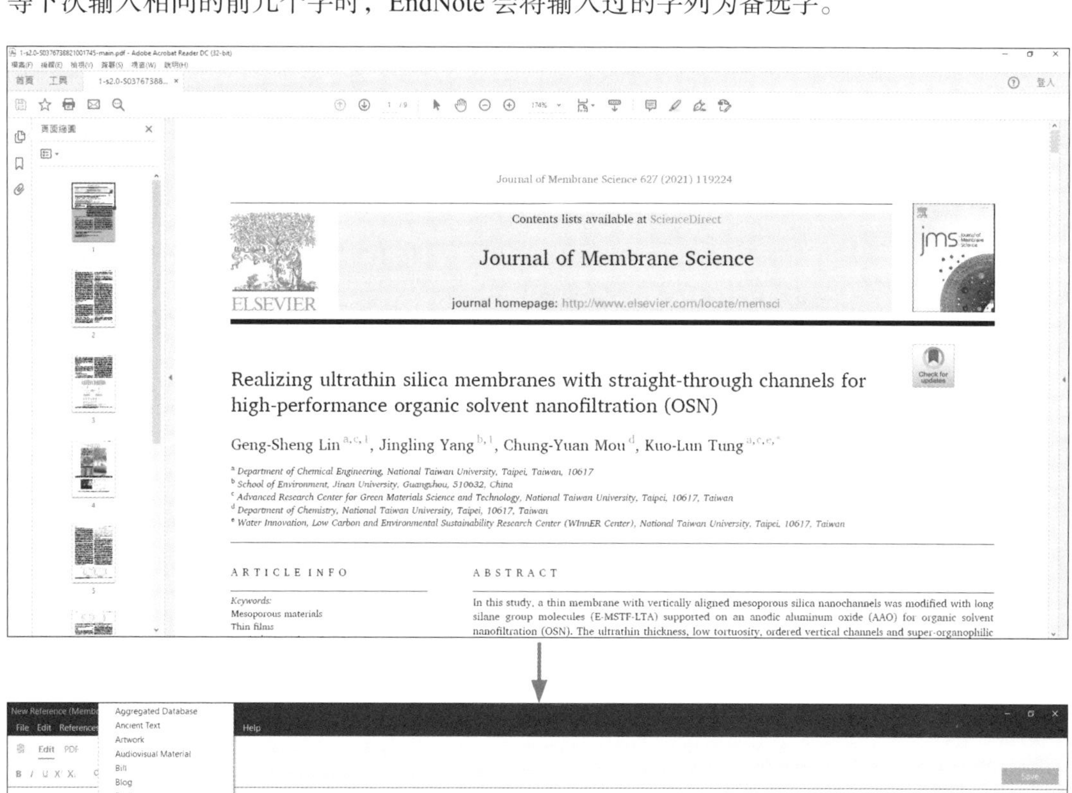

图 1-17 选择数据类型再进行输入

提示

输入姓名时，如果先输入名再输入姓，系统会自动将最后一个字当成姓氏，如果作者的姓氏不止一个字，那么就必须利用逗号（，）来隔开姓名。逗号之前为姓，之后为名。例如，「Cayford Howell, Tom」表示其姓为 Cayford Howell，名为 Tom；「De Dona, Grace」表示其姓为 De Dona，名为 Grace。中文字则一定要使用逗号标记，例如，「王，大华」。

▶ Step 03 输入完毕后，单击工具列的「File」→「Close Reference」命令，这笔数据即可顺利地出现在图书馆中，如图 1-18 所示。

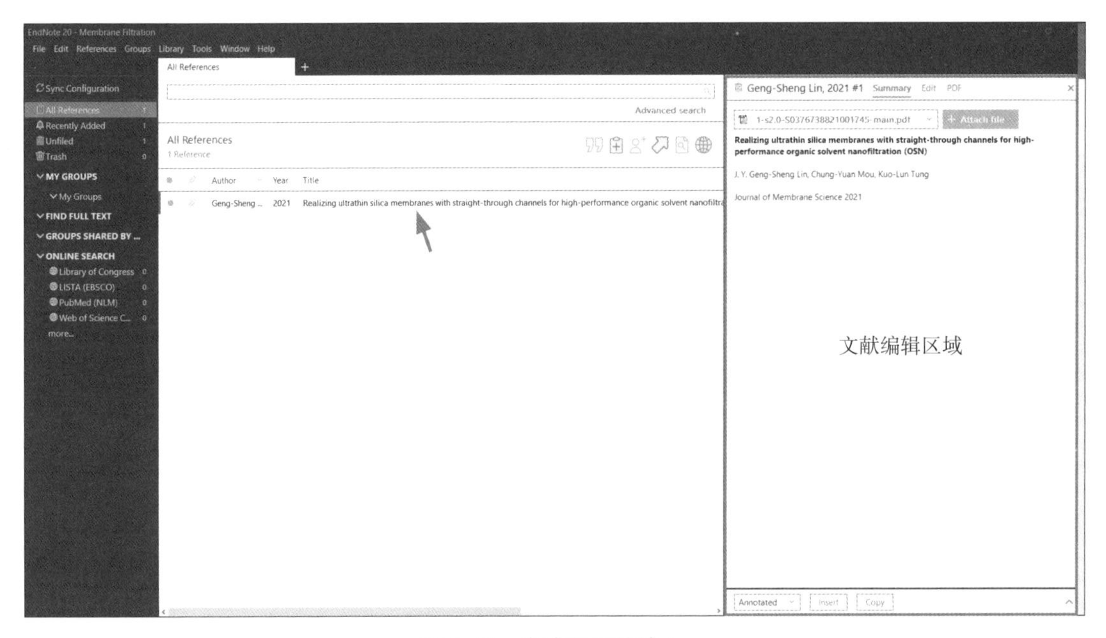

图 1-18　完成数据的输入

如果将来需要继续编辑这笔数据，只要在文献记录上双击，文献编辑界面就会自动显示在右边。

预览单笔书目的视窗，先点选编辑区域上方的「Summary」，然后点选右下角的「^」按钮，可以展开引文格式的预览视窗。例如，如图 1-19 所示的以「Author-Date」的引用格式显示书目。

如果在下拉列表中没有需要的格式，也可以单击如图 1-20 所示的「Select Another Style...」命令，在弹出的「Choose A Style」对话框中选择其他格式。

此处以「J Amer Chem Society」为例，如图 1-21 所示，单击「Style Info/Preview」按钮可在下方预览该格式（Style）的引用方式。如果不需要这些信息，可以单击 Less Info: 按钮缩小对话框。

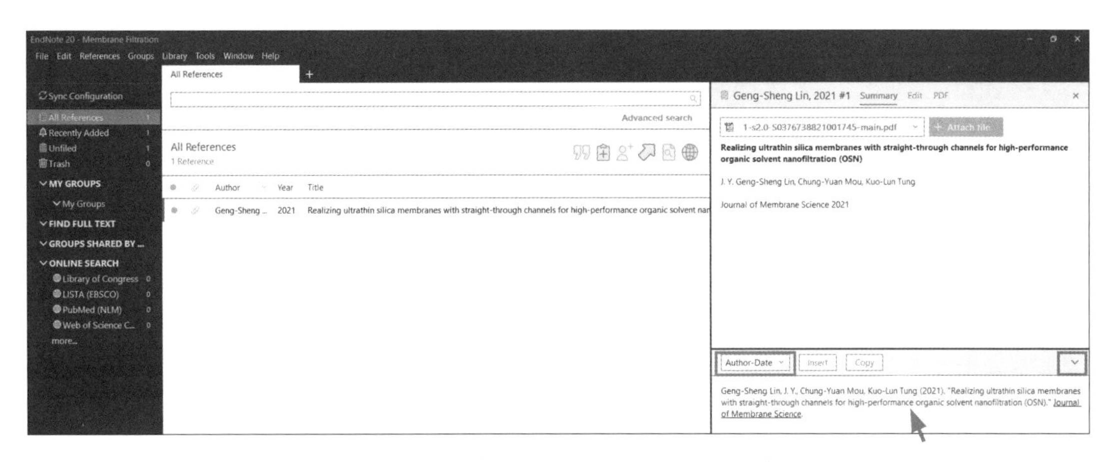

图 1-19 以「Author-Date」格式显示书目

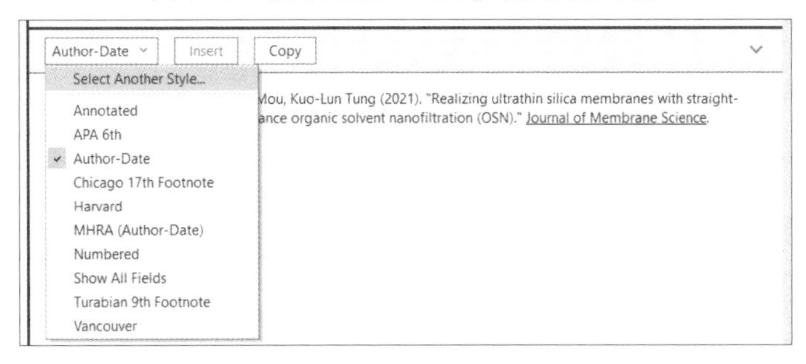

图 1-20 选择其他格式

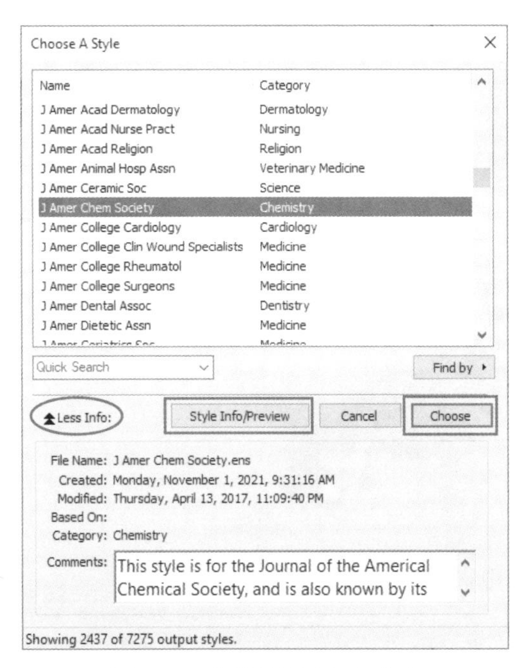

图 1-21 选择及预览其他格式

单击「Choose」按钮表示选择完毕，回到图书馆。由图 1-22 可见，下方的引用格式已经自动转换成「J Amer Chem Society」了。

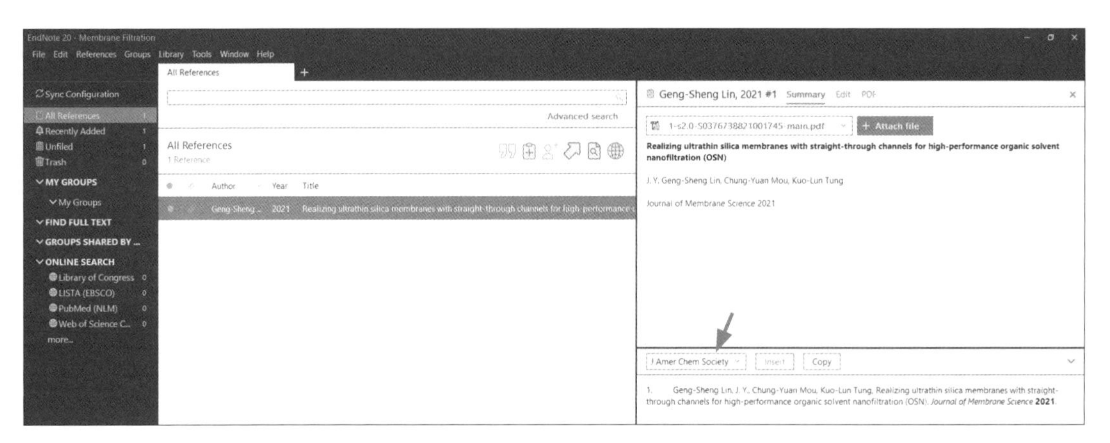

图 1-22　采用「J Amer Chem Society」引用格式

1.2.1　输入特殊字符

要输入特殊的文字，例如非英语的字母，可利用 Word 的「字符映射表」实现，其打开方式如下：使用快捷键「Win+R」即时调出「运行」菜单，输入「charmap」，点击「确定」按钮，打开「字符映射表」，如图 1-23 所示。

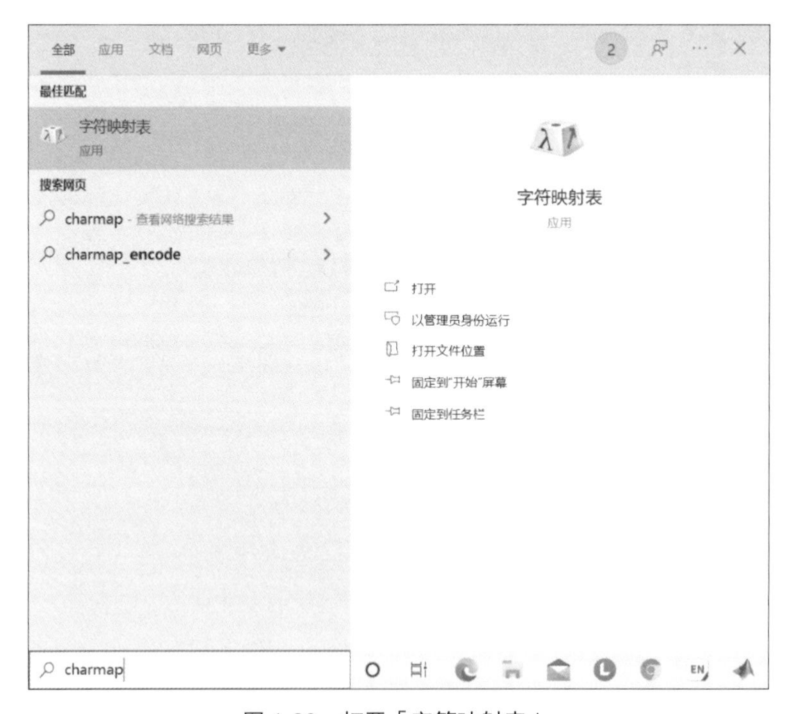

图 1-23　打开「字符映射表」

找出需要的字符后直接用拖曳（drag & drop）的方式将字符拖到书目字段中即可，如图 1-24 所示。

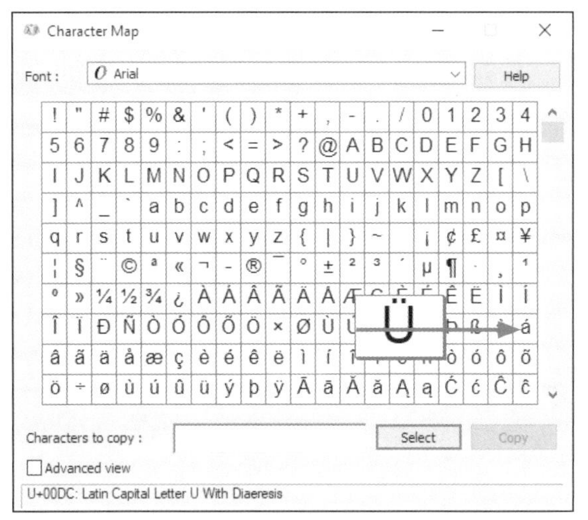

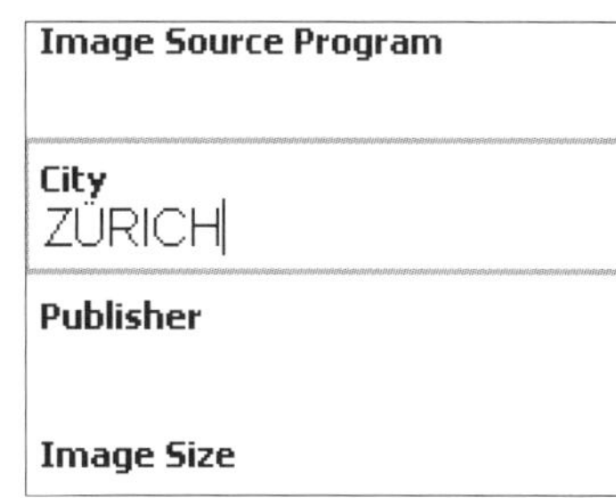

图 1-24　利用拖曳的方式输入特殊字符

1.2.2　附加对象

前面的内容主要介绍如何建立起图书馆的「目录」，而最重要的「馆藏」却还不在图书馆中。要充实馆藏的方式就是将全文数据，如图、表、PDF 文件、Word 文件、影音文件等存入图书馆。这样，将来在查询目录时就可以将全文数据一并调阅。

将数据纳入馆藏的方法有如下 3 种。

方法一：利用拖曳的方式将数据放在图书馆中，如图 1-25 所示。

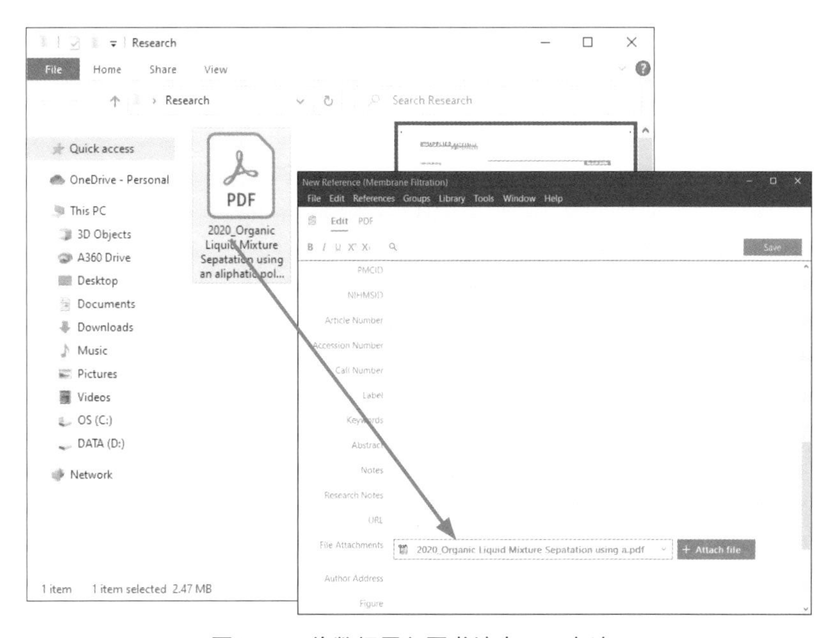

图 1-25　将数据置入图书馆中——方法 1

方法二：直接单击「File Attachments」字段右侧的「+ Attach file」按钮，在弹出的对话框中选择所需添加数据所在的路径，文件如图 1-26 所示。

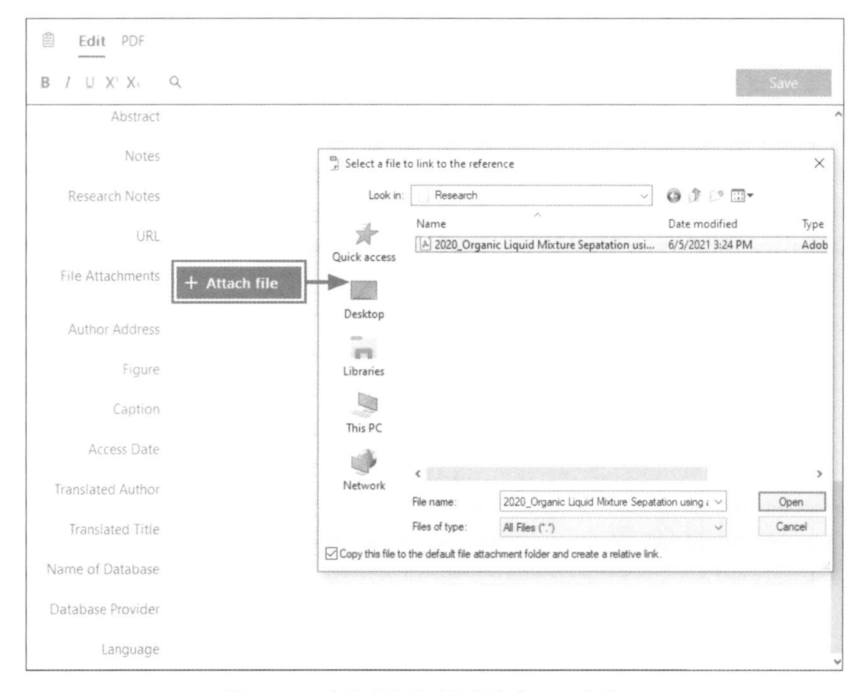

图 1-26　将数据置入图书馆中——方法 2

若希望存放图片文件，则必须选择「Figure」字段而非「File Attachments」字段，但同样可以利用拖曳或复制粘贴的方式附加至字段中，如图 1-27 所示。

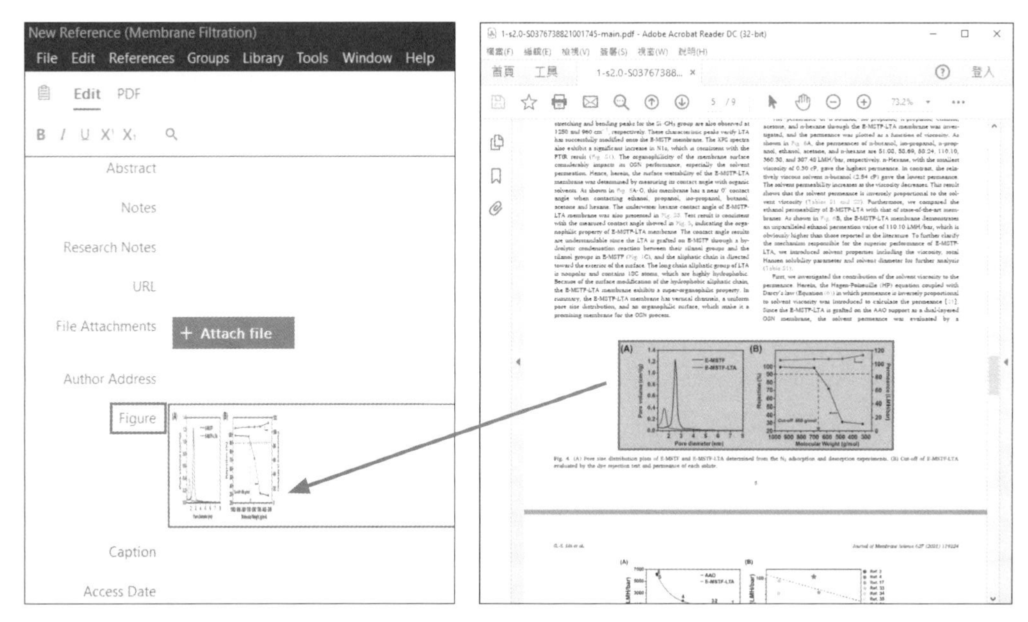

图 1-27　图片的附加方式（与 PDF 文件相同）

方法三：先选择要附加对象的书目之后，再单击工具列的「References」→「File Attachments」→「Attach File...」命令，然后找出文件的路径即可，如图 1-28 所示。

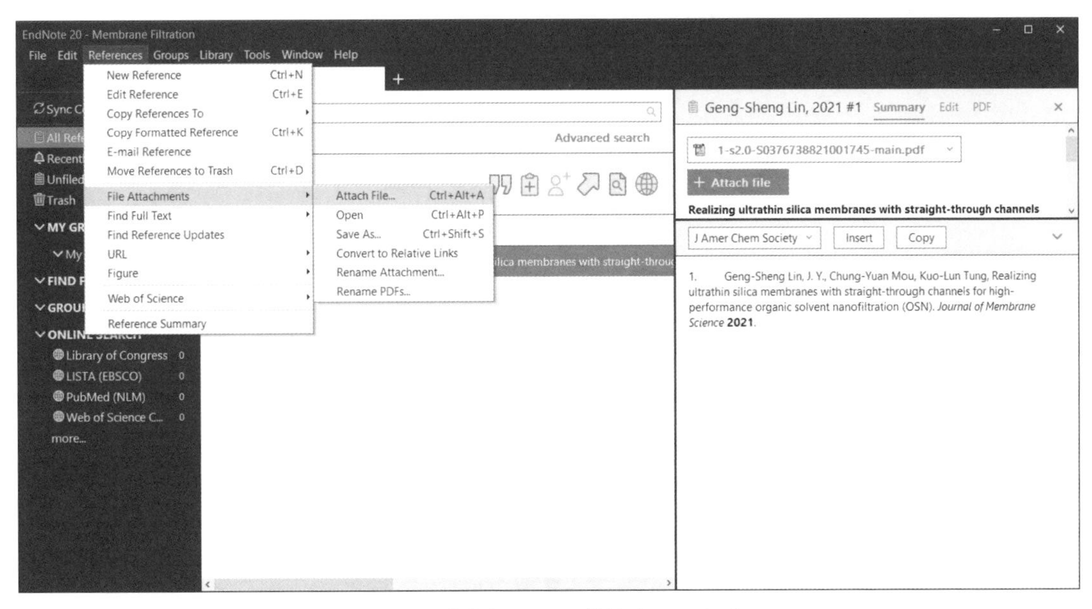

图 1-28 将数据置入图书馆中——方法 3

EndNote Library 可以接受多种文件格式，如表 1-1 所示，其中也包括常用的图片和音频格式。

表 1-1 EndNote Library 可以接受的文件格式

图片（Image）	对象（Object）	
.BMP，.GIF，.JPEG，.PNG，.TIFF	WAV，MP3，Access files，Excel files，PowerPoint files，Project files，Visio files，Word files	MOV，QuickTim，PDF，Technical drawing files，Text file（.TXT、.RTF、.HTML）

存放在图书馆中的附加文件会被放置在 .Data 文件夹中，如图 1-29 所示，因此在本书 1.1.1 节中提到当我们要复制及移动图书馆时，必须要同时处理 .enl 以及 .Data 这两组文件。

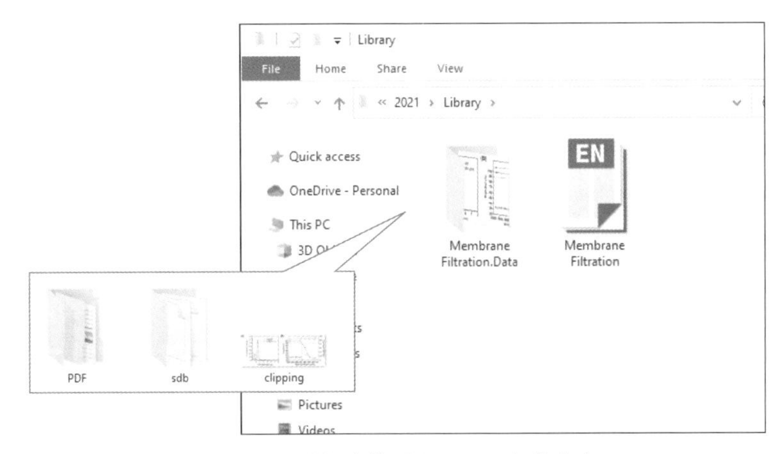

图 1-29 附加文件置于 .Data 文件夹内

带有附加文件的书目将会出现回形针 📎 的图示，如图 1-30 所示。

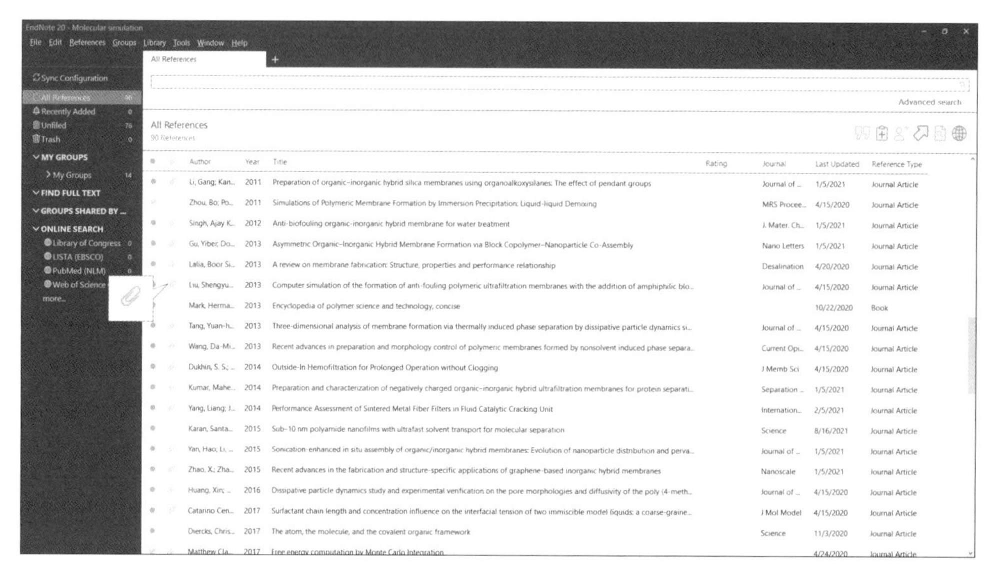

图 1-30　回形针 📎 图示表示带有附加文件

1.3　由数据库导入书目数据

第 1.2 节介绍的是单笔数据输入的方式，除此之外许多在线数据库已经提供直接将书目数据导入 EndNote Library 的功能，只要按一个按键就可以将整笔甚至多笔数据一次性导入到图书馆中，这是第二种建立图书馆馆藏的途径，即「由数据库导入」。本节就要介绍几个重要在线数据库的导出 / 导入方式。

1.3.1　以 Web of Knowledge-SCI 数据库为例

Web of Knowledge 数据库系统包含许多数据库，其中最广为人知的就是 SCI（科学引文索引，Science Citation Index）、SSCI（社会科学引文索引，Social Sciences Citation Index）、A&HCI（艺术与人文科学引文索引，Art & Humanities Citation Index）以及关于期刊排名的 JCR（期刊引用报告，Journal Citation Report）和 ESI（基本科学指标数据库，Essential Science Indicators）数据库。其中，SCI 等引文数据库收录了超过 1 万种期刊以及 12 万件国际学术会议的论文集，通过论文和论文之间引用和被引用的关系，可看出某个研究主题的关系网络，由此也可以寻找相关的论文，扩充阅读的广度。一般来说，能被 SCI 收录的期刊都具有一定水平，因此无论在收集数据还是准备投稿时都会优先考虑 SCI 期刊。假设我们在 SCI 数据库中查询到了有用的书目数据，可依照以下方式将其导入到

EndNote Library 中。

▶ Step 01 勾选需要的数据，然后在页面上方单击「导出」列表，在其下拉菜单中选择「EndNote Desktop」选项，如图 1-31 所示。

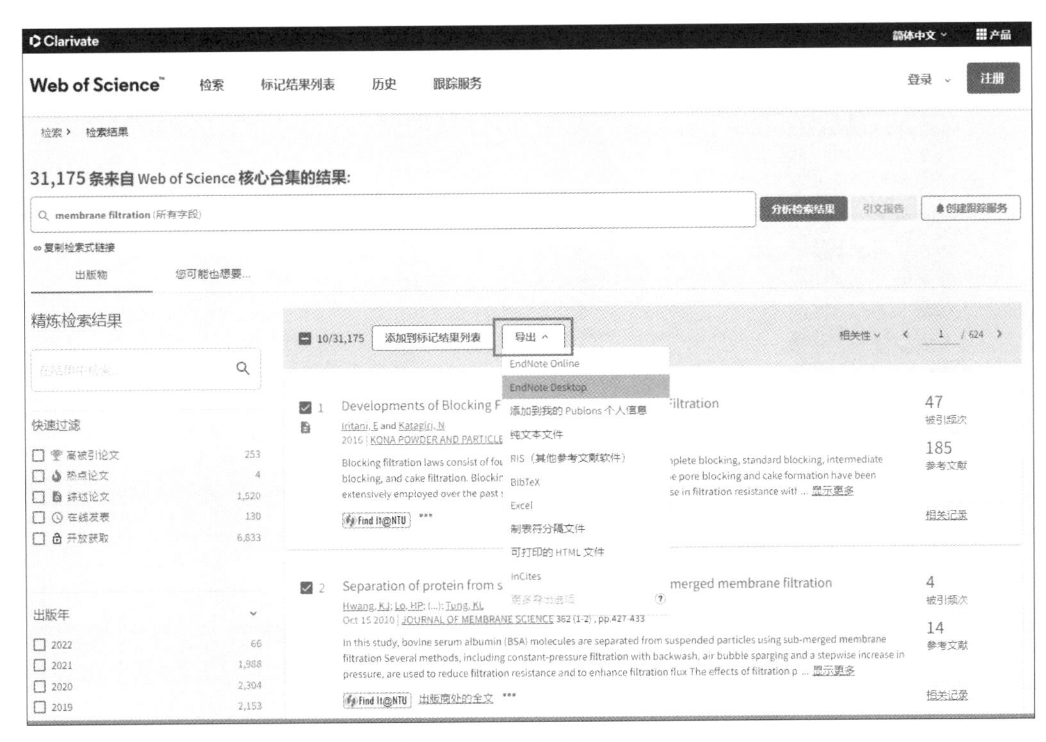

图 1-31　勾选需要的数据

▶ Step 02 在弹出的「EndNote Desktop」窗口中，选择「记录内容」→「完整记录」选项，点击「导出」按钮后，在弹出的窗口中选择存储路径，点击「Save」按钮保存，如图 1-32 所示。

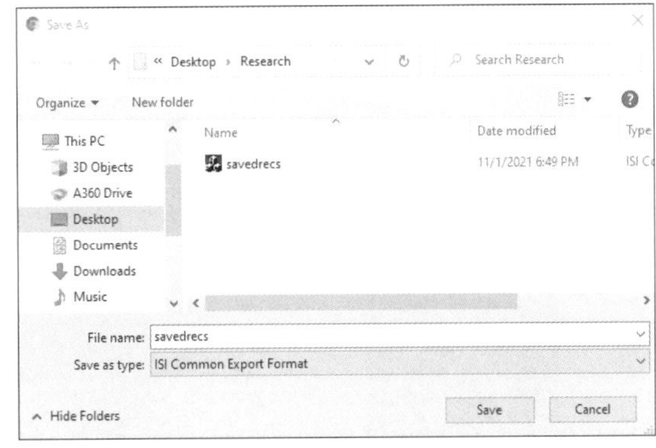

图 1-32　数据导出

双击刚才下载的文件，查看 EndNote 图书馆，刚才选择的 10 笔数据已经全部导入到图书馆中了，如图 1-33 所示。

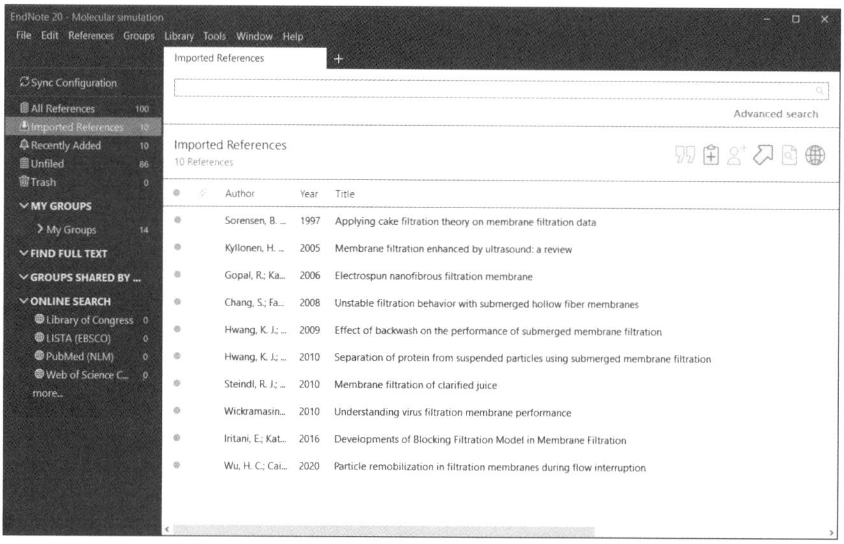

图 1-33　由数据库直接导入多笔数据

但是现在得到的书目数据依然属于图书馆的「目录」，并非实际可读的馆藏，解决之道是采用「Find Full Text」命令寻找全文数据的功能。单击按钮，或单击工具列的「References」→「Find Full Text」命令。

如果我们所在的图书馆拥有下载该全文的权限，例如，订购了全文数据库，那么EndNote 的这项功能就可以轻松地撷取全文数据至图书馆中。例如，点选第一笔数据，单击按钮，接着看到数据左侧出现了回形针的图示，如图 1-34 所示，这表示 EndNote 已经连接至全文数据库并且成功地将数据下载至本地计算机中了。

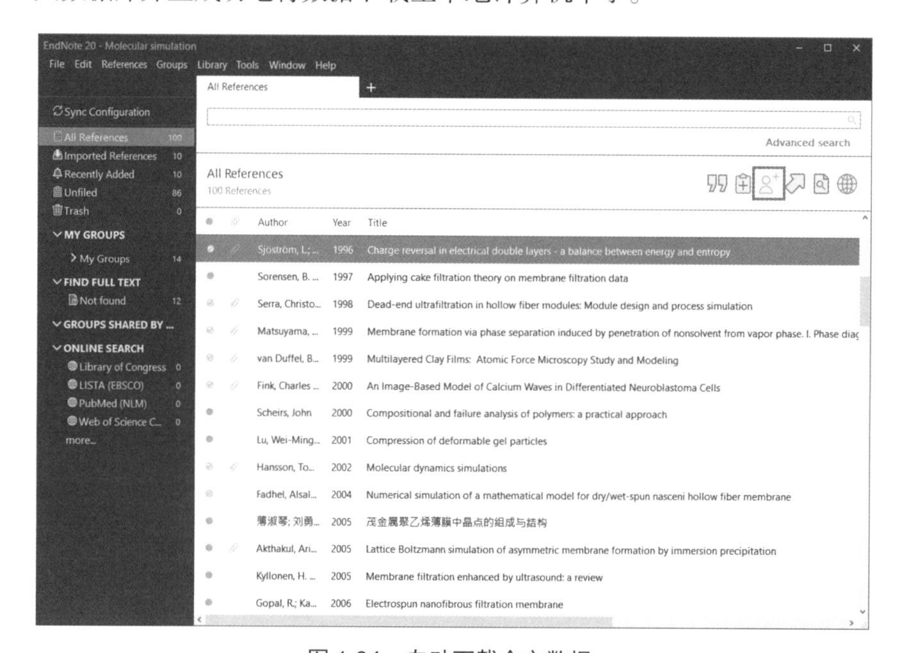

图 1-34　自动下载全文数据

查看文献资料栏可以发现「File Attachments」字段中有一个 PDF 文件，如图 1-35 所示，这就是刚才自动寻找所得到的全文数据。

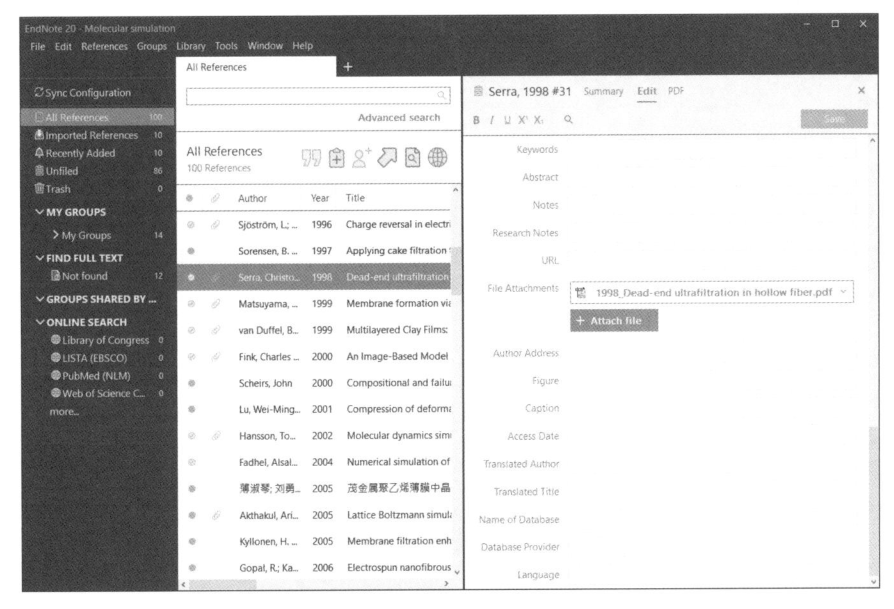

图 1-35　查看附加文件栏

我们也可以一次选取多笔文献甚至全选，让 EndNote 自动下载全文。如图 1-36 所示，一次选择 5 笔文献后让 EndNote 寻找全文，得到的结果如图 1-37 所示。通过这样便捷的方式，我们无须登入不同的数据库，下载一篇篇的期刊、会议论文及专利全文，再一一拖曳到「File Attachments」字段中，从而为使用者节省很多宝贵的时间。

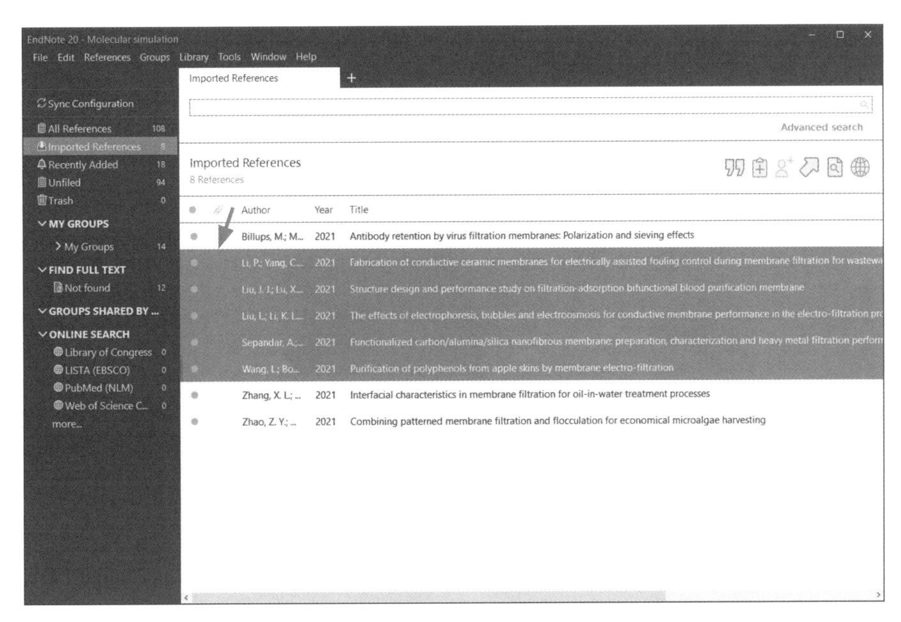

图 1-36　选取多笔文献并寻找全文

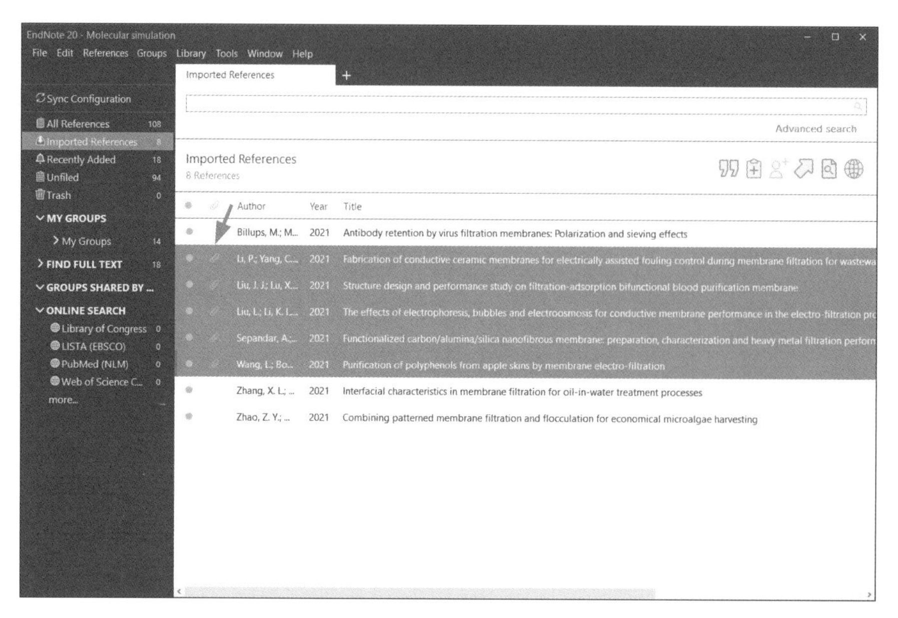

图 1-37　多笔文献的全文下载成功

1.3.2　以百度学术搜索为例

「百度学术搜索」，即利用百度学术搜索引擎检索到的数据，其数据皆以学术数据为主，内容包括硕博士论文、引用文献、会议论文、书籍、预印刊物（pre-print）、摘要、研究报告等；尤其是百度学术搜索到的数据会显示被引用的次数，由查阅引用次数可以得知该数据是否热门及可见度的高低，至于浏览引用文献也相当于延伸阅读，其首页如图 1-38 所示。

图 1-38　「百度学术搜索」首页

通过「百度学术搜索」找到的资料可以直接导出至文献管理软件，只要进行几个步骤的设定就可以轻松地进行文献保存及管理的工作。

▶ Step 01 在「百度学术搜索」首页搜索框中输入关键词，进行检索，在结果中点击需要的文献下面的「引用」按钮，这里以「膜过滤技术」为例，如图 1-39 所示。

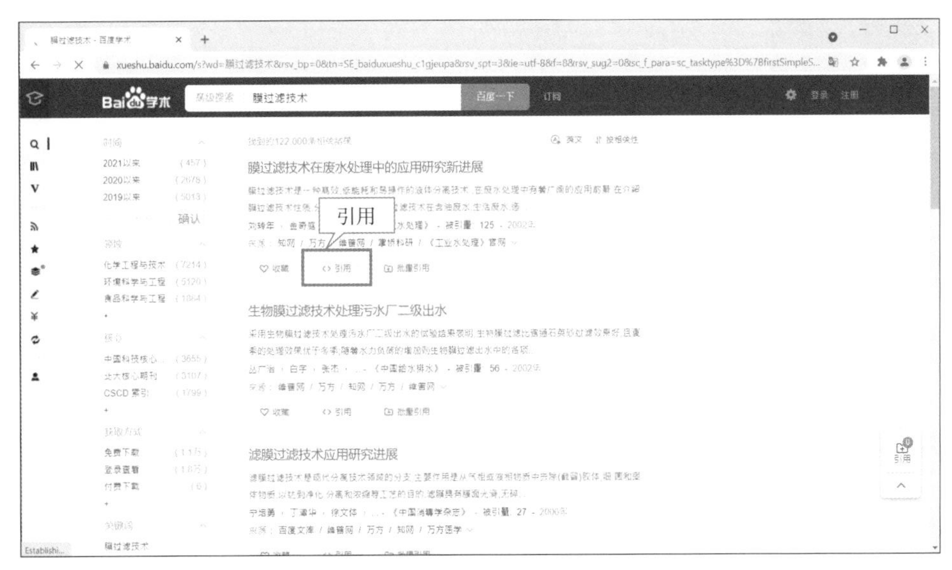

图 1-39 百度学术搜索支持多种文献管理软件

提示

请勿点“批量引用”，因为批量引用导出的题录无法导入到 EndNote 中。

▶ Step 02 在弹出的「引用」对话框中点击「EndNote」链接，并在弹出的对话框中选择需要保存的文件名称和位置，如图 1-40 所示。

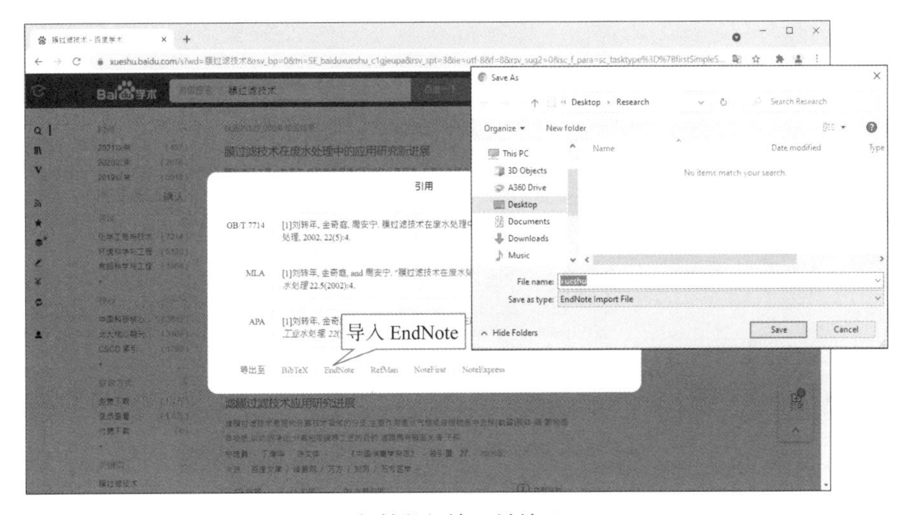

图 1-40 每笔数据皆可链接至 EndNote

Step 03 双击在 Step2 中保存的文件，如果 .enw 文件默认用 EndNote 打开，就会直接导入到 EndNote 中，如图 1-41 所示。

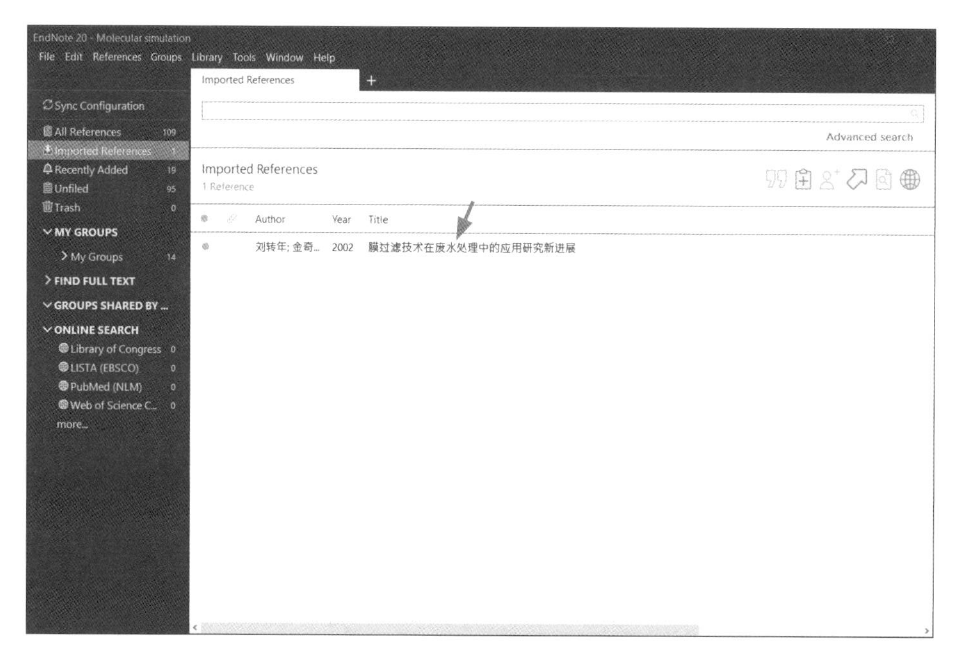

图 1-41　由百度学术导入数据

1.3.3　以 EBSCOHost 数据库系统为例

EBSCOHost Web（史蒂芬斯数据库）是一个数据库平台，其中包含了许多子数据库，收录内容相当广泛，一些常用的子数据库如表 1-2 所示。

表 1-2　EBSCOHost Web 的子数据库

子数据库名称	子数据库名称	子数据库名称
Academic Search Complete	Funk & Wagnalls New World Encyclopedia	Research Starters - Business
Business Source Complete	MAS Ultra - School Edition	Research Starters - Education
PsycINFO	Primary Search	GreenFILE
MLA Directory of Periodicals	Professional Development Collection	EconLit
MLA International Bibliography	Library, Information Science & Technology Abstracts	Garden, Landscape & Horticulture Index
New Testament Abstracts	The Serials Directory	Teacher Reference Center
EconLit with Full Text	ERIC	Regional Business News
Military & Government Collection	Avery Index to Architectural Periodicals	Art & Architecture Complete - BETA

EBSCOHost Web 是一个相当便利的学术数据库，利用它可以通过同一个接口页面同时查询多个数据库。下面介绍如何由 EBSCOHost Web 将寻找到的数据导入至 EndNote Library。

首先在 EBSCOHost Web 中搜索自己需要的文献。单击 按钮，如图 1-42 所示，将需要的数据先放置在文件夹中。在页面右侧的字段中可以看到文件夹中有哪些文章，如图 1-43 所示。

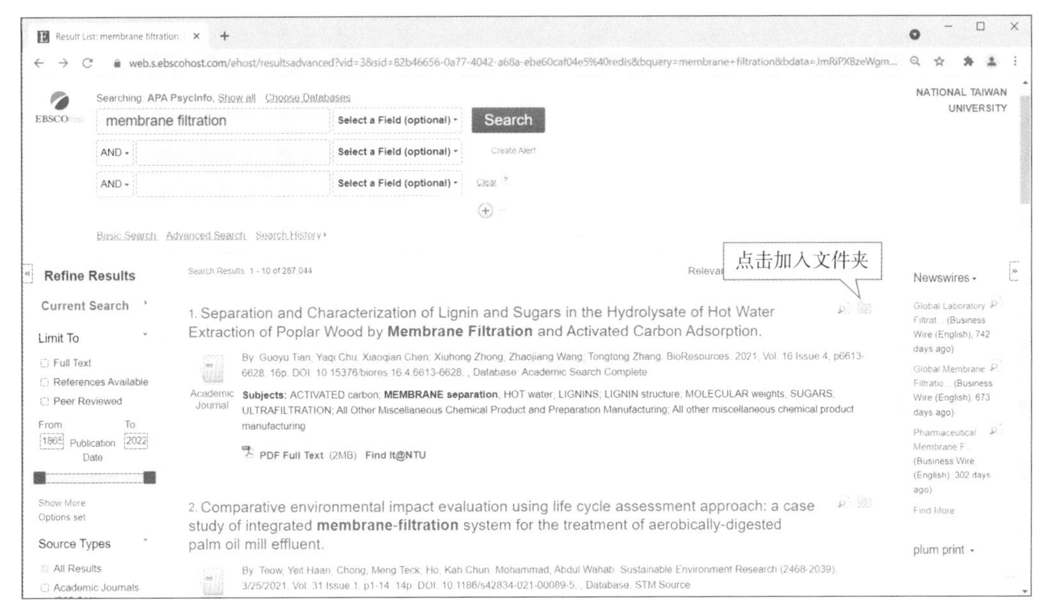

图 1-42　将文章置于文件夹中

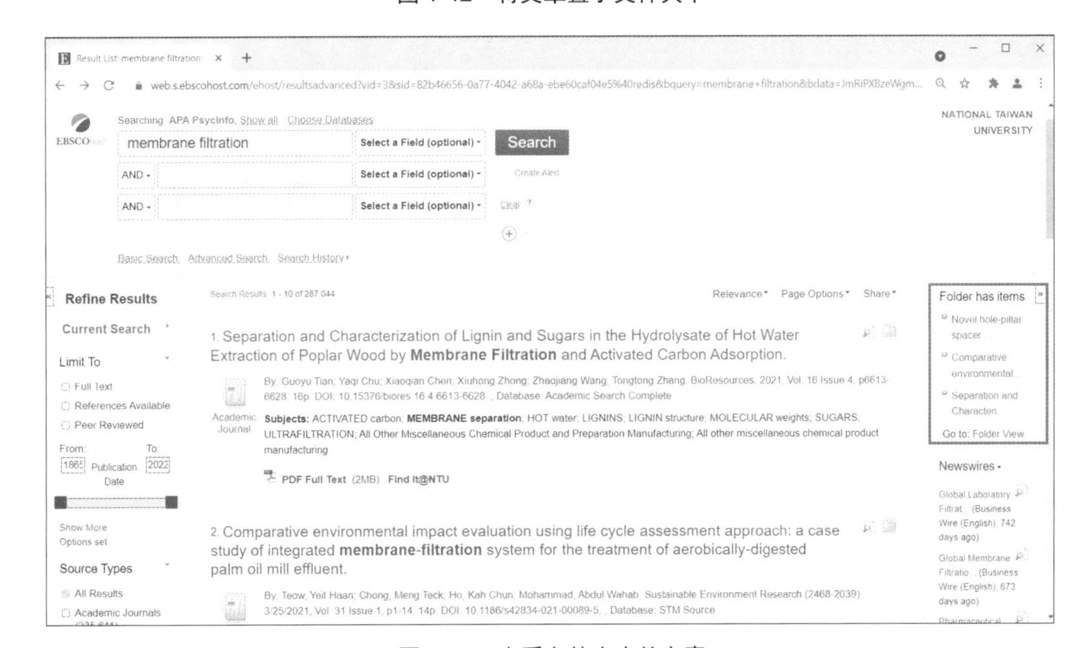

图 1-43　查看文件夹内的文章

单击「Folder View」链接，查看刚才置入的数据。再次勾选欲导出的文章后单击（Export）按钮，如图 1-44 所示。

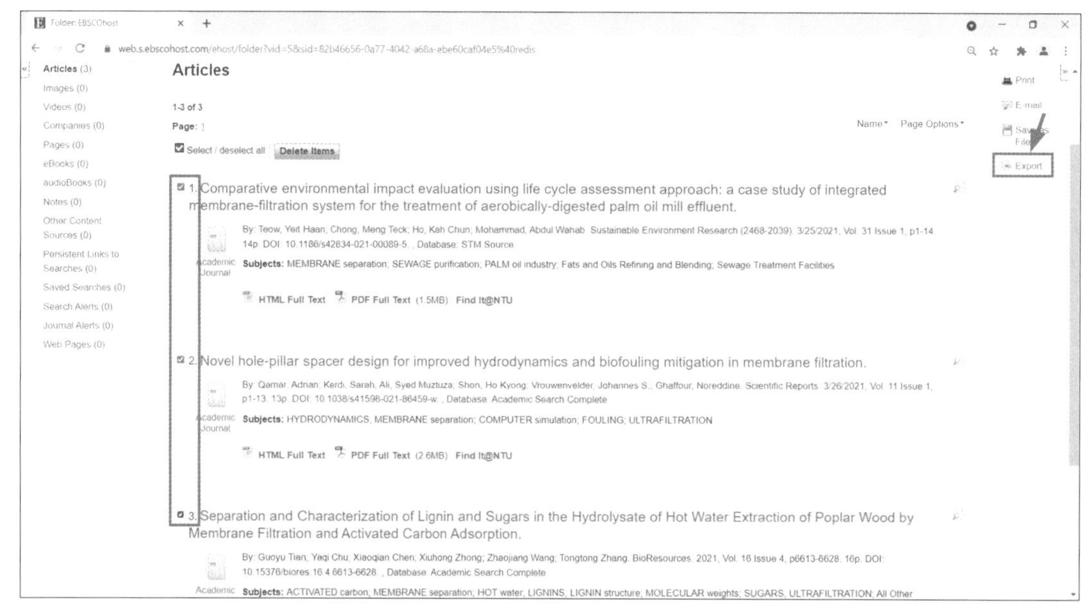

图 1-44　导出文件夹中的数据

选择要导出至 EndNote 的数据，然后单击左侧的「Save」按钮保存查找结果，如图 1-45 所示，刚才选择的 3 笔数据立刻导入到图书馆中，如图 1-46 所示。

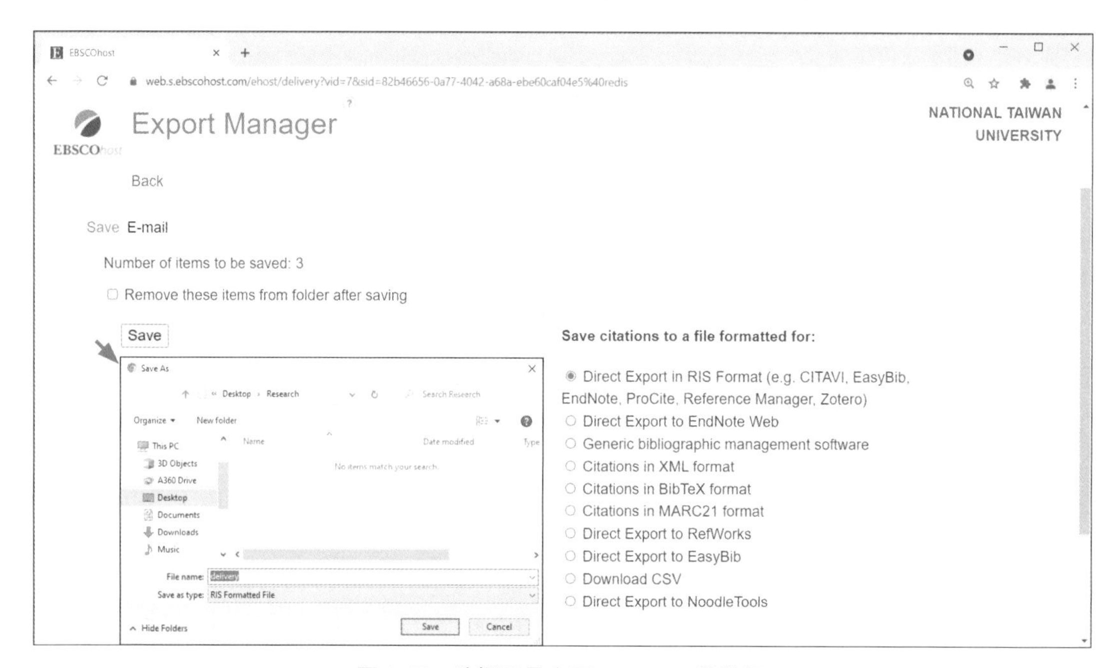

图 1-45　选择要导出至 EndNote 的数据

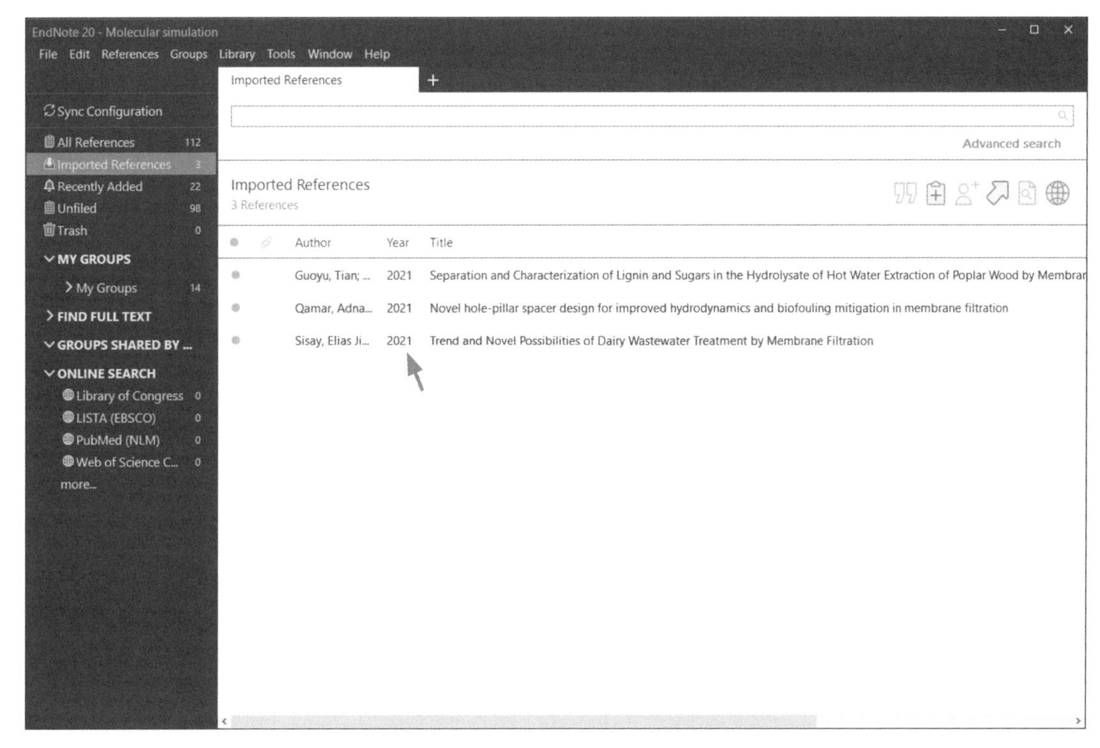

图 1-46 由 EBSCOHost 导入数据

同样地，应尽可能将全文数据一并存入图书馆作为馆藏，日后要查阅时就无须再费时费力地联机至数据库重新寻找全文了。

以上仅仅介绍如何由 SCI、百度学术以及 EBSCOHost 数据库将文献导入 EndNote Library。事实上，所谓的「在线数据库（Online Databases）」有很多，绝对不止上述 3 种，每一种数据库都有各自的格式，且步骤、用语各有不同，同样是「导出」，不同的数据库就可能使用「export」、「download」及「save」来表示，使用者也可能因此产生困扰。因此，附录 A——「常用数据库的导入」将各领域重要数据库的导入方式以简要的方式进行列表，本章不再详述。某些数据库可能不支持 EndNote 等文献管理软件，对于无法直接导入的数据库，我们可以考虑采用其他方式（参考如图 1-15 所示的导入途径），或参考本书 2.2 节所述的方式进行处理。

1.4 连接在线数据库

第 3 种数据导入的方式是「连接在线数据库」。与 1.3 节相比，本节同样是检索在线数据库，但是通过 EndNote 的「Online Search」功能则可免去访问各个数据库的步骤，而将所有检索工作集中在 EndNote 的搜索界面下完成。这样的方式既省时省力，而且也无须记忆各种不同的数据库指令和下载路径。

连接在线数据库必须要有使用该数据库的权限，也就是我们所属的机关或所在的网域具有使用权才能够让 EndNote 登入并进行检索。如果使用的是免费的资源（例如各大学图书馆馆藏目录），就没有上述限制。打开 EndNote 时可以看到左侧的「My Library」栏中已经出现了「Online Search」的某些选项。

虽然搜索大学图书馆的图书目录并不能获得全文数据，但是目前馆际合作的系统相当完善，要取得全文数据并非难事。例如，向浙江大学图书馆申请数据影印，费用约为 0.5 ～ 1 元 / 页，国内外文献检索费为 5 ～ 10 元 / 篇。至于向国外馆际互借则多以申请的「件数」为收费标准，书籍借阅约 500 元 / 本，以上邮资皆另计。

1.4.1 连接普林斯顿大学图书馆目录

以普林斯顿大学图书馆为例，通过 Online Search 功能联机到该图书馆的馆藏目录进行检索。

Step 01 联机。其途径有以下 3 种。

- 单击工具列的「Tools」→「Online Search...」命令。
- 单击 （搜索）按钮进入检索界面。
- 单击界面左侧「ONLINE SEARCH」→「more...」命令，如图 1-47 所示。

系统弹出「Choose A Connection」对话框，如图 1-48 所示。该对话框中有许多不同的选项，我们可以直接选择其中一个数据库，或在「Quick Search」组合框中输入关键词，如「Princeton」。

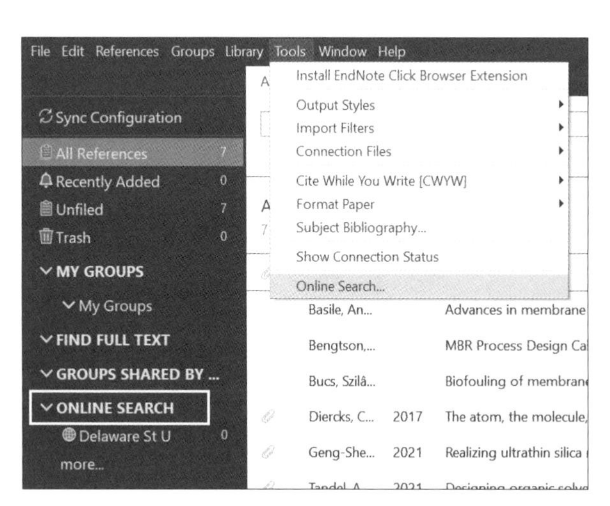

图 1-47 打开「Online Search」功能

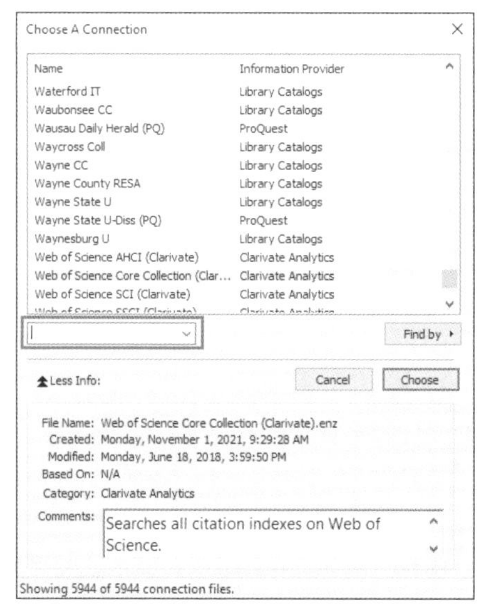

图 1-48 选择要查询的目录

▶ Step 02 确认输入后单击「Choose」按钮，回到 EndNote 的界面，如图 1-49 所示，下方的预览栏已经切换成检索栏了。

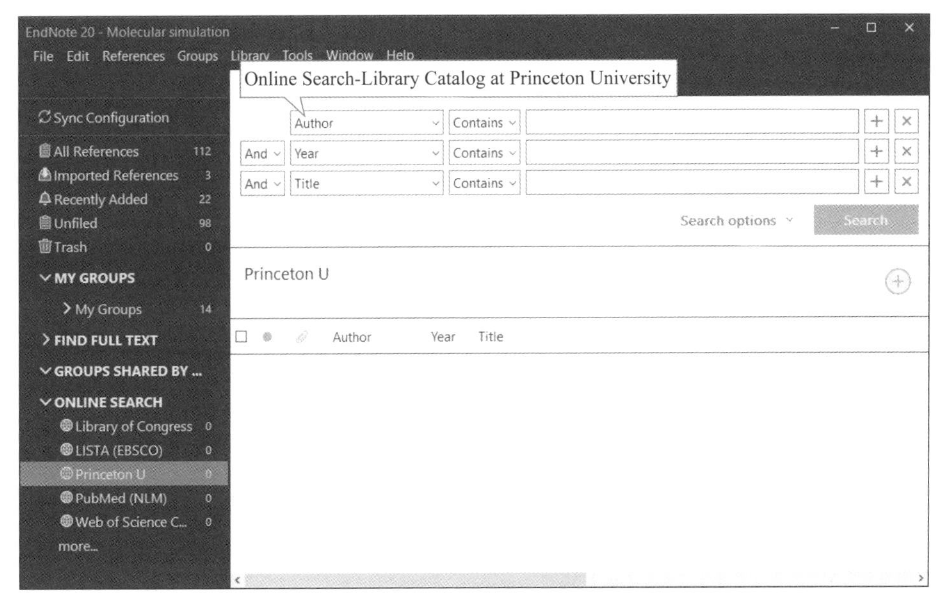

图 1-49 输入检索关键词并进行查询

这是常见的关键词检索界面，组合设置各检索字段可以节省搜索时间，使结果更为精准。得到的结果将会自动保存至「All References」以及「Unfiled」的位置，如图 1-50 所示。

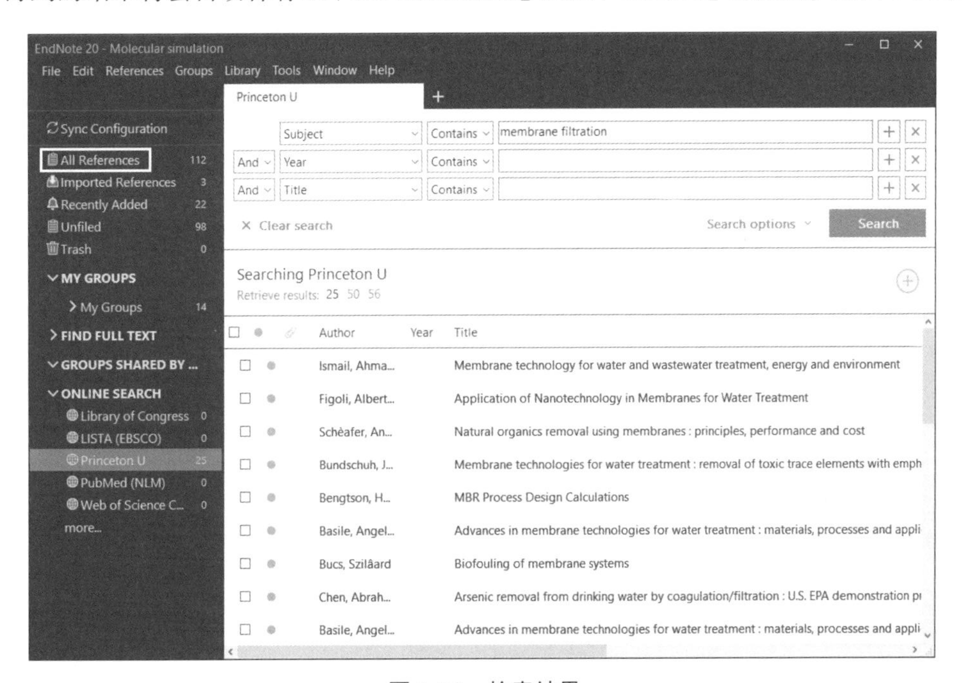

图 1-50 检索结果

▶ Step 03 双击想要阅读的文章即可进行预览，会自动显示在右侧，如图 1-51 所示。

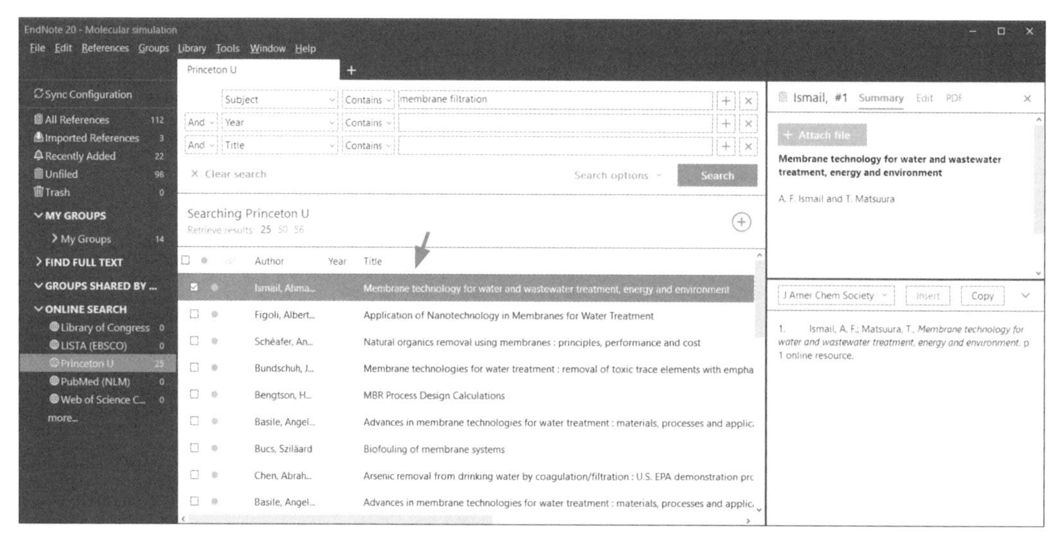

图 1-51　预览标签

所有搜索到的结果将仅仅暂留于「Online References」的数据夹中，而不会导入图书馆。当确定要导入时，只要单击⊕按钮（Add the selected online records to your local library）或单击工具列的「References」→「Copy References To」命令，再选择要导入的图书馆即可，如图 1-52 和图 1-53 所示。

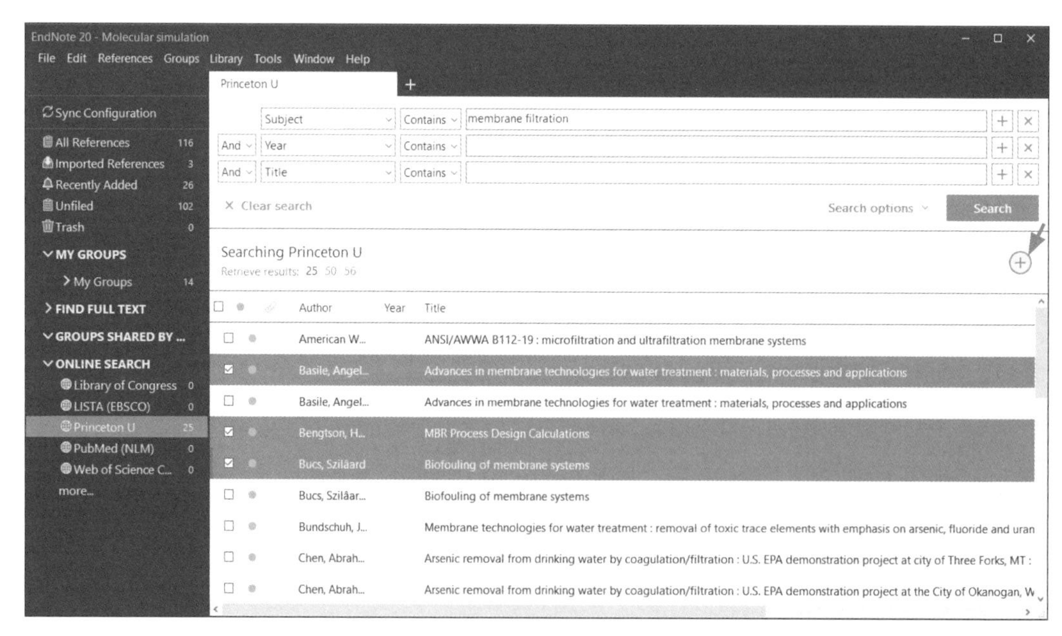

图 1-52　将数据由暂存区移至本地图书馆——方法 1

利用「Online Search」的方式检索各个图书馆最大的优点就是所有程序都在 EndNote 的界面中完成，而不必花费时间进入其他图书馆目录检索再导出数据，使用起来相当便利。同时，也可以利用「Find Full Text」功能寻找有权下载的全文数据。

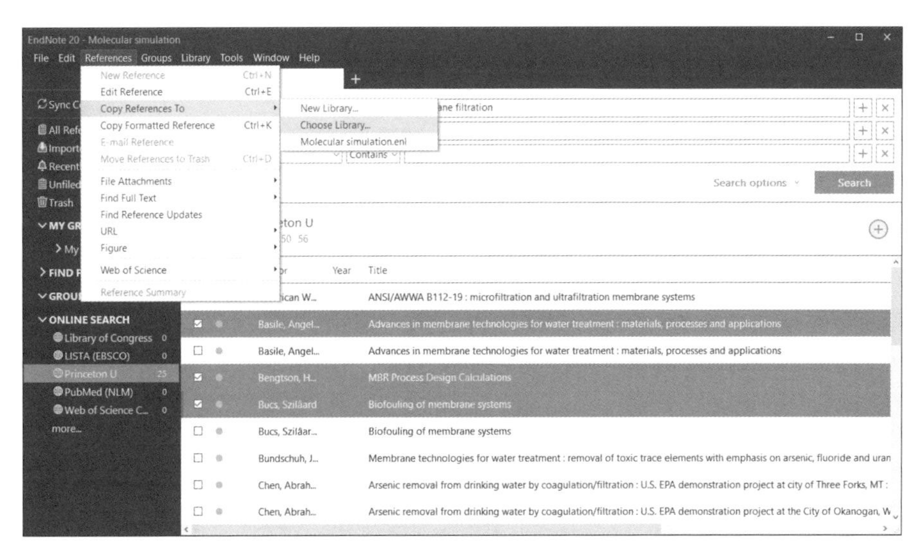

图 1-53　将数据由暂存区移至本地图书馆——方法 2

1.4.2　连接浙江大学图书馆目录

直接连接到各图书馆进行检索固然方便，可是并非所有图书馆都像普林斯顿大学的图书馆目录一样已经在 EndNote 中连接（Connect）完成，随时可以连接。但只要通过几个特定的步骤就可以将欲搜索的图书馆目录加入到清单中。本节以浙江大学图书馆为例，介绍如何将图书馆目录的链接设定到 EndNote 中。

Step 01 单击工具列的「Tools」→「Connection Files」→「Open Connection Manager...」命令，如图 1-54 所示，弹出「EndNote Connection Files」对话框。

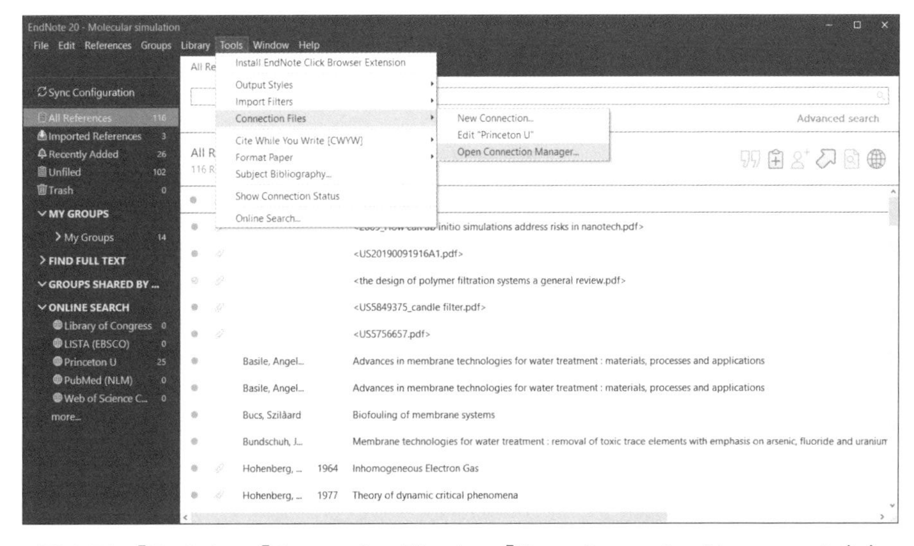

图 1-54 「Tools」→「Connection Files」→「Open Connection Manager...」命令

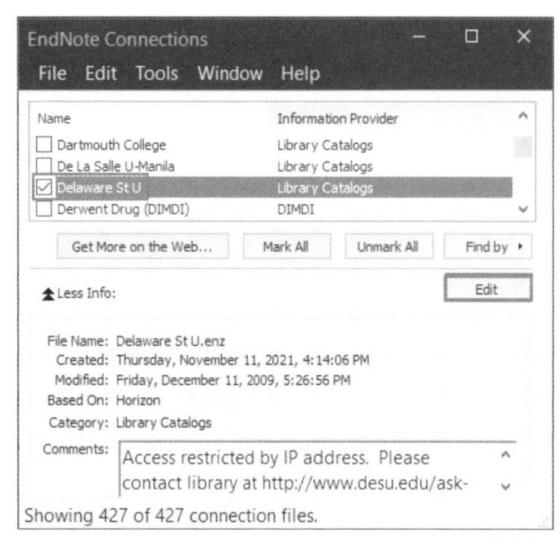

图 1-55　确认图书馆自动化系统

由于浙江大学图书馆采用的是 HORIZON 系统，所以挑选同是 HORIZON 系统的 Delaware State University 作为基础进行修改，即选择「Based On：HORIZON」的系统。

Step 02 单击「Edit」按钮或直接双击「Delaware St U」，如图 1-55 所示，进入编辑界面。

Step 03 进入编辑界面后，单击工具列的「File」→「Save as...」命令，弹出「Save As」对话框，然后为新的链接设定一个文件名，输入到「Connection name」文本框中，如图 1-56 所示。单击「Save」按钮，将这个链接（Connection）另存为新文件。

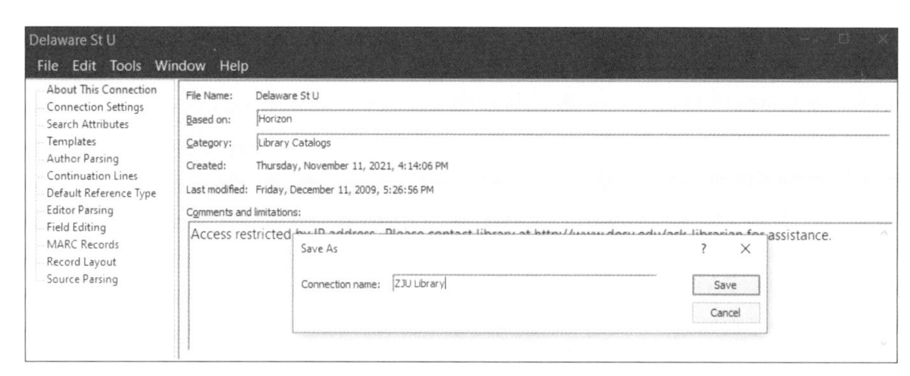

图 1-56　将 Delaware St U 的 Connection 另存为新文件

由于我们要设定浙江大学图书馆的链接，所以可取名为「ZJU Library」或其他容易辨识的名称。接着只要把 ZJU Library Connection 的参数改成浙江大学图书馆在线目录的参数就可以了，如图 1-57 所示。

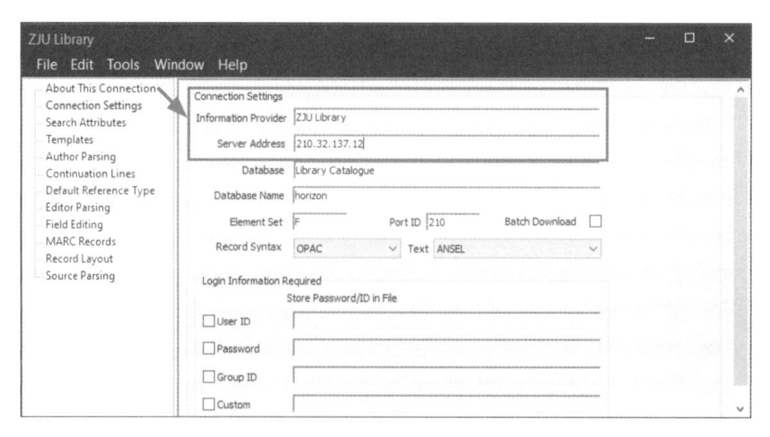

图 1-57　修改「Connection Settings」的参数

在「Server Address」文本框中输入远程登入的服务器 IP，再单击「File」→「Close Connection」命令关闭编辑界面。

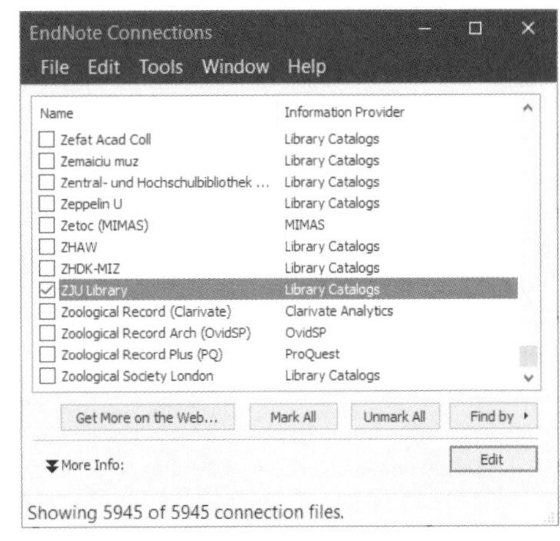

图 1-58 选择「ZJU Library」链接

提示

每个图书馆所采用的系统和服务器 IP 不同，必须先与该图书馆确认。以浙江大学图书馆为例，其「Server Address」为 210.32.137.12，而上海交通大学图书馆的「Server Address」为 202.121.183.11。

现在我们已经完成了浙江大学图书馆的链接设定，如 1-58 所示。

接着同样使用 1.4.1 的步骤，输入关键词后单击「Search」按钮即可进行检索。另一个途径是在界面左侧「Online Search」检索栏下可见「ZJU Library」的选项，如图 1-59 所示，这表示我们随时可以单击该名称进行在线查询。值得注意的是，「Online Search」无法检索中文字段，如果我们要搜索的是浙江大学的中文馆藏，那么必须采用 1.5 节的方式导入。

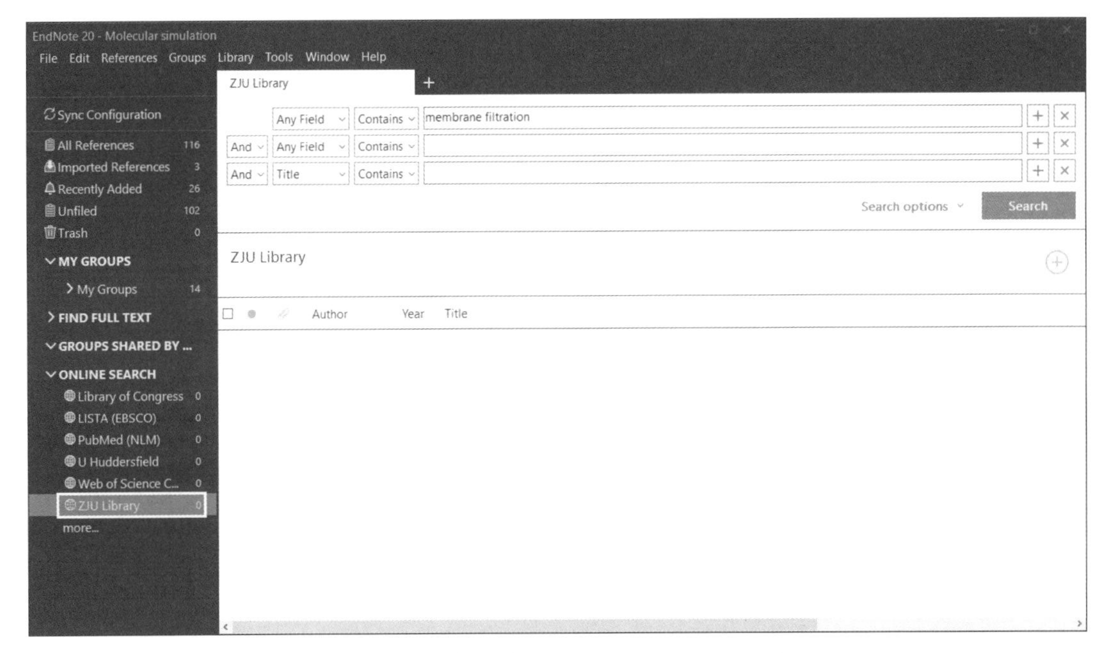

图 1-59 利用自制的 Connection 进行连接

当我们不再需要某个链接时，只要单击「Edit」→「Connection Files」→「Open Connection Manager...」命令，在要删除的链接上右击，然后在弹出的快捷菜单中选择「Delete Connection...」命令即可，如图 1-60 所示。

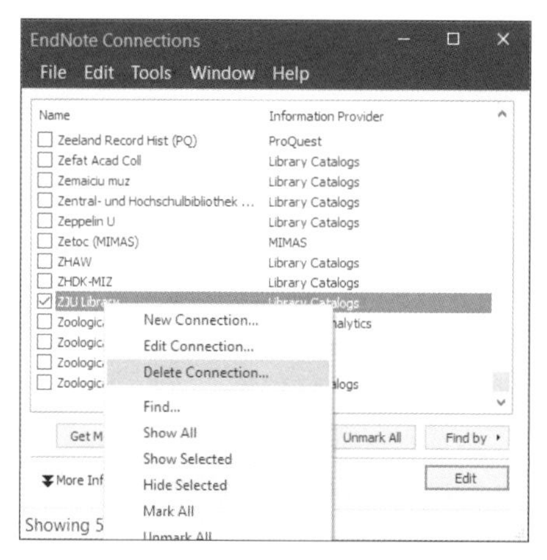

图 1-60　删除链接

1.5　另存文件再导入

这一节我们将要介绍建立书目数据的第 4 种途径。许多数据库都允许使用者将数据直接导入 EndNote，不过也有很多数据库并不支持，但是可以提供「另存新文件」的方式让使用者下载所需的数据。事实上，数据库的数据能够直接导入 EndNote Library 都是通过一种「Filter（过滤器）」的帮助。Filter 的角色类似于翻译员，它建立了标签格式文件和图书馆之间的相互关系，如图 1-61 所示。

图 1-61　EndNote Filter 扮演的角色

下载的书目记录经过 Filter 翻译后变成 EndNote 能够理解的语言，进而允许将记录导入图书馆。而每个数据库都有自己的语言，换言之，我们必须要有懂得该数据库的过滤器才能顺利将记录导入。以下介绍第 4 种导入方法——「另存文件再导入」。

1.5.1　万方数据资源系统

万方数据资源系统是以中国科学技术信息研究所［万方数据（集团）公司］全部信息服务资源为依托建立起来的，是一个以科技信息为主，集经济、金融、社会、人文信息为一体，以 Internet 为网络平台的大型中文科技、商务信息服务系统，拥有庞大的数据库群，并通过统一平台实现跨库检索服务。本系统可以为使用者提供全文数据的阅读，只要下载阅读程序即可浏览论文全文，同时也支持书目下载的功能，虽然无法直接导入至书目管理软件（如 EndNote 或 RefWorks），但可以将数据保存为 EndNote 能够理解的文件类型，进而导入到 EndNote Library 中，其具体操作步骤如下。

Step 01 检索文献并勾选需要下载的书目之后，单击「导出」按钮，如图 1-62 所示，进入导出页面。

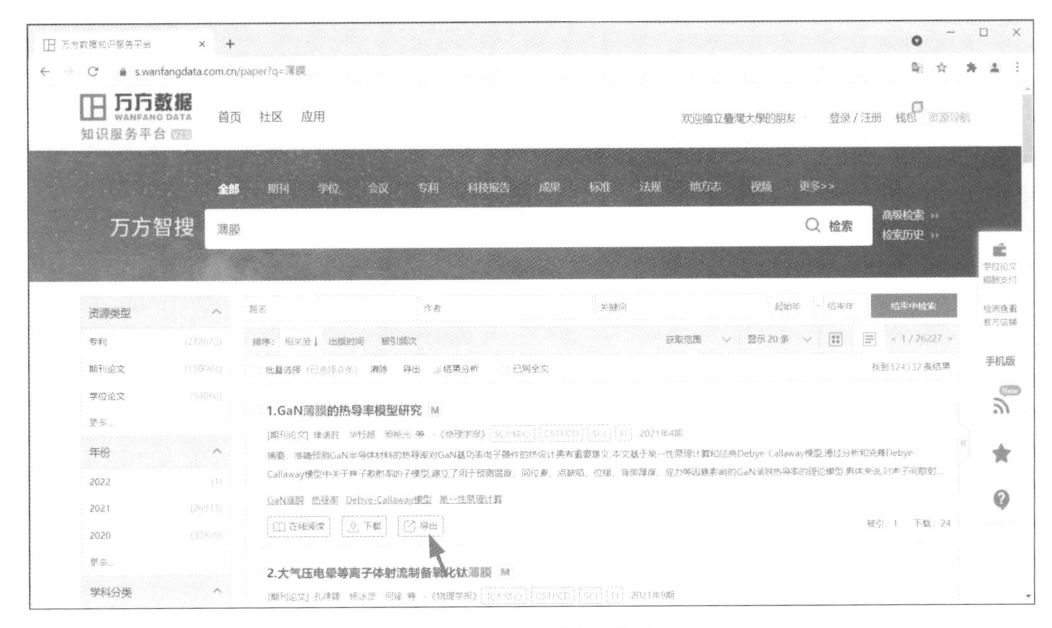

图 1-62　导出所选数据

Step 02 在导出页面中单击「EndNote」按钮，如图 1-63 所示，出现 EndNote 导出页面，如图 1-64 所示。

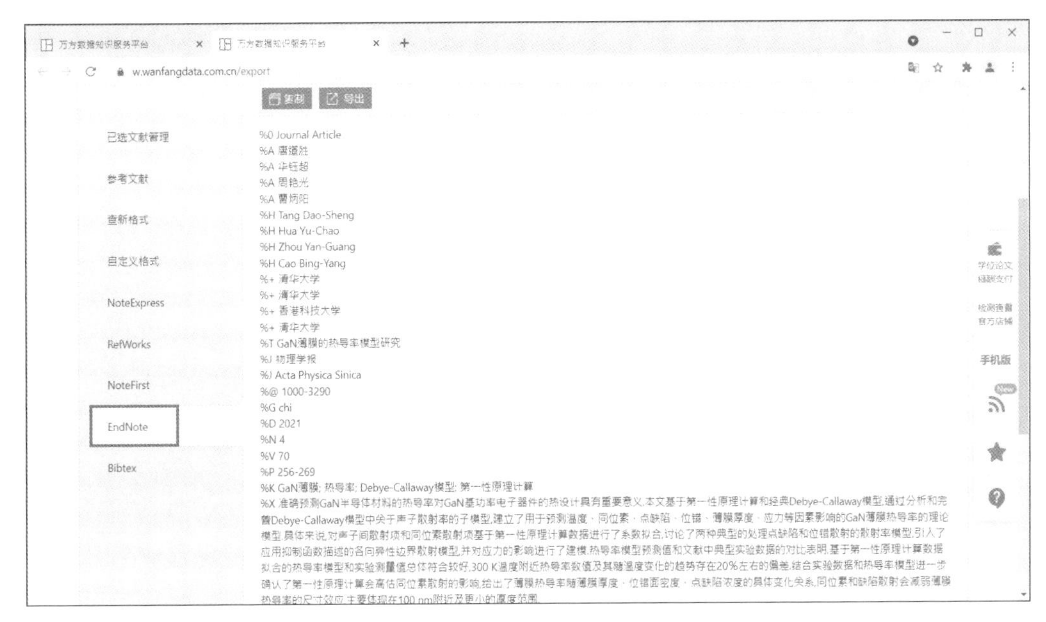

图 1-63　选择导出的格式

Step 03 单击 导出按钮，弹出「Save As」对话框，如图 1-65 所示，将数据保存在某个方便存取的路径，如「桌面」或「我的文档」等。

图 1-64　EndNote 导出页面

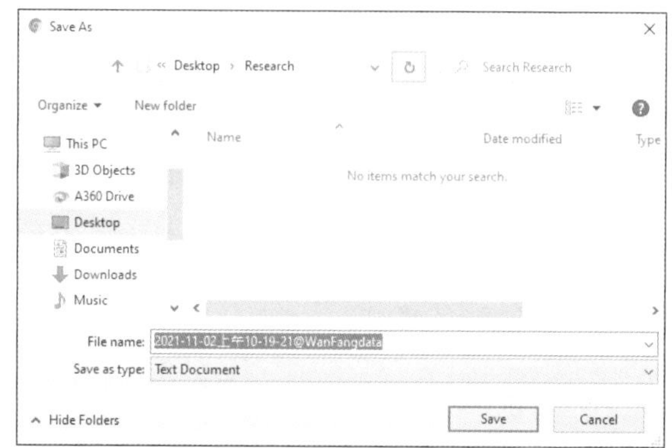

图 1-65　「Save As」对话框

Step 04 回到 EndNote，单击工具列的「File」→「Import」→「File...」命令，如图 1-66 所示，弹出「Import File」对话框。

Step 05 先在对话框中单击「Choose...」按钮找出刚才存盘的路径，再从「Import Option」下拉列表中选择「EndNote generated XML」。确定后单击「Import」按钮开始进行导入，如图 1-67 所示。此处的「Import Option」指的就是 Filter；为了让 EndNote 能够理解刚才存盘的数据所代表的意义，必须借助懂得万方数据库的翻译员（Filter）的帮助，才能将数据顺利地导入至 Library 中。这样刚才选择的数据就立刻导入到 Library 中了，如图 1-68 所示。

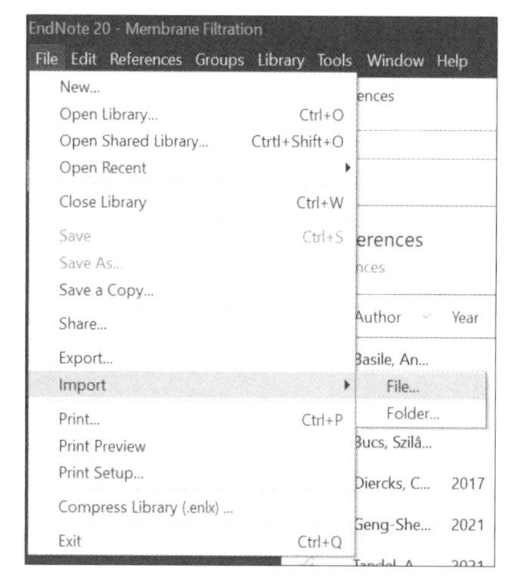

图 1-66　打开 EndNote 导入功能

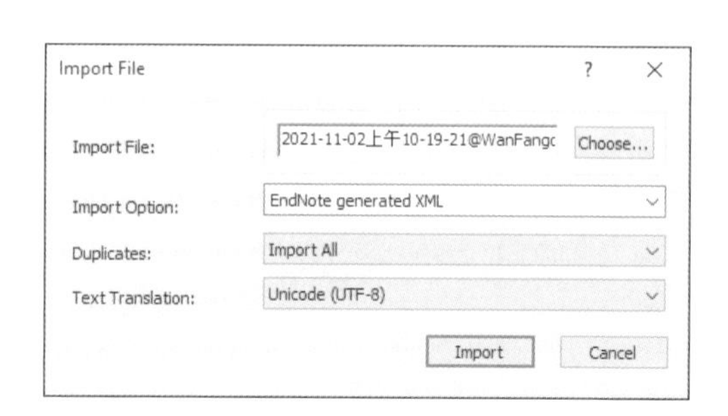

图 1-67　数据导入的设定

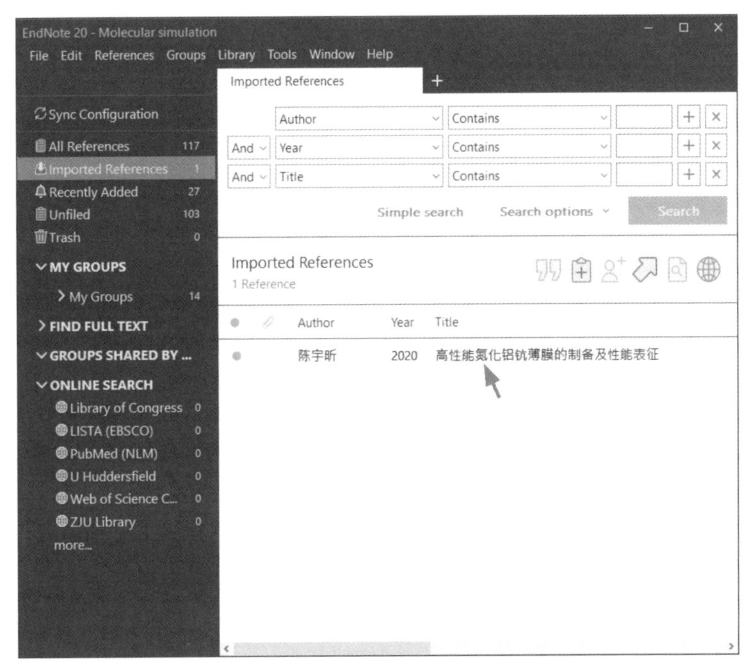

图 1-68　数据导入完成

这样的方式虽然比起直接导入的方式慢一些，但是相较于自行输入书目数据的方法还是会快上数倍，尤其当书目数据的数量庞大时，节省的时间更加可观。

1.5.2　Wiley InterScience 数据库

Wiley InterScience 是由 John Wiley & Sons 公司建立的综合性的学术数据库，其收录期刊 300 余种，共 14 个领域，如表 1-3 所示。

表 1-3　Wiley InterScience 数据库涵盖的 14 个领域

Business, Economics, Finance and Accounting（商学）	Law and Criminology（法学与犯罪学）
Chemistry（化学）	Life Sciences（生命科学）
Earth and Environmental Science（地球与环境科学）	Mathematics and Statistics（数学与统计学）
Education（教育学）	Medical, Veterinary and Health Sciences（医学、兽医学与健康科学）
Engineering（工程学）	Physics and Astronomy（物理与天文学）
Humanities and Social Sciences（人文与社会科学）	Polymers and Materials Science（高分子与材料科学）
Information Science and Computing（信息科学）	Psychology（心理学）

除了期刊之外，还收录有电子书等。下面将介绍由 Wiley InterScience 数据库导入数据的步骤。

▶ Step 01 如图 1-69 所示为数据库的检索结果，单击「Export Citation (s)」按钮，在弹出的页面中勾选需要的书目数据后，单击「Next」按钮。

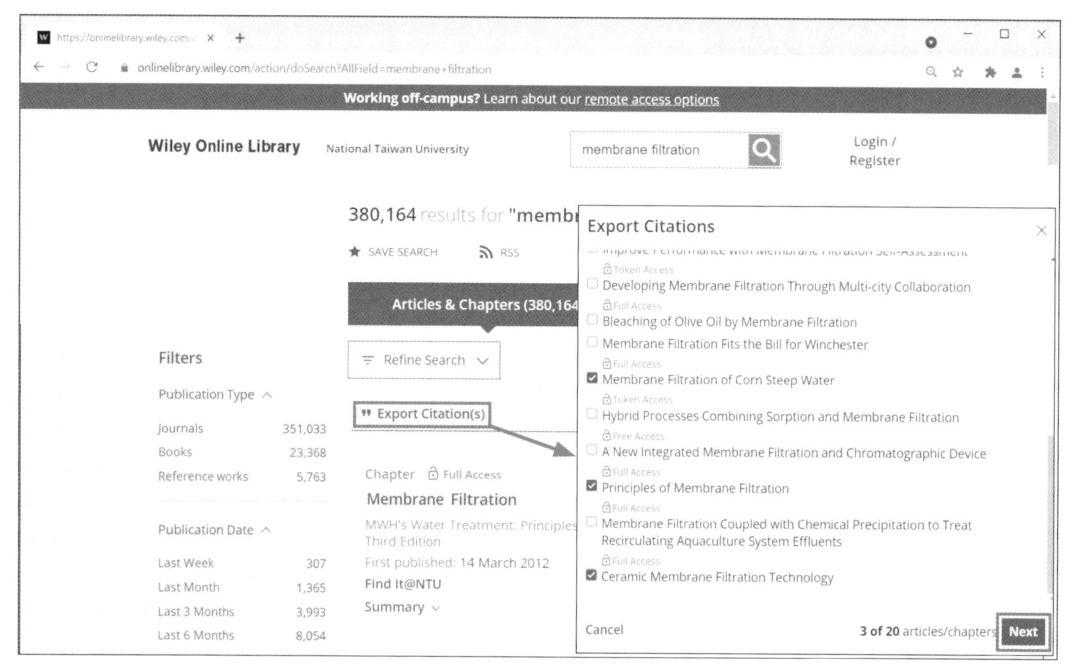

图 1-69　勾选需要的书目数据

▶ Step 02 将下载的格式设定完成后单击「Export」按钮，如图 1-70 所示，在弹出的对话框中单击「Save」按钮，保存文件。

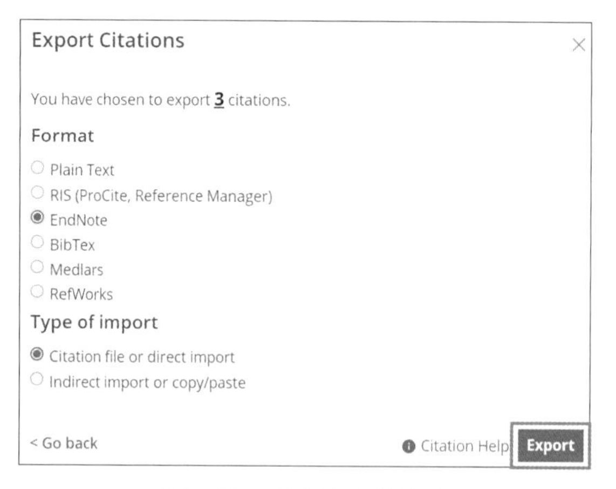

图 1-70　设定输出的格式

▶ Step 03 回到 EndNote，单击工具列的「File」→「Import」→「File...」命令，弹出「Import File」对话框。单击对话框中的「Choose...」按钮，找出刚才存盘数据的路径，接着在「Import Option」下拉列表中选择「EndNote Import」选项，如图 1-71 所示，再单击「Import」按钮，即可将数据导入到 EndNote 中，如图 1-72 所示。

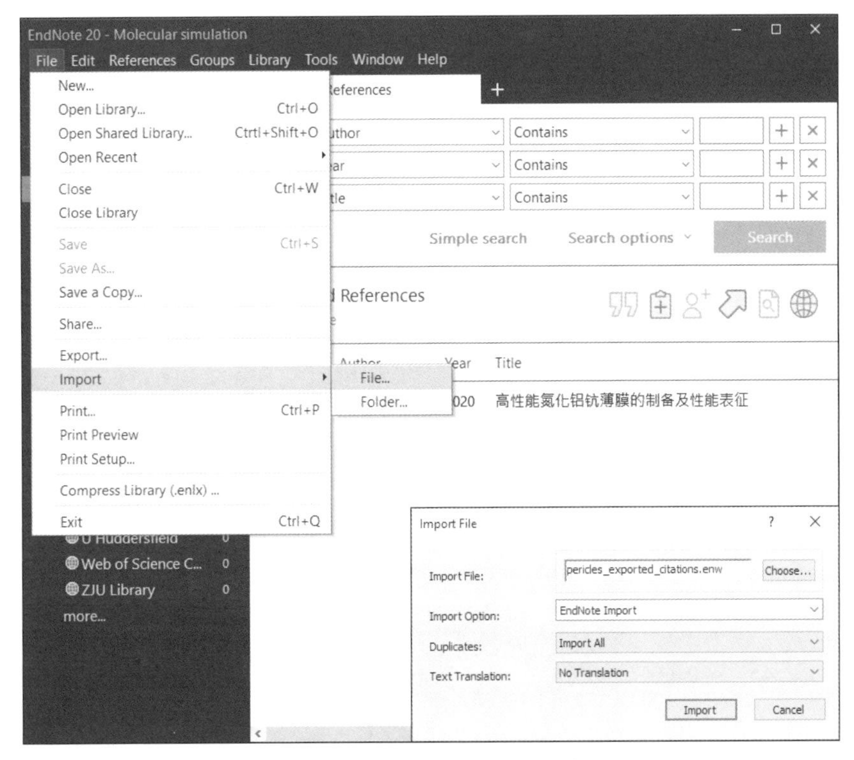

图 1-71　选择适当的导入设定

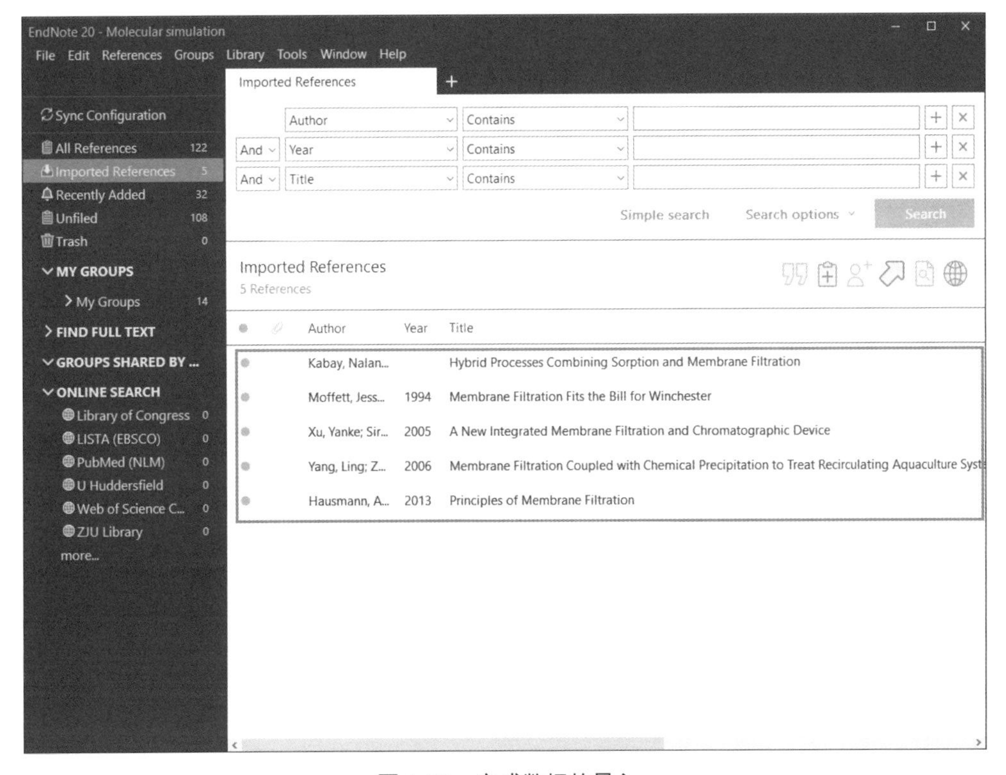

图 1-72　完成数据的导入

1.5.3 ACM Digital Library 数据库

ACM Digital Library数据库收录了美国计算机协会（Association for Computing Machinery）的全部出版物以及和ACM有合作关系的出版机构的出版物全文，包括各种电子期刊、会议记录、快报等文献，最早可回溯50年，是一个相当重要的期刊数据库。虽然ACM可以让使用者导出检索结果，但是却无法直接导入到EndNote中，必须要通过Filter的协助才能将数据导入EndNote，其操作步骤如下。

Step 01 如图 1-73 所示，在检索结果页面中可以看到检索到的每笔文献，如果想要获得其中某篇文献的书目信息，就单击其文献名称，进入单条文献信息内容。这也意味着一次只能下载一笔数据而无法批处理多笔数据。

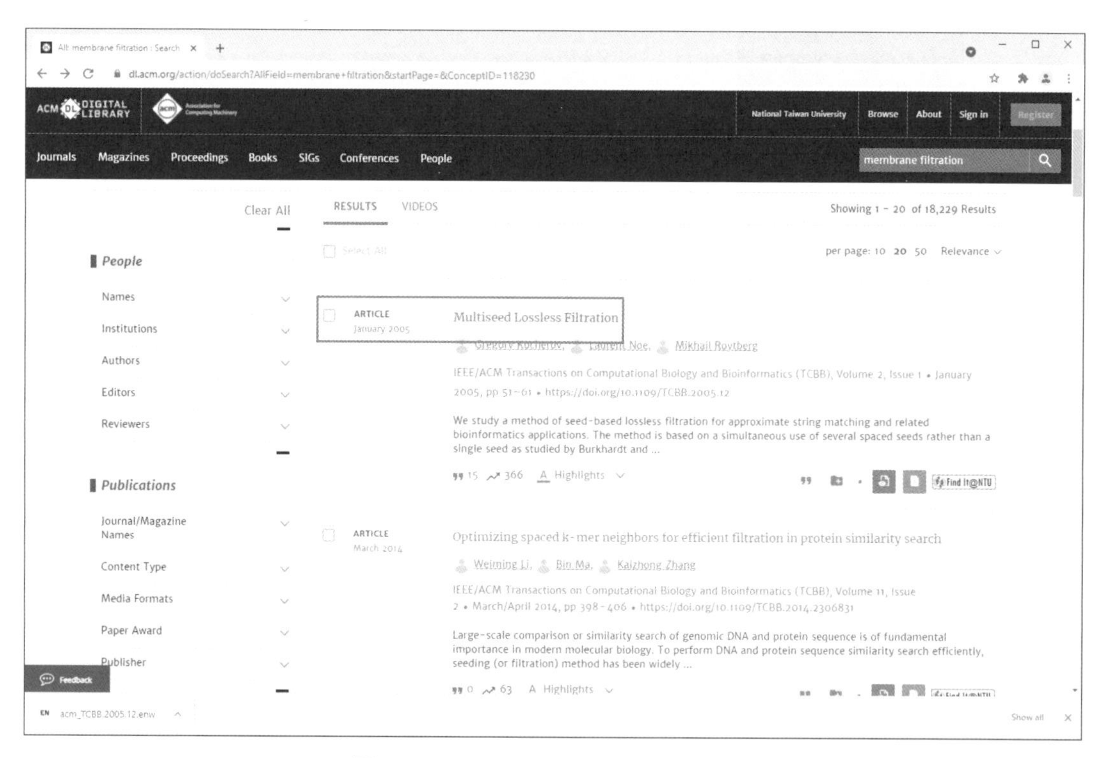

图 1-73 ACM Digital Library 检索结果

Step 02 单击 ❞「Export Citation」符号，如图 1-74 所示，弹出「Export Citations」对话框。在下拉列表中选择「EndNote」，再单击该对话框中的「Download」按钮，将数据保存为 .enw 文件，如图 1-75 所示。

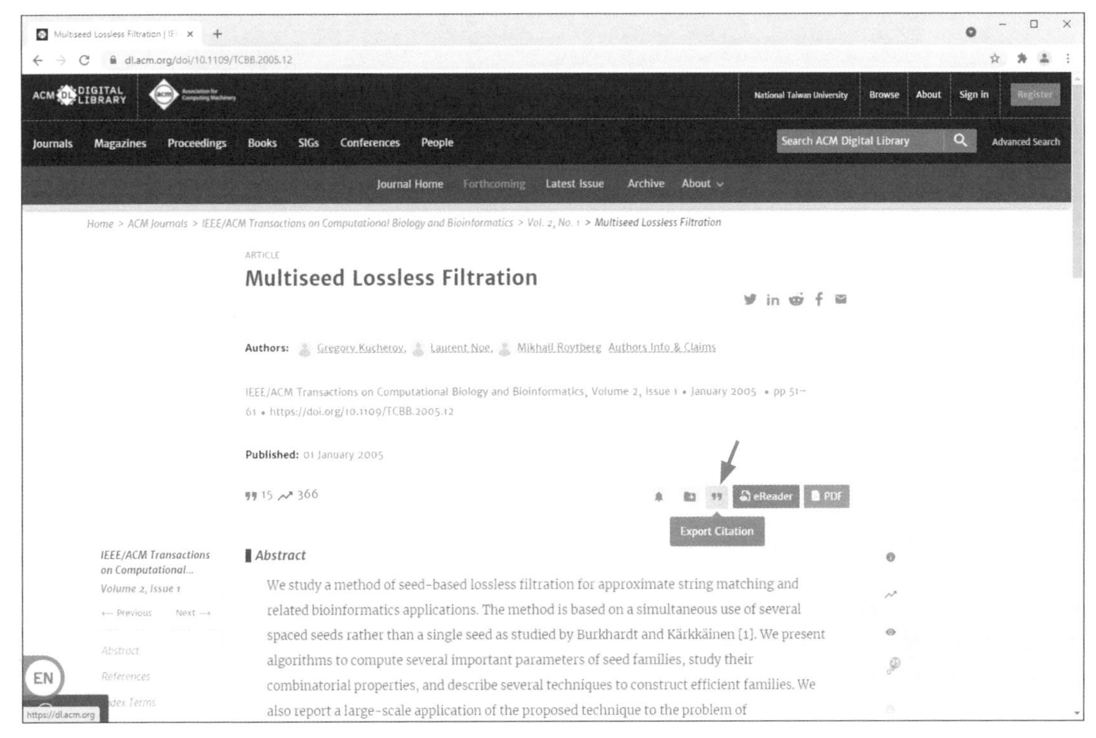

图 1-74　将资料导出

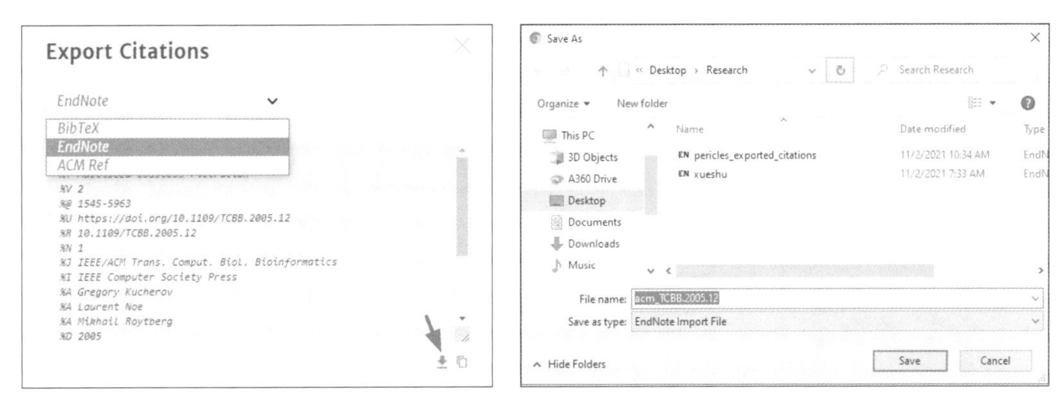

图 1-75　将数据保存为 .enw 文件

Step 03 回到EndNote，单击工具列的「File」→「Import」→「File...」命令，弹出「Import File」对话框，如图 1-76 所示。单击对话框中「Import File」后方的「Choose...」按钮，找出刚才存盘的路径，然后单击「Import」按钮，即可顺利地将数据导入，如图 1-77 所示。

同样地，通过「Find Full Text」或其他方式将全文数据一并保存至 EndNote 可以为将来寻找全文资料节省许多时间。

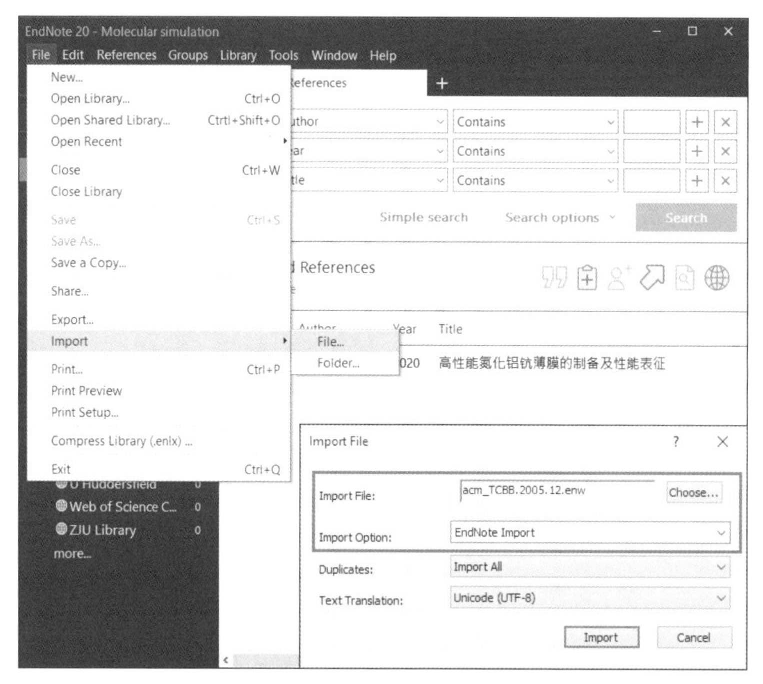

图 1-76　将 ACM Digital Library 数据导入到 EndNote Library 中

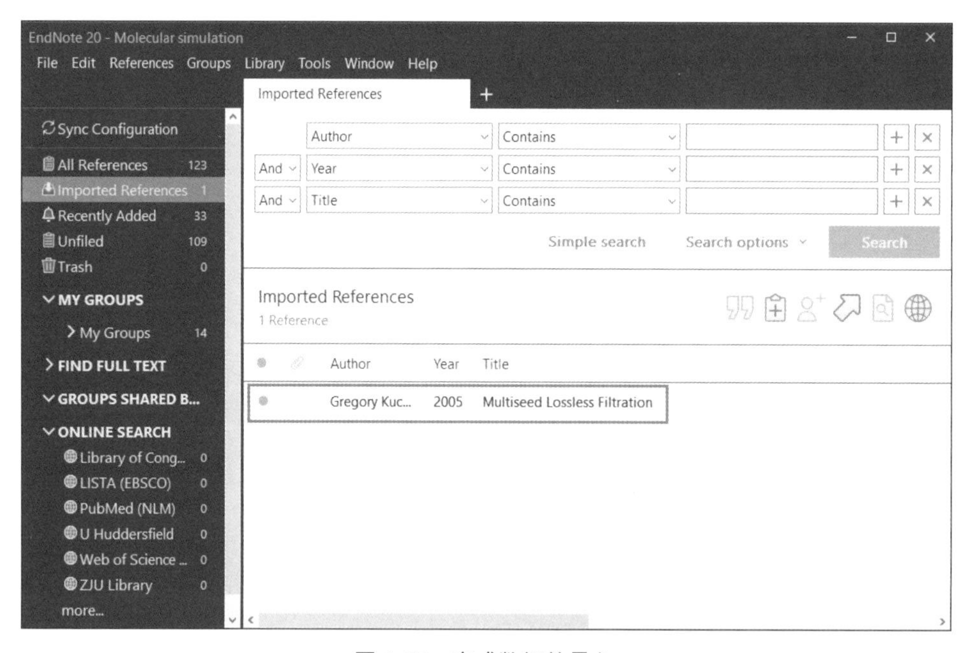

图 1-77　完成数据的导入

利用这个方法导出数据虽然比直接导入的数据库多几个步骤，但是相较于自行输入书目数据，这个方式还是快上许多。本书附录 A 整理了许多数据库导入 EndNote 的步骤，但是当 EndNote 没有适合的 Filter 时就不适用了。此时可以考虑自制 Filter，其方法请参考本书 2.2 节。

第2章 EndNote Library 的管理

由于书目数据来自不同的数据库，例如，期刊数据库、索引摘要数据库、百度学术、图书馆馆藏目录等，发生数据重复的概率很大。第 1 章提到 EndNote 与数据库之间的过滤器（Filter）可以自制，本章第 2 节就要介绍如何利用剪贴功能轻松地制作 Filter。此外，图书馆也能与他人共享、进行个性化设定、合并、压缩等操作，本章也将逐一说明。

2.1 管理 EndNote Library

2.1.1 建立书目群组

一台计算机可以建立多个图书馆，每一个图书馆都有自己的馆藏目录，在查询数据时必须分别进行查询。其实我们可以建立一个图书馆，再利用图书馆的「Group」功能将数据分门别类、各自归档。Group 相当于图书馆内不同主题的书架，所有的数据被分别放在不同的书架上，却都同样集中在一个图书馆中。

在图书馆中建立 Group 有以下两种方法。

方法一：在左侧「MY GROUPS」文字上右击，在弹出的快捷菜单中单击「Create Group」命令，如图 2-1 所示。

方法二：单击工具列的「Groups」→「Create Group」命令，如图 2-2 所示。

再为新的 Group 命名。重复以上的操作直到建立了足够的 Groups 以管理众多书目。再利用拖曳的方式，将书目数据直接放在适当的 Group 中。

提示

每笔书目数据只能放在一个 Group 内，至于没有归类的书目将会继续存在于尚未归档「Unfiled」的位置，如图 2-3 所示。

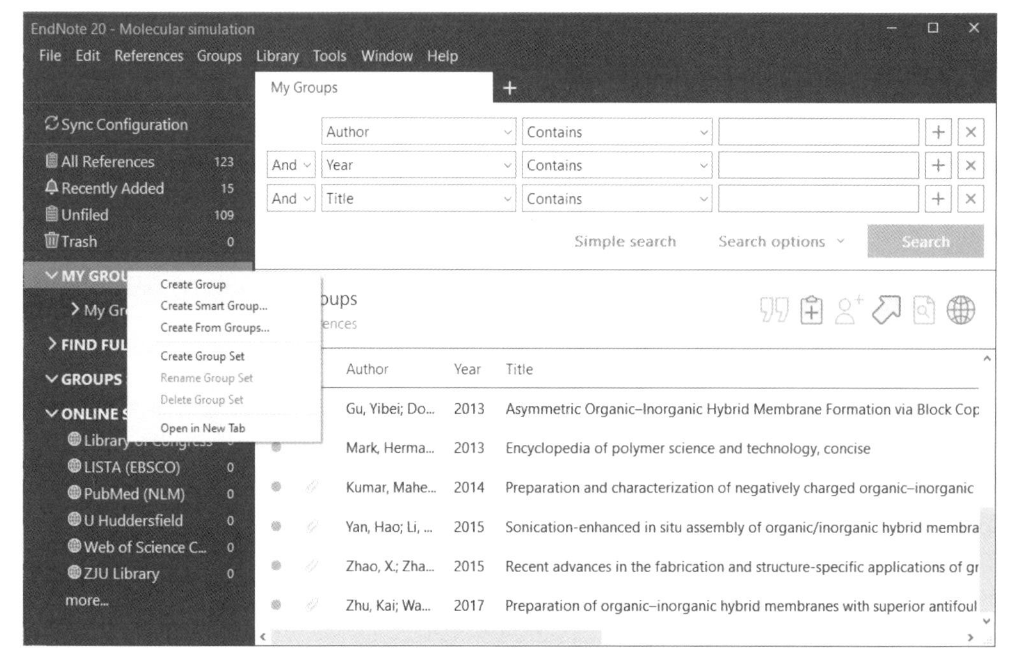

图 2-1　EndNote Library 的「Group」功能

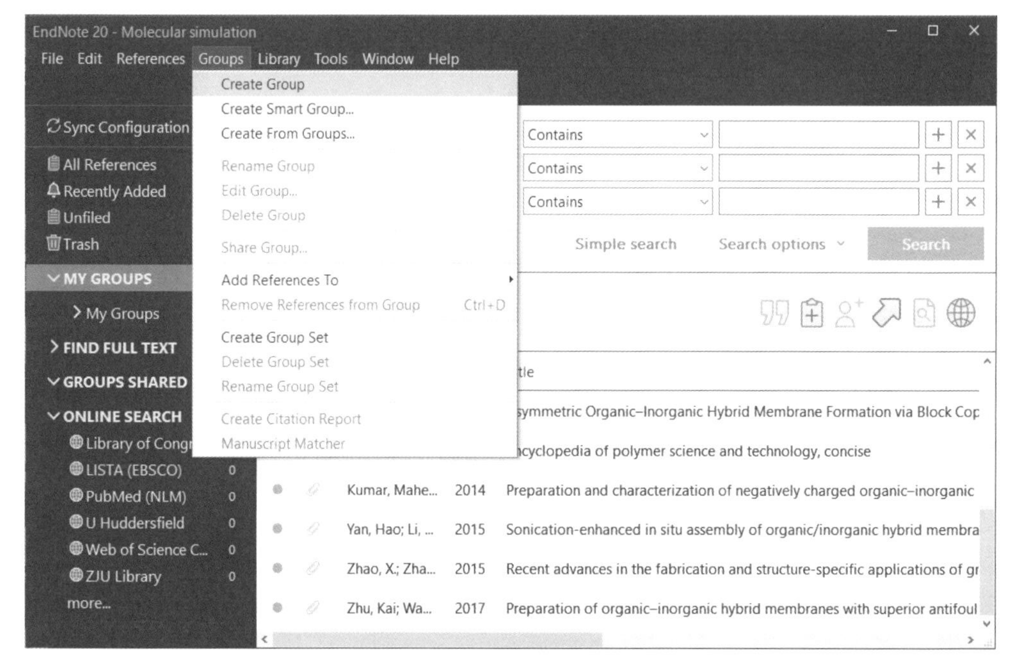

图 2-2　通过工具列建立 Group

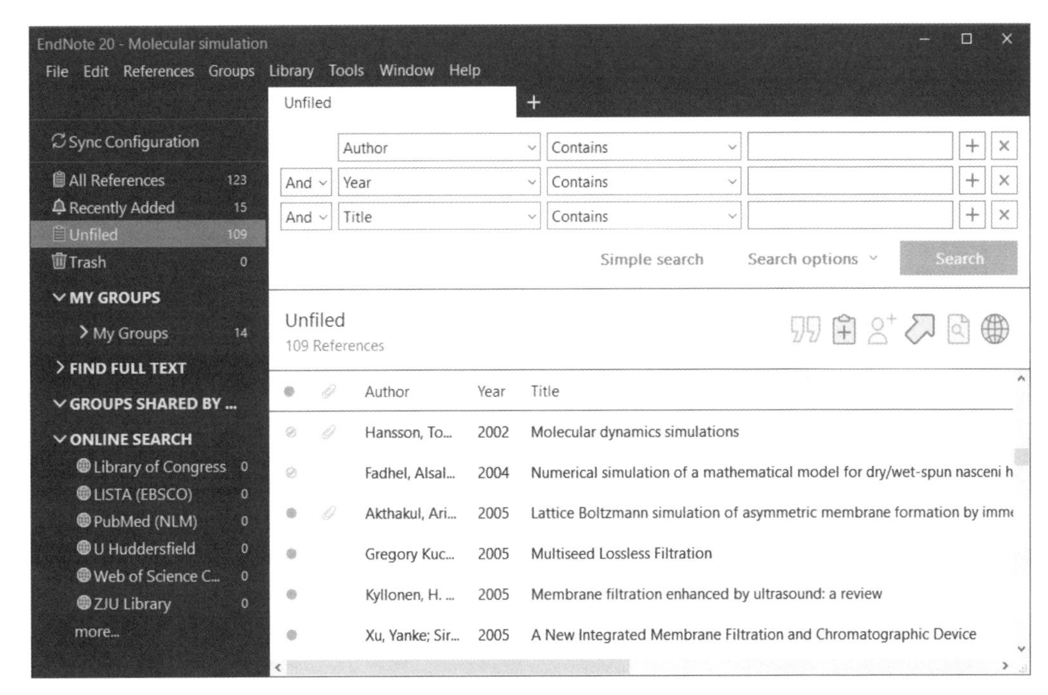

图 2-3 存放书目数据

其他与 Group 相关的选项如表 2-1 所示。

表 2-1 其他与 Group 相关的选项

名 称	含 义	名 称	含 义
Create Group	建立书目群组	Rename Group Set	重新命名群组集
Create Smart Group...	建立智能书目群组	Delete Group Set	删除群组集
Create Group Set	建立群组集		

建立智能书目群组是通过「Search」（检索）的功能将图书馆中具有某些条件的数据汇集在一起的方法。假设我们希望将「Molecular simulation」图书馆中所有关键词有 Membrane 的书目都集合成一个 Group，就可以单击工具列的「Groups」→「Create Smart Group...」命令，弹出「Smart Group」对话框，如图 2-4 所示，在「Smart Group Name」文本框中输入 Smart Group 的名称及检索条件「Membrane」，然后单击「Create」按钮。

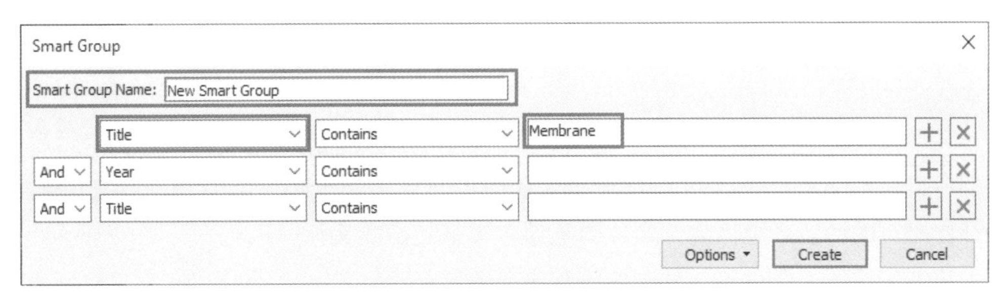

图 2-4 输入检索条件

在左侧「My Groups」下可以看到一组「New Smart Group」已经自动形成，如图 2-5 所示。

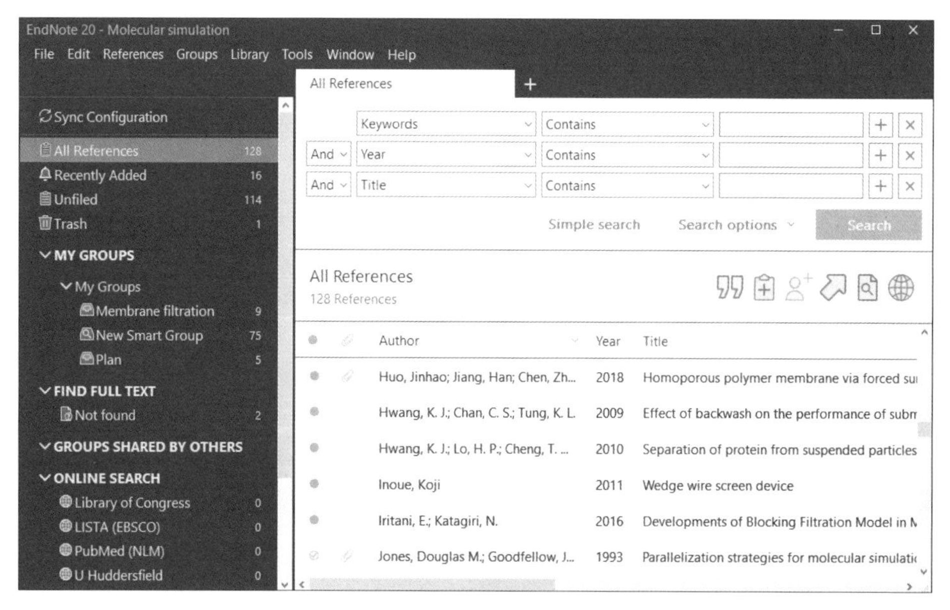

图 2-5　自动形成智能书目群组

2.1.2　找出重复的书目数据

从不同来源的数据库进行查询也很可能找到许多相同的数据，在导入 EndNote Library 后就可以利用找出重复数据的功能进行对比。首先，先了解什么是「重复」（Duplicates）的数据。以下两笔参考文献描述的是同一篇期刊论文，但是书写的方法却不相同。

- Reference A：

Baldwin, B. S.; Jacobsen, D. A. *Journal of the New England Water Works Association* **2003,** *117,15.*

- Reference B：

Baldwin, B. S. and D. A. Jacobsen (2003). “Iron and manganese removal by membrane filtration – Seekonk water district experience.” Journal of the New England Water Works Association **117**(1):15

表 2-2 为 A 和 B 两笔参考文献的书写方法比较，虽然它们描述的是同一篇文章，但是它们所提供的信息却不相同，Reference B 提供的信息要比 Reference A 多，如果每一个字段都要比对的话，系统将会判定这两笔参考文献是不同文章。

如果我们将比对条件设定为仅辨识作者、刊名及出版年这 3 个字段，那么这两笔文献将被视为相同的数据。而「重复」（Duplicates）功能就是帮助我们设定需要辨识的字段。

表 2-2　两笔参考文献的书写方法比较

Field	Reference A	Reference B
作者	◎	◎
刊名	◎	◎
篇名		◎
卷	◎	◎
期		◎
页码	◎	◎
关键词		
出版年	◎	◎
ISSN/ISBN		

要找出图书馆中重复的书目数据，可单击工具列的「Library」→「Find Duplicates」命令，如图 2-6 所示，寻找出相同的书目。

接着，对于被判定重复的数据会被并排列于如图 2-7 所示的对话框中，通过查看各字段的详尽程度，选择保留内容较为完整者，例如，保留含有全文数据的书目。单击「Keep This Record」按钮以保留该笔数据，就可以自动回到原来的界面。倘若出现如图 2-8 所示的对话框，代表此图书馆中没有重复的书目数据。

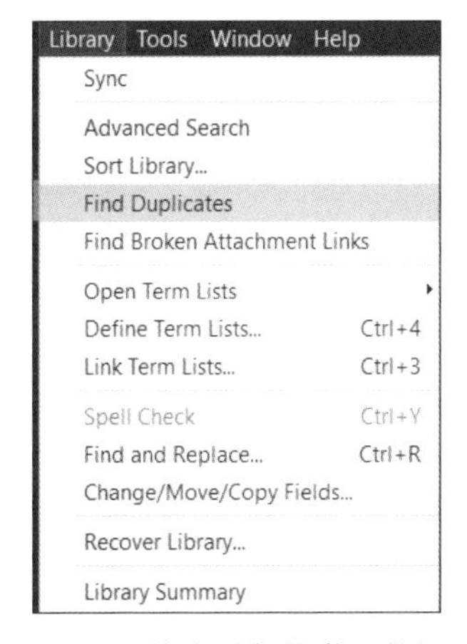

图 2-6　找出重复的书目数据

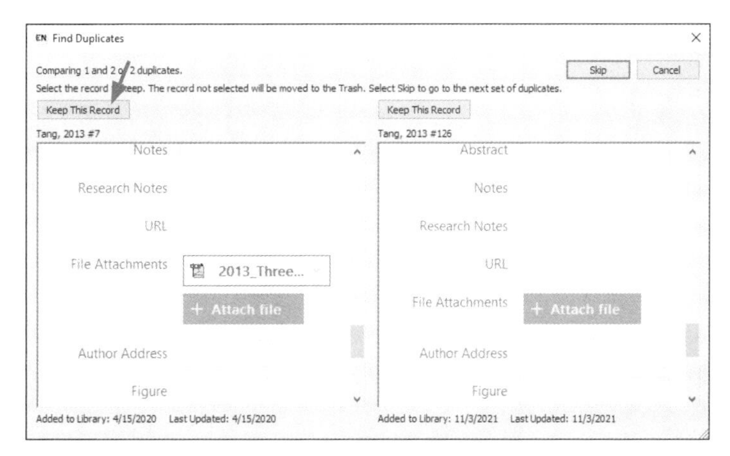

图 2-7　比较各字段的详尽程度

这项功能主要是比对作者、年份、篇名以及数据类型（Reference Type）4 个字段，当四者相同的时候就被判定为重复的书目数据。如果我们希望更改比对的条件，可以如图 2-9 所示，单击工具列的「Edit」→「Preferences...」命令，在弹出的「EndNote Preferences」对话框中进行更改。

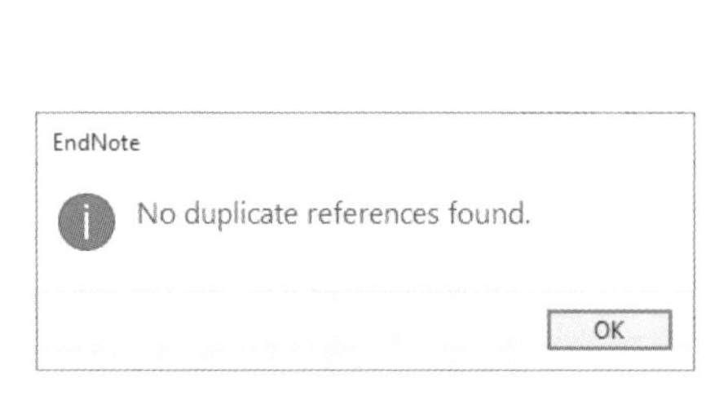

图 2-8　此图书馆内没有重复的书目

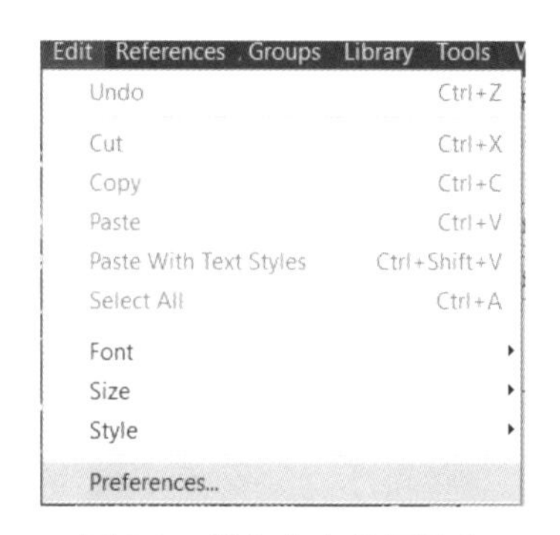

图 2-9　进入个人偏好设定

相符合的条件越多，表示数据的比对越精确，但有时明明是相同的数据却可能被判断为不同的数据。例如，我们设定必须比对「Issue」字段相符才算是重复的书目，如果两笔相同的论文，其中一笔书目的字段有「Issue」的数据，另一笔没有，就可能被判定为不同的两篇论文，这样也可以帮助我们挑选出内容比较完整的书目并加以保留。如图 2-10 所示，选择「EndNote References」对话框左侧的「Duplicates」选项，然后在右侧「Compare references based on the following fields:」选项组中选择需要比对的条件。

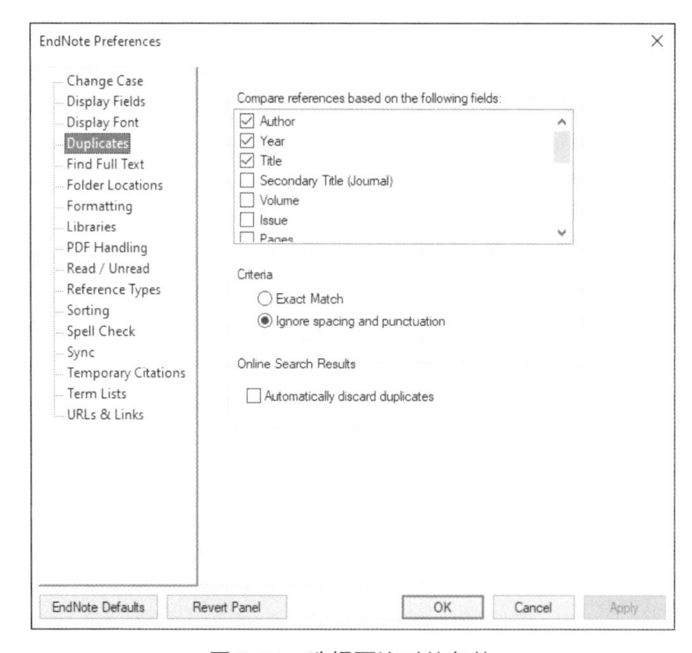

图 2-10　选择要比对的条件

2.1.3　检索书目数据

利用 EndNote 来管理数量庞大的数据与利用影印、存盘来管理数据的差异之一就在于检索的便利性。由于所有的书目都是数字数据，因此查询起来就如同查询图书馆的馆藏目录一样，通过不同字段输入检索词，就可以轻松找到需要的数据了。

首先，单击「Search」选项卡，将界面切换至检索（Search）界面，在适当的检索字段中输入关键词。然后，单击「Search」按钮即可进行检索，如图 2-11 所示。

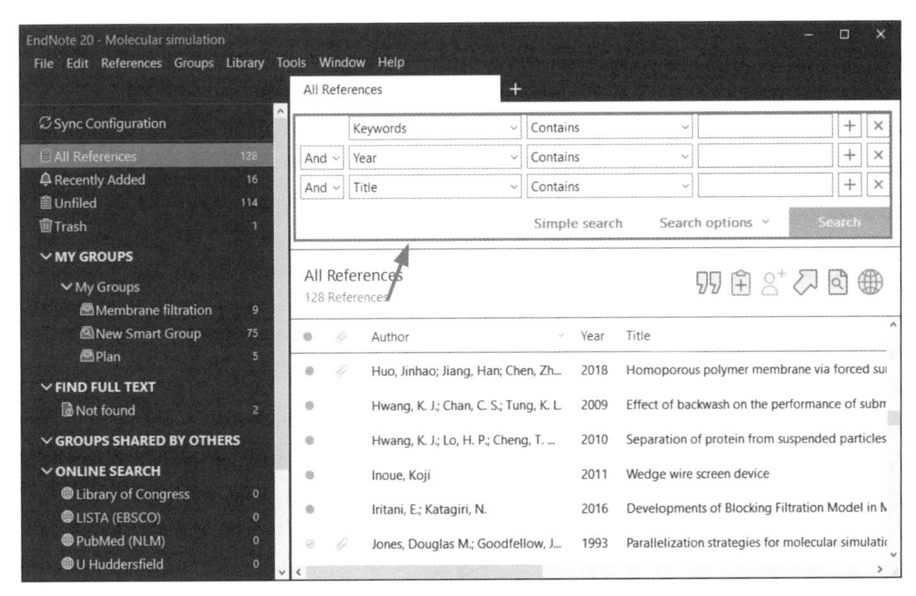

图 2-11 切换至图书馆检索界面

如图 2-12 所示，每个字段都有一套操作选项帮助使用者控制查询范围的精确度，表 2-3 为查询范围的各个选项的含义。

要回到全部的书目时，只要单击左侧的「All References」命令即可。

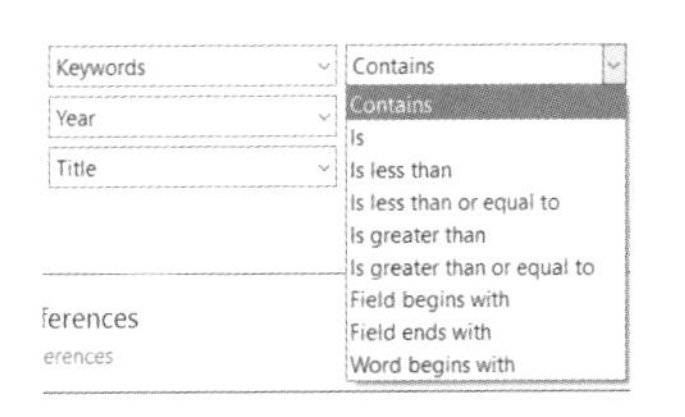

图 2-12 查询范围

表 2-3 查询范围各个选项的含义

指令	说明
Contains	检索结果必须包含检索词
Is	检索结果与检索词完全相同，不可增减一个字
Is less than	检索结果必须小于所输入的数。例如，年份（Year）输入 1980，则系统必须检索小于 1980 的年份
Is less than or equal to	检索结果必须小于或等于所输入的数。例如，年份（Year）输入 1980，则系统必须检索小于或等于 1980 的年份
Is greater than	检索结果必须大于所输入的数。例如，年份（Year）输入 1980，则系统必须检索大于 1980 的年份
Is greater than or equal to	检索结果必须大于或等于所输入的数。例如，年份（Year）输入 1980，则系统必须检索大于或等于 1980 的年份
Field begins with	检索结果的首字为检索词。例如，以「Film」检索「Title」字段，则检索结果须为 Film...
Field ends with	检索结果的末字为检索词。例如，以「Film」检索「Title」字段，则检索结果须为…Film
Word begins with	检索结果包含某些字母开头的字。例如，输入 drink，结果会出现 drink、drinking、drinks 等

2.1.4 批次修改书目数据

每一笔书目数据都可以进行修改，但是如果我们要修改的部分囊括整个数据库，例如，整个数据库的「United Kingdom」一词都要换成「UK」，那么无须一笔一笔地编辑，直接按照如下步骤操作就可以一次完成整个 EndNote 图书馆的变更。

Step 01 如图 2-13 所示，单击工具列的「Library」→「Find and Replace...」命令，此时弹出如图 2-14 所示的「Find and Replace」对话框。

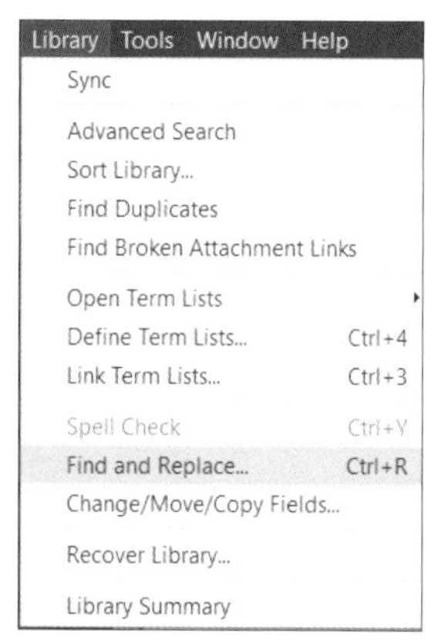

图 2-13 选择「Find and Replace...」的功能

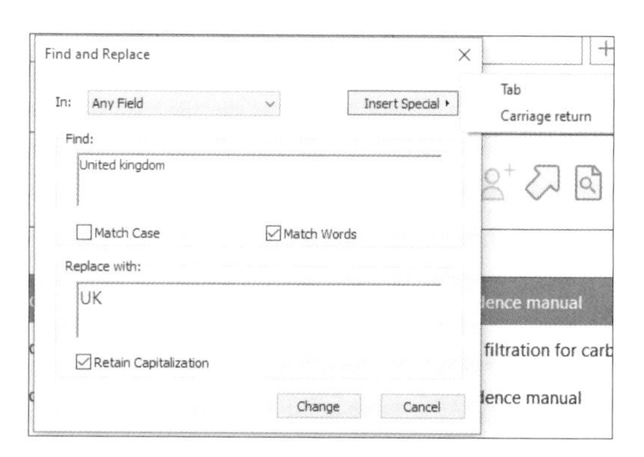

图 2-14 批次替换文字

Step 02 在「In」下拉列表中选择文字所在的字段，例如，「Any Field」字段（任何）、「Keywords」字段（关键词）或「Abstract」字段（摘要）等。下拉列表右侧有「Insert Special」按钮，其中，「Insert Special Tab」选项表示在文字之前增加缩排，也就是空格；「Insert Special Carriage return」选项表示换到下一行。

完成更改后的数据会以反白作为提示，如图 2-15 所示。

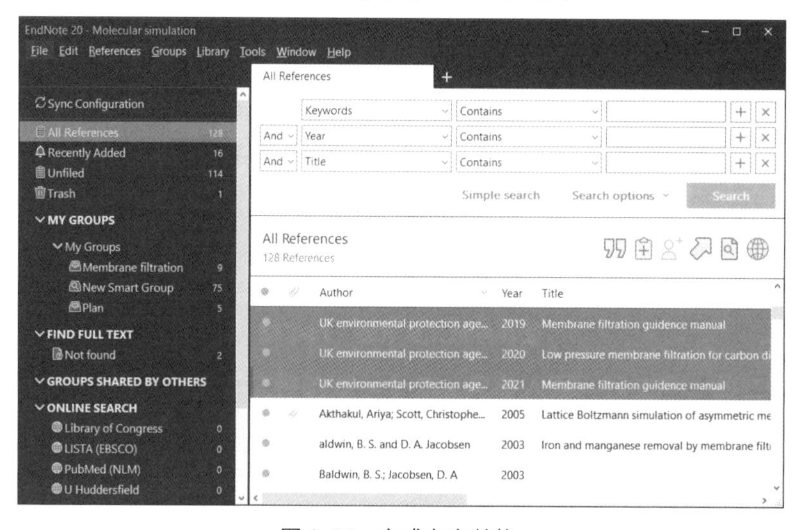

图 2-15 完成文字替换

这样的方式非常类似于 Word 中的「替换」功能，但是 Word 中的「替换」是可以复原的，而 EndNote 的「Find and Replace」是不能复原的，如果想要改回原来的文字，可以重复上述操作，将上下两个条件互换。

2.1.5 合并两个图书馆

一台计算机可以建立多个图书馆，只要在计算机容量许可之内就可以无限制地建立。但是建立多个图书馆的缺点在于查询文件时必须一个一个目录进行查询，较为耗时，因此以建立一个图书馆再以 Group 的方式管理为宜。另外，当我们与他人共享图书馆时，要将多个图书馆进行合并，也可以利用合并图书馆的技巧。

合并图书馆的操作步骤如下。

Step 01 选定要导入的图书馆，并单击工具列的「File」→「Import」→「File...」命令，如图 2-16 所示，弹出「Import File」对话框。

Step 02 单击「Import File」文本框后的「Choose...」按钮，指定想要合并的图书馆的路径，再在「Import Option」下拉列表中选择「EndNote Library」选项，如果下拉列表中无此选项，则可通过选择「Other Filters」找出该选项，如图 2-17 所示。

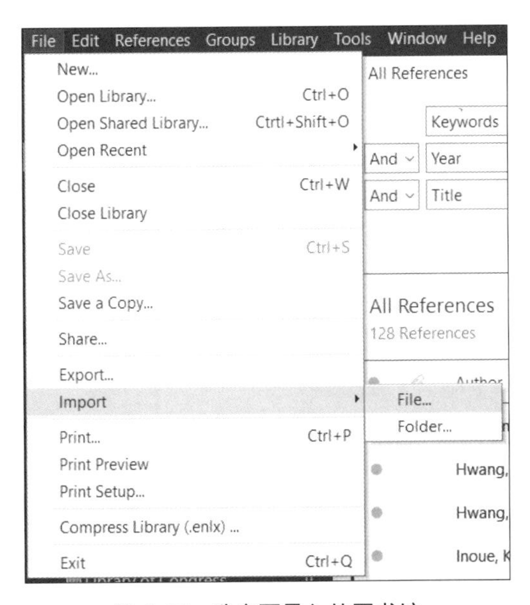

图 2-16 选定要导入的图书馆

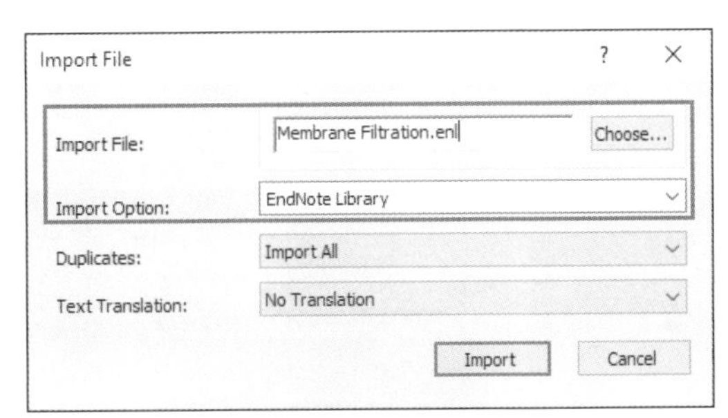

图 2-17 进行导入设定

Step 03 单击「Import」按钮，可以看到 Membrane Filtration 图书馆已经被合并到 Molecular Simulation 图书馆中了，并且会同时显示在左侧的「Imported References」和「All References」中如图 2-18 所示。

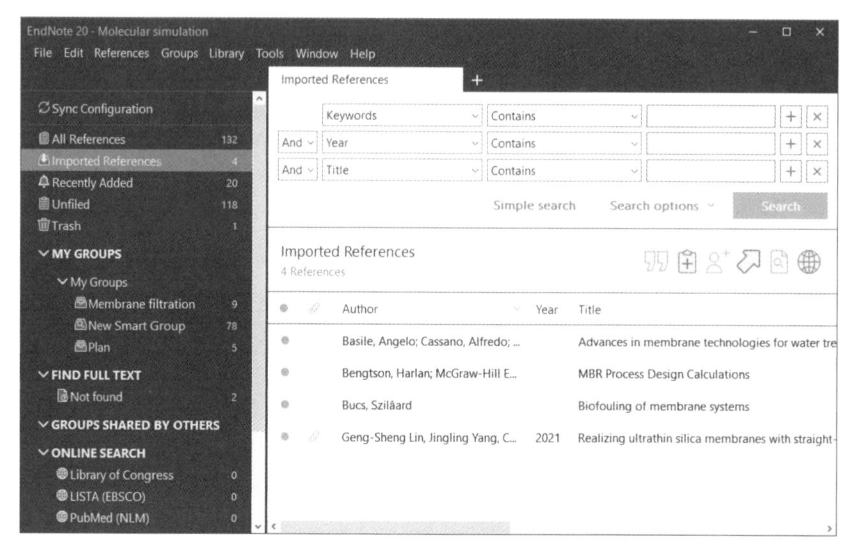

图 2-18　完成图书馆的合并

2.1.6　移动部分书目数据

前一节介绍的是如何将两组图书馆的全部数据合并到一个图书馆中，这一节要介绍的则是将某个图书馆的部分数据放入另一个图书馆中。其实只要利用拖拽或复制、粘贴功能就可以轻松完成。

方法一：鼠标拖拽书目。打开 EndNote 程序，并且同时打开两个（或多个）图书馆，选择想要移动的书目，用鼠标直接拖拽即可，如图 2-19 所示。

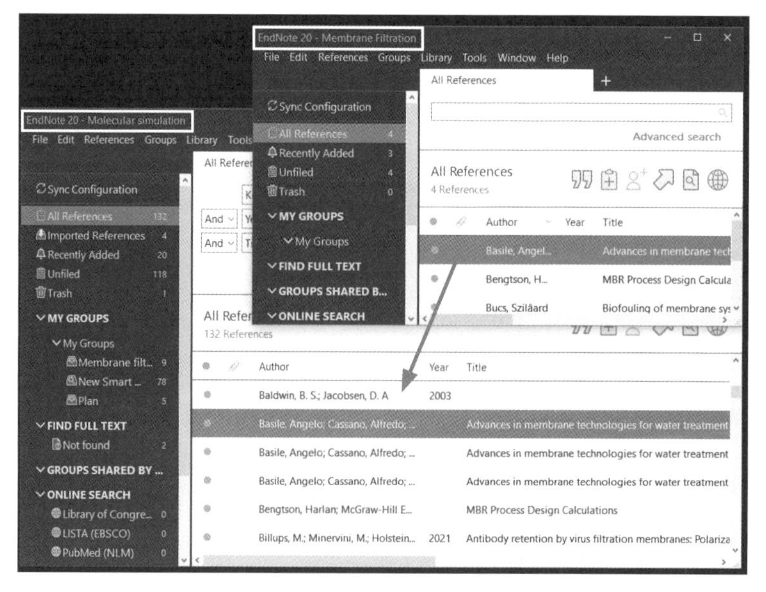

图 2-19　直接拖拽书目至另一个图书馆

方法二：复制粘贴书目。选择一个或多个书目数据，单击工具列的「Edit」→「Copy」命令复制选定的书目，如图 2-20 所示，回到另一个图书馆中，将数据「Paste」（粘贴）即可，如图 2-21 所示。如果另一个图书馆的书目排序方式是依照作者的字母顺序排列，那么粘贴的书目也会依照作者的字母顺序排列，依此类推。

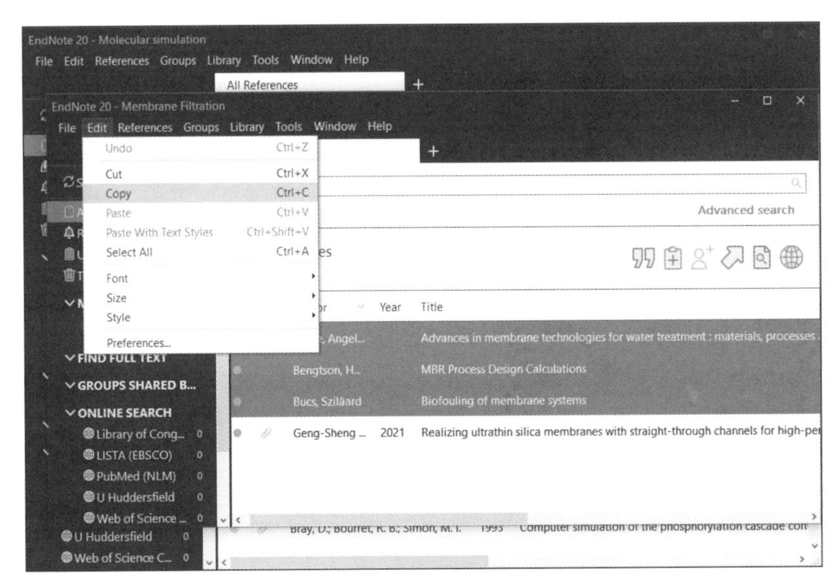

图 2-20 复制图书馆的部分书目数据

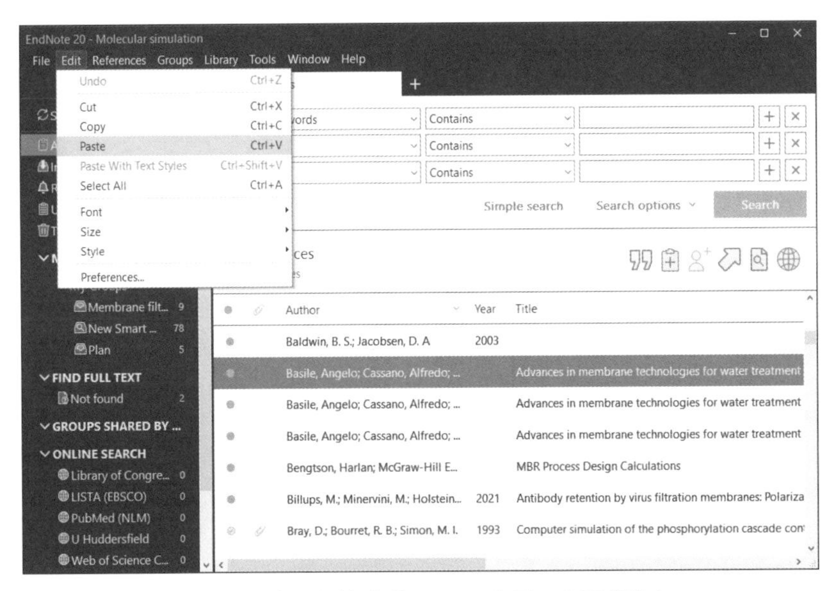

图 2-21 将数据粘贴「Paste」在另一个图书馆中

2.1.7 图书馆的复制及备份

就像任何重要的文件都需要备份一样，辛苦建立的 EndNote 图书馆也一样需要备份以防数据损毁或遗失。当我们需要利用不同的计算机工作时，也可以将复制的图书馆带到任何一台安装了 EndNote 应用程序的计算机上工作；当与他人共享资源时也可复制图书馆供对方使用。复制图书馆就像复制一般计算机文件一样，方法相当简单。

方法一：复制 & 粘贴。

就像复制计算机文件一样，单击鼠标右键选择「Copy」命令，并在选定的位置粘贴文件即可。要特别留意的是，当复制 EndNote 图书馆时一定要复制整组数据，也就是图书馆（扩展名为 .enl）和同名的文件夹（扩展名为 .Data）。如 1.2 节的图 1-29 所示。

方法二：「Save a Copy」功能。

Step 01 单击 EndNote 工具列的「File」→「Save a Copy...」命令，将图书馆另存备份，如图 2-22 所示。

Step 02 在弹出的「Save a Copy」对话框中为复制的图书馆选择保存的位置及文件名，如图 2-23 所示。

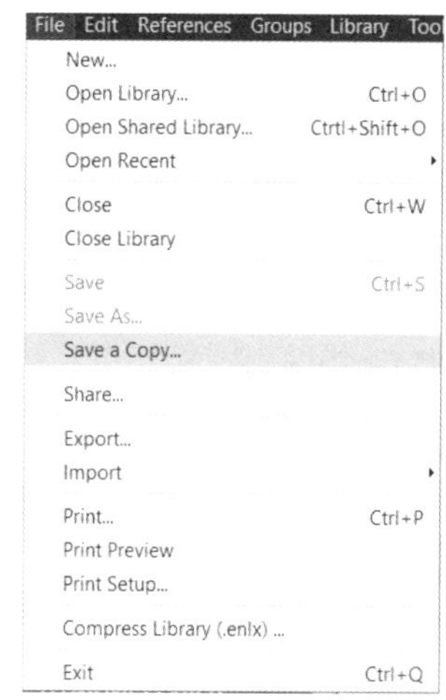

图 2-22　另存整个图书馆

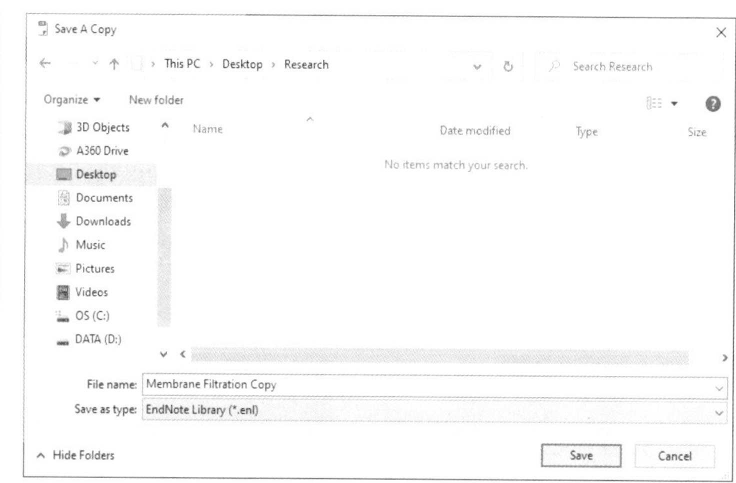

图 2-23　为复制的图书馆选择保存位置并命名

Step 03 确定后单击「Save」按钮，即完成了整组图书馆的复制，如图 2-24 所示。

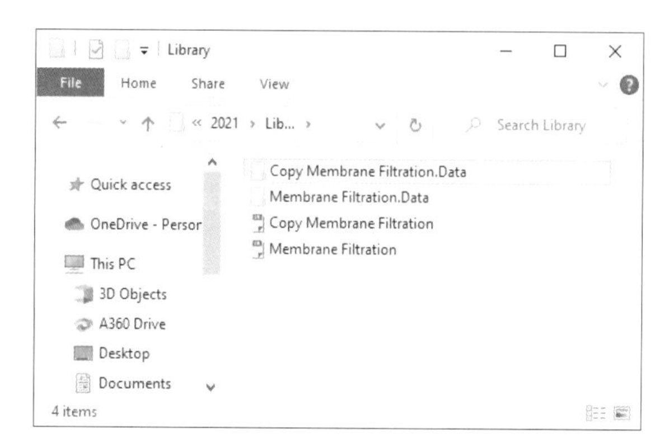

图 2-24　整组图书馆复制完成

2.1.8 图书馆的压缩

共享、复制图书馆时，一定要将 .Data 及 .enl 文件一同处理才算是一组完整的文件，但是通过 EndNote 内建的压缩功能可以将整组文件一次压缩为一个 .enlx 文件。压缩与解压缩的步骤如下。

Step 01 如图 2-25 所示，单击工具列的「File」→「Compress Library(.enlx)...」命令，弹出「Compress Library(.enlx)」对话框，如图 2-26 所示，该对话框分成如下 3 部分。

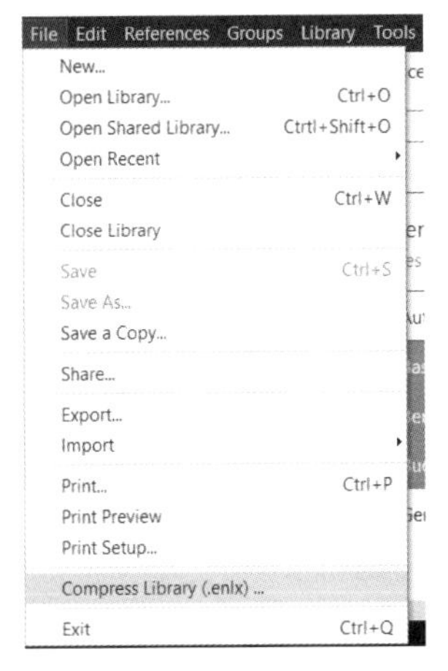

图 2-25 单击「File」→「Compress Library (.enlx)...」命令

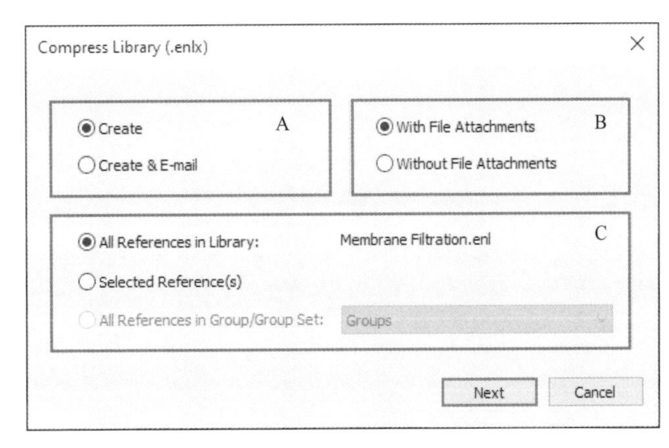

图 2-26 「Compress Library(.enlx)」对话框

- A 框：询问使用者是否仅建立压缩图书馆或压缩后再将图书馆寄给他人共享。
- B 框：询问使用者压缩图书馆时是否要包含书目中的附加文件，如图文件、PDF 文件等。有附加文件的图书馆所需的内存较大，但是数据也较为完整。
- C 框：询问使用者想要将哪些书目数据压缩，是图书馆内全部的书目数据，还是被选择的书目数据，或某个书目群组（Group）的数据。

Step 02 设定完成后，单击「Next」按钮为压缩图书馆取一个文件名，如图 2-27 所示。

Step 03 单击「Save」按钮，即可在存盘的位置看到该文件，如图 2-28 所示。

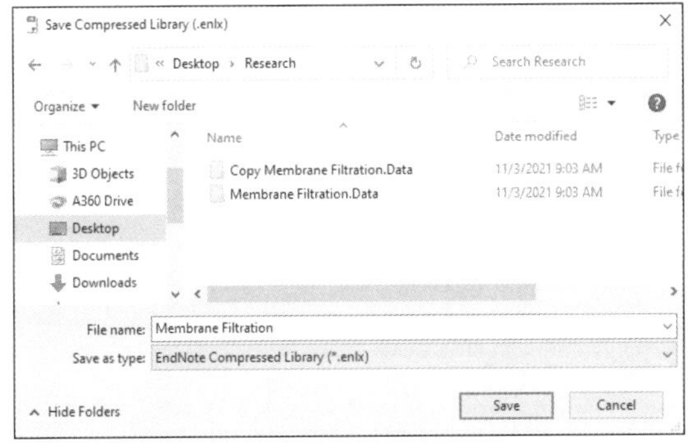

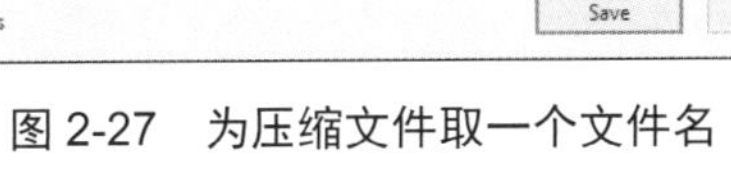

图 2-27 为压缩文件取一个文件名

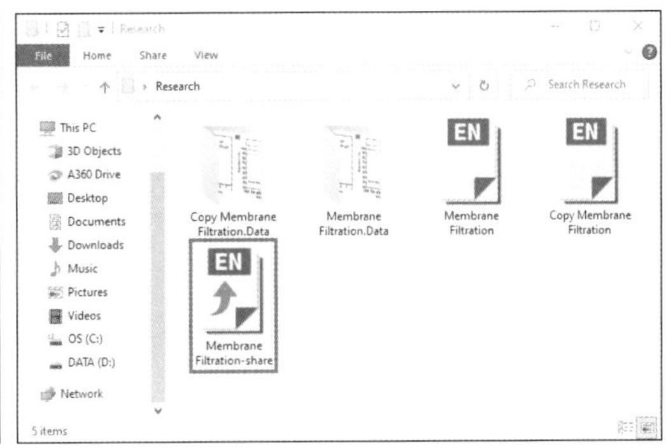

图 2-28 产生的压缩文件

压缩的图书馆其实合并了 .enl 与 .Data 文件，经过压缩后的文件节省了很大的空间，将来要使用的时候只要双击鼠标左键就可以打开文件。

压缩文件经解压会产生 .enl 与 .Data 文件夹，如图 2-29 所示，原本的压缩文件仍然继续存在。当我们利用解压的图书馆增删或修改书目数据时，并不会影响到原本的压缩文件，也就是解压缩后的图书馆即为一个独立的文件。

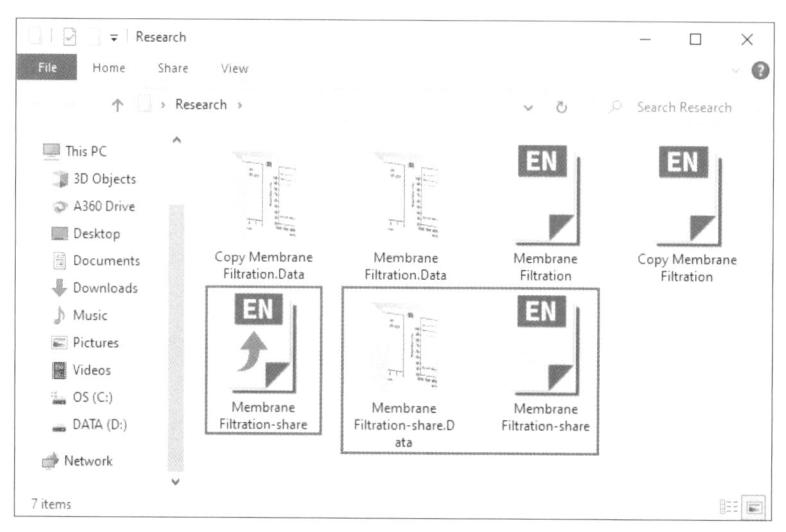

图 2-29　压缩文件及解压缩后的图书馆文件组

2.2　过滤器相关技巧

EndNote 的 Filter（过滤器）对于数据的导出 / 导入相当重要。前面提到过，Filter 就相当于数据库和 EndNote 之间的翻译员，虽然在安装 EndNote 软件时就已经内建了上百种过滤器，但这些过滤器绝对无法涵盖世上所有的数据库，也就是说并非每个数据库都可以支持数据导入 EndNote。因此，在 ISI 公司的 EndNote 网站上提供了下载的服务，使用者可以在线寻找自己需要的 Filter 并下载到本地的计算机中使用。

如果 EndNote 的网站也没有适用的 Filter 就可以考虑自己制作，制作过滤器仅需利用复制、粘贴操作即可完成。因此，只要是经常使用数据库就可以考虑制作 Filter。但若仅有一两笔数据要存入图书馆，那么直接利用「自行输入书目数据」的途径反而更快速。

2.2.1　下载更新

EndNote 的网站会不定时地提供新工具、新版本的下载，各个数据库的过滤器就是其中一例。EndNote 技术支持服务网页可以让使用者进行各项更新，而不仅是过滤器。本节以过滤器为例，其他各种工具的下载皆以类似的方式进行。

1. 下载单一过滤器

Step 01 在 EndNote 的网页（https://www.endnote.com/）上方单击「Support」链接，如图 2-30 所示，进入技术服务的页面。

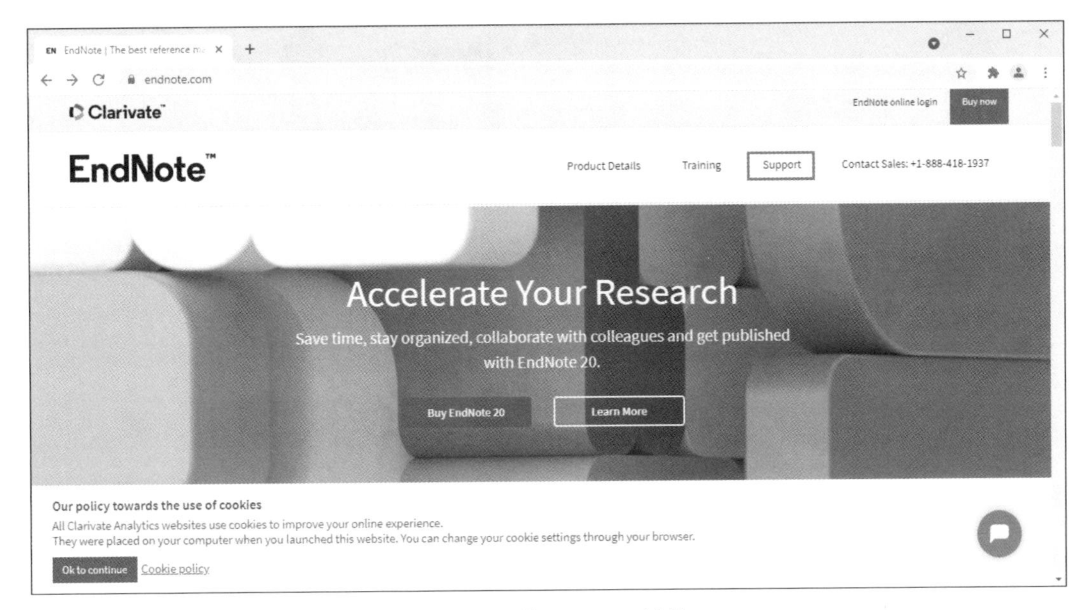

图 2-30　「Support」链接

Step 02 单击上方的「Downloads」按钮，在跳出的新网页中点选「Import filters for prior research」下方的「Add import filters」链接，如图 2-31 所示。

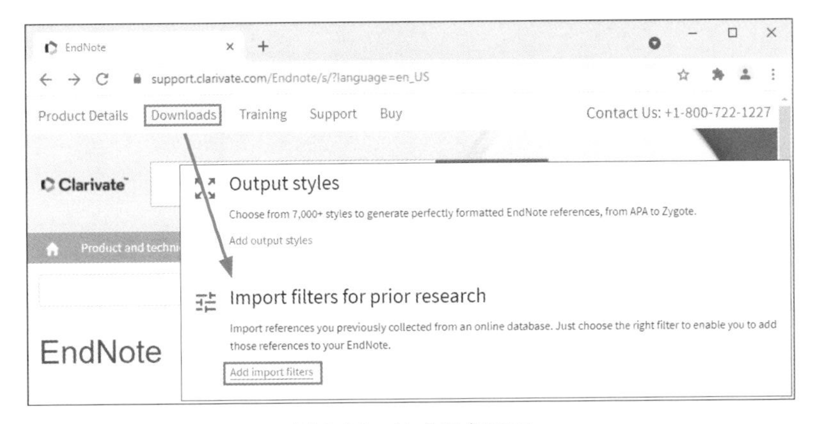

图 2-31　技术服务页面

查看页面下方的数据库名称，如图 2-32 所示，可以直接在「Search」栏中输入想要的过滤器名字，当找到需要的数据库时，就可以点击「Download」链接将该数据库的过滤器下载到计算机中。假设我们要下载 CAB Abstract（BIDS）数据库的过滤器，则可以点击其右侧的「Download」链接。

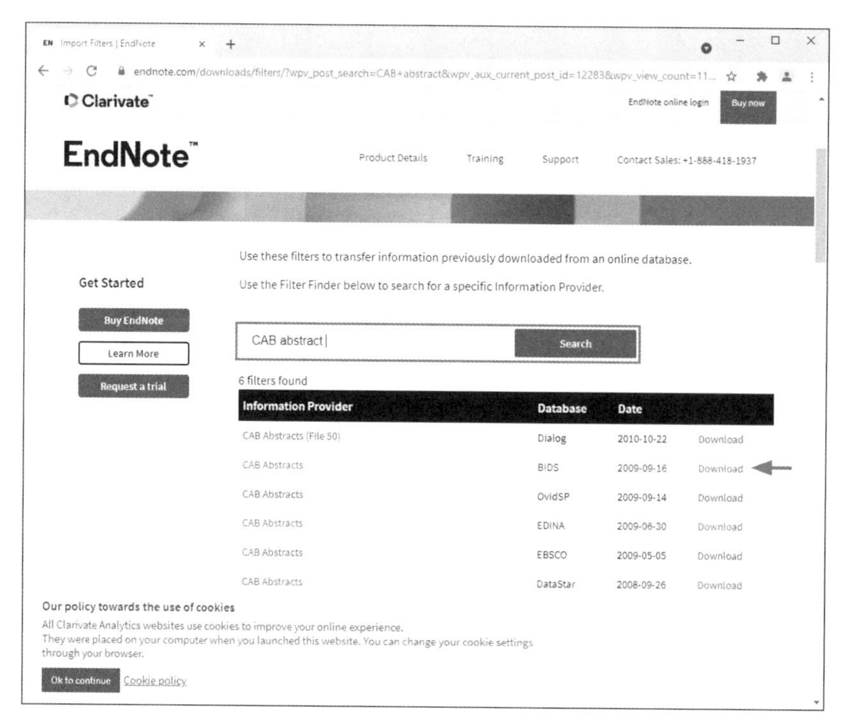

图 2-32　选择数据库过滤器

Step 03 在弹出的「Save As」对话框中单击「Save」按钮，如图 2-33 所示。这个文件的扩展名为 .enf，表示是 EndNote Filter。

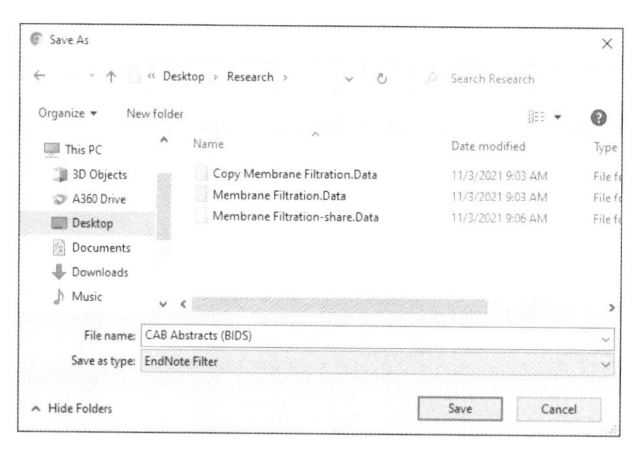

图 2-33　「Save As」对话框

提示

过滤器必须保存在正确的位置才能产生作用。所谓正确的位置指的是安装 EndNote 20 程序的同时产生的 Filters 文件夹，如图 2-34 所示。所有的过滤器都必须保存在 Filters 文件夹中，否则当我们导出 / 导入书目数据时就会找不到该过滤器的选项，以致无法自动导入。

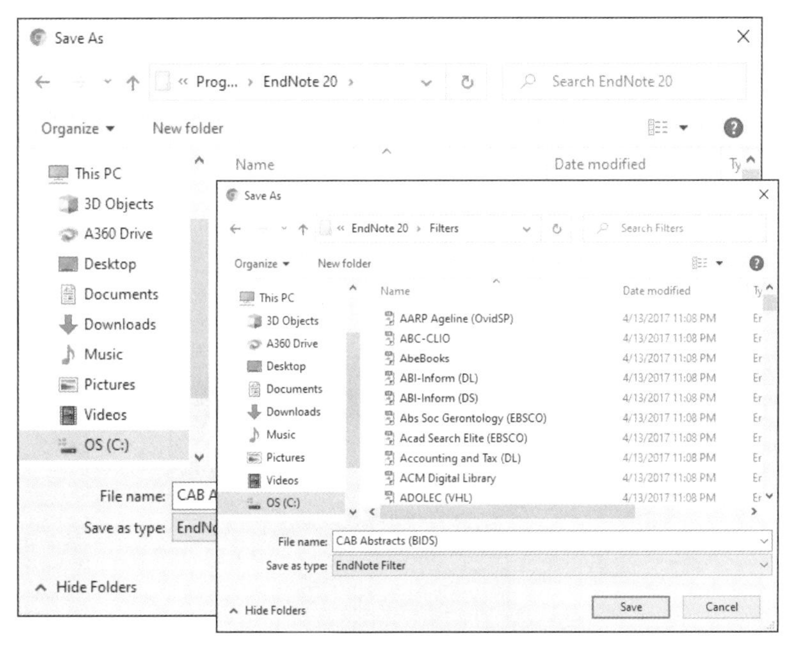

图 2-34　保存过滤器至正确位置

如果要确认这个过滤器已经正确地保存在 EndNote 中，可单击 EndNote 工具列的「Tools」→「Import Filters」→「Open Filter Manager...」命令，如果能看到刚才下载的 CAB Abstracts（BIDS）过滤器，就表示已经下载成功且可立即使用，如图 2-35 所示。

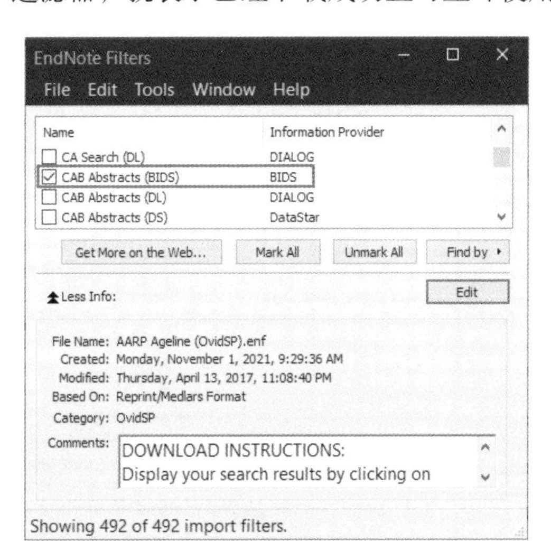

图 2-35　查看下载成功的过滤器

2. 下载多个数据库过滤器

上述方式是下载单一过滤器，若我们希望一次性全面更新所有的过滤器，那么可以采用整组更新的方式。

Step 01 依次单击「Support」→「Downloads」→「Add import filters」链接，进

入过滤器的下载页面。

▶ Step 02 单击「Download all filters」链接或者鼠标右键点击选择「Save link as...」，在下方弹出的列表中选择「Keep」，如图 2-36 所示，弹出「Save As」对话框。

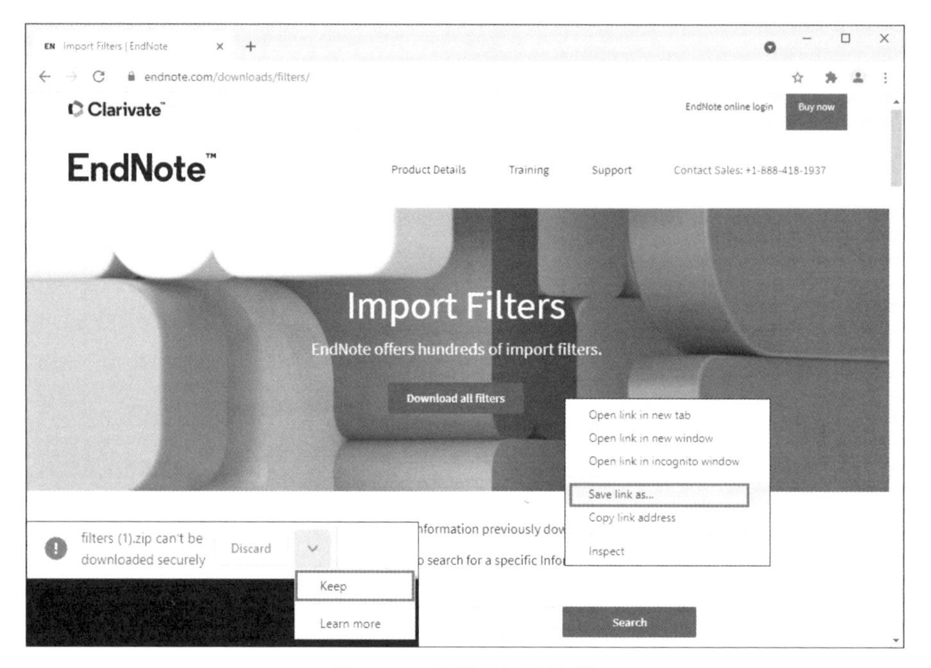

图 2-36　更新整组过滤器

▶ Step 03 在「Save As」对话框中单击「Save」按钮，将文件保存，得到一个压缩文件。将压缩文件解压缩，会出现一个名为 Filters 的文件夹，如图 2-37 所示，将此文件夹直接替代原先的 Filters 文件夹即可。

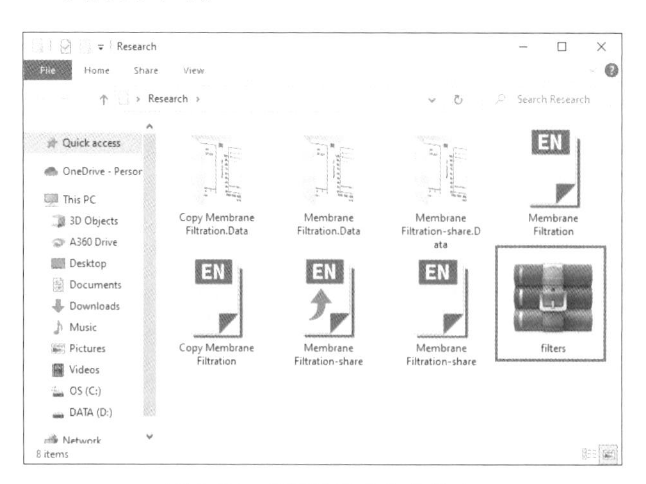

图 2-37　解压缩后产生文件夹

与前面所述相同，Filters 文件夹必须保存在正确的路径下，也就是 EndNote 20 安装目录之下，否则将无法应用。

2.2.2 自制数据库过滤器

前面提到，如果在检索数据库并准备导出数据时发现没有对应的过滤器，可进入EndNote网站寻找过滤器并下载，但是也可能该网站并没有提供我们所需的过滤器。虽然使用者可以在「Support」页面点击「Submit an inquiry」链接，如图2-38所示，并在申请页面填写「Product or technical question」，向EndNote申请提供某数据库过滤器，如图2-39所示，但是，比较起来，自行制作过滤器更快捷些。自行制作过滤器其实并不会耗费太多时间，只要利用剪切、粘贴等功能就可以完成。

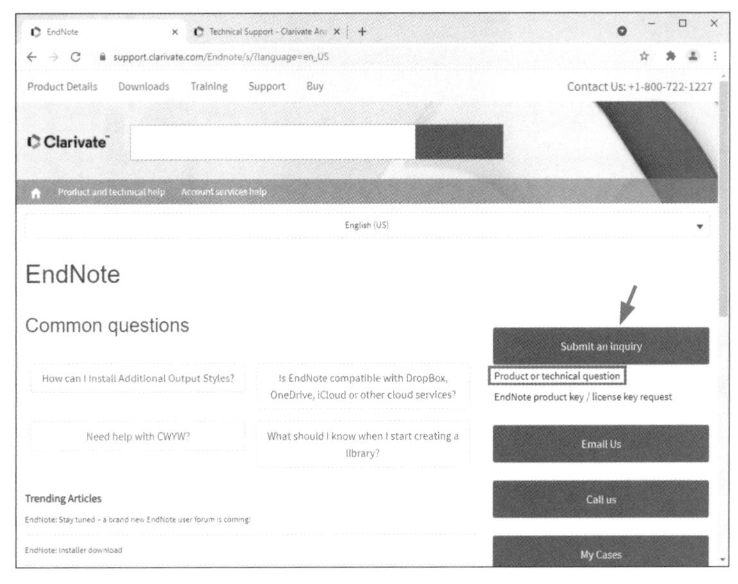

图 2-38　点击「Product or technical question」申请过滤器

以中国国家数字图书馆为例，在EndNote的Filter文件夹中并没有该馆馆藏的过滤器，也就是说我们在此检索到的数据无法导入EndNote Library，因此下面便介绍过滤器的自制步骤。

Step 01 打开中国国家数字图书馆的检索结果页面，先勾选想要导出的书目数据。

Step 02 光标移动到页面右上方的「选中记录」选项，选择「保存/邮寄」，如图2-40所示。

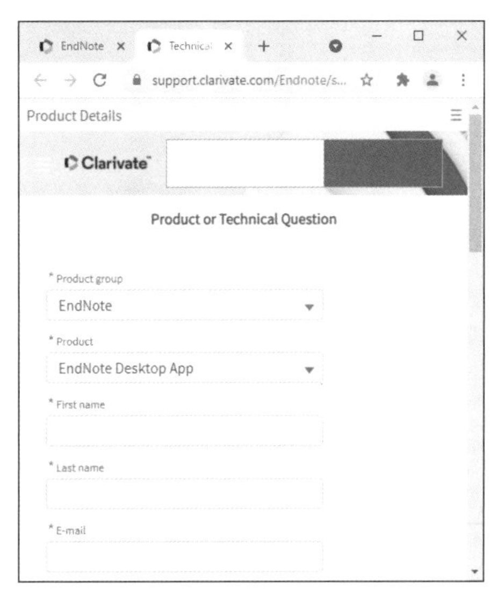

图 2-39　过滤器申请页面

图 2-40　勾选所需书目数据

Step 03 进入保存页面，如图 2-41 所示。

邮寄或保存选中记录

您有两种选择:

- 用e-mail发送选中记录 (输入e-mail地址)：

- 在本地计算机上保存选中记录 (不填写e-mail地址)

系统将按照您的选择处理选中的记录结果。

Records

○全部

◉选择

○范围

记录格式

选择预制格式　OPAC格式

或

创建你自己的格式　☐著者　☐标题　☐出版信息　☐注释　☐主题　☐系统号　☐版本说明

编码

◉ GBK (推荐 / 缺省)　○ Unicode / UTF-8 (非罗马字符集)　○ ISO 8859-1 (罗马字符集)

主题　生物化学

姓名

Email

文本 (可选)

确 定　清 除

图 2-41　保存 / 邮寄选择的书目数据

Step 04 保存文件，然后以 WordPad 等软件打开，如图 2-42 所示。

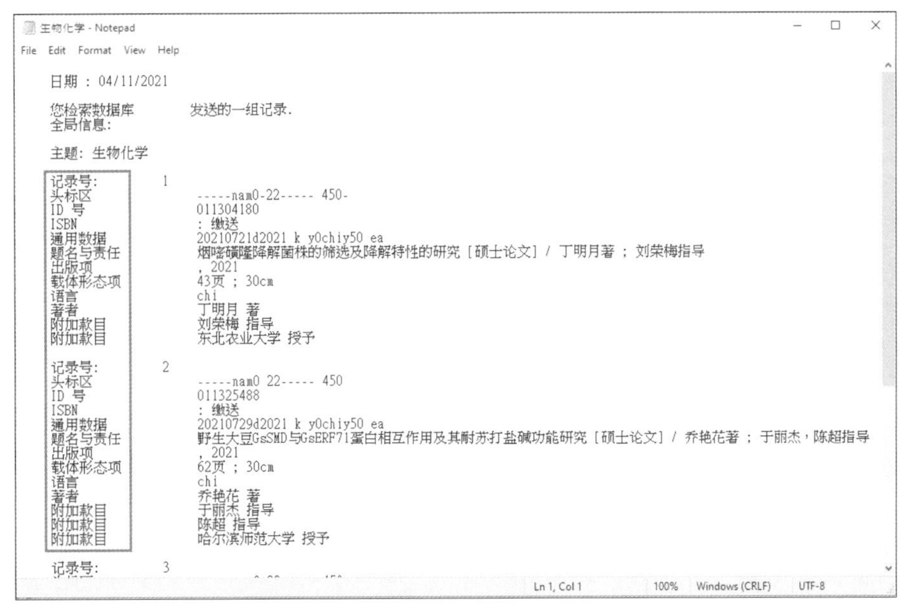

图 2-42 标签（tag）格式

书目数据是以非常规则的方式排列的，也就是以标签（tag）格式呈现的。所谓的标签就是记录号、题名、著者等。只要每笔数据的格式都很整齐，那么就可以为这个数据库自制过滤器。

Step 05 打开 EndNote，单击工具列的「Tools」→「Import Filters」→「New Filter...」命令，如图 2-43 所示，此时会弹出「Untitled Filter」页面，如图 2-44 所示。

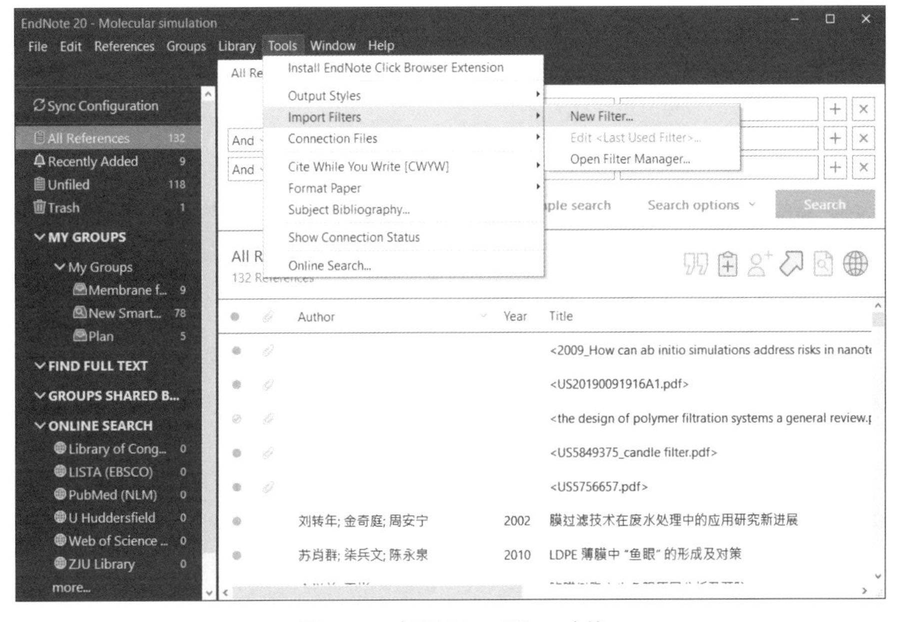

图 2-43 打开 New Filter 功能

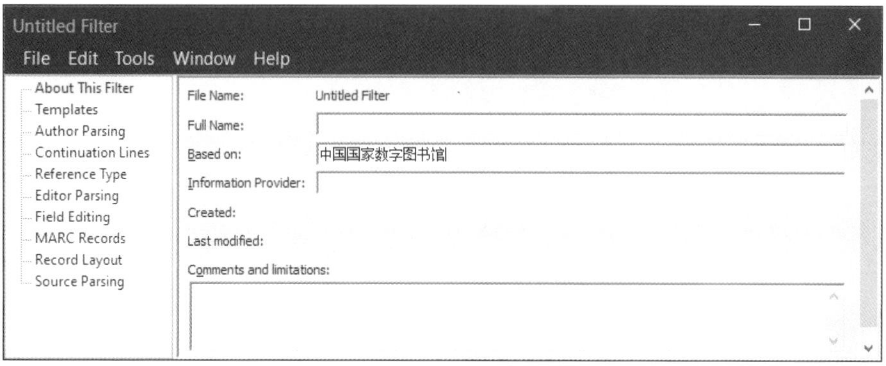

图 2-44 「Untitled Filter」页面

▶ Step 06 在「Based on」文本框中输入数据库的名称「中国国家数字图书馆」。

▶ Step 07 确定后单击工具列的「File」→「Save As...」命令，为过滤器命名，如图 2-45 所示。

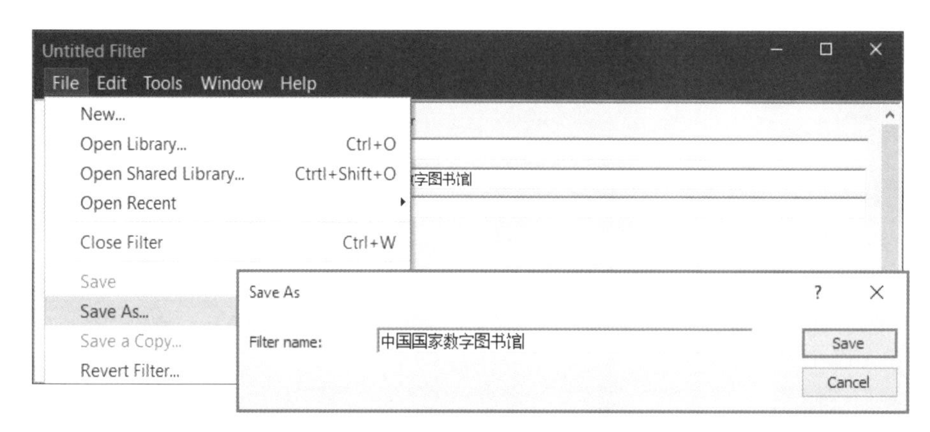

图 2-45 「Save As...」页面

▶ Step 08 命名完成后，可在编辑界面看到过滤器的文件名已变更，如图 2-46 所示。

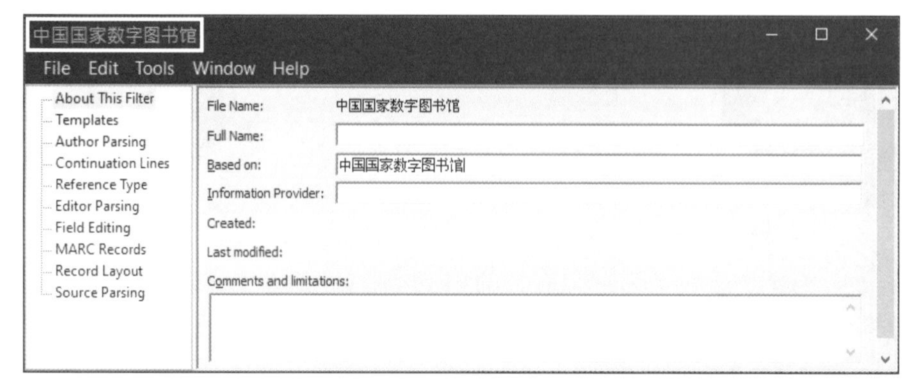

图 2-46 过滤器编辑结果

▶ Step 09 在左侧的列表框中选择「Reference Type」选项，并且在右侧「By default, import references as」下拉列表中选择数据类型，如图 2-47 所示。假设本数据库的数据类型以书籍为主，则选择「Book」；如果是以期刊为主，则选择「Journal Article」……

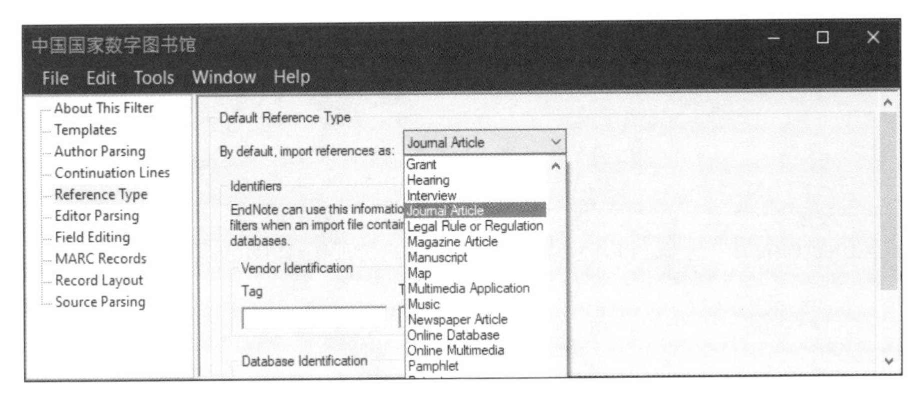

图 2-47 选择数据类型

▶ Step 10 回到图 2-43 找出最完整的一笔数据作为模板，复制第一个标签，也就是「1」之前的所有文字、数字，包含空格，逐一复制，然后在 EndNote 左侧的列表框中选择「Templates」选项，将其粘贴到右侧「Tag」栏中，如图 2-48 所示，结果如图 2-49 所示。

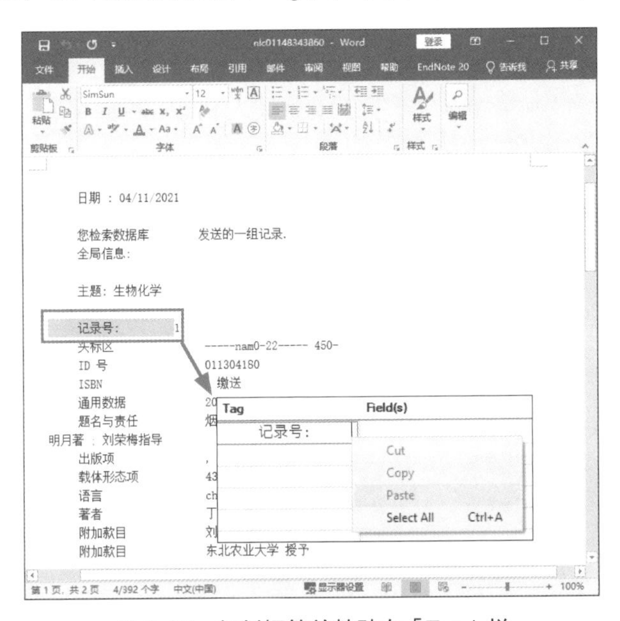

图 2-48 复制标签并粘贴在「Tag」栏

若我们希望 EndNote 能够了解「记录号」代表的意义，就必须单击「Insert Field」按钮，选择一项定义填入「Field(s)」栏中。标签通常不止一个，要增加新的字段只需在「Field(s)」栏中按「Enter」键即可。

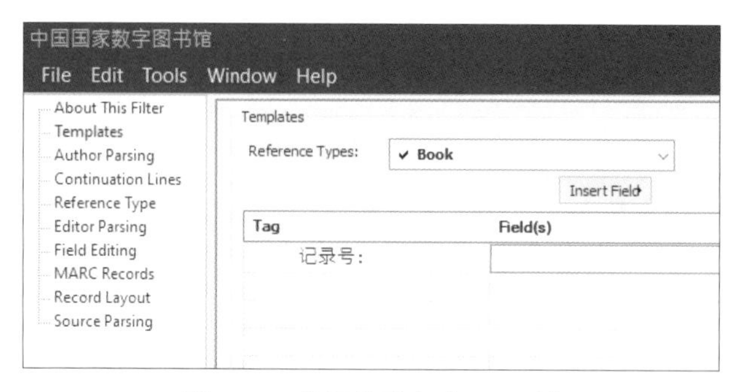

图 2-49　将标签贴在「Tag」栏

利用「Insert Field」选项可以定义很多种类型的标签，如图 2-50 所示。

Author	Pages	Accession Number	
Year	Edition	Call Number	
Title	Date	Label	
Series Editor	Type of Work	Keywords	Caption
Series Title	Translator	Abstract	Access Date
City	Short Title	Notes	Translated Author
Publisher	Abbreviation	Research Notes	Translated Title
Volume	ISBN	URL	Name of Databases
Number of Volumes	DOI	File Attachments	Database Provider
Series Volume	Original Publication	Author Address	Language
Number of Pages	Reprint Edition	Figure	{IGNORE}

图 2-50　「Insert Field」选项可定义的标签类型

可利用这个方式定义所有的标签。至于不想导入 EndNote 的标签，则可利用「IGNORE」选项，忽略这个标签的内容，如图 2-51 所示。

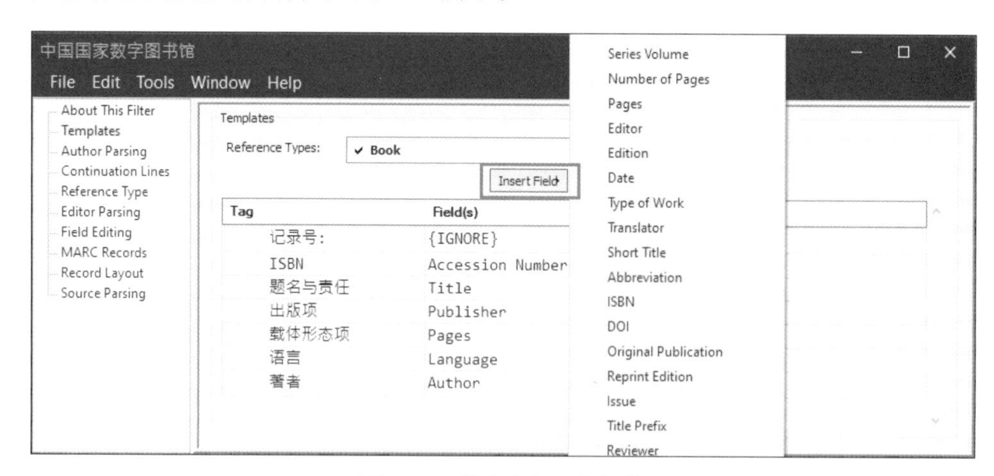

图 2-51　依序定义所有标签

▶ Step 11 为了解决纯文本文件的某一个 Tag 只导入第一行文字，第二行以下的内容都未导入这个问题，需要在左侧列表框中选择「Continuation Lines」选项，然后点选右侧的「Ignore Indents: Untagged lines are always a continuation of the preceding line」单选钮，即忽略缩行，自动将没有卷标的文字接续在前一行后，如图 2-52 所示。

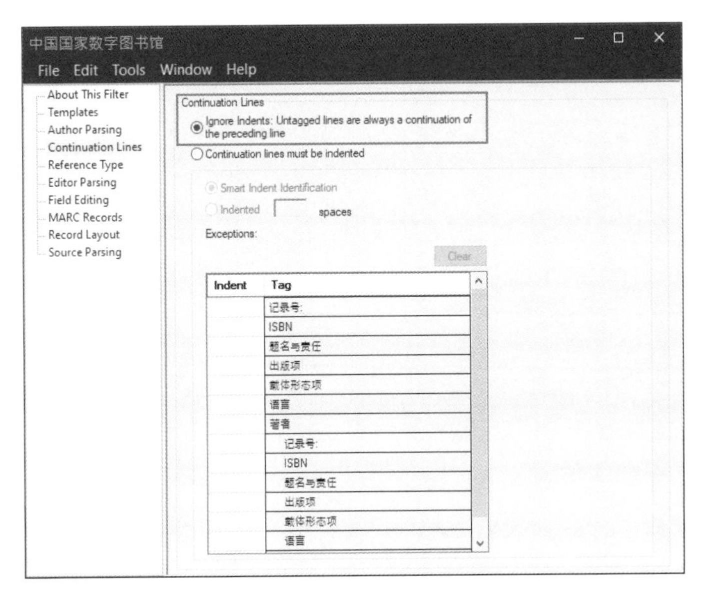

图 2-52　依序定义所有标签

▶ Step 12 完成后，单击工具列的「File」→「Save」命令以及「File」→「Close Filter」命令，回到 EndNote 界面。读者可试着利用刚才保存的文件以及自制的 Filter 导入数据。

▶ Step 13 单击工具列的「File」→「Import」→「File...」命令，在弹出的「Import File」对话框中单击「Choose...」按钮，找出刚才保存的文件，并在「Import Option」下拉列表中选择「Other Filters...」选项，如图 2-53 所示，此时弹出「Choose An Import Filter」对话框，如图 2-54 所示，可以看到刚才自制的「中国国家数字图书馆」过滤器。

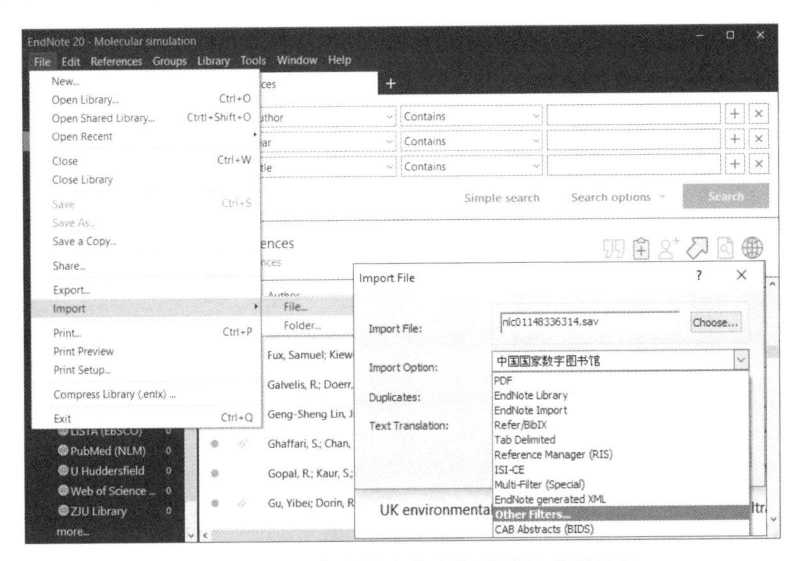

图 2-53　导入中国国家数字图书馆的书目数据

▶ Step 14 单击「Choose」按钮，接着在「Import File」对话框的「Text Translation」下拉列表中选择「Chinese Simplified（GBK）」，即简体中文，如图 2-55 所示。

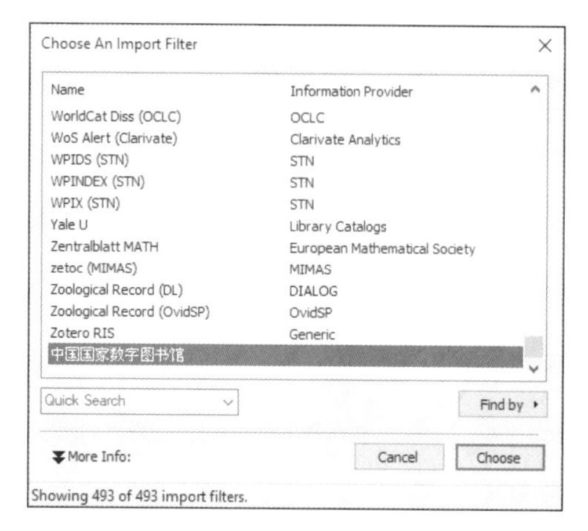

图 2-54　寻找自制的 Filter

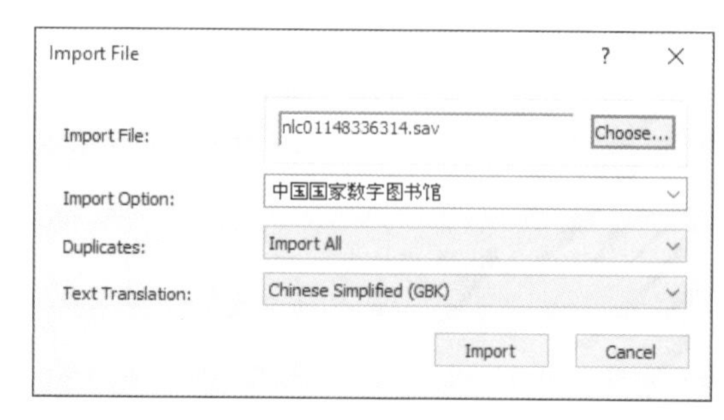

图 2-55　进行导入设定

▶ Step 15 单击「Import」按钮就可以将数据一次导入 EndNote Library 中，结果如图 2-56 所示。

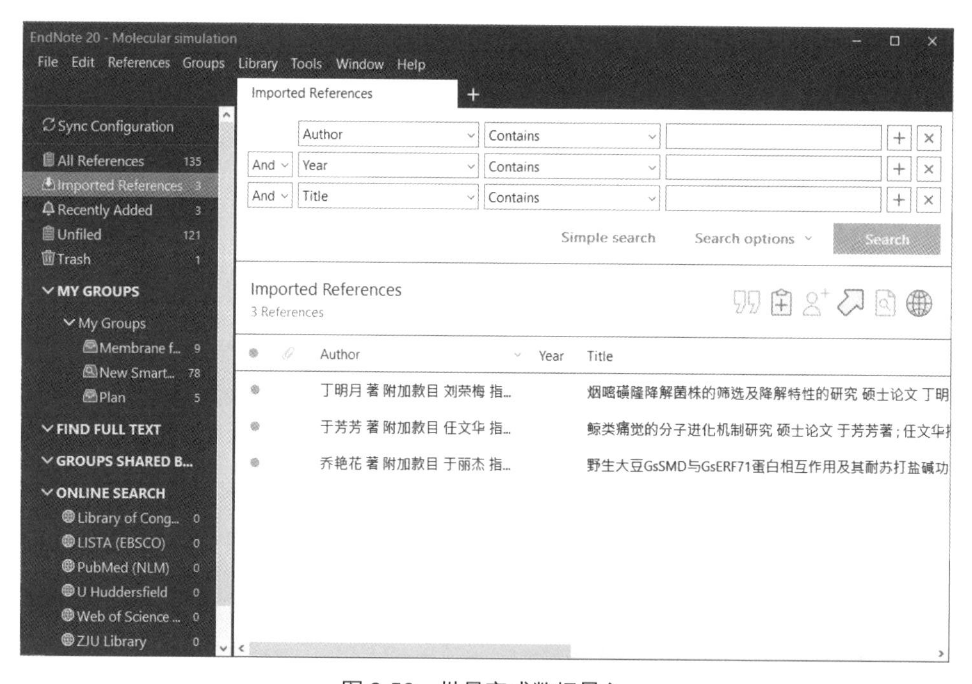

图 2-56　批量完成数据导入

过滤器（Filter）其实就是一个电子文件，除了可以在本台计算机使用之外，也可与他人共享，而无须每位使用者都花时间为同一个数据库制作过滤器。所以，当我们连接上图书馆或某些单位的网站时，经常可以发现许多读者自制的过滤器可供大众下载分享。共享过滤器最简便的方式就是直接在 EndNote 20 的 Filters 文件夹中复制需要的过滤器（如图 2-57 所示），然后粘贴到另一台计算机的 Filters 文件夹中即可。也可以利用 E-mail 将过滤器以附件的方式发送给他人。

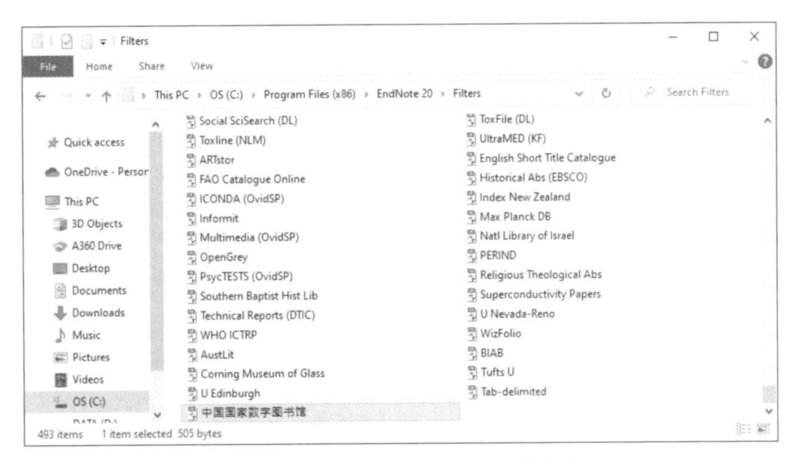

图 2-57 复制并粘贴所需的过滤器

2.3 偏好设定

在偏好设定「Preferences」的章节中，我们要介绍的是如何让 EndNote 的外观或操作的逻辑更贴近使用者的习惯，而这一切设定都可以在「Preferences...」选项下完成。

单击工具列的「Edit」→「Preferences...」命令，如图 2-58 所示。此时会弹出「EndNote Preferences」对话框，如图 2-59 所示，左侧框内的文字就是使用者可自行设定偏好的项目。

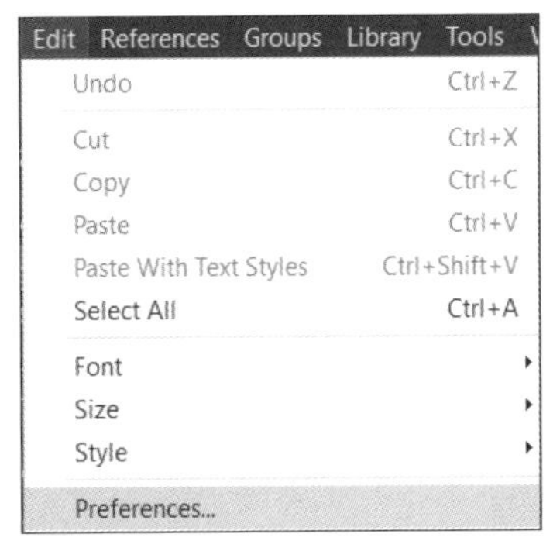

图 2-58 「Edit」→「Preferences」命令

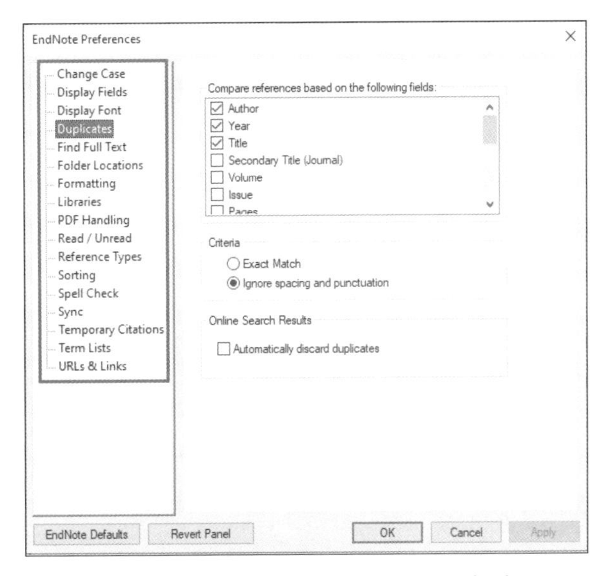

图 2-59 「EndNote Preferences」对话框

以下各小节将介绍如何依据自己的偏好对 EndNote 进行个性化的设定。如果要恢复系统预设的各项设定，可随时单击左下方的「EndNote Defaults」按钮加以还原。

2.3.1 优先打开的图书馆

此处设定的是当打开 EndNote 程序时，将优先打开哪一个 Library，如图 2-60 所示。

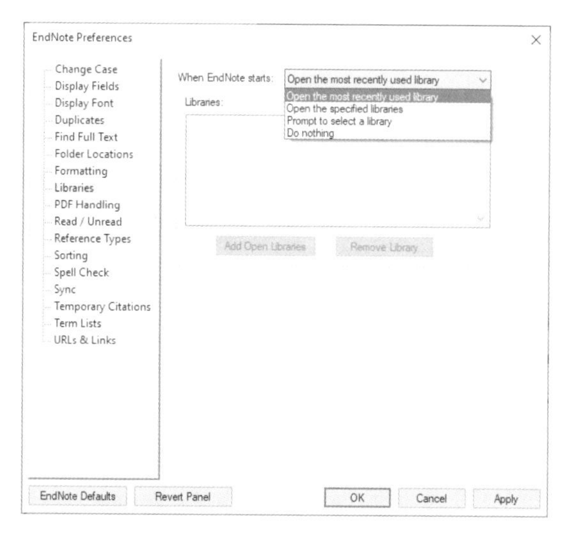

图 2-60 设定优先打开的图书馆

「When EndNote starts」下拉列表中有 4 个选项，具体含义如表 2-4 所示。

表 2-4 「When EndNote starts」选项及含义

编 号	选 项	含 义
1	Open the most recently used library	打开最近一次使用的图书馆
2	Open the specified libraries	打开指定的图书馆
3	Prompt to select a library	跳出图书馆清单以供选择
4	Do nothing	只打开 EndNote 程序，不打开图书馆

第 1、3、4 项都很容易理解，而第 2 项「Open the specified libraries」必须先进行指定，方法如下。

Step 01 单击工具列的「File」→「Open Library...」命令，打开要指定的图书馆，如「Membrane Filtration」。

Step 02 单击工具列的「Edit」→「Preferences...」命令进入 Preferences 设定界面。

Step 03 单击界面中的「Add Open Libraries」按钮，把目前的图书馆设为优先，如图 2-61 所示。

这几个步骤可以重复进行，也就是可以设定同时打开多个图书馆。当下一次打开 EndNote 程序时，就会同时打开两个（或多个）图书馆，如图 2-62 所示。

如果要取消优先打开的图书馆，只需要回到图 2-61，选择要取消的图书馆后单击「Remove Library」按钮即可。

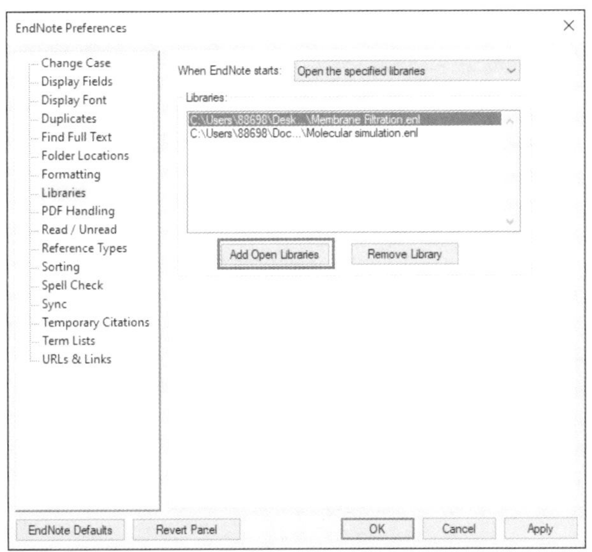

图 2-61　预设优先打开指定的图书馆

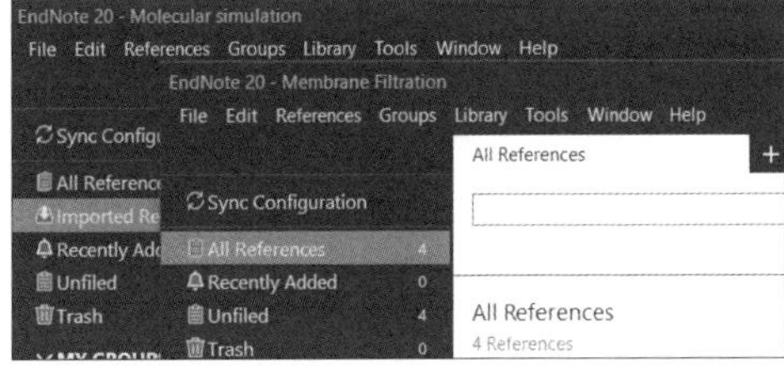

图 2-62　同时打开两个（或多个）图书馆

2.3.2　变更字号大小

倘若希望更改 EndNote Library 所显示的字号的大小，可单击工具列的「Edit」→「Preferences...」命令，在弹出的「EndNote Preferences」对话框中进行设定。在「Display Font」中共有 5 种类似的字号选项可供选择，如图 2-63 所示。

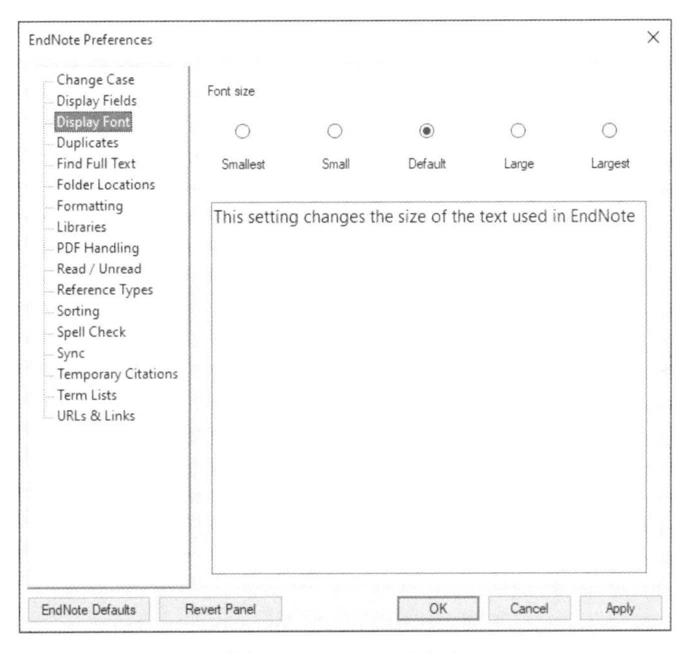

图 2-63　变更字号大小

2.3.3 输入数据的类型

由本书 1.2 节得知，EndNote Library 可以保存多种类型的数据，如期刊论文、方程式、电子书、标准、地图等。当我们输入一笔数据时，必须先选择数据的类型，因为数据类型不同，所出现的相关字段也会不同。目前 EndNote 所预设的数据类型为期刊论文（Journal Article）。单击工具列的「References」→「New Reference」命令，弹出「New Reference」对话框，在「Reference Type」下拉列表中默认选项为「Journal Article」，如图 2-64 所示。

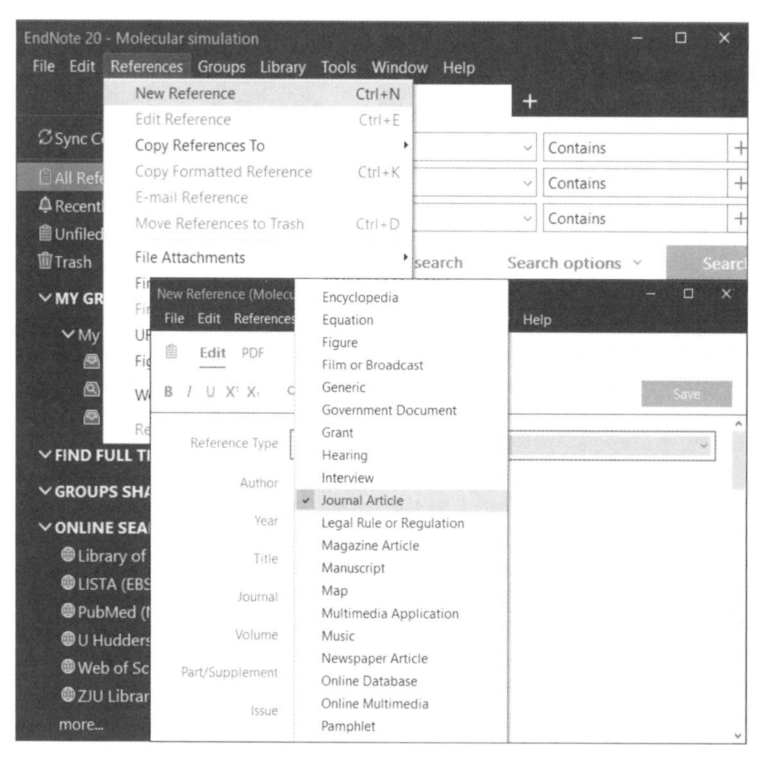

图 2-64 选择新的数据类型

我们可以选择其他数据类型，隐藏特定的数据类型以缩短选择时间，也可以在其他计算机上共享对数据类型的设定。

1. 选择数据类型

假设我们要输入的数据多为书籍（Book）时，那么便可在此处将个人偏好由「Journal Article」更改为「Book」，其步骤如下。

Step 01 单击工具列的「Edit」→「Preferences...」命令进入个人偏好设定的界面，选择左侧的「Reference Type」选项后，再于右侧的「Default Reference Type」下拉列表中选择数据类型，此处我们以 Book 为例，然后单击「确定」按钮即可，如图 2-65 所示。

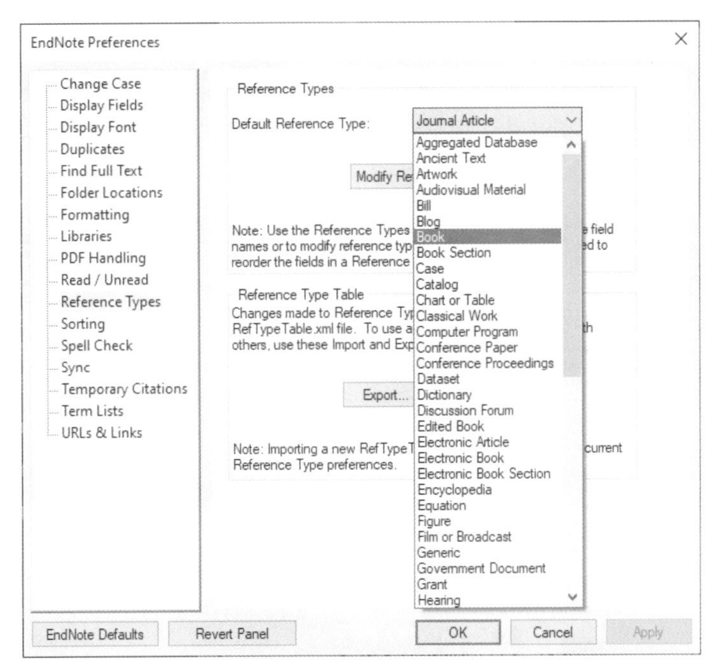

图 2-65　选择预设的数据类型

Step 02 单击「References」→「New Reference」命令可以发现，预设的数据类型已经由期刊论文变成书籍数据了，如图 2-66 所示。

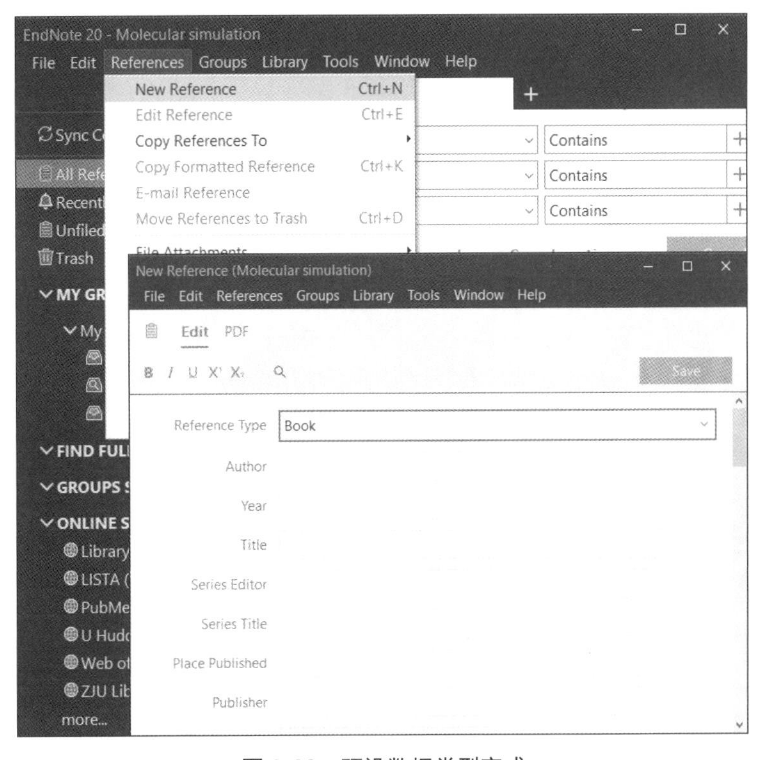

图 2-66　预设数据类型完成

2. 隐藏特定的数据类型

如果我们觉得每次选择数据类型时都有许多根本不会用到的选项让人眼花缭乱，此时就可以将不需要的类型加以隐藏。假设我们绝对不会用到的数据类型为 Book，将其隐藏的步骤如下。

Step 01 在「Default Reference Type」下拉列表中先选择「Book」，然后单击「Modify Reference Types...」按钮，如图 2-67 所示。

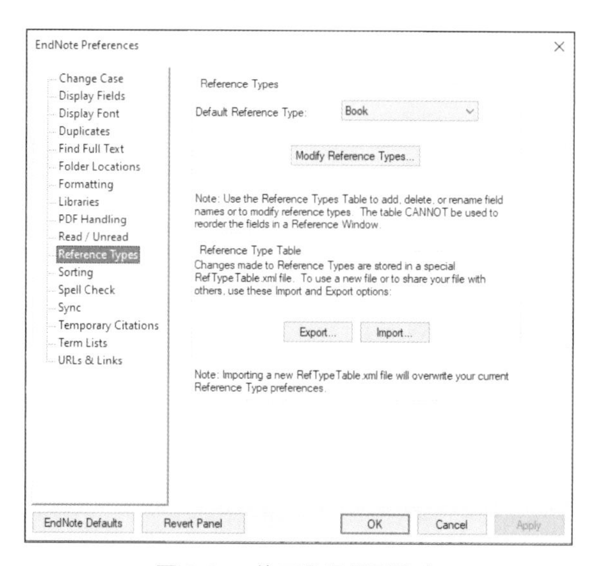

图 2-67　修正数据类型设定

Step 02 在「Book」的前方加上一个英文的句点（period），意即将此数据类型标示为隐藏，单击「确定」按钮后再单击「OK」按钮即可，如图 2-68 所示。

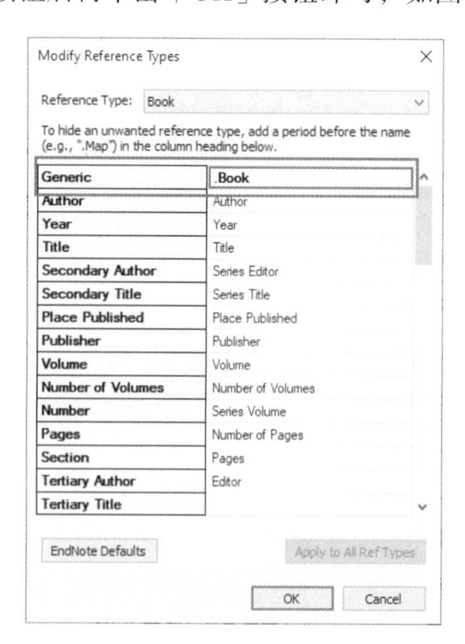

图 2-68　隐藏特定数据类型

重复上述设定可以隐藏多个不需要的类型，以节省选择类型所用的时间。

▶ Step 03 重新单击工具列的「References」→「New Reference」命令，在选择数据类型时可以发现原先的「Book」已经被隐藏了，如图 2-69 所示。

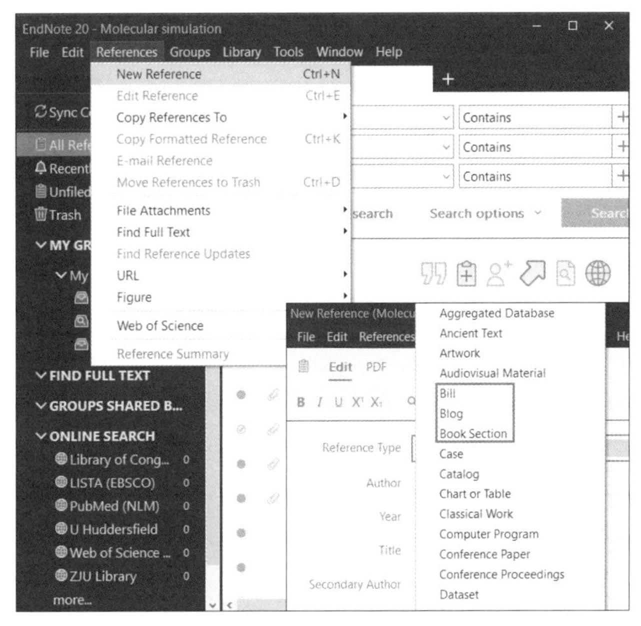

图 2-69　完成隐藏设定

3. 共享对数据类型的设定

若我们有多台计算机，要让其他计算机套用同样的设定，其实不必每换一台计算机就重新设定一次，只要进行如下操作即可。

▶ Step 01 单击如图 2-67 所示的「Export...」按钮，将上述各项设定导出为一个 .xml 文件，并复制这个文件，如图 2-70 所示。

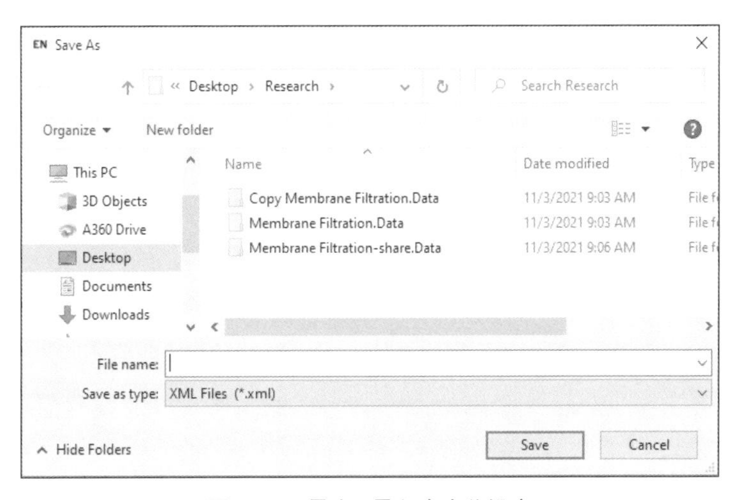

图 2-70　导出 / 导入个人化设定

▶ Step 02 打开另一台计算机的 EndNote，同样进入如图 2-67 所示的界面，单击「Import...」按钮，将刚才复制的 .xml 文件导入，这样就会完全覆盖 EndNote 的预设，变成个人化的设定了。

2.3.4 图书馆的显示字段

EndNote Library Window 的预设显示字段有附加对象、「Author」（作者）、「Year」（出版年）、「Title」（篇名）、「Journal」（期刊名）、「Reference Type」（数据类型）、「URL」（网址）以及「Last Updated」（最近更新日期），如图 2-71 所示。如果要增删字段、移动字段顺序，一样可通过单击工具列的「Edit」→「Preferences...」命令变更，其步骤如下。

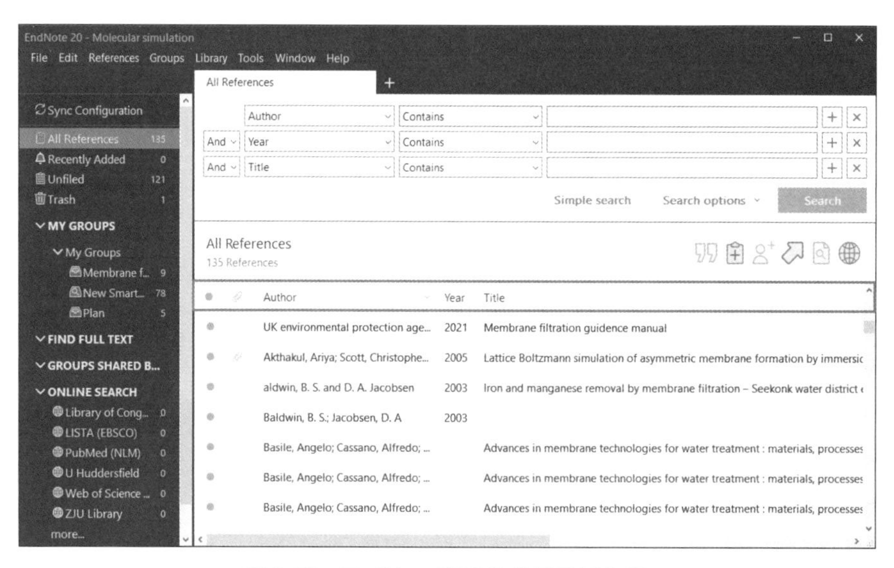

图 2-71 EndNote 预设的书目显示字段

▶ Step 01 选择「EndNote Preference」窗口左侧的「Display Fields」（显示字段）选项，如图 2-72 所示，该界面是 EndNote 预设的样式。

「Field」表示我们希望显示在 EndNote 图书馆中的字段，最多可以设定 10 栏（Column）。「Heading」表示标题，也就是这些字段所使用的名称，当然也可以是简称、代码及英文以外的文字等。

▶ Step 02 在「Field」各字段的下拉列表中，选择想要显示在 EndNote 图书馆中的项目，然后在「Heading」各字段的文本框中输入希望该项目显示的名称。

提示

由于「Figure」以及「File Attachments」会以回形针的图标代替标题文字，因此无法设定标题名称；而「Do not display」则表示忽略本栏、不显示任何数据，被忽略的字段会被移至最末。

Step 03 如图 2-73 所示的设定，将各字段的标题改成中文，并且将不需要的字段设定为「Do not display」，得到的显示界面如图 2-74 所示。

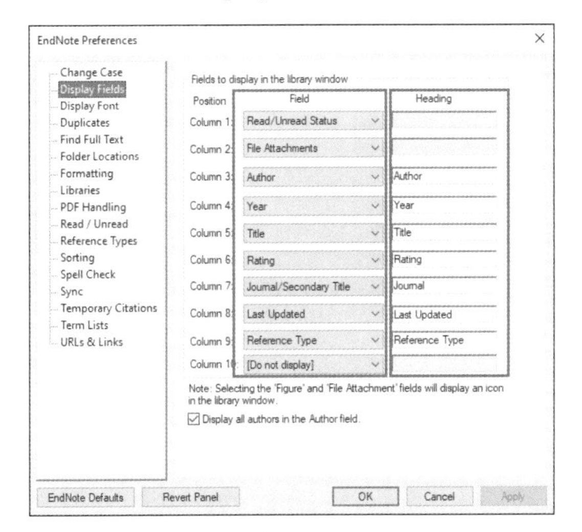

图 2-72　调整字段显示的设定

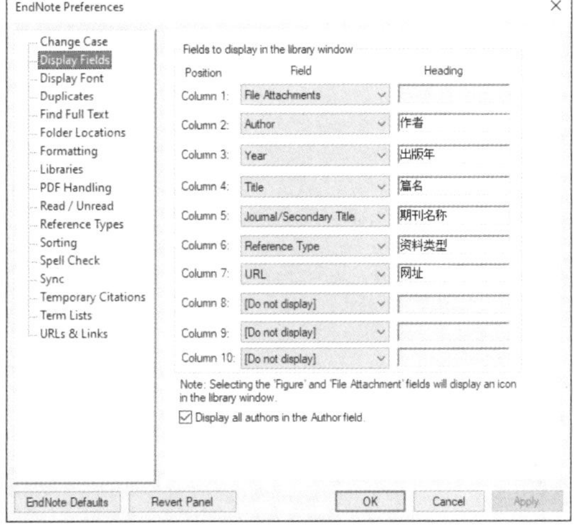

图 2-73　设定各字段显示方式

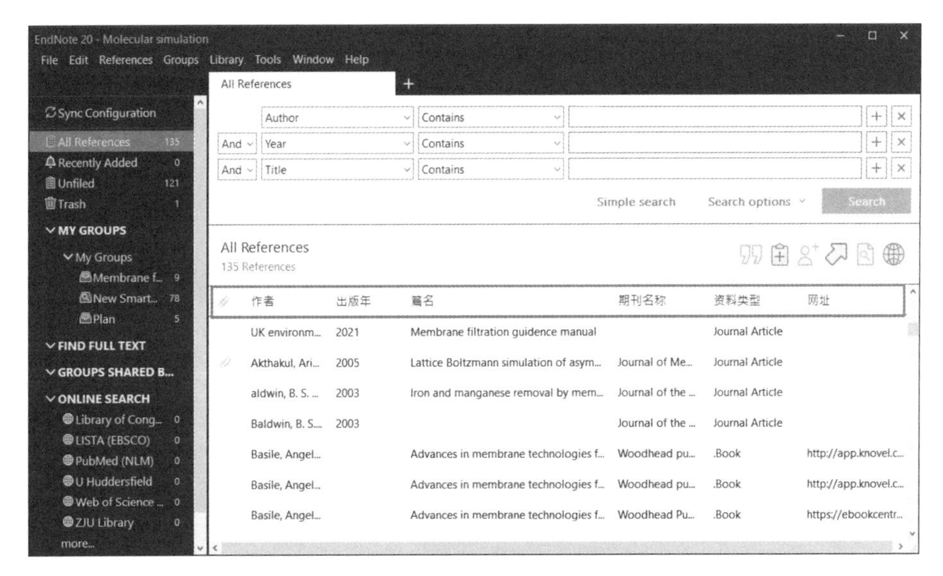

图 2-74　自定义显示字段及标题

2.3.5　词组清单

在 1.2 节中曾提过，第一次输入某作者、期刊名、关键词等数据时，文字将会以红色显示，而系统也会同时记忆这个词组，当下一次再输入该名称的头几个字母时，就会出现备选的词组。这样不但可以节省输入的时间，同时也降低了输入错误的可能性。

建立词组清单（Term List）的目的在于使 EndNote 记忆使用过的关键词、作者或期刊、出版者名称。此外，在引用参考文献时，有些引用格式要求作者输入期刊的简称，而非全名。例如，Journal of Membrane Science 期刊就要求引用论文时，须以期刊缩写标注，如图 2-75 和图 2-76 所示。因此，我们可以在期刊词组清单中设定该期刊的简称，以便将来撰写论文时能够快速进行引用，如图 2-77 所示。

Reference style
Text: Indicate references by number(s) in square brackets in line with the text. The actual authors can be referred to, but the reference number(s) must always be given.
Example: "..... as demonstrated [3,6]. Barnaby and Jones [8] obtained a different result ...."
List: Number the references (numbers in square brackets) in the list in the order in which they appear in the text.
Examples:
Reference to a journal publication:
[1] J. van der Geer, J.A.J. Hanraads, R.A. Lupton, The art of writing a scientific article, J. Sci. Commun. 163 (2000) 51-59.
Reference to a book:
[2] W. Strunk Jr., E.B. White, The Elements of Style, third ed., Macmillan, New York, 1979.
Reference to a chapter in an edited book:
[3] G.R. Mettam, L.B. Adams, How to prepare an electronic version of your article, in: B.S. Jones, R.Z. Smith (Eds.), Introduction to the Electronic Age, E-Publishing Inc., New York, 1999, pp. 281-304.

Note: titles of all referenced articles should be included. Avoid the use of non-retrievable reports. We strongly recommend references to archival literature (and not personal communications or Web sites) only.

Journal abbreviations source
Journal names should be abbreviated according to
Index Medicus journal abbreviations: http://www.nlm.nih.gov/tsd/serials/lji.html;
List of serial title word abbreviations: http://www.issn.org/2-22661-LTWA-online.php;
CAS (Chemical Abstracts Service): http://www.cas.org/sent.html.

图 2-75　Journal of Membrane Science 的投稿规定（部分）

[21] W.R. Bowen, A.W. Mohammad, N. Hilal, Characterisation of nanofiltration membranes for purposes—use of salts, uncharged solutes and atomic force microscopy, J. Membr. Sci. 126 (1997) 91–105.
[22] E.M. Van Voorthuizen, A. Zwijnenburg, M. Wessling, Nutrient removal by NF and RO membrane in a decentralized sanitation system, Water Res. 39 (2005) 3657–3667.

图 2-76　Journal of Membrane Science 期刊的引用格式

输入或导入到 EndNote Library 的作者、刊名和关键词等字段的词组都会受到保存和管理，单击工具列的「Edit」→「Preferences...」命令，弹出「EndNote Preferences」对话框，在左侧列表框中选择「Term Lists」选项，如图 2-78 所示。

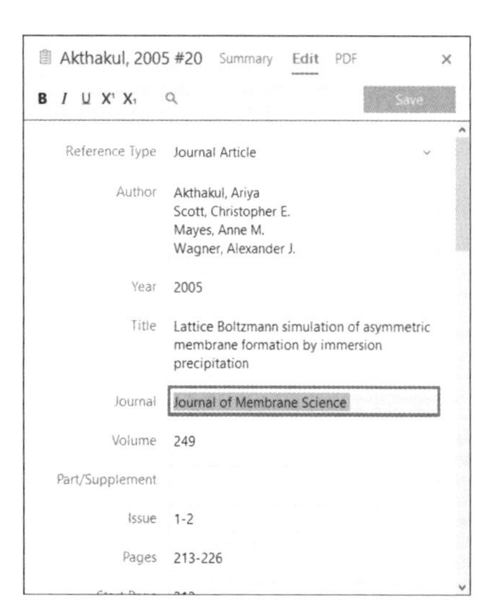

图 2-77　词组清单提供备选字

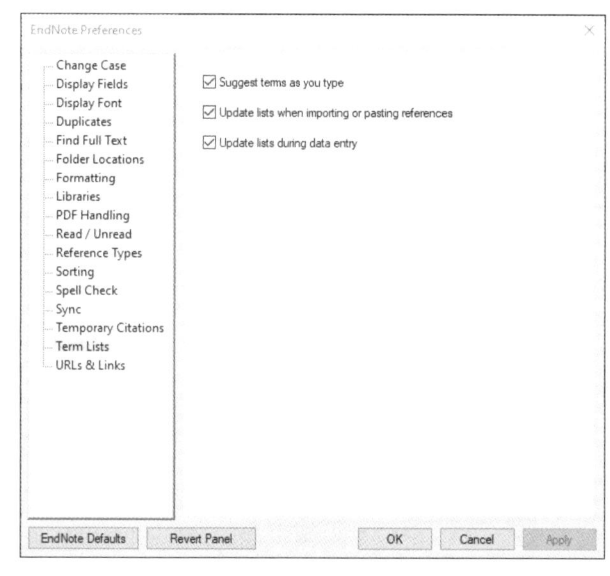

图 2-78　打开偏好设定的 Term Lists 可设定自动更新

在该界面右侧有 3 个复选框，分别介绍如下。

- Suggest terms as you type：输入数据时出现备选词。
- Update lists when importing or pasting references：导入或粘贴数据时自动更新词组。
- Update lists during data entry：当数据输入时会自动更新词组。

现在我们以作者与期刊名称为例，介绍如何编辑现有的词组及增加新的词组。

1. 编辑作者词组

假设我们要更改现有词组清单，例如，将作者的姓名由「Ainsworth, Benjamin J.」更改为「Ainsworth, Peter」，其操作步骤如下。

Step 01 单击工具列的「Library」→「Open Term Lists」→「Authors Term List」命令，如图 2-79 所示，弹出如图 2-80 所示的「Term Lists」对话框。此时，该对话框中有 3 个按钮可用，其功能如下。

- 「New Term...」按钮：用于新增一个词组。
- 「Edit Term...」按钮：用于修改作者姓名。
- 「Delete Term...」按钮：用于删除选中的作者。

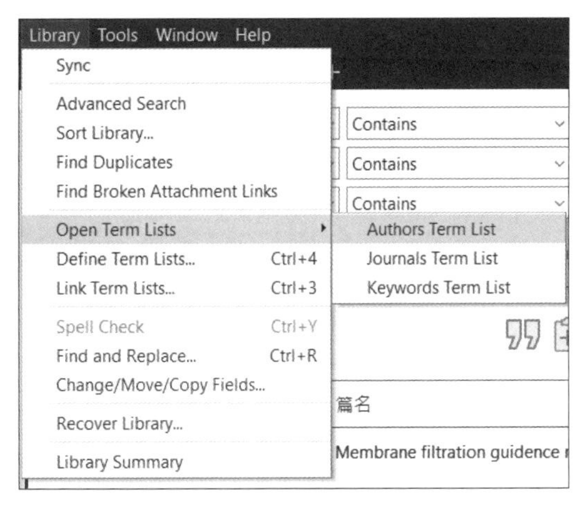

图 2-79 打开作者词组清单

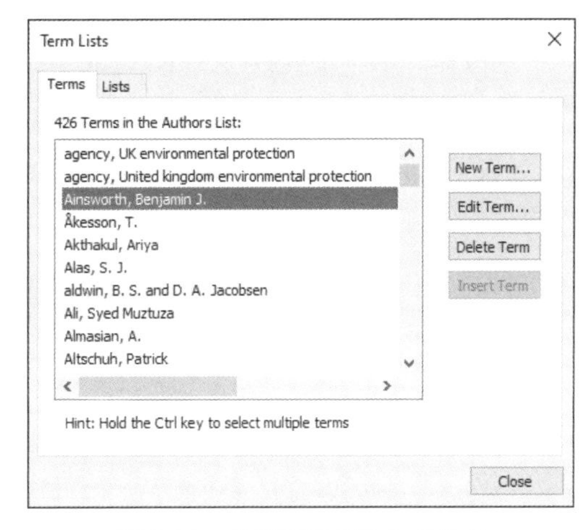

图 2-80 找出要编辑的作者姓名

Step 02 选择要更新的作者后，单击「Edit Term...」按钮，弹出「Edit Term」对话框。在「Edit Term」文本框中输入新的名称，然后单击「OK」按钮确认修改，如图 2-81 所示。

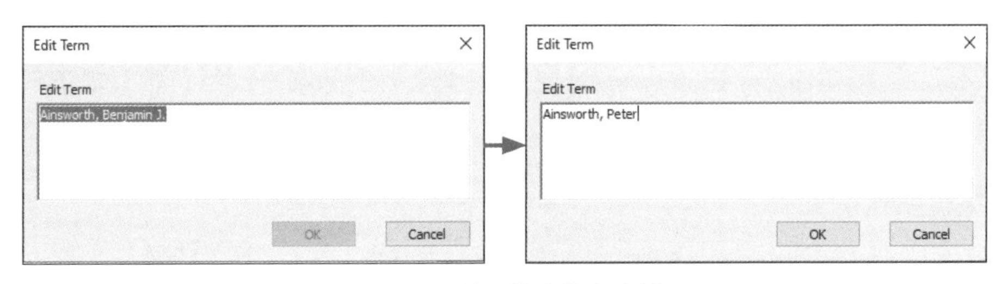

图 2-81 修改作者姓名资料

Step 03 查看作者词组，可以看到原先的「Ainsworth, Benjamin J.」已变为「Ainsworth, Peter」，如图 2-82 所示。

Step 04 单击工具列的「References」→「New Reference」命令，在新窗口中再次输入「Ainsworth」，可以看到「Peter」已经自动列出，成为备选字了，如图 2-83 所示。

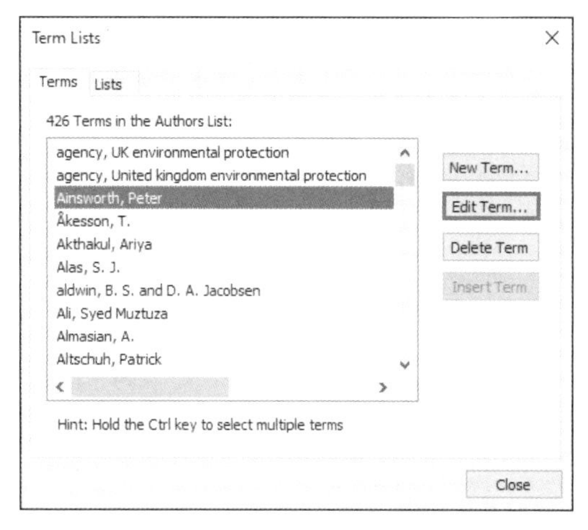

图 2-82 作者词组已更新完成

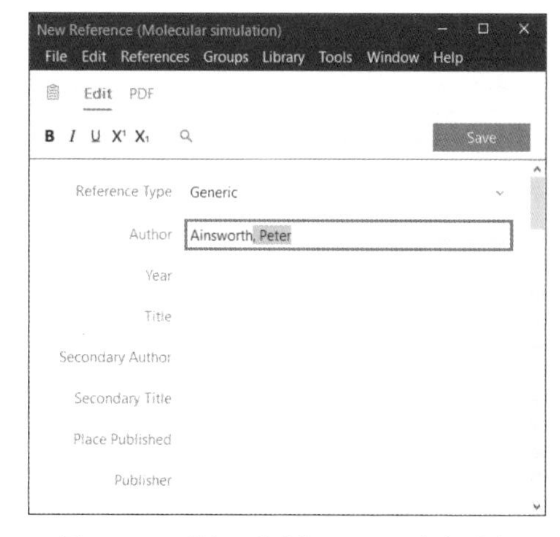

图 2-83 系统已将新词组记录为备选字

更改后，因为原先的「Ainsworth, Benjamin J.」已经不再存在于「Author Term Lists」当中，因此当我们在作者栏中输入「Ainsworth, Benjamin J」时，则会被视为初次使用该词组，而以红色字样显示，并且如图 2-84 所示的设定将该词组自动存入「Author Term Lists」列作为备选字。

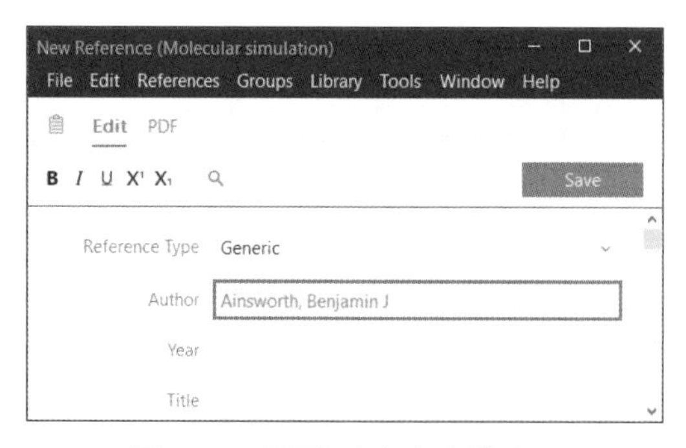

图 2-84 新词组以红色字样显示

由此可知，如果我们想要保留原本的词组，就应该在如图 2-80 所示的对话框中单击「New Term...」按钮而非「Edit Term...」按钮。至于要删除某个词组，则只需选择作者姓名后单击「Delete Term」按钮即可。

2. 编辑期刊词组

安装完成的 EndNote 应用程序中包含名为「Terms Lists」的文件夹，其预设路径如图 2-85 中的网址栏所示，文件夹中的每一份文件都记录着各领域的重要期刊名称及缩写。

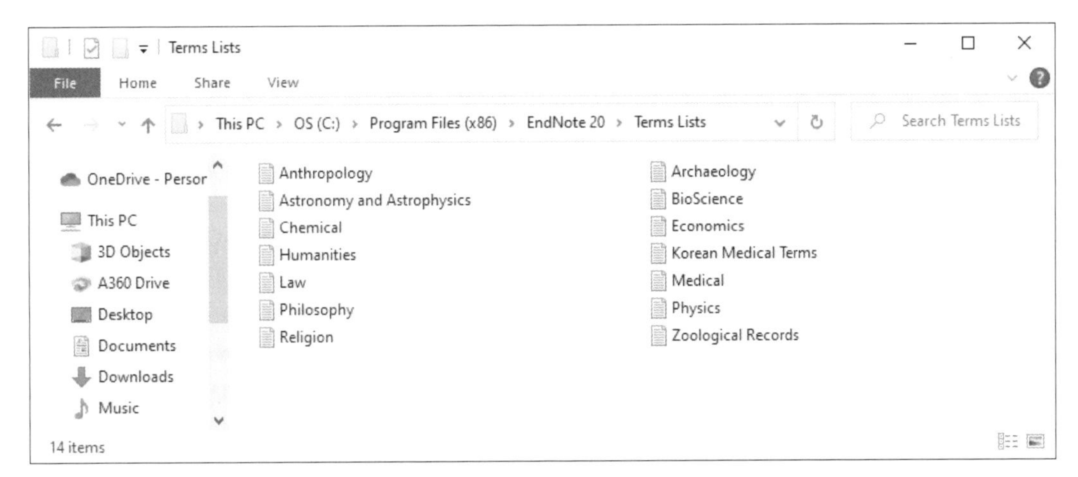

图 2-85 「Term Lists」文件夹保存各领域期刊名称及简称

以 Chemical 文件为例，打开该文件，如图 2-86 所示，左侧是期刊的全名，右侧则是缩写。这些数据都是在安装 EndNote 应用程序的同时产生的清单，而这些数据可以通过编辑（利用新增、修改和删除等功能）变得更新颖及完整。

Chemical - Notepad

File Edit Format View Help

```
Journal of Materials Chemistry	J. Mater. Chem.	J Mater Chem
Journal of Materials Engineering and Performance	J. Mater. Eng. Perform.	J Mater Eng Perform
Journal of Materials in Civil Engineering	J. Mater. Civ. Eng.	J Mater Civ Eng
Journal of Materials Processing and Manufacturing Science	J. Mater. Process. Manuf. Sci.	J Mater Process Manuf Sci
Journal of Materials Processing Technology	J. Mater. Process. Technol.	J Mater Process Technol
Journal of Materials Research	J. Mater. Res.	J Mater Res
Journal of Materials Science - Materials in Electronics	J. Mater. Sci. - Mater. Electron.	J Mater Sci - Mater Electron
Journal of Materials Science and Technology	J. Mater. Sci. Technol.	J Mater Sci Technol
Journal of Materials Science Letters	J. Mater. Sci. Lett.	J Mater Sci Lett
Journal of Materials Science Materials in Medicine	J. Mater. Sci. - Mater. Med.	J Mater Sci - Mater Med
Journal of Materials Synthesis and Processing	J. Mater. Synth. Process.	J Mater Synth Process
Journal of Mathematical Chemistry	J. Math. Chem.	J Math Chem
Journal of Medicinal Chemistry	J. Med. Chem.	J Med Chem
Journal of Membrane Science	J. Membr. Sci.	J Membr Sci
Journal of Membrane Biology	J. Membr. Biol.	J Membr Biol
Journal of Microbiological Methods	J. Microbiol. Methods	J Microbiol Methods
Journal of Microbiology and Biotechnology	J. Microbiol. Biotechnol.	J Microbiol Biotechnol
Journal of Microcolumn Separations	J. Microcolumn Sep.	J Microcolumn Sep
Journal of Microelectronic Systems	J. Microelectromech. Syst.	J Microelectromech Syst
Journal of Microencapsulation	J. Microencapsulation	J Microencapsulation
Journal of Molecular Biology	J. Mol. Biol.	J Mol Biol
Journal of Molecular Catalysis	J. Mol. Catal.	J Mol Catal
Journal of Molecular Catalysis A: Chemical	J. Mol. Catal. A: Chem.	J Mol Catal A: Chem
Journal of Molecular Catalysis B: Enzymatic	J. Mol. Catal. B: Enzym.	J Mol Catal B: Enzym
Journal of Molecular Graphics and Modelling	J. Mol. Graphics Modell.	J Mol Graphics Modell
Journal of Molecular Liquids	J. Mol. Liq.	J Mol Liq
Journal of Molecular Microbiology and Biotechnology	J. Mol. Microbiol. Biotechnol.	J Mol Microbiol Biotechnol
Journal of Molecular Modeling	J. Mol. Model.	J Mol Model
Journal of Molecular Spectroscopy	J. Mol. Spectrosc.	J Mol Spectrosc
Journal of Molecular Structure	J. Mol. Struct.	J Mol Struct
```

Ln 762, Col 1 100% Windows (CRLF) UTF-8 with BOM

图 2-86 Chemical 领域的重要期刊

那么，这份期刊清单应该如何应用呢？

首先单击工具列的「Library」→「Open Term Lists」→「Journals Term List」命令，如图 2-87 所示，打开目前所在图书馆（Marketing strategy）的「Journal Term List」功能，弹出「Term Lists」对话框，如图 2-88 所示。其中「65 Journals in the Journals List」是指目前打开的图书馆中共包含了 65 种期刊，而这些期刊目前都没有期刊缩写的资料。因此我们希望以较完整的期刊清单取代这份清单。

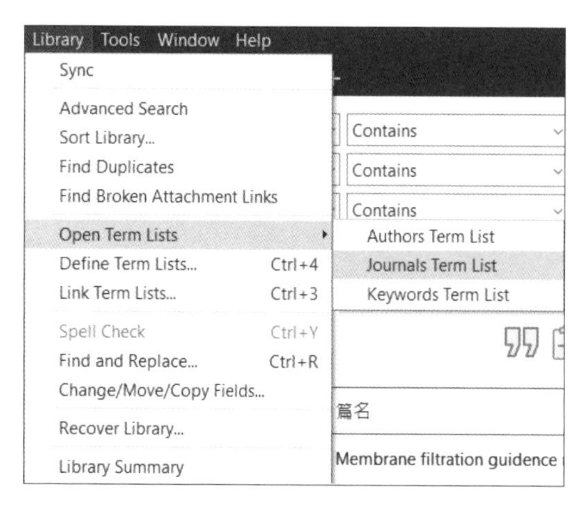

图 2-87　选择「Journal Term List」功能

图 2-88　打开中的图书馆所有期刊名称一览

查看如图 2-85 所示的「Term Lists」文件夹中的内容，发现与本图书馆主题相关的期刊清单是 Chemical，因此可以将这份清单导入图书馆，其步骤如下。

Step 01 单击「Lists」选项卡，再单击「Create List...」按钮，弹出「Term List Name」对话框，如图 2-89（a）所示。

Step 02 在「New Term List Name」文本框中为新的 List 命名，由于要导入的是 Chemical，所以此处输入「Chemical」。

Step 03 单击「OK」按钮，可以发现，在「Term Lists」对话框的「Lists」选项卡中增加了「Chemical」项，如图 2-89（b）所示。

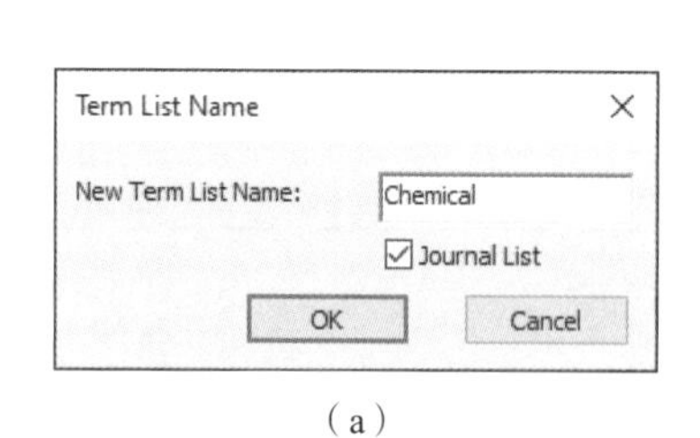

（a）

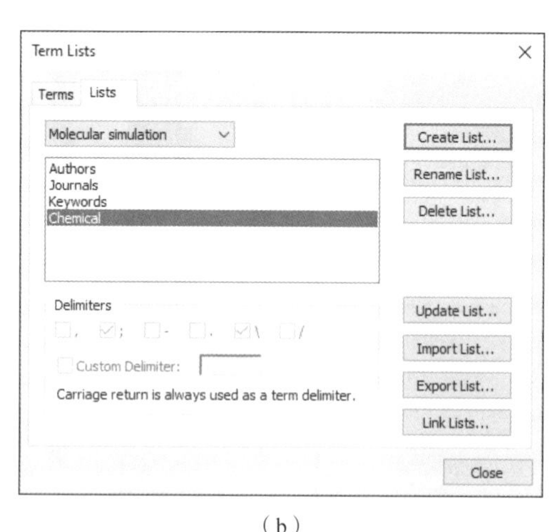

（b）

图 2-89　建立新的期刊词组清单并导入内容

Step 04 单击「Import List...」按钮，选择正确的路径后即可完成数据的导入，如图 2-90 所示。

Step 05 回到「Lists」选项卡，单击「Delete List...」按钮，将原本的「Journals」清单删除。

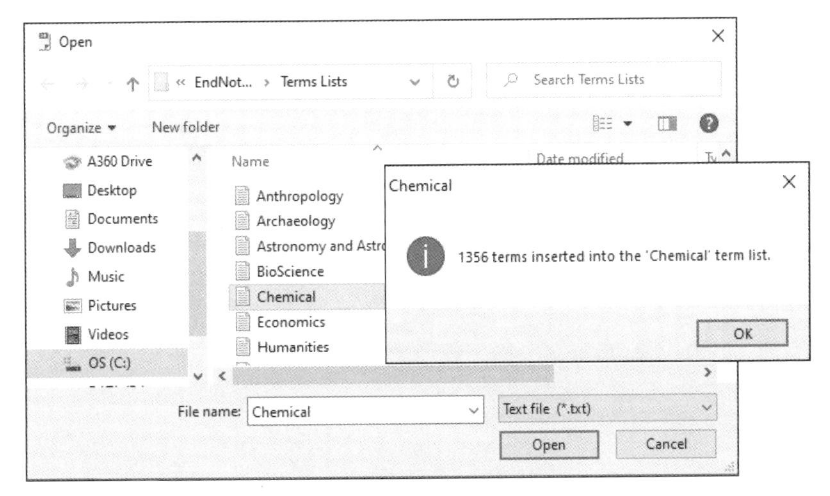

图 2-90　选择要导入的清单

▶ Step 06 再回到 EndNote 首页，选择任意一篇文章，在右边下拉列表中选择「ACS」格式或「AIP Style Manual」格式查看参考文献的撰写格式，可以清楚地看到其编排方式已经自动采用期刊的缩写名称，如图 2-91 所示。

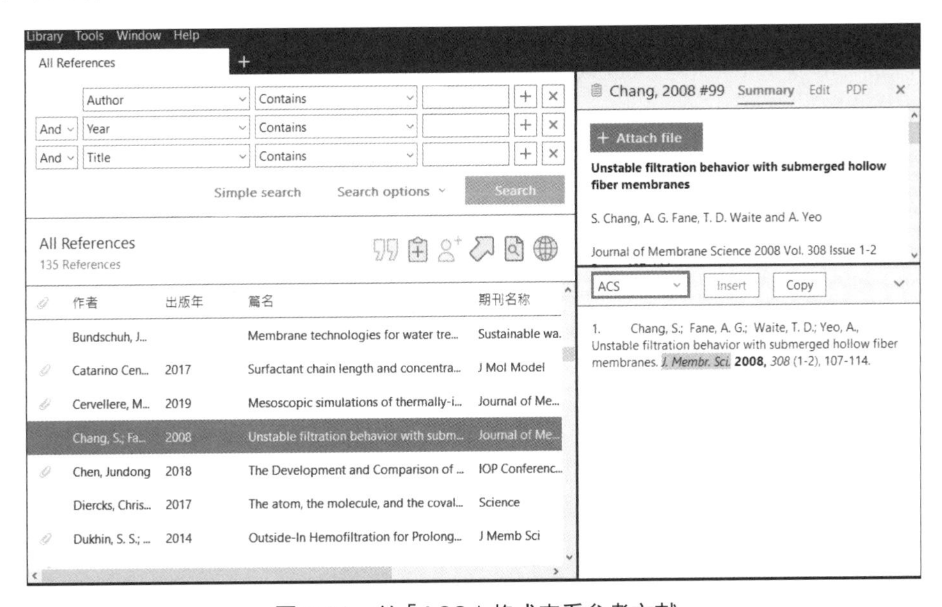

图 2-91　以「ACS」格式查看参考文献

如果刚才没有将「Journals」清单删除，那么 Library 会优先采用「Journals」清单中的数据，而非「Chemical」清单中的数据来编写参考文献，界面将会如图 2-92 所示，以期刊全名代替期刊缩写。

另外，EndNote 内建的期刊词组清单并非无所不包，有许多期刊并不在清单之列，因此也会以期刊的全名代替缩写。但根据投稿规定，这种情况是不符合要求的，因此还是必须加以修改。

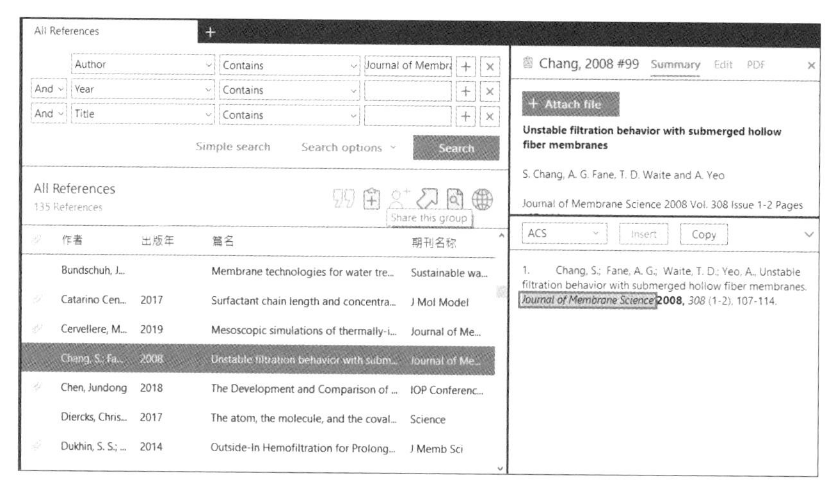

图 2-92 没有缩写资料的期刊将以全名代替

要解决单笔数据不够完整的方法是逐笔更新。假设我们现在要更新「Journal of Membrane Science」的缩写数据，单击工具列的「Library」→「Open Term Lists」→「Journals Term List」命令，弹出「Term Lists」对话框。先选择期刊名称，然后单击「Edit Term...」按钮，弹出「Edit Journal」对话框，进入编辑界面。

期刊缩写可以从 EndNote Journal Term Lists 查得，如图 2-86 所示；也可以直接登录该期刊的网站查询；或通过 Web of Science 网站查得 ISI 期刊的缩写，如图 2-93 所示；也可由 ISSN（国际标准期刊号）的网站浏览（https://www.issn.org/2-22661-LTWA-online.php/）。

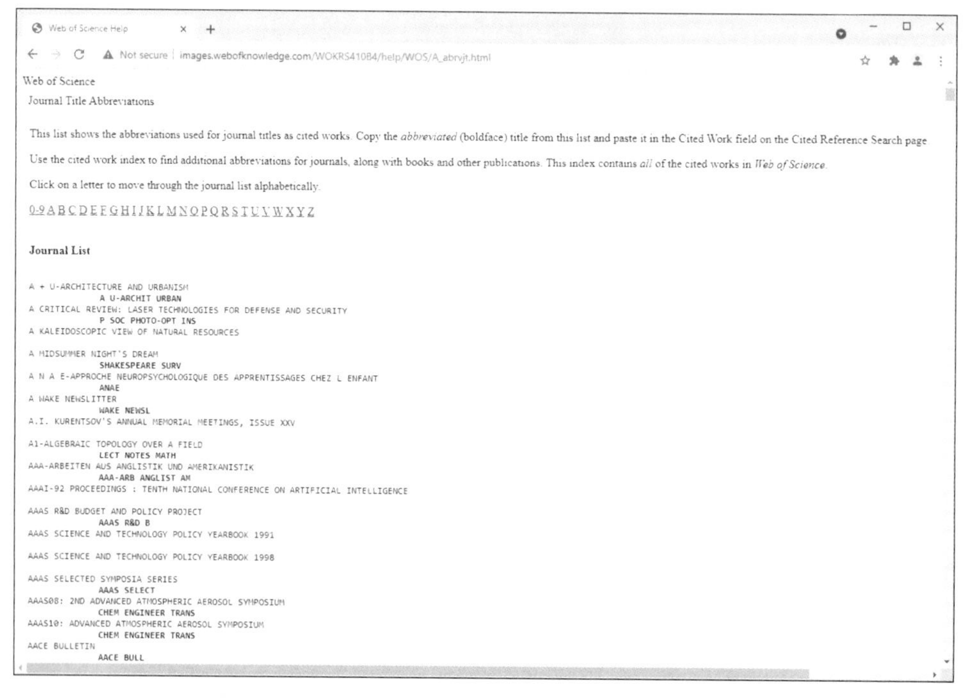

图 2-93 通过 ISI Web of Science 网站查询期刊简称

查得所需的期刊缩写后填入编辑界面的「Abbreviation 1」文本框中，然后单击「OK」按钮，完成数据的更新，如图 2-94 所示。

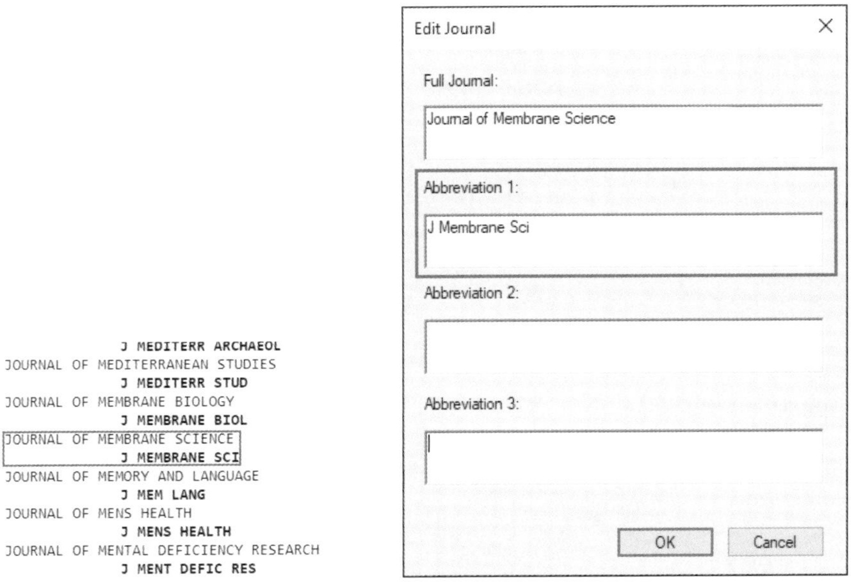

J MEDITERR ARCHAEOL
JOURNAL OF MEDITERRANEAN STUDIES
J MEDITERR STUD
JOURNAL OF MEMBRANE BIOLOGY
J MEMBRANE BIOL
JOURNAL OF MEMBRANE SCIENCE
J MEMBRANE SCI
JOURNAL OF MEMORY AND LANGUAGE
J MEM LANG
JOURNAL OF MENS HEALTH
J MENS HEALTH
JOURNAL OF MENTAL DEFICIENCY RESEARCH
J MENT DEFIC RES
Edit Journal
Full Journal:
Journal of Membrane Science
Abbreviation 1:
J Membrane Sci
Abbreviation 2:
Abbreviation 3:
OK
Cancel

图 2-94　查得期刊简称并填入适当处

于是这笔期刊的数据除了全名之外也出现了一组缩写，如图 2-95 所示。其余的期刊也可依此方法逐笔更新。

Term Lists
Terms
Lists
1 Journals in the Journals List:
Full Journal
Abbreviation 1
Journal of Membrane Science
J Membrane Sci
New Term...
Edit Term...
Delete Term
Insert Term
Hint: Hold the Ctrl key to select multiple terms
Close

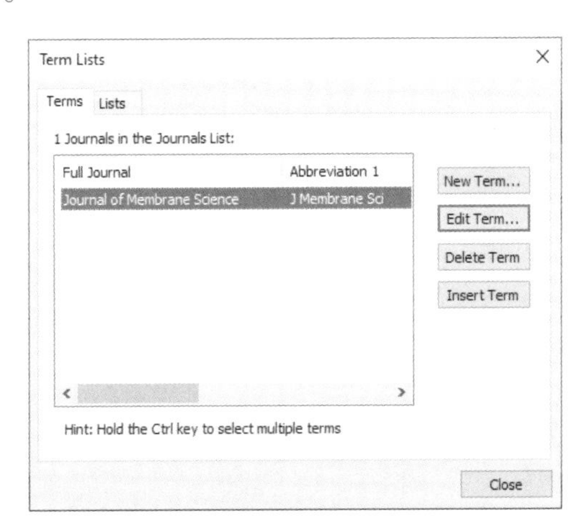

图 2-95　单笔期刊数据更新完成

至于关键词的更新，其程序与上述的期刊名称、作者名称相同，在此不再赘述。

3. 分享词组清单

词组清单是可以共享的，不论是将他人编辑完成的清单导入还是将自己更新完成的清单导出给他人使用，都可以轻松共享。

假设我们现在要将作者（或期刊、关键词）列表导出，单击「Term Lists」对话框中的「Lists」选项卡，选择要导出的清单，然后单击「Export List...」按钮，如图 2-96 所示，将清单导出为一个文本文件。然后为文本文件取一个文件名即可，如图 2-97 所示。

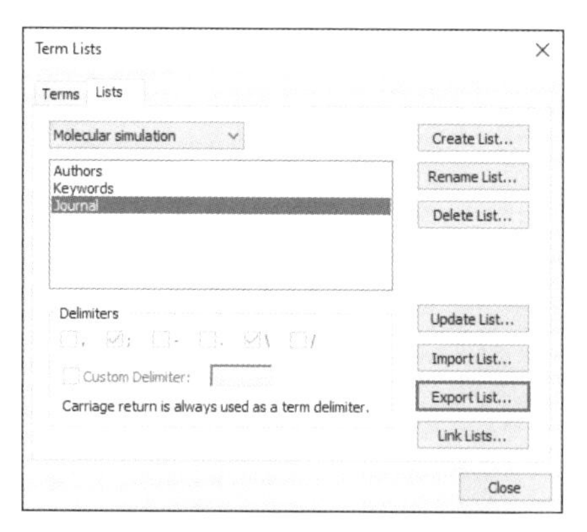

图 2-96　将作者清单导出

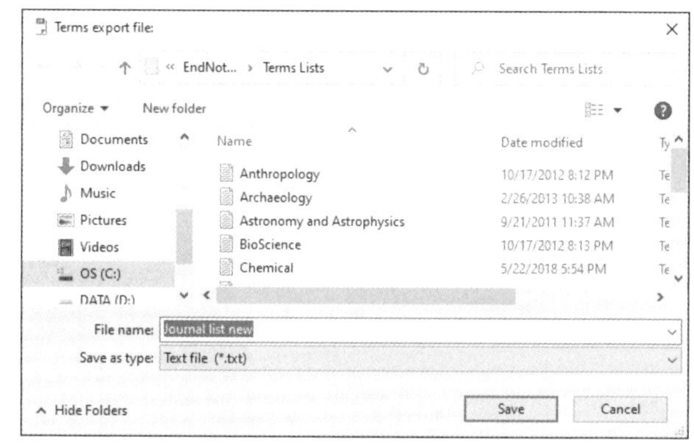

图 2-97　为导出清单命名

如果要与他人共享，只需要将此文本文件传送给他人，让他人将其导入到 EndNote Library 即可。导入的方式则是单击「Import List...」按钮将数据存入，如图 2-98 所示。这样，不同的计算机之间或合作者之间就不需要重复耗费时间精力去不断重新编辑词组清单了。

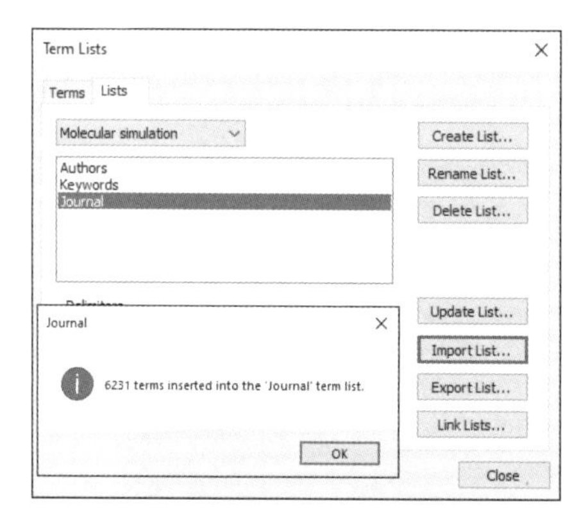

图 2-98　导入词组清单

第3章 利用 EndNote 20 撰写论文

第 1、2 章介绍的是通过 EndNote 建立专属于自己的图书馆，同时将图书馆依据个人风格和使用习惯设置成专属的界面。本章则开始利用 EndNote 结合 Word 文字处理软件撰写格式美观、符合投稿规定的论文。

大部分研究都需要通过发表的程序，例如刊登于期刊或申请专利，来宣告其为专属成果，因此撰写论文的能力相当重要。值得注意的是，撰写论文的能力并不表示我们应该花费大量的时间在文书排版、核对引用格式等工作上，而是在充实文章深度并且有逻辑地表达研究过程和结果上多下功夫。书目管理软件正是因为解决了排版和格式的问题而广受研究人员的欢迎。

EndNote 在撰写论文方面的主要功能大致可以分为以下几个方面。

（1）利用 EndNote 模板建立格式、段落都合乎投稿要求的稿件。

（2）利用 EndNote 的「Cite While You Write」功能插入引用文献，并且自动形成正确的书目引用格式，无论是文内引用还是文末参考文献，都可以快速建立并且自动排序，即使日后要更改引用格式也只需要一个按键就可以轻松转换。如图 3-1 和图 3-2 所示是 EndNote 排版得到的文内引用文献（citation）格式及文末参考文献（reference）格式的例子。

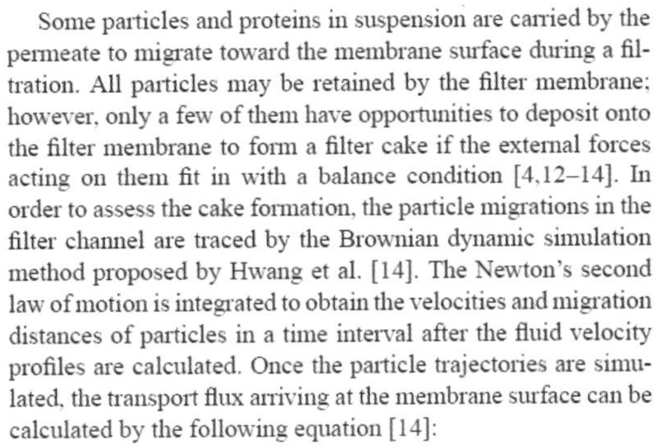

Some particles and proteins in suspension are carried by the permeate to migrate toward the membrane surface during a filtration. All particles may be retained by the filter membrane; however, only a few of them have opportunities to deposit onto the filter membrane to form a filter cake if the external forces acting on them fit in with a balance condition [4,12–14]. In order to assess the cake formation, the particle migrations in the filter channel are traced by the Brownian dynamic simulation method proposed by Hwang et al. [14]. The Newton's second law of motion is integrated to obtain the velocities and migration distances of particles in a time interval after the fluid velocity profiles are calculated. Once the particle trajectories are simulated, the transport flux arriving at the membrane surface can be calculated by the following equation [14]:

图 3-1　文内引用文献（citation）格式举例

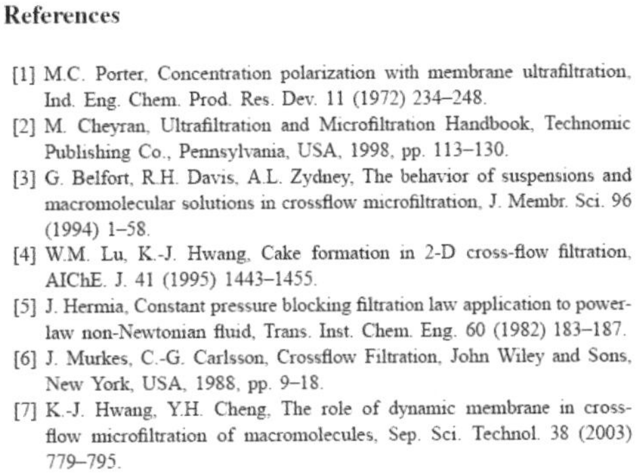

References

[1] M.C. Porter, Concentration polarization with membrane ultrafiltration, Ind. Eng. Chem. Prod. Res. Dev. 11 (1972) 234–248.
[2] M. Cheyran, Ultrafiltration and Microfiltration Handbook, Technomic Publishing Co., Pennsylvania, USA, 1998, pp. 113–130.
[3] G. Belfort, R.H. Davis, A.L. Zydney, The behavior of suspensions and macromolecular solutions in crossflow microfiltration, J. Membr. Sci. 96 (1994) 1–58.
[4] W.M. Lu, K.-J. Hwang, Cake formation in 2-D cross-flow filtration, AIChE. J. 41 (1995) 1443–1455.
[5] J. Hermia, Constant pressure blocking filtration law application to power-law non-Newtonian fluid, Trans. Inst. Chem. Eng. 60 (1982) 183–187.
[6] J. Murkes, C.-G. Carlsson, Crossflow Filtration, John Wiley and Sons, New York, USA, 1988, pp. 9–18.
[7] K.-J. Hwang, Y.H. Cheng, The role of dynamic membrane in cross-flow microfiltration of macromolecules, Sep. Sci. Technol. 38 (2003) 779–795.

图 3-2　文末参考文献（reference）格式举例

3.1 范本及「Cite-While-You-Write」

EndNote 与论文撰写的关系如图 3-3 所示。在建立了图书馆并搜集许多文献资料之后，接着就可以开始撰写论文了。除了直接打开空白的 Microsoft Word 文件之外，还可以通过 EndNote 内建的论文模板以快速地使段落次序符合规定的格式。利用 EndNote 撰写论文时，必须同时打开 EndNote Library 以及 Word。这样便可由图书馆读取书目，并插入内文中形成文内引用（in-text citation）和参考文献（reference），这项功能称为「Cite-While-You-Write」（CWYW）。

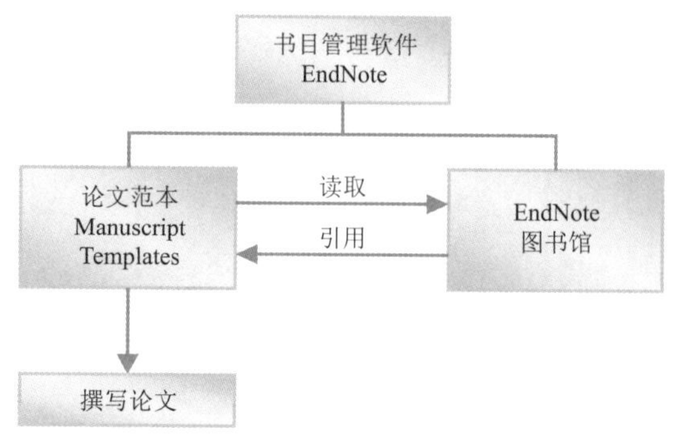

图 3-3　EndNote 与撰写论文之间的关系

3.1.1　EndNote 论文范本

无论是学位论文还是会议论文、期刊论文，都必须依据规定的格式撰写，所谓的「规定」包括应该具备的段落、字体、字型、行距以及引用文献格式等，细节相当繁琐。以期刊「American Journal of Psychiatry」为例，该期刊的投稿须知（Guidelines for Authors on Preparing Manuscripts）中详细规定了投稿时应该注意的各种事项，图 3-4 ～图 3-6 摘录了该期刊部分投稿规定。

Manuscript Organization and Format ◆

All parts of the manuscript or letter to the Editor, including case reports, quotations, references, and tables, must be double-spaced throughout. The manuscript should be arranged in the following order, with each item beginning a new page: 1) cover letter, 2) title page, 3) abstract, 4) text, 5) references, and 6) tables and/or figures. All pages **must** be numbered.

COVER LETTER
The cover letters should include statements regarding Authorship, Disclosure, and Copyright Transfer. Also, it must include a list of 6 suggested reviewers and their e-mail addresses.

TITLE PAGE

Word count. The number of words in the manuscript (including abstract, text, and references) and the number of tables and figures should be noted in the upper right-hand corner of the title page. Tables and figures are no longer included in the word count.

Title. The title should be informative and as brief as possible. *Journal* style for titles is not to use declarative sentences.

Byline. See instructions for Authorship. Authors' first names are preferred over initials. Degrees should be included after each author's name.

Previous presentation. If the paper has been presented at a meeting, give the name of the meeting, the location, and the inclusive dates.

Location of work and address for reprints. Provide the department, institution, city, and state where the work was done. Include a full address for the author who is to receive correspondence and reprint requests.

Disclosures and acknowledgments. In a separate paragraph, all potential conflicts of interest and financial support for all authors must be disclosed, whether or not directly related to the subject of their paper. Such reporting must include all equity ownership, profit-sharing agreements, royalties, patents, and research or other grants from private industry or closely affiliated nonprofit funds. For income from pharmaceutical companies, the purpose must be specified, e.g., speakers bureau honoraria or other CME activity, travel funds, advisory panel payments, research grants. It is the author responsibility to disclose anything in addition to the above that might be construed as potentially affecting the reporting of the study. If an author has no interests to disclose, this must be explicitly stated and will be acknowledged in print as r. X reports no competing interests.? Drug company support of any kind must be acknowledged.

Grant support should be acknowledged in a separate paragraph and should include the full name of the granting agency and grant number.

ABSTRACT
The abstract is a single paragraph no longer than 250 words for Reviews and Overviews and Articles and no longer than 150 words for Brief Reports. All manuscripts should include structured abstracts with the following information, under the headings indicated: *Objective*—the primary purpose of the article; *Method*—data sources, subjects, design, measurements, data analysis; *Results*—key findings; and *Conclusions*—implications, future directions. If applicable, clinical trial registration information (name, number, and URL) should be listed at the end of the abstract.

图 3-4　期刊 American Journal of Psychiatry 投稿注意事项

TEXT

The contents of the text should include four major sections: introduction, method, results, and discussion. The method section should provide a comprehensive description of the nature of the study group, methods for recruitment, measurement and evaluation techniques (including information about reliability as appropriate), and data analysis. At the end of the section describing the subjects it should be clearly stated that "After complete description of the study to the subjects, written informed consent was obtained." Strengths and weaknesses of the study should be presented in the discussion.

Patient perspectives. As part of a new focus of presenting research in the *Journal*, authors are strongly encouraged to include as part of their submission a brief clinical vignette in which the experience of the trial is captured from the point of view of one or more subjects. These vignettes should not simply be a summary of a patient's demographic and clinical characteristics, as would be included in a case report, but rather an idea of the patient's subjective experience of participating in the study, obtained from notes or recollections of raters who performed structured clinical interviews, actual quotes from subjects, or some other mechanism. The vignettes, which should be no more than two paragraphs, will be set apart from the main body of the article in a shaded text box entitled "Patient Perspectives."

Data analysis. Adequate description of statistical analysis should be provided, including the names of the statistical tests and whether tests were one- or two-tailed. Standard deviations, rather than standard errors of the mean, are required. Statistical tests that are not well-known should be referenced. All significant and important nonsignificant results must include the test value, degree(s) of freedom, and probability. For manuscripts that report on randomized clinical trials, authors should provide a flow diagram in CONSORT format and all of the information required by the CONSORT checklist. When word limits prevent the inclusion of some of this information in the manuscript, it should be provided in a separate document submitted with the manuscript for posting online. The CONSORT statement, checklist, and flow diagram can be found at http://www.consort-statement.org. (See Supplemental Data for what types of data and formats are acceptable for posting online.)

Abbreviations. The *Journal* is distributed to a broad psychiatric readership, therefore only a very small number of abbreviations are considered "standard" and thus acceptable for use. Spell out all abbreviations (other than those for units of measure) the first time they are used; idiosyncratic abbreviations should never be used.

Drugs. Generic rather than trade names of drugs should be used.

图 3-5 对段落及字型的规定

REFERENCES

References are numbered and listed by their order of appearance in text; the text citation is followed by the appropriate reference number in parentheses. Do not arrange the list alphabetically. References in tables and figures are numbered as though the tables and figures were part of the text. References should be restricted to closely pertinent material. Accuracy of the citation is the author's responsibility. References should conform exactly to the original spelling, accents, punctuation, etc. Authors should be sure that all references listed have been cited in text. Personal communications, unpublished manuscripts, manuscripts submitted but not yet accepted, and similar unpublished items should not appear in the reference list. Such citations may be noted in text. It is the author's responsibility to obtain permission to refer to another individual's unpublished observations. Manuscripts that are actually in press may be cited as such in the reference list; the name of the journal or publisher and location must be included. References to the editions of DSM should not be included in the reference list.

Type references in the Vancouver style shown below. List all authors; do not use "et al." Abbreviations of journal names should conform to the style used in Index Medicus; journals not indexed there should not be abbreviated.

1. Zinbarg RE, Barlow DH, Liebowitz M, Street L, Broadhead E, Katon W, Roy-Byrne P, Lepine J-P, Teherani M, Richards J, Brantley PJ, Kraemer H: The DSM-IV field trial for mixed anxiety-depression. Am J Psychiatry 1994; 151:1153-1162
2. Beahrs JO: The cultural impact of psychiatry: the question of regressive effects, in American Psychiatry After World War II: 1944-1994. Edited by Menninger RW, Nemiah JC. Washington, DC, American Psychiatric Press, 2000, pp 321-342
3. Burrows GD, Norman TR, Judd FK, Marriott PF: Short-acting versus long-acting benzodiazepines: discontinuation effects in panic disorders. J Psychiatr Res 1990; 24(suppl 2):65-72

TABLES

The *Journal* does not publish tables that have been submitted elsewhere or previously published. Tables that duplicate material contained elsewhere in the manuscript (in text, figures, or other tables) will not be used. Authors should delete tables containing data that could be given succinctly in text. A copy of each table must be submitted with the manuscript and must be accessible for copyediting. Tables cannot be embedded within the document or provided as figure art. Authors providing tables in such a manner will be required to resubmit tables in a format that allows for copyediting. In terms of data presentation, values expressed in the same unit of measurement should read down, not across; when percentages are presented, the appropriate numbers must also be given. In preparing the tables, each cell should contain only one item of data. In rows, subcategories should be in separate cells; in columns, Ns and %s or Means and SDs should be in separate cells. For optimum readability and presentation, tables should not exceed 120 characters in width. For other guidelines, consult recent issues of the Journal.

FIGURES

As part of a new focus of presenting research in the *Journal*, all authors are encouraged to include as part of their submission a figure that summarizes the major findings of the study. The *Journal* encourages the submission of high-quality color figures (previously published figures are discouraged). Multiple figures for the same article should be prepared as a set, consistent in color and size across all figures. **The cost of publishing all illustrations, including color figures, is borne by the Journal.**

图 3-6 对引用文献及图表的规定

当我们准备投稿该期刊时，必须先详读这些繁琐的规定后再逐步依照格式要求撰写文章，可想而知，所花费的时间必定相当可观。但通过 EndNote 内建的论文模板（Manuscript Template），我们可以不必再理会各段落的次序和字型、行距等规定。目前 EndNote 20 内建 307 种论文范本，一般预设在 C:\Program Files (x86)\EndNote 20\Templates 路径之下，如果找不到 Templates 文件夹，可至 Endnote 官网下载 Templates，网址为“https://endnote.com/downloads/templates/”。下载后是压缩文档，使用前进行解压缩即可，如图 3-7 和图 3-8 所示。

这些论文范本都是 Word 文件，其中即有「American Journal of Psychiatry」的论文模板，打开后的模板外观如图 3-9 ～图 3-12 所示。

每个段落所应具备的项目都已经整齐地出现在稿件上，在该项目上单击鼠标左键就会产生阴影，表示可以在此输入文字。

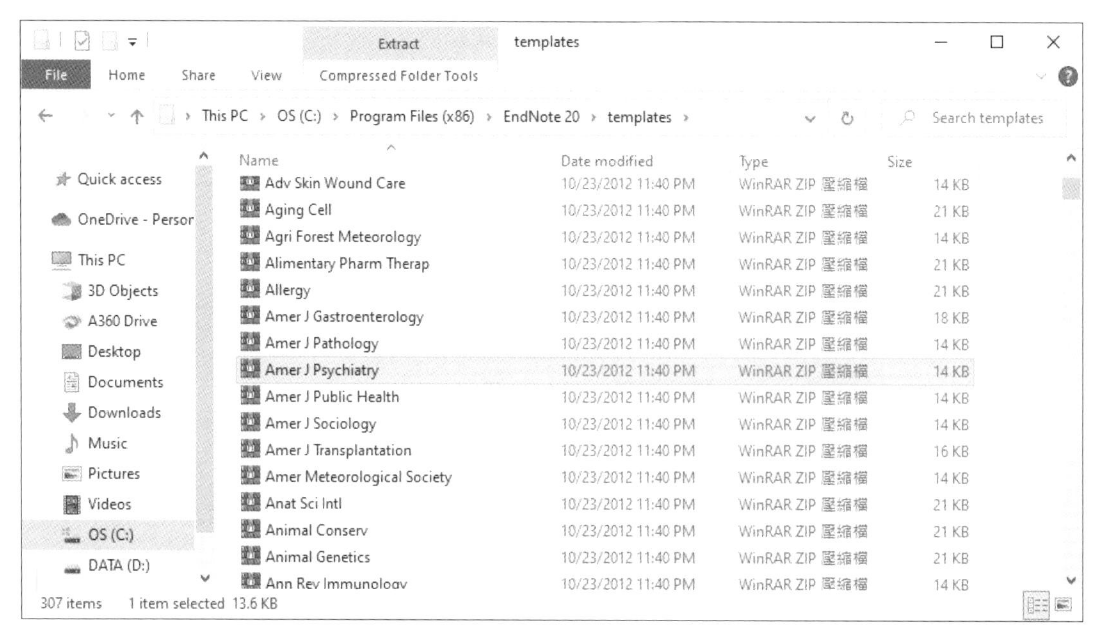

图 3-7　EndNote 内建的论文范本

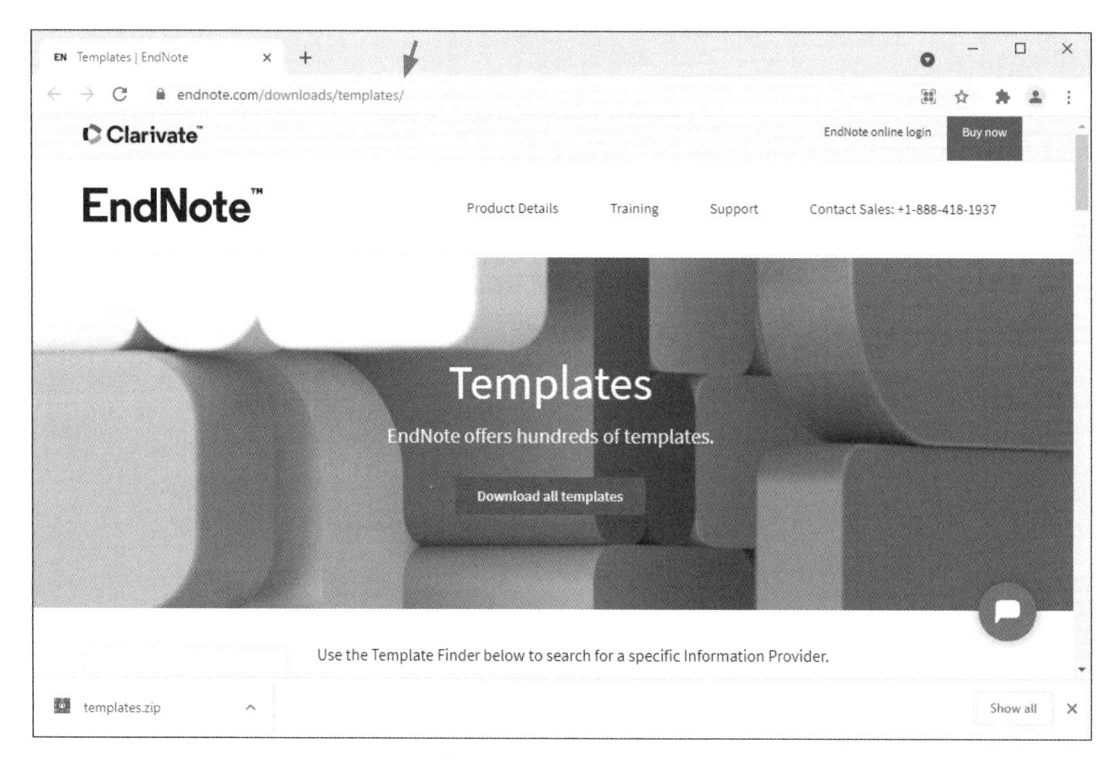

图 3-8　在 EndNote 官网下载 Templates

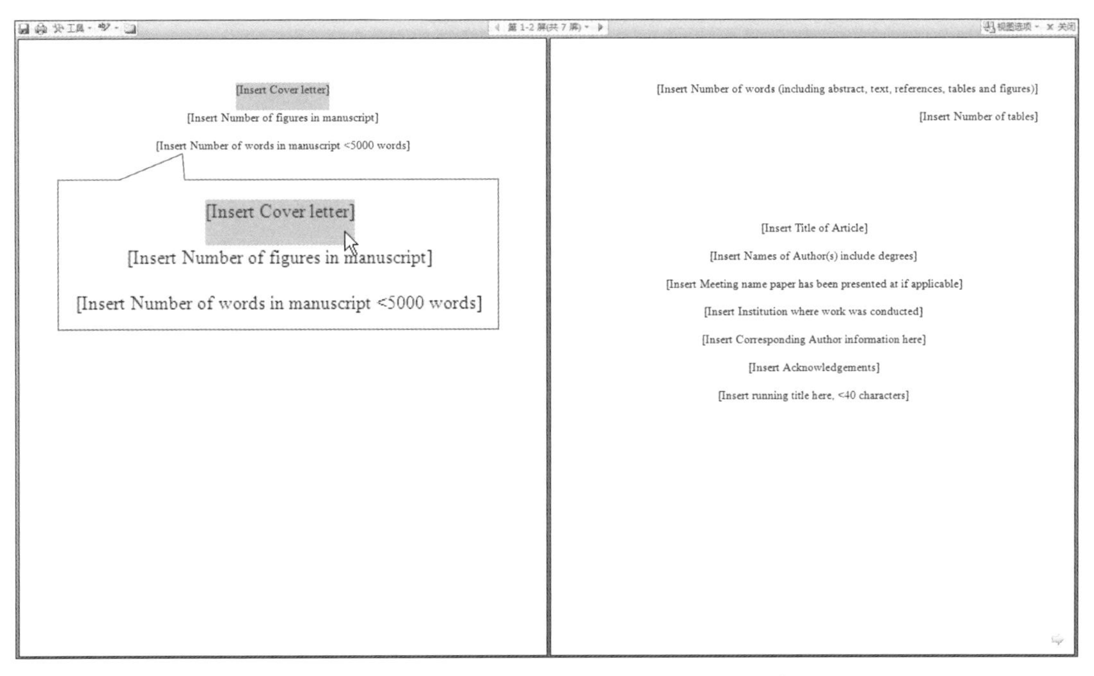

图 3-9 「American Journal of Psychiatry」论文模板 1

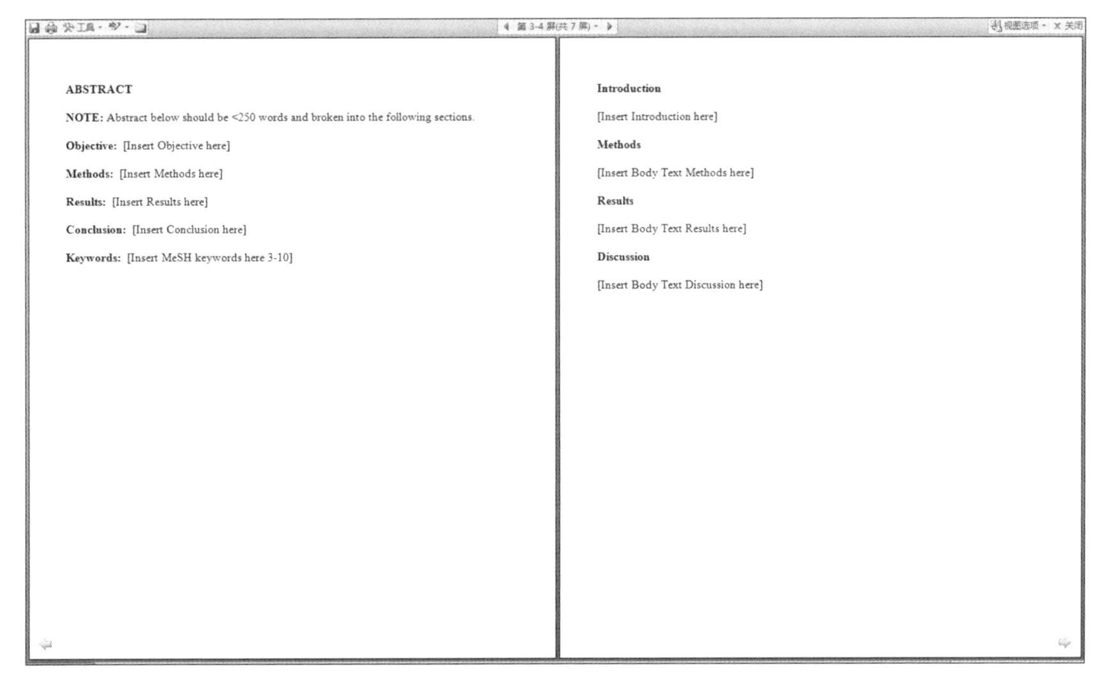

图 3-10 「American Journal of Psychiatry」论文模板 2

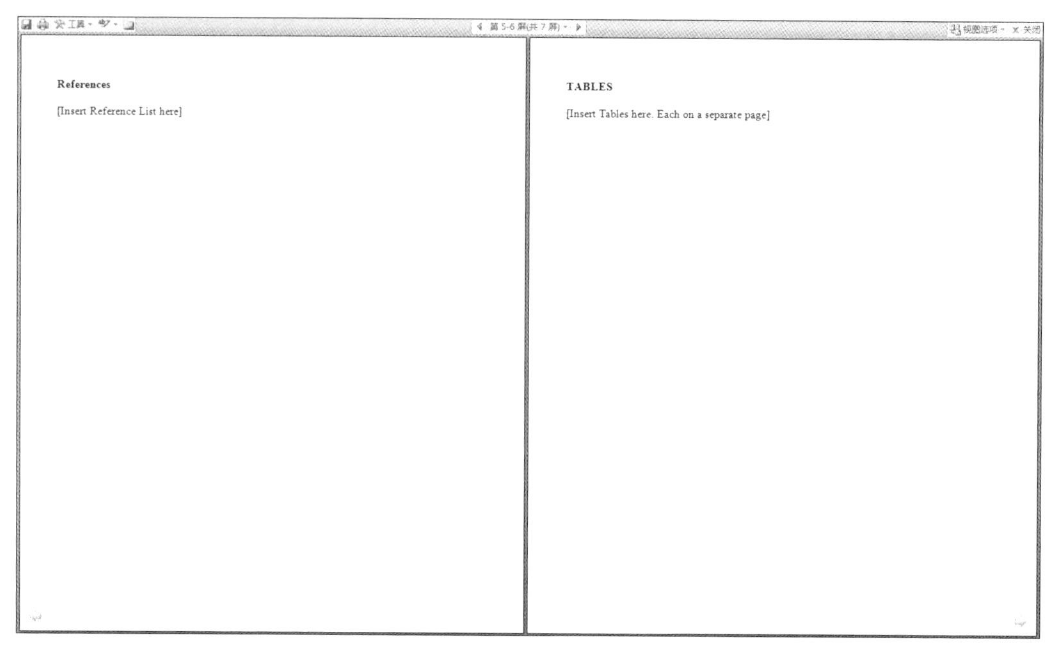

图 3-11 「American Journal of Psychiatry」论文模板 3

图 3-12 「American Journal of Psychiatry」论文模板 4

每种期刊所要求的投稿格式不尽相同，这也是为什么会有上百种范本可供选用的原因。至于一些通用的格式，例如 APA、Chicago、MLA 等也收录其中。

当然这些模板不可能涵盖所有的期刊格式，因此如果没有发现适合的模板时，可以用相近格式的模板加以修改替代，或不套用模板，直接使用空白的 Word 文件，如图 3-13 所示。

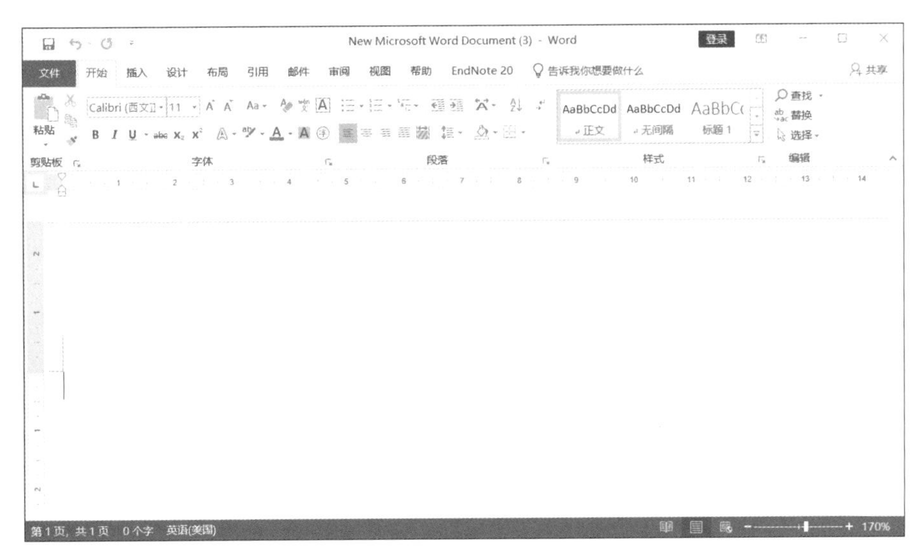

图 3-13 直接打开空白文件

3.1.2 参考文献

利用论文模板可以解决论文段落的问题，另外一个费时的工作就是引用文献的排版。通过 EndNote 的「Cite-While-You-Write」（CWYW）功能可以轻松地将选定的书目自动插入到文章内文中，插入引用文献的方法有以下 3 种。

1. 方法一

同时打开 EndNote 与 Word 文件，如图 3-14 所示，选择一笔或数笔书目后直接拖曳到文件的适当位置。

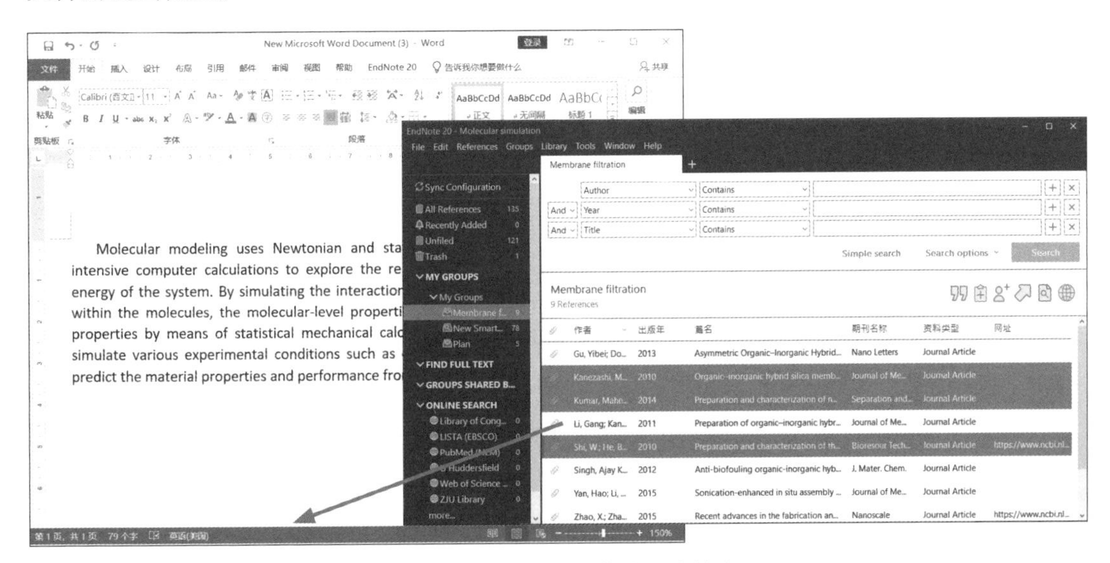

图 3-14 直接将书目拖曳至文件内

接着在文内会出现文内引用（in text citation），在文末则会出现格式整齐的参考文献（references）列表，如图 3-15 所示，如果未出现此结果，点击上方工具栏的「Update Citations and Bibliography」进行更新。

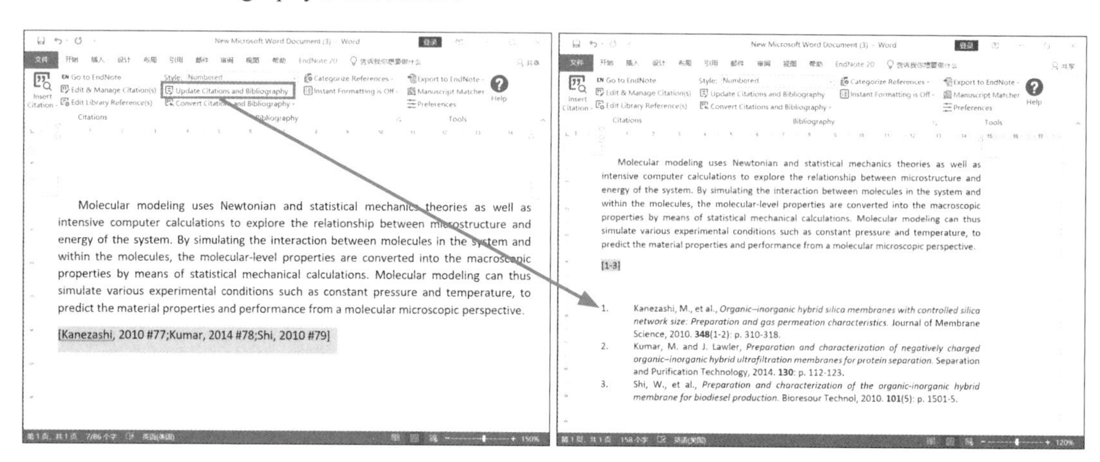

图 3-15　自动形成文内及文末引用文献

2. 方法二

首先在需要插入引用文献处单击鼠标进行光标定位，如图 3-16 所示。

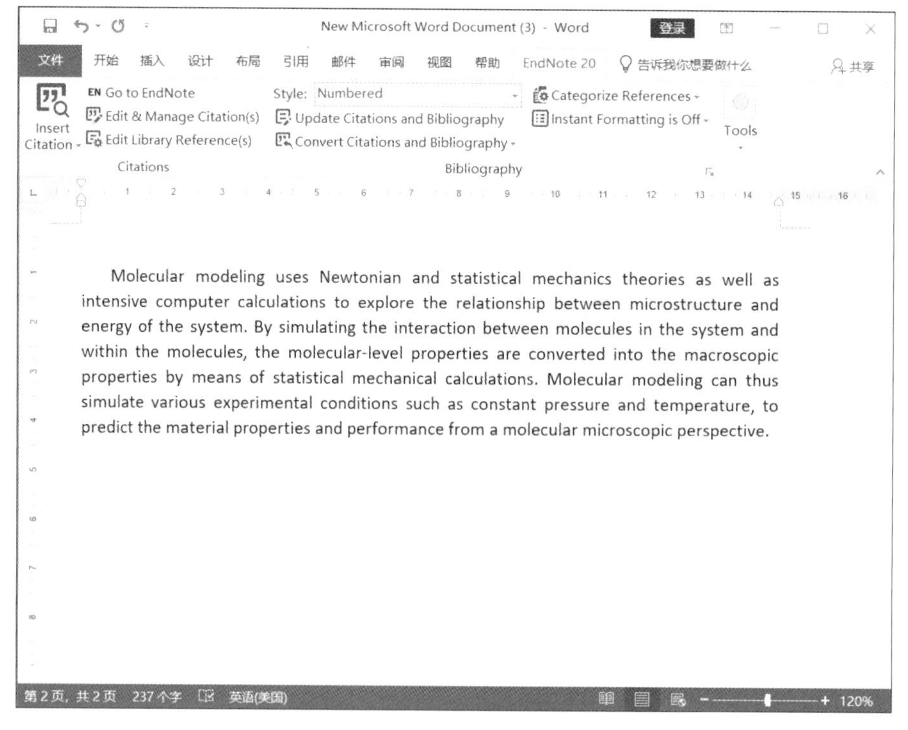

图 3-16　选定引用文献插入处

然后到 EndNote Library 中点选要插入的书目，接着单击按钮（Insert a citation for each selected reference），如图 3-17 所示。

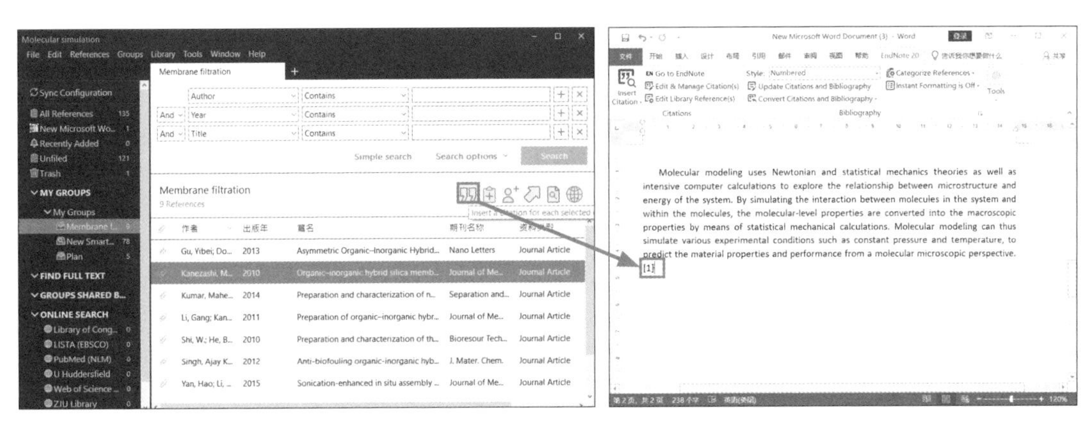

图 3-17 选定要插入的书目

3. 方法三

在 EndNote Library 中选定书目后回到 Word 界面，再单击 Word 工具列的「EndNote 20」→「Citations」→「Insert Citation」→「Insert Selected Citation(s)」命令，如图 3-18 所示。

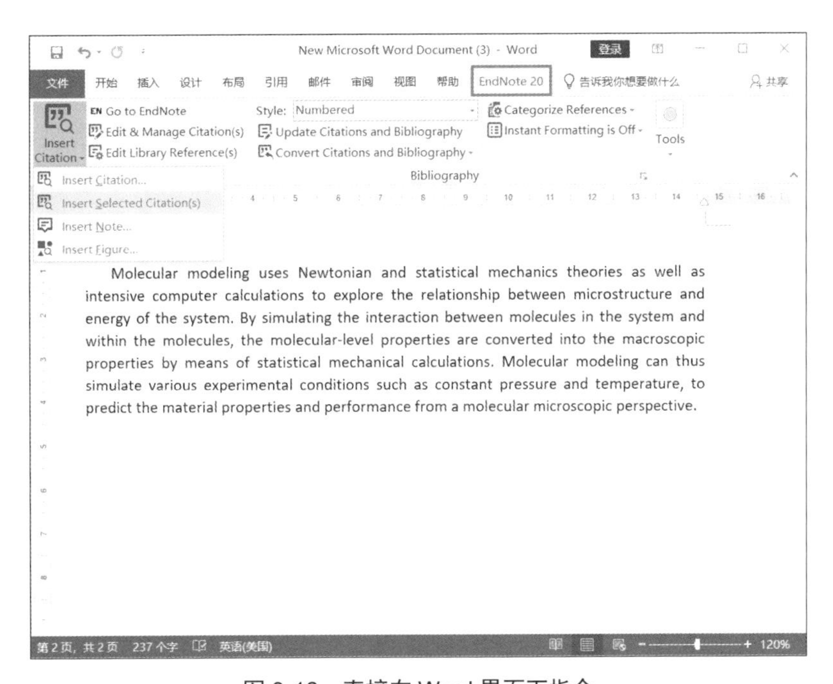

图 3-18 直接在 Word 界面下指令

引用的格式可在「Style」下拉列表中随时调整，如图 3-19 所示。目前的引用格式采用的是「Numbered」格式，将其更改为「Amer J Psychiatry」后的效果如图 3-20 所示。

如果我们采用空白文件撰写论文，那么参考文献列表会出现在全文末；如果我们套用 EndNote 提供的论文模板来撰写论文，那么文献列表会自动出现在正确的位置上，但未必是全文末，可以参考图 3-7 ～图 3-11。

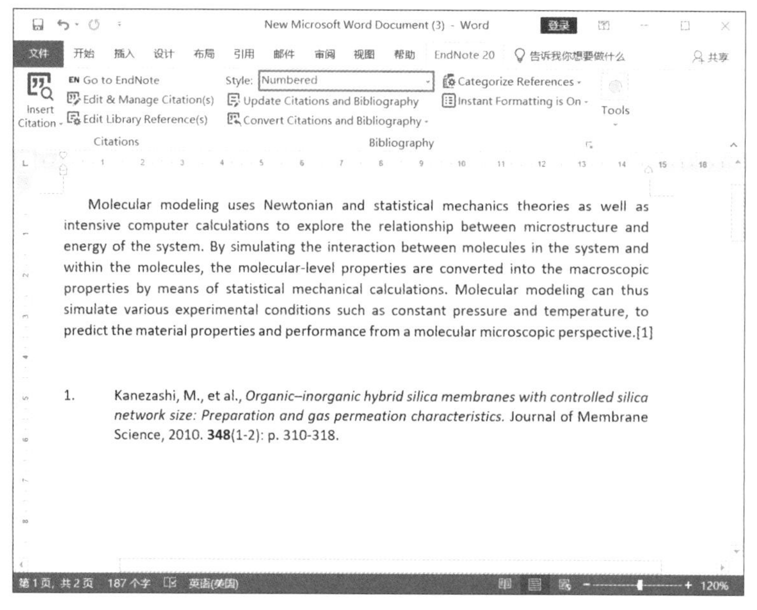

图 3-19　自动形成引用文献

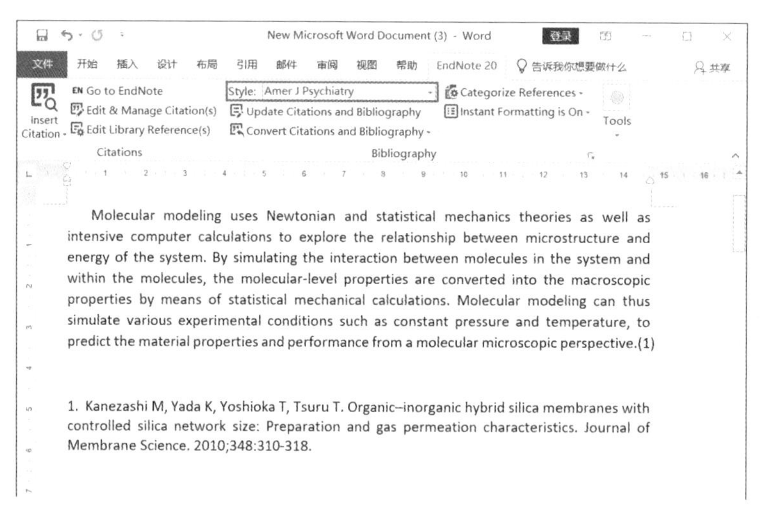

图 3-20　更改引用格式

3.1.3　非格式化引文

另一个插入引用文献的方式就是通过指令｛　｝（大括号）的方式选择书目数据。

同样地，在需要插入书目处输入｛　｝，然后在｛　｝中输入检索词，例如作者、篇名、刊名、关键词等，输入完毕后单击 Word 工具列的「EndNote 20」→「Bibliography」→「Update Citations and Bibliography」命令以搜索数据。此处我们以输入 {Kanezashi} 为例，如图 3-21 所示，寻找与 Kanezashi 等词相关的资料，步骤如下。

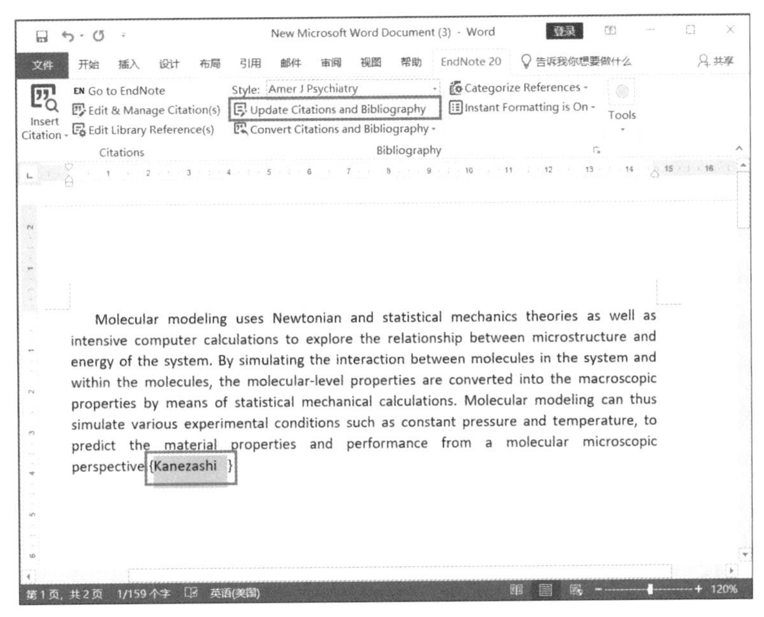

图 3-21 通过指令插入引文

▶ Step 01 单击 Word 工具列的「EndNote 20」→「Bibliography」→「Update Citations and Bibliography」命令，弹出「EndNote 20 Select Matching Reference」对话框。

▶ Step 02 选择需要的数据后单击「Insert」按钮，如图 3-22 所示。

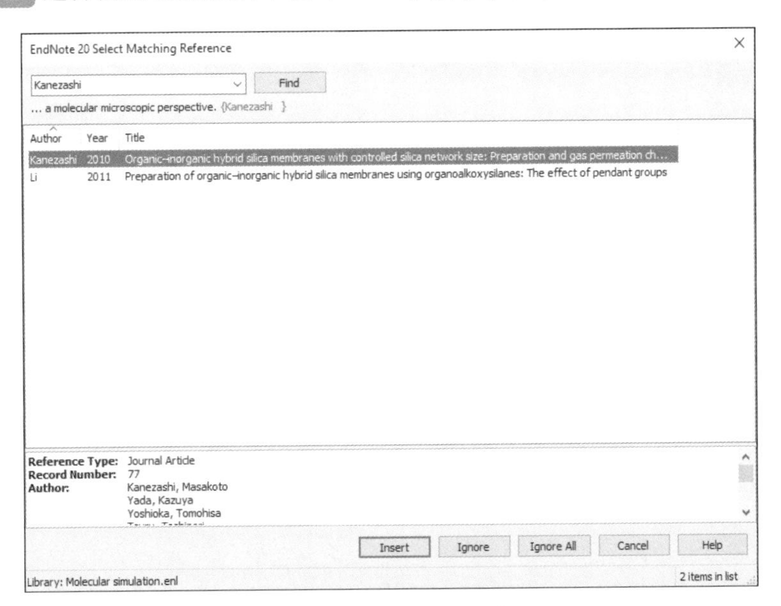

图 3-22 选择要插入的书目

▶ Step 03 在 Word 界面就可以看到自动出现的引用文献了，如图 3-23 所示。

除了在 { } 内输入检索词之外，还可以输入书目的编号，如图 3-24 所示，假设要插入这笔书目数据，可以通过双击书目，在右边的视窗上方查看该书目在图书馆中的记录编号。

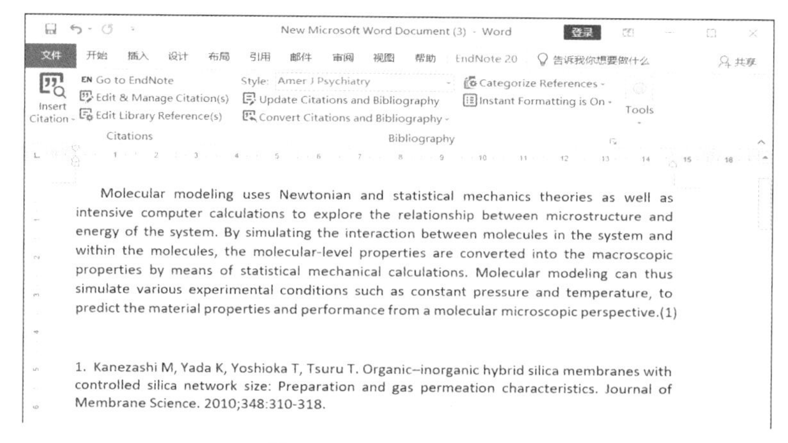

图 3-23　查看参考文献 1

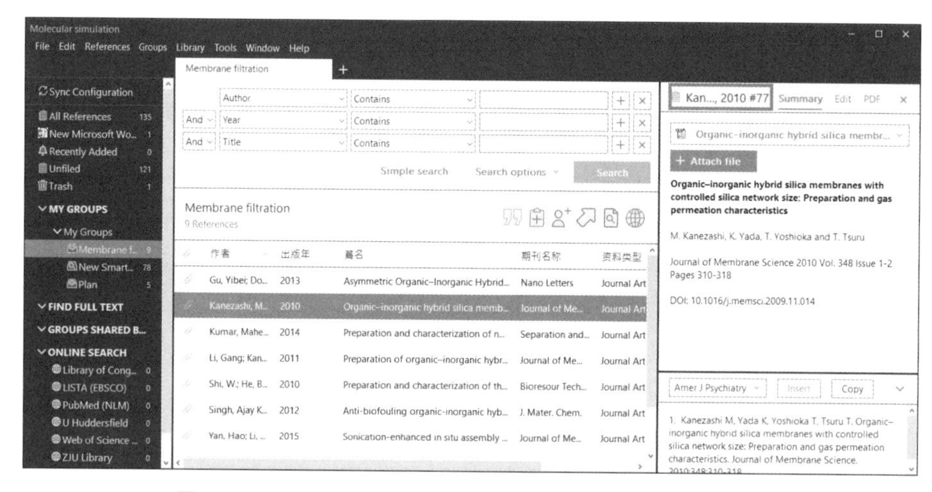

图 3-24　利用双击书目后右侧弹出的视窗中查看书目编号

由图 3-24 可知，此笔数据的编号是 77，因此在 Word 中输入 {#77}，如图 3-25 所示。

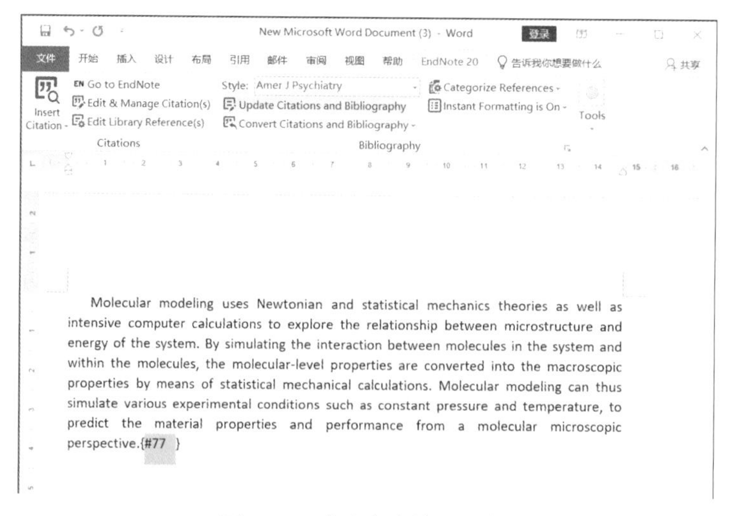

图 3-25　在内文中输入指令

指令输入完毕后，单击 Word 工具列的「EndNote 20」→「Bibliography」→「Update Citations and Bibliography」命令就会自动形成参考文献，如图 3-26 所示。

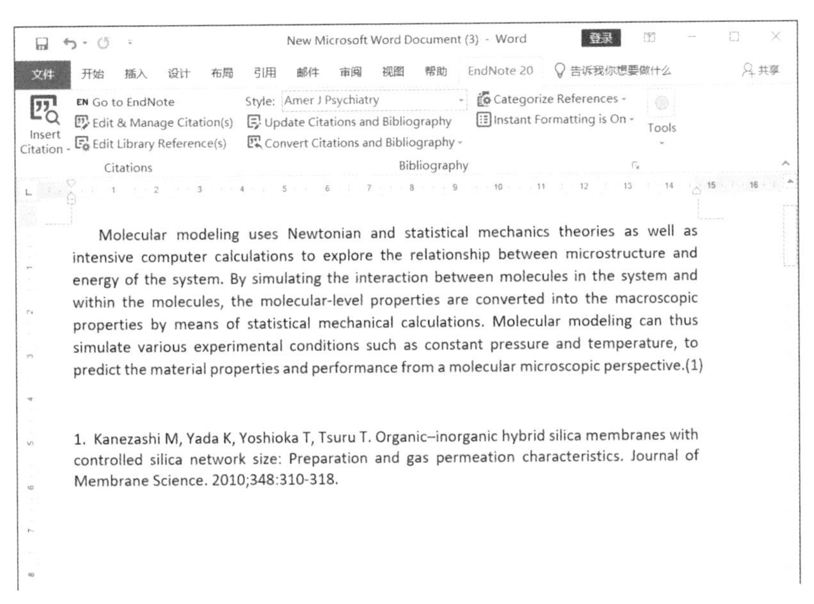

图 3-26 查看参考文献 2

如果想一次引用多笔参考书目，只要连续输入指令，例如 {#77}{#78}{#79}，如图 3-27 所示，再单击「EndNote 20」→「Bibliography」→「Update Citations and Bibliography」命令即可，如图 3-28 所示。

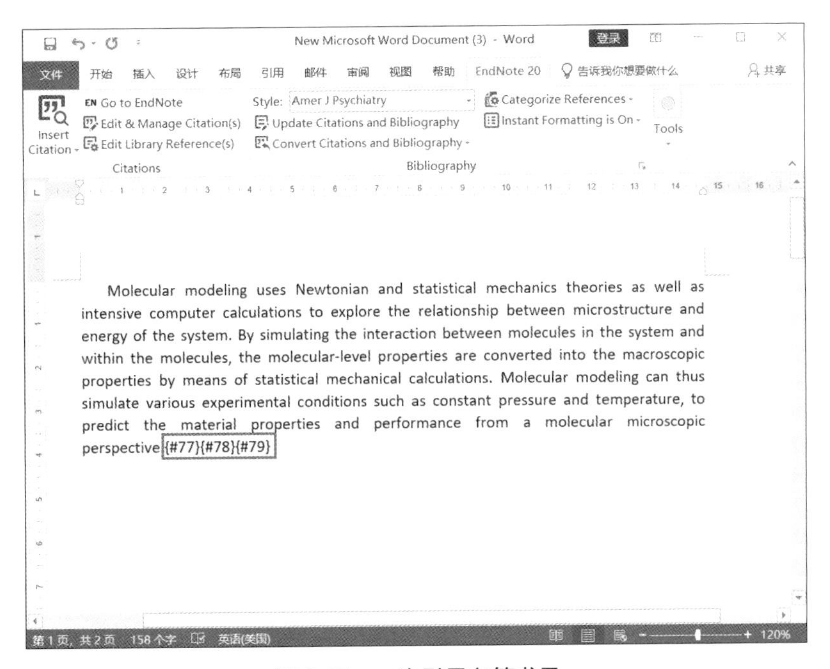

图 3-27 一次引用多笔书目

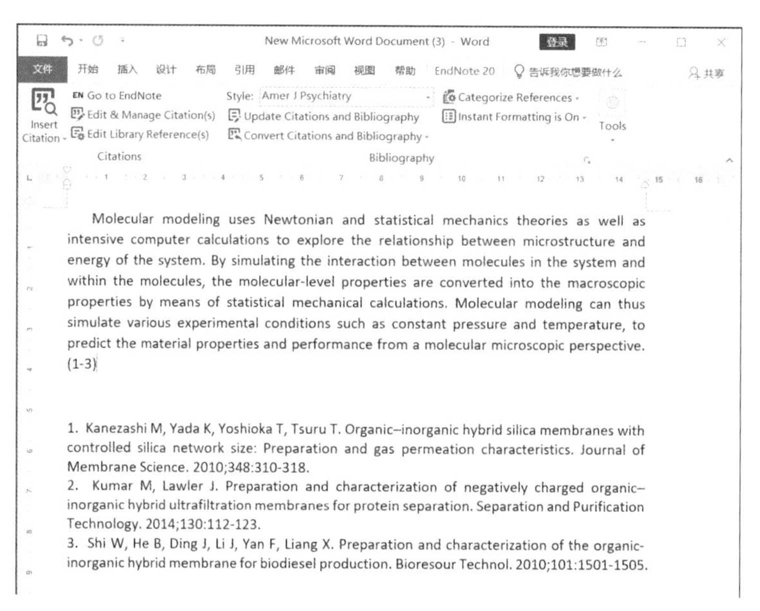

图 3-28　形成 3 笔引用文献

之所以可以利用这样的方式插入引用文献，是因为在 EndNote 中已经将 {　} 符号设定为插入引用文献的指令，如果我们在撰写稿件时经常会使用到 {　} 符号，即使并不打算插入引用文献，也会被 EndNote 自动视为插入引文的指令。我们可以通过一定的方式将 {　} 改为用其他的符号代替，修改的方式如下。

单击「EndNote 20」→「Bibliography」→右下方的 ◲ 键，如图 3-29 所示，打开书目选项，弹出「EndNote 20 Configure Bibliography」对话框。

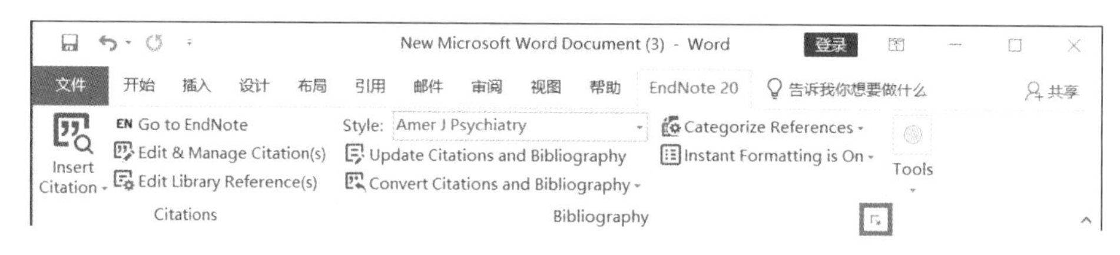

图 3-29　打开书目选项

可以在「Format Bibliography」选项卡的「Temporary citation delimiters」文本框中修改定义符号。我们可以由 { } 改成其他任何符号，此处我们将 { } 改为 [ ]，如图 3-30 所示。

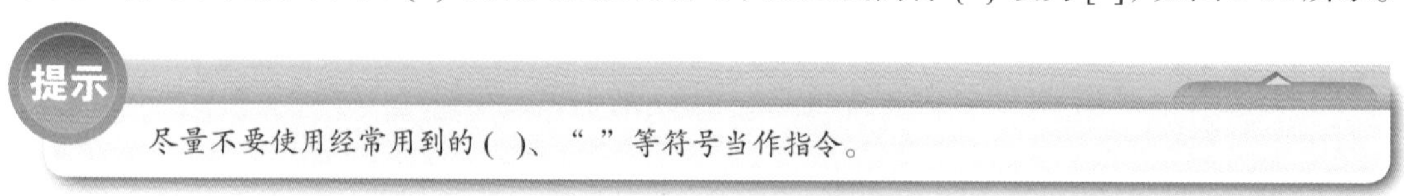

试用 [　] 指令插入引用文献，如图 3-31 所示，接着指令就会自动转换成为引用文献。如果没有自动转换，可单击「EndNote 20」→「Bibliography」→「Update Citations and Bibliography」命令使其更新，如图 3-32 所示。

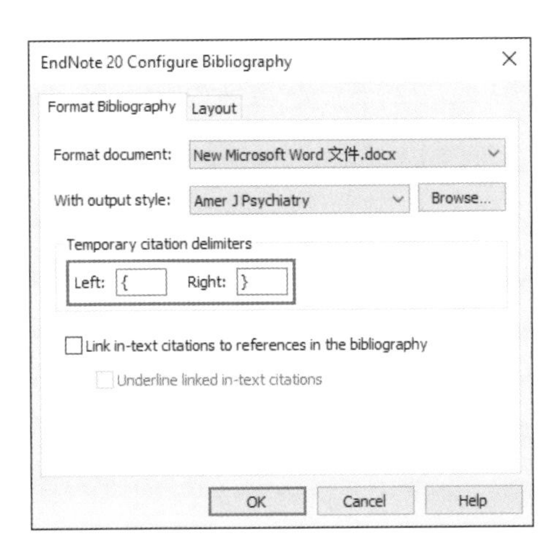

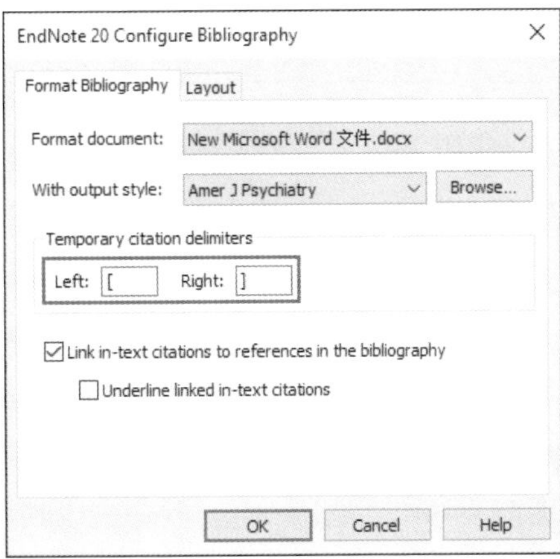

图 3-30 修改定义符号

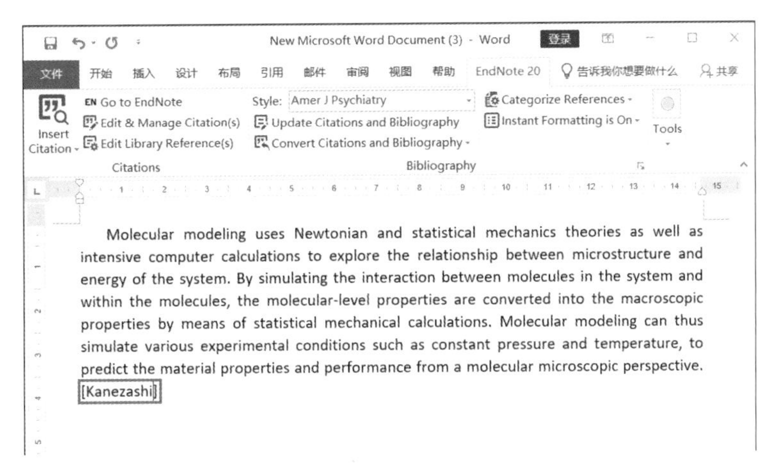

图 3-31 利用新指令插入引用文献

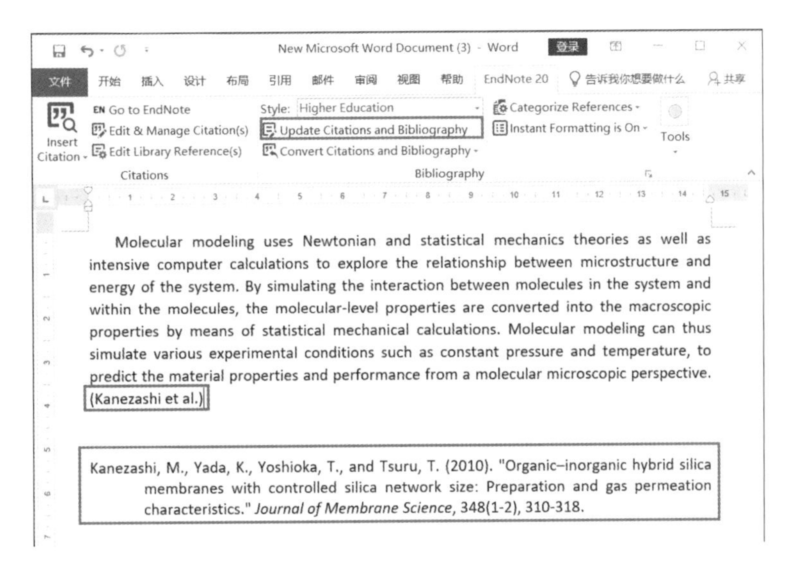

图 3-32 成功插入引文

3.1.4 插入图表数据

在图书馆中除了可以保存书目数据之外，还可以保存各种文件，包括图表。在撰写论文时，这些文件可以直接插入内文中，插入方法如下。

Step 01 在需要插入图表处单击鼠标定位，接着单击 Word 工具列的「EndNote 20」→「Citations」→「Insert Citation」→「Insert Figure...」命令，如图 3-33 所示，弹出「EndNote 20 Find Figure（s）」对话框。

Step 02 在「Find」按钮对应的文本框中输入检索词，然后单击「Find」按钮，相符的数据便会列出。

Step 03 选择需要的数据后单击「Insert」按钮即可，如图 3-34 所示。

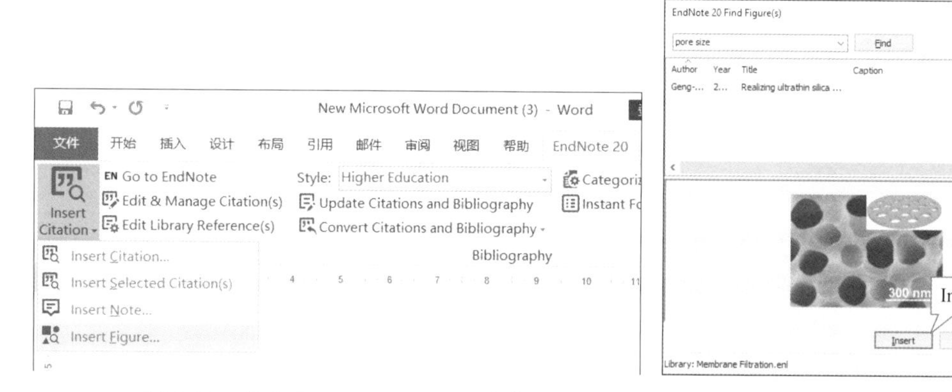

图 3-33 单击「Insert Figure...」命令

图 3-34 选定数据库中的图片

这样，Word 界面中在刚才用鼠标定位处就出现了选定的图片，如图 3-35 所示。

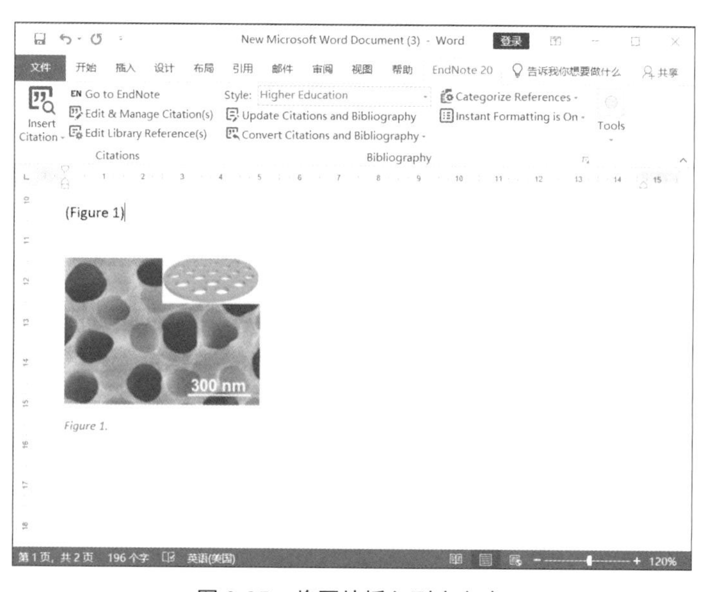

图 3-35 将图片插入到内文中

如果我们使用的操作系统是中文系统，当图片插入文稿后就会出现中文的「图表」二字。若要将其换成其他文字，例如，换成「Figure」或「Fig.」等，则必须等全稿完成之后，单击 Word 工具列的「开始」→「编辑」→「替换」命令，此时弹出「查找和替换」对话框，在「替换」选项卡中进行替换，如图 3-36 所示。

图 3-36　利用「替换」命令更改全文文字

3.1.5　将参考文献分置各章

EndNote X3 之前的版本都是将参考文献集中置于全文末，但是 X3 版的新功能则允许将参考文献置于各章节末，Endnote 20 版继续保留了该功能。本方式需要搭配 Word 的分节符进行设定。将参考文献分置各章的具体操作方式介绍如下。

1. 设定分节符

要将参考文献置于各章节末，首先要设定分节符。假设我们希望将参考文献置于各章结尾处，也就是 Chapter 1、Chapter 2 末，单击 Word 工具列的「布局」→「分隔符」→「连续」命令，按「连续」分节，如图 3-37 所示，也可按其他方式分节设定。

完成分节符设定后可以看到文件中出现一条分节线，如图 3-38 所示。

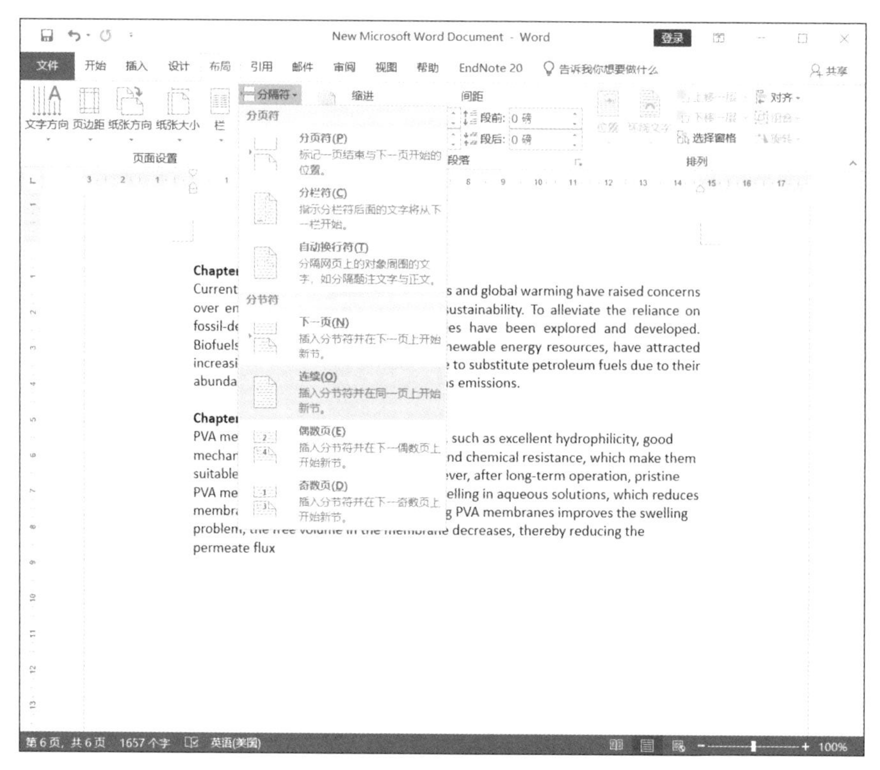

图 3-37 设定分节符

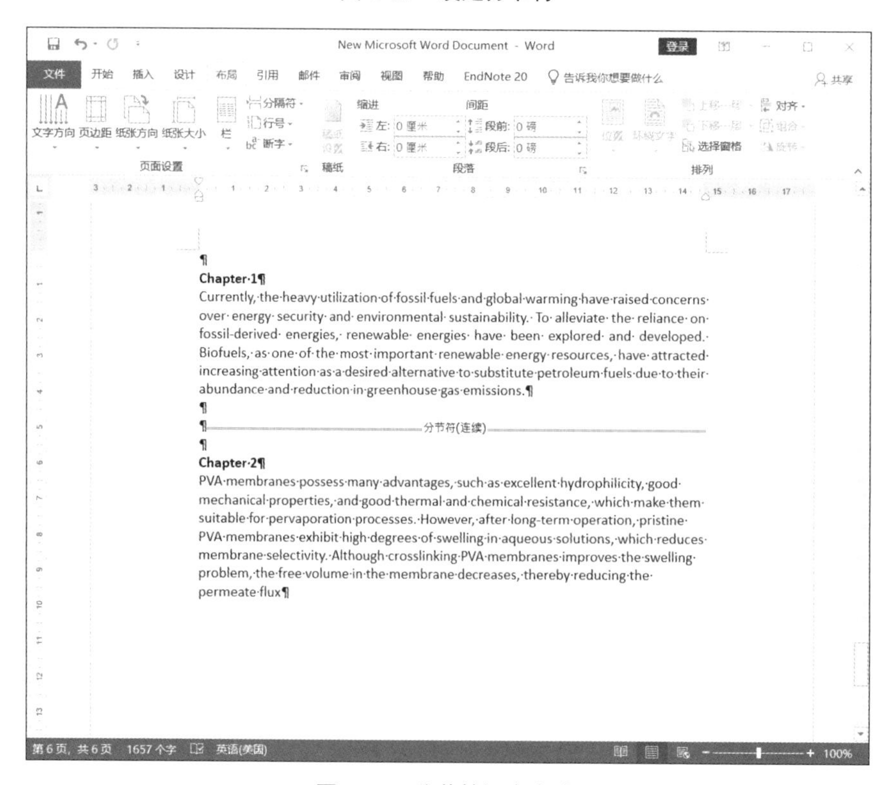

图 3-38 分节符设定完成

2. 设定书目格式

分节符设定完成之后，接着前往 EndNote 设定 Output Style（书目格式），其步骤如下。

Step 01 单击EndNote工具列的「Tools」→「Output Styles」→「Open Style Manager...」命令，如图3-39所示，弹出「EndNote Styles」对话框，如图3-40所示。

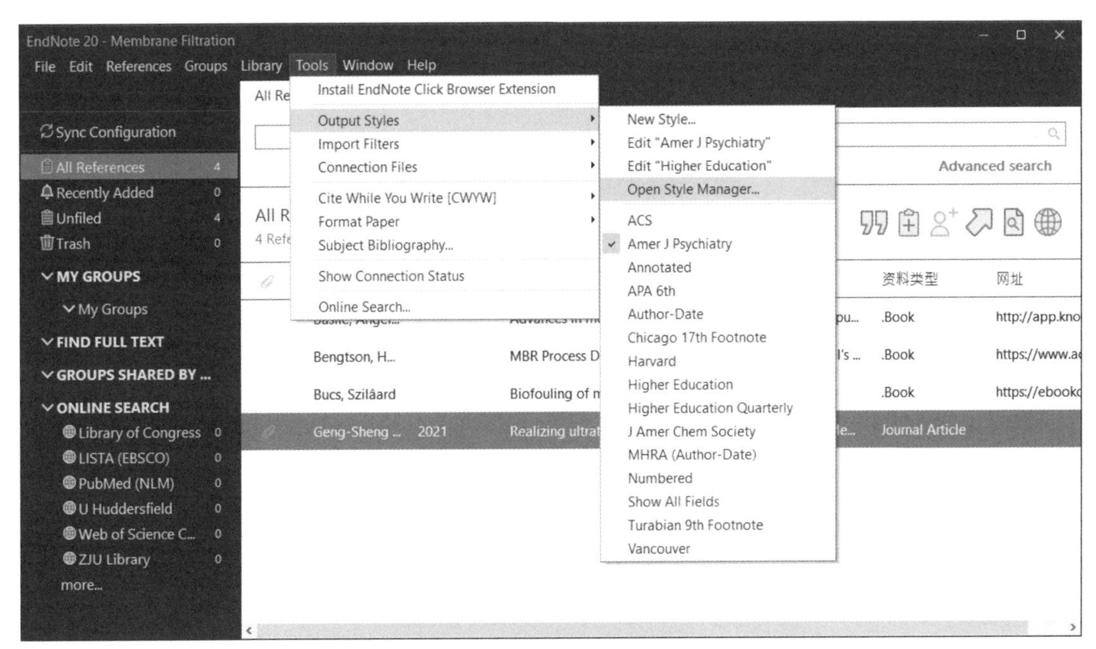

图 3-39　单击「Open Style Manager...」命令

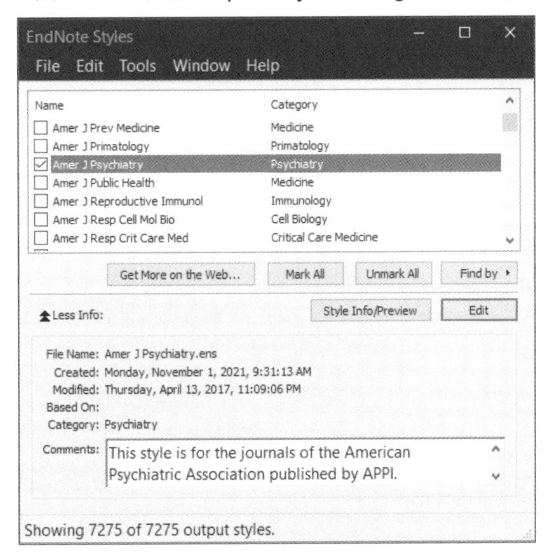

图 3-40　「EndNote Styles」对话框

Step 02 勾选要更改的 Output Style，假设我们要更改的是 Amer J Psychiatry 格式的设定，此时弹出选定的 Output Style 的对话框，选择左侧的「Sections」选项进行章节段落的设定，如图 3-41 所示。

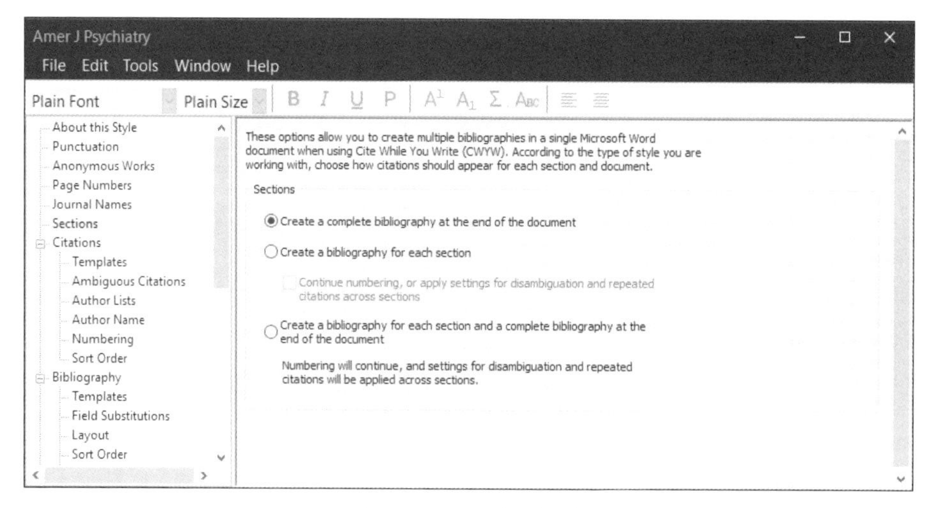

图 3-41　更改章节设定

「Sections」选项下各个选项分别代表不同的含义。

- Create a complete bibliography at the end of the document：将完整的参考文献列表置于全文末。
- Create a bibliography for each section：将参考文献列表置于各章节末。

该选项下设有子选项「Continue numbering, or apply settings for disambiguation and repeated citations across sections」，表示将书目置于各章节末，并采用连续编号。

- Create a bibliography for each section and a complete bibliography at the end of the document：将各章节参考文献列表置于各章节末，且另有完整的参考文献列表置于全文末。

此处我们选择第 3 个选项。

Step 03 设置完成后，单击「File」→「Save As...」命令，弹出「Save As」对话框，在「Style name」文本框中输入新格式的名称，然后单击「Save」按钮保存，如图 3-42 所示。

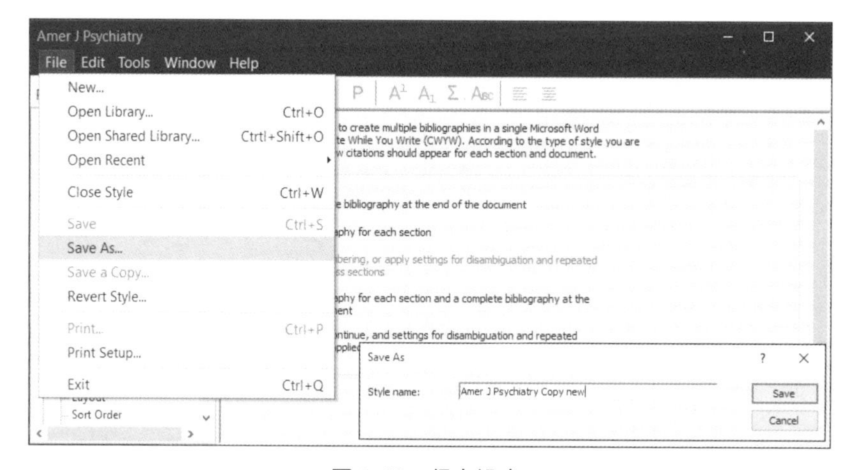

图 3-42　保存设定

如果不另存盘而直接保存在原格式名称之下，那么新格式将会完全取代旧格式。

▶ Step 04 回到撰写中的文件，在 Word 工具列的「EndNote 20」→「Bibliography」→「Style」下拉列表中选择刚才设定的新格式，如图 3-43 所示。再将参考文献分别插入 Chapter 1 以及 Chapter 2，然后查看结果，如图 3-44 所示。

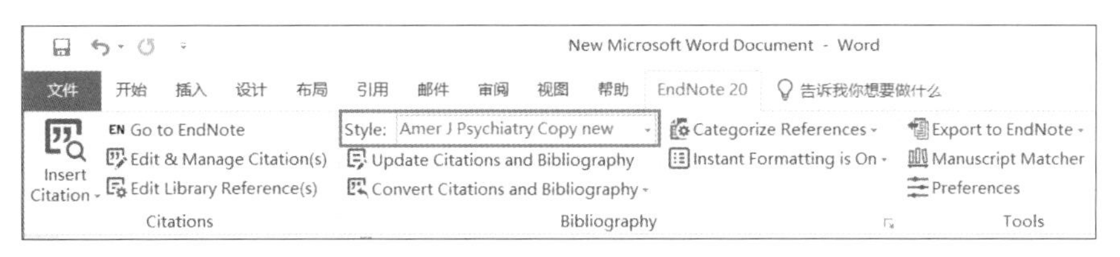

图 3-43　选择新格式

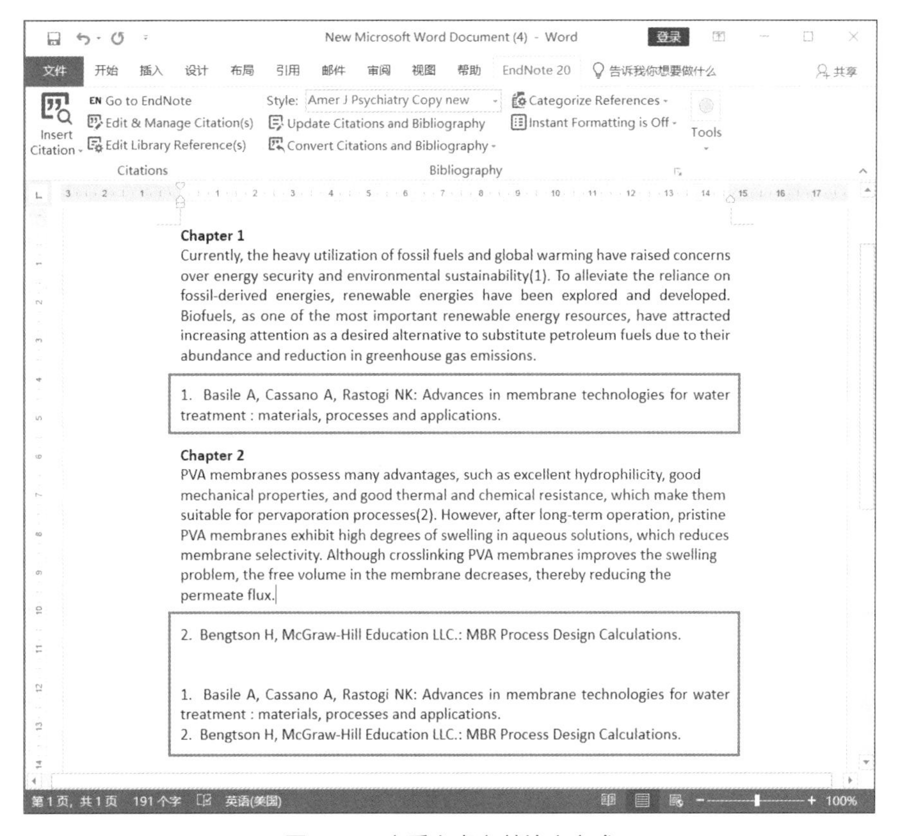

图 3-44　查看参考文献输出方式

至于图 3-41 中第 2 项「将书目置于各章节末，并采用连续编号」的设定则仅对以数字排序的 Output Style 有效，例如 Numbered、ACS、AIP 等以及图 3-44 中的 Amer J Psychiatry。

3.2 编辑引用文献

面对已经插入内文的参考文献，也会出现需要修改、增删的问题，此时必须利用「Edit Citation」的功能加以编辑。

3.2.1 引用文献的更动

本节以一篇撰写中的论文为例，说明如何更改已经存在于内文之中的引用文献。下面依次对以下问题进行说明：

- 改变文献先后次序；
- 删除引用文献；
- 增加引用文献；
- 更改文献显示格式（Output Style）。

1. 改变文献先后次序

假设我们希望将图 3-45 中的第 2 笔文献向前调整，其步骤如下。

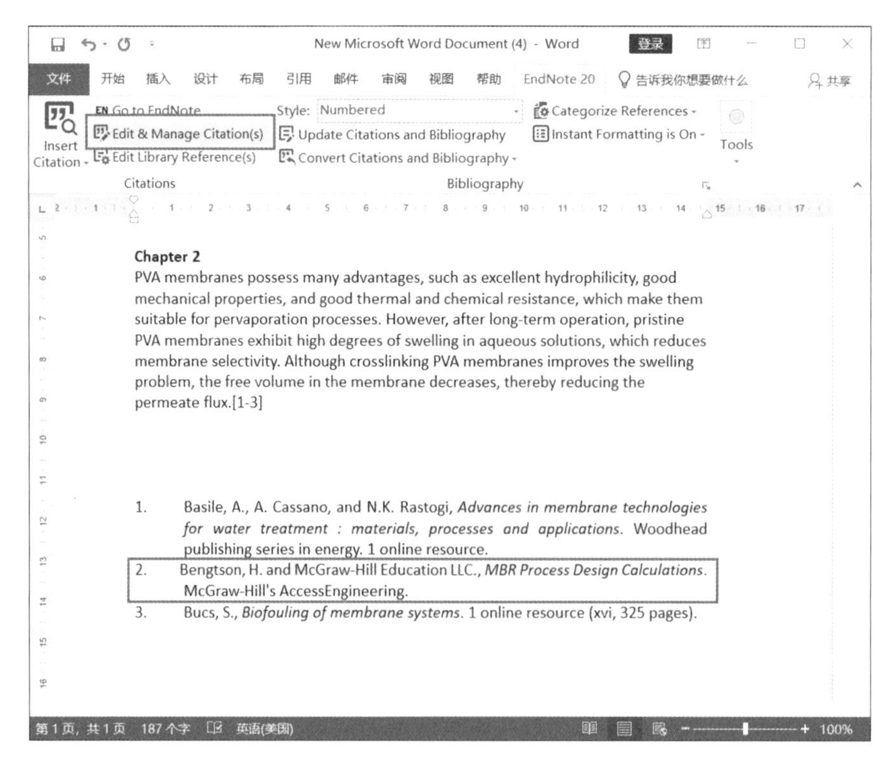

图 3-45 单击「Edit Citation(s)」命令

Step 01 单击 Word 工具列的「EndNote 20」→「Citations」→「Edit & Manage

Citation(s)」命令，如图 3-45 所示；或在引文上单击鼠标右键，在弹出的快捷菜单中单击「Edit Citation(s)」→「More...」命令，如图 3-46 所示，此时弹出「EndNote 20 Edit & Manage Citations」对话框，如图 3-47 所示。

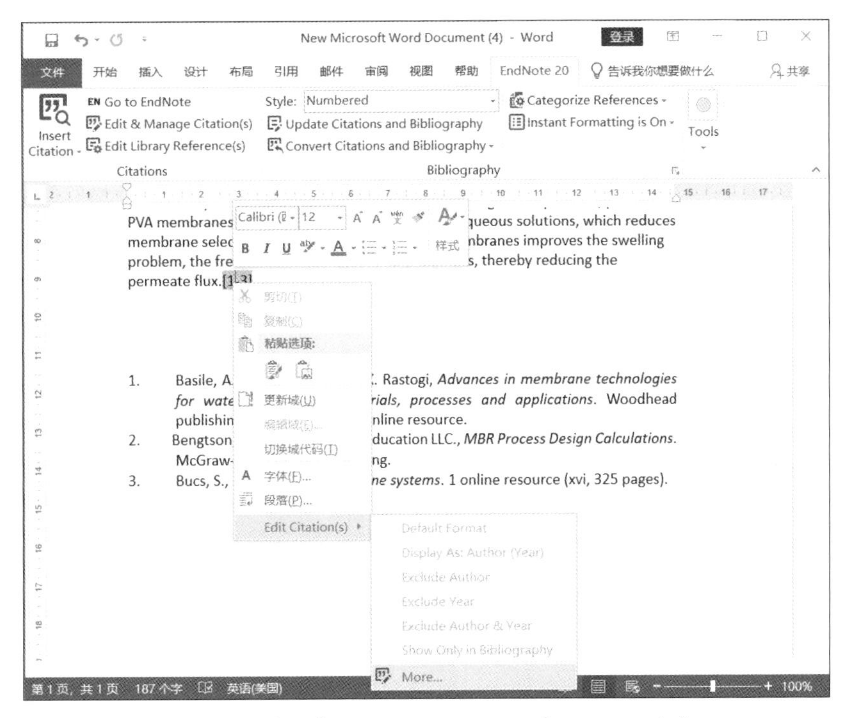

图 3-46 单击「Edit Citation(s)」→「More...」命令

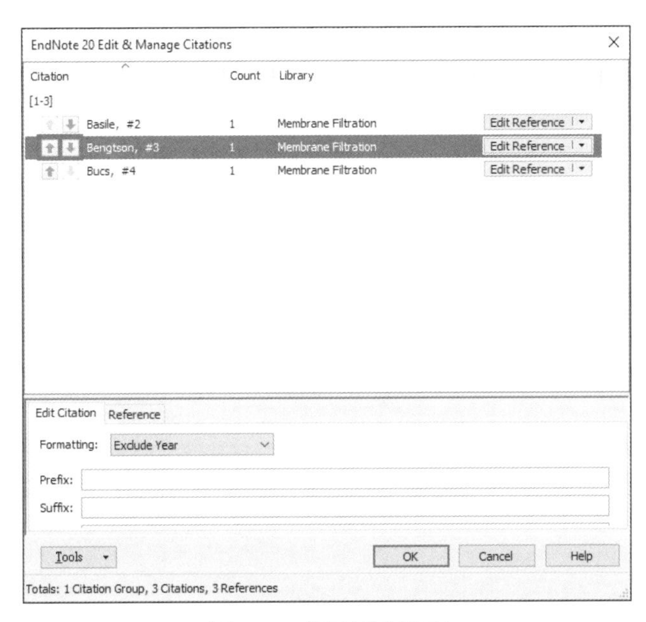

图 3-47 更改引文次序

▶ Step 02 在「Citations in document」列表框中出现的是文件中所有的参考文献，以作者、出版年以及书目编号为提示。由于我们希望将第 2 笔书目向上移动，因此，选中第 2 笔书目后，利用对话框右侧的 ↑ 和 ↓ 键调整先后次序。

▶ Step 03 调整完成，结果如图 3-48 所示。

▶ Step 04 单击「OK」按钮，关闭编辑界面。

比较图 3-45 与图 3-49 可以看到，引用文献的次序已经出现了变化。

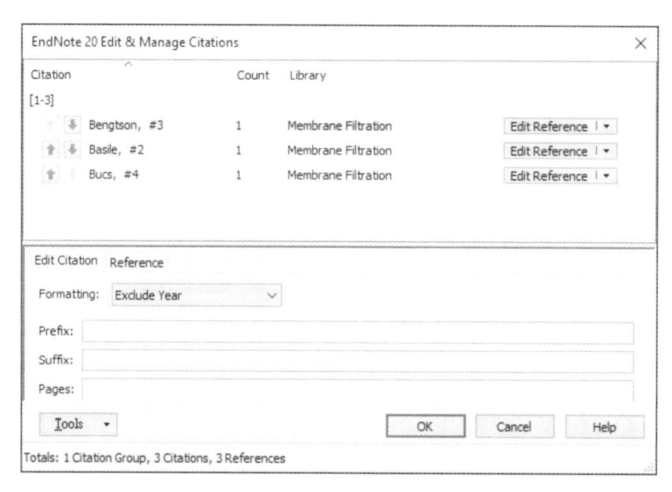

图 3-48　引文次序调整完成

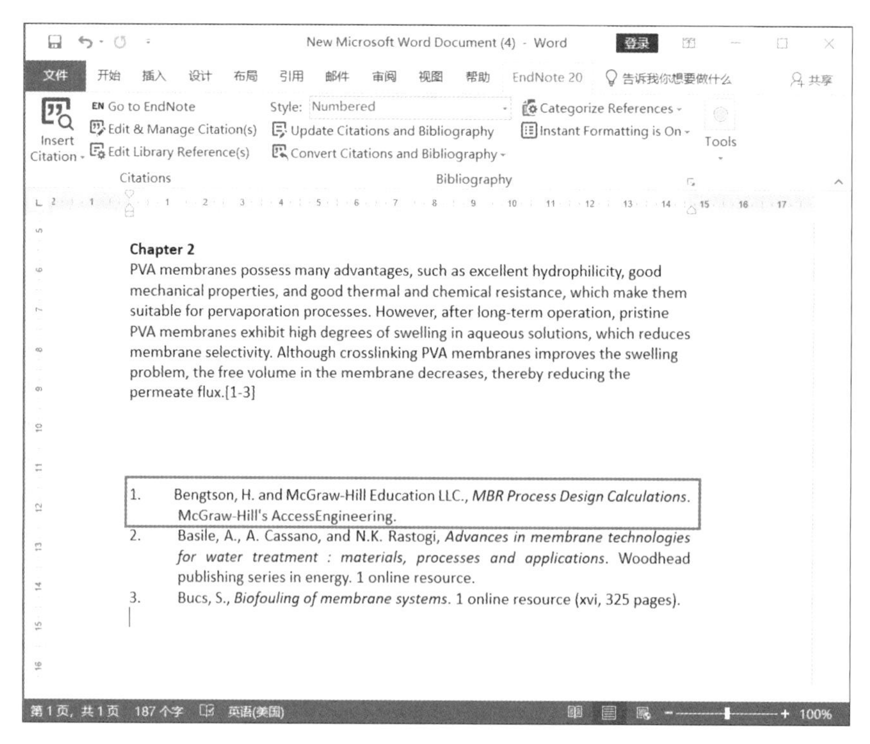

图 3-49　查看参考文献次序更改结果

2. 删除引用文献

要增删现有的引用文献也必须利用「Edit & Manage Citation(s)」的功能。下面以删除如图 3-50 所示的引用文献为例进行介绍。

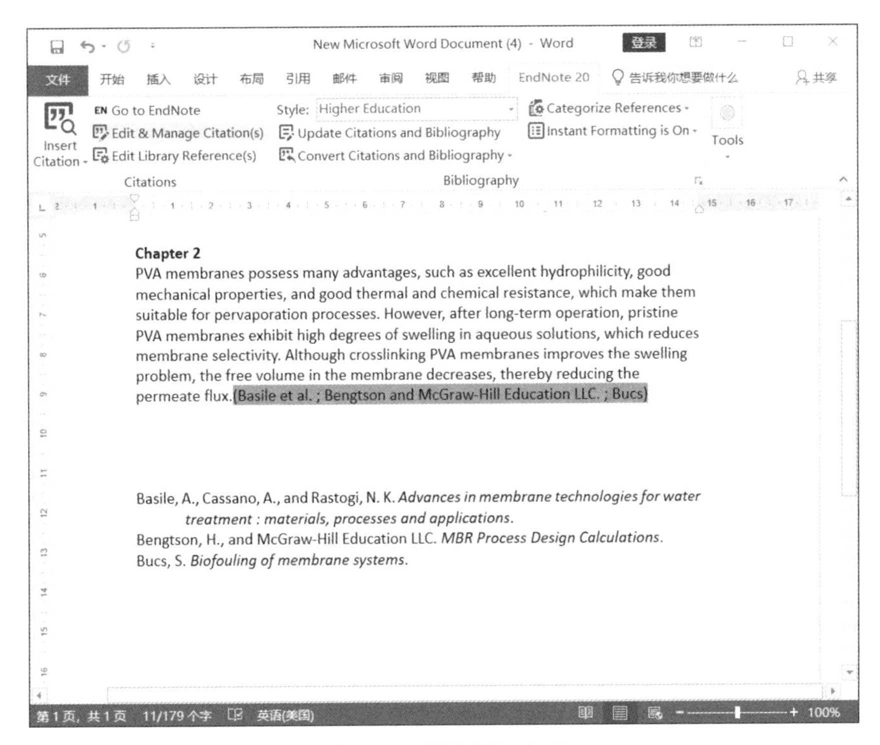

图 3-50　删除引用文献

Step 01 单击Word工具列的「EndNote 20」→「Citations」→「Edit & Manage Citation(s)」命令，弹出「EndNote 20 Edit & Manage Citations」对话框。

Step 02 如图 3-51 所示，选定要删除的书目，在其右侧的下拉列表中选择「Remove Citation」选项，该书目从「Citation」列表中删除。然后单击「OK」按钮，结果如图 3-52 所示。

如果删除引用文献时不采用「EndNote 20 Edit & Manage Citations」对话框中的「Remove」按钮，而是直接在 Word 文件中用「Delete」功能删除，等到下一次再插入新的引用文献时，书目会自动重新编号。这一点相当人性化。但是这个方式只在删除文内引文时起作用，如果删除的是文末的参考文献列表，那么下一次再插入引用文献时被删除的资料又会自动恢复。

EndNote 20 Edit & Manage Citations

Citation Count Library

(Basile et al. ; Bengtson and McGraw-Hill Education LLC. ; Bucs)

Bengtson, #3 1 Membrane Filtration

Basile, #2 1 Membrane Filtration

Bucs, #4 1 Membrane Filtration

Edit Reference

Edit Library Referen

Find Reference Upda

Remove Citation

Insert Citation

Update from My Lib

Edit Citation Reference

Formatting: Exclude Year

Prefix:

Suffix:

Pages:

Tools OK Cancel Help

Totals: 1 Citation Group, 3 Citations, 3 References

图 3-51　删除选定的书目

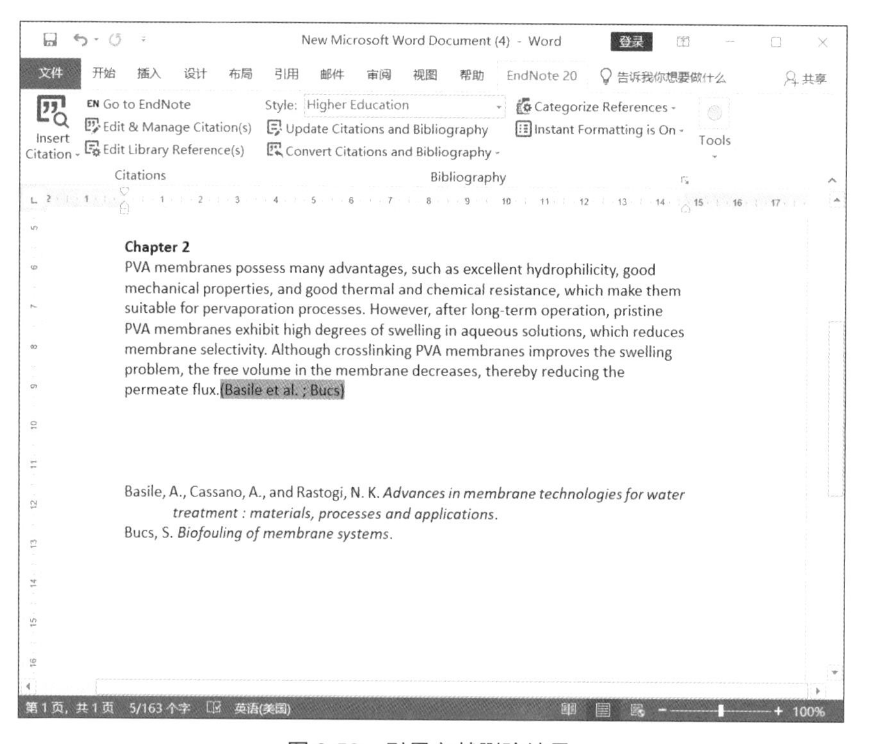

图 3-52　引用文献删除结果

3. 增加引用文献

反之，如果要增加一笔书目数据，可单击 Word 工具列的「EndNote 20」→「Citations」→「Insert Citation」→「Insert Citation...」命令，弹出「EndNote 20 Find & Insert My References」对话框。在文本框中输入关键词，然后单击「Find」按钮，找出所需的书目数据，

如图 3-53 所示。最后单击「Insert」按钮，新的书目数据便自动加入到内文中，且自动排序形成参考文献，如图 3-54 所示。

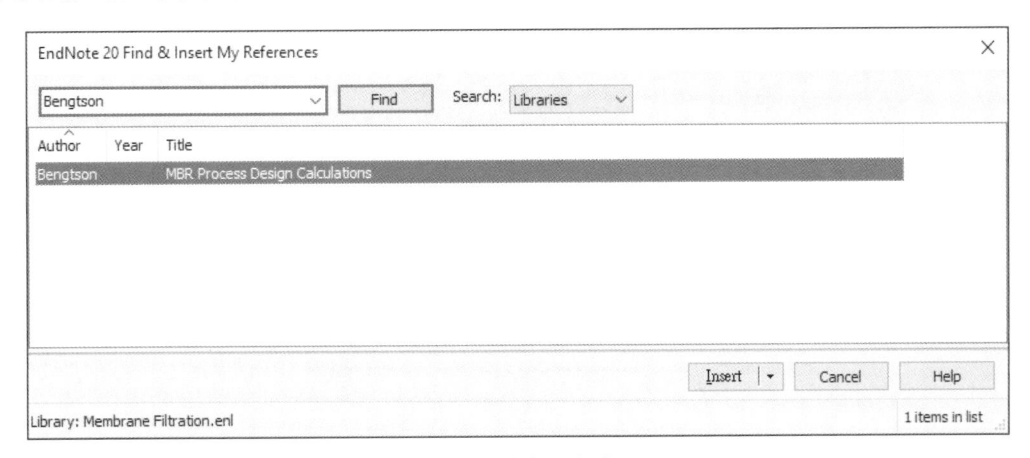

图 3-53　选定参考书目

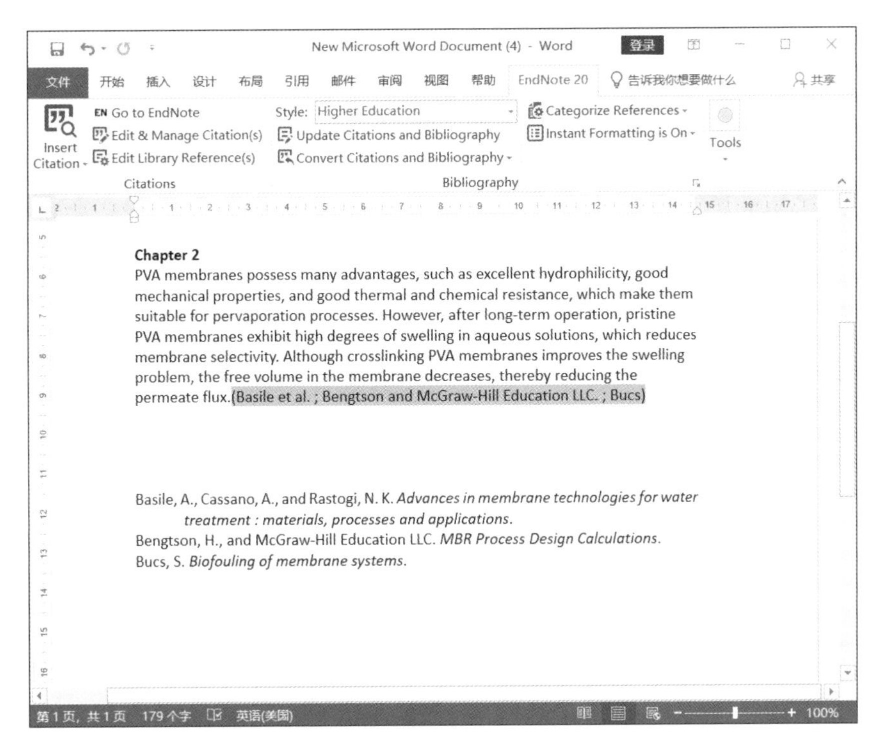

图 3-54　加入新的参考书目并自动排序

4. 更改文献显示格式

引用格式虽然具有一定的规则，但是有时一篇论文同时引用了同名同姓作者的文献时，则必须加以区别。例如，加上作者的生卒年、国籍、称谓或其他说明文字，以便读者不至于误会引用的对象。

如图 3-55 所示，假设我们希望将显示格式设定为不显示年份，姓氏前方加上 Dr. 的头衔，资料后方补充作者所属机关所在地「USA」，那么可以按照以下方法进行设定。

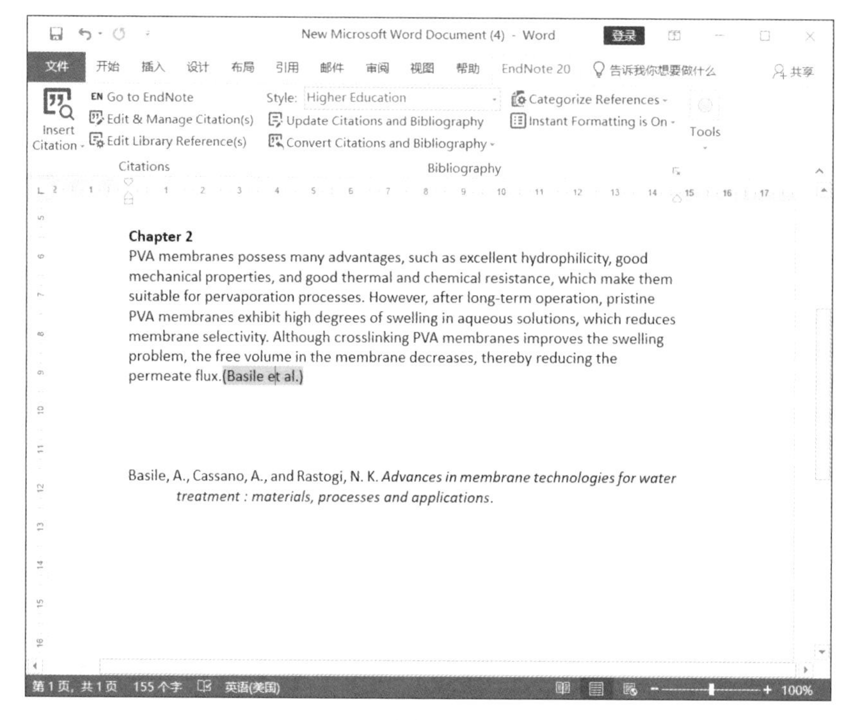

图 3-55 选定要更改的引文

▶ Step 01 单击 Word 工具列的「EndNote 20」→「Citations」→「Edit & Manage Citation(s)」命令，弹出「EndNote 20 Edit & Manage Citations」对话框，如图 3-56 所示。

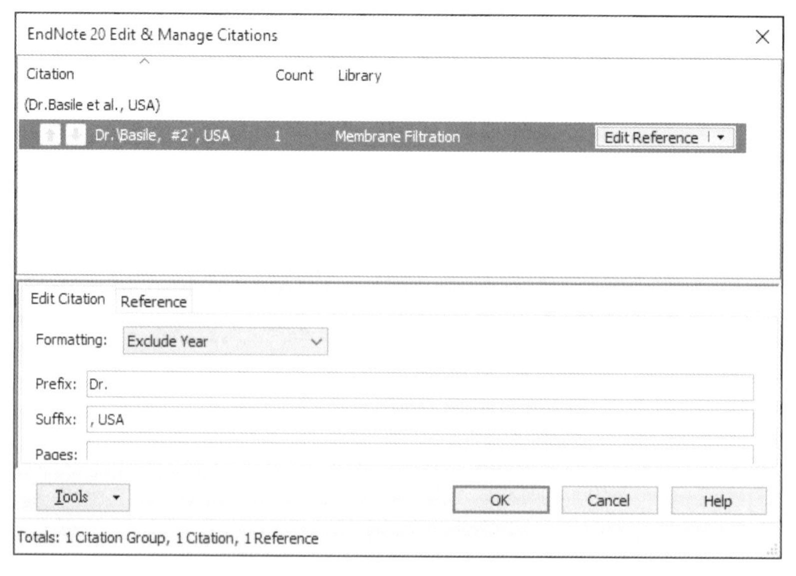

图 3-56 更改引文显示条件

该对话框中各个选项的含义如下。

- Prefix（前置字）：附加在书目之前的文字。
- Suffix（后置字）：附加在书目之后的文字。
- Pages（页码）：显示作品的页码。
- Exclude Author：不显示作者。
- Exclude Year：不显示日期。

Step 02 在「Citations in document」列表框中选择要更改的文献，选择「Exclude Year」选项，在「Prefix」文本框中输入「Dr.」，在「Suffix」文本框中输入「,USA」，最后单击「OK」按钮完成更改，结果如图 3-57 所示。

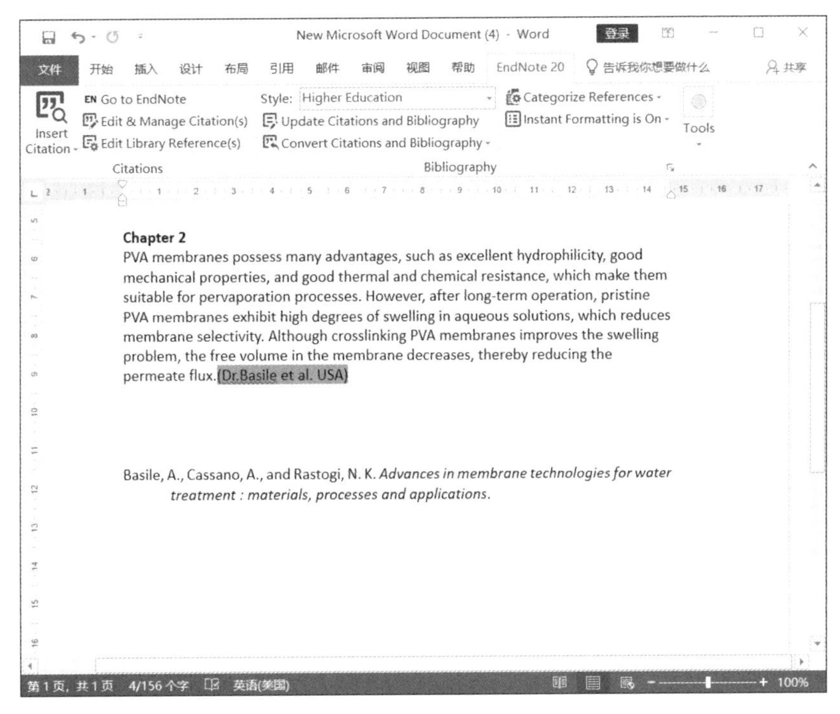

图 3-57 在引文中补充文字

提示

此类更改只针对选定的书目，具有唯一效力，并不会影响到其他或后来加入的引文格式。

3.2.2 改用其他引文格式

通常研究的成果会通过许多不同的渠道发表。首先可能是定期小组报告，接着也许是投稿到会议论文，经过讨论、修改之后可能会投稿至学术期刊成为期刊论文。另外，也可能原本要投稿至 A 期刊的文章，结果改投至 B 期刊。不同的征稿单位有不同的征稿规定，尤其是引用的格式也会不同。通过 EndNote 可以轻松地改变显示格式，而不必从头到尾一笔一笔地修订。

1. 方法一

假设我们要将如图 3-58 所示的「Higher Education」格式更改成「Numbered」引用格式，其操作步骤如下。

Step 01 在 Word 工具列的「EndNote 20」→「Bibliography」→「Style」下拉列表中选择「Select Another Style...」选项，弹出「EndNote 20 Styles」对话框，在其中可以找到更多的引文格式。

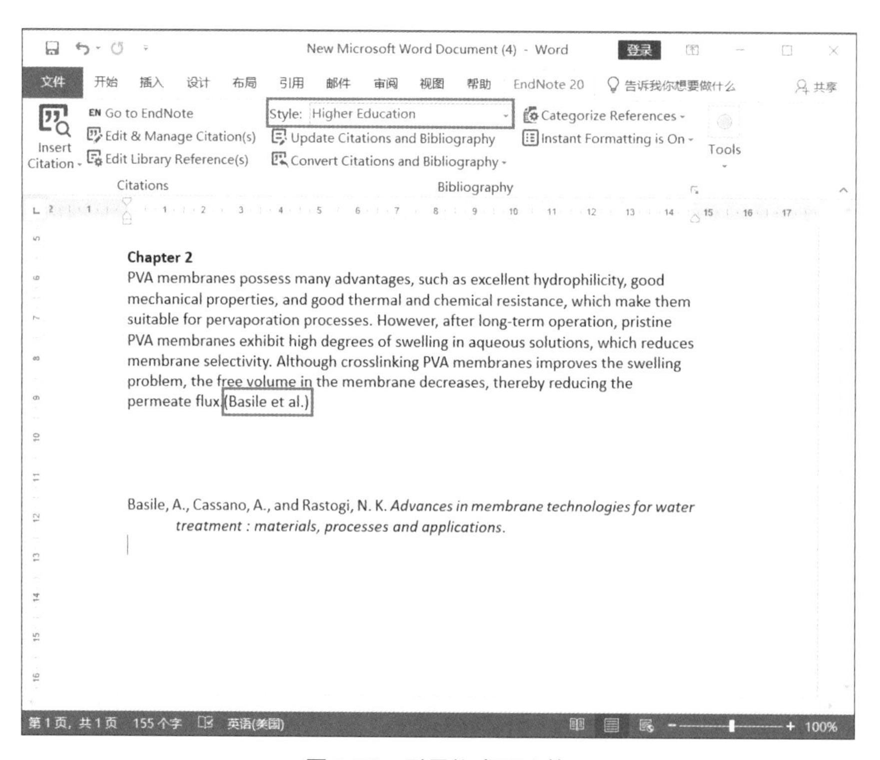

图 3-58 引用格式更改前

Step 02 在「EndNote 20 Styles」对话框中选择需要的格式，此例中选择「Numbered」，如图 3-59 所示。

> **提示**
>
> 预设的排序方式依据的格式是名称（Name），但是我们也可以单击「Category」标签，也就是学科类别，将同一学科的格式集合在一起以便于浏览，如图 3-60 所示。

Step 03 更改后单击「OK」按钮，格式更改结果如图 3-61 所示。

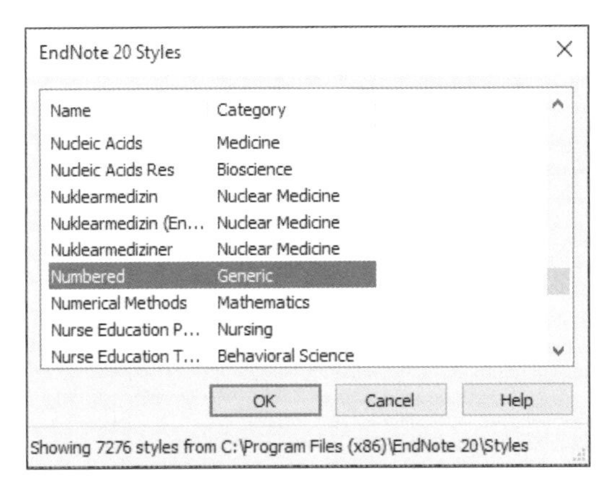

图 3-59 选择所需的格式

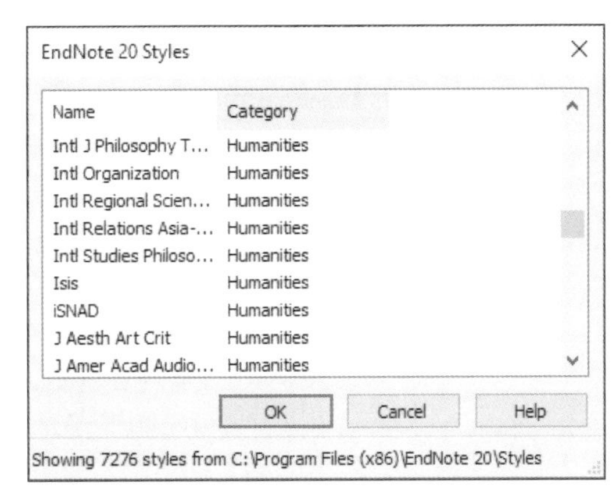

图 3-60 以「Category」方式排序

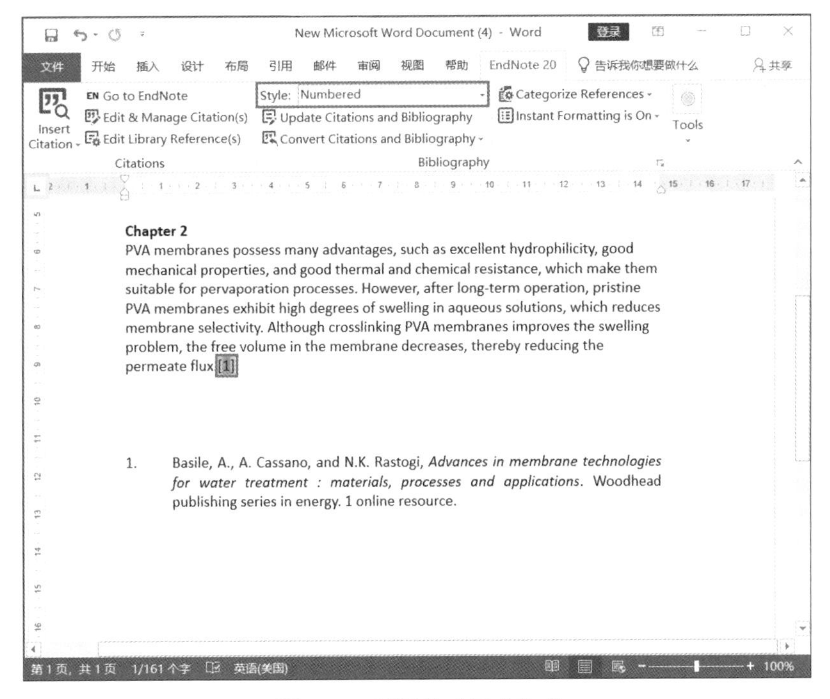

图 3-61 引用格式更改完成

2. 方法二

（1）增加显示格式。

单击 Word 工具列的「EndNote 20」→「Bibliography」→右下方的 ，如图 3-62 所示，打开 Bibliography 子功能，此时弹出「EndNote 20 Configure Bibliography」对话框，如图 3-63 所示。在「Format Bibliography」选项卡中，可针对不同的文件（Format document）更改不同的引用格式（With output style）。同样地，当下拉列表中没有所需的格式时，可以单击「Browse...」按钮浏览更多的选择。通过这样的方式可以轻松地转换各种格式，节省大量的写作时间。

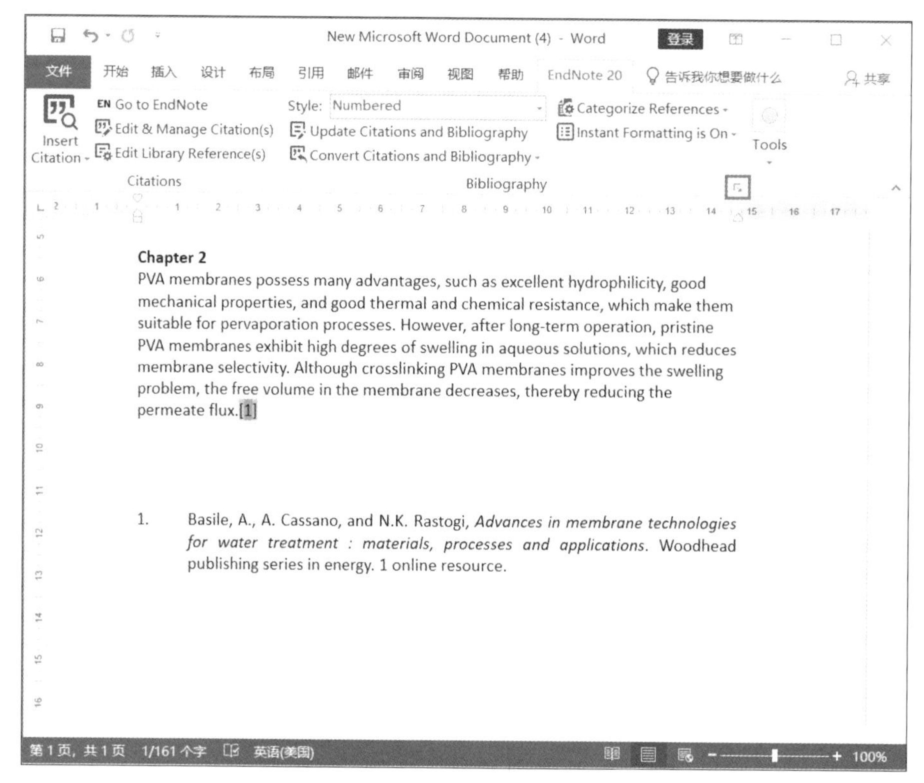

图 3-62　打开 Bibliography 子功能

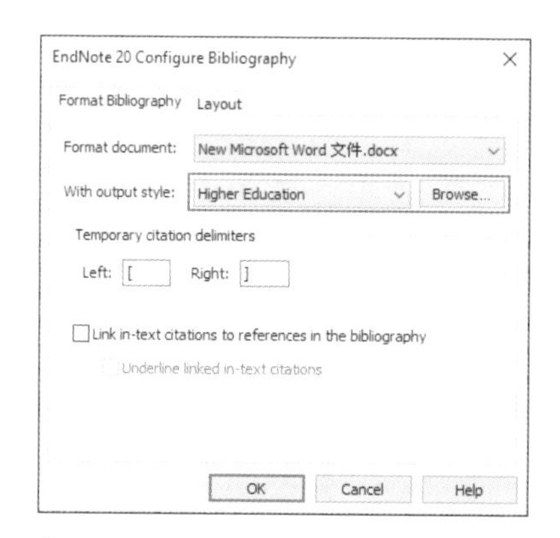

图 3-63　「EndNote 20 Configure Bibliography」对话框

（2）删除显示格式。

如果觉得 Word 工具列的「EndNote 20」→「Bibliography」→「Style」下拉列表太过冗长，如图 3-64 所示，我们可以将多余的格式删除。同样，也可将常用的格式固定至工具列中，其方式如下。

Step 01 回到 EndNote，单击 EndNote 工具列的「Tools」→「Output Styles」→「Open Style Manager...」命令，如图 3-65 所示，弹出「EndNote Styles」对话框。

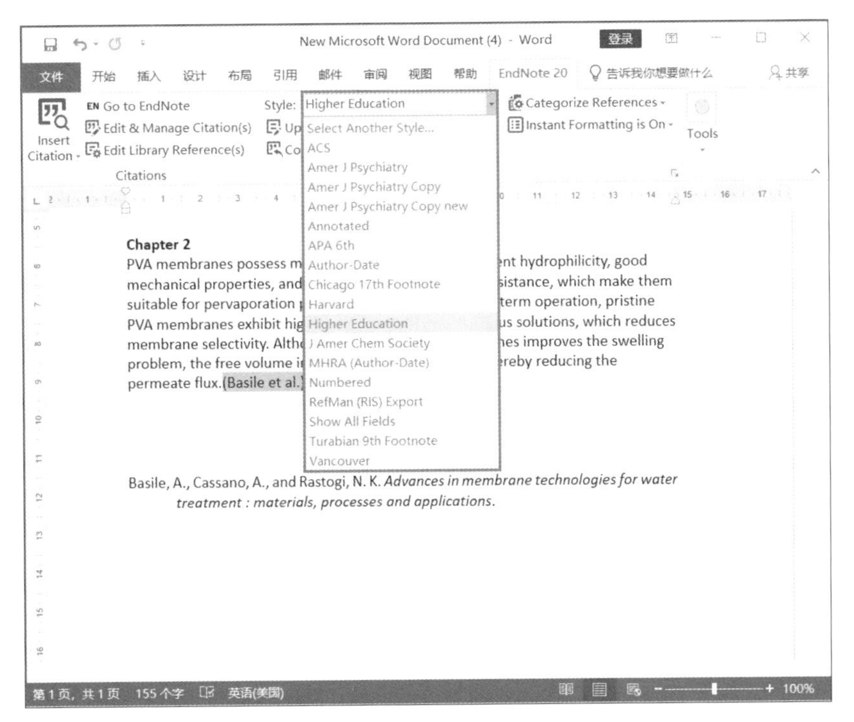

图 3-64 「Style」下拉列表中的格式

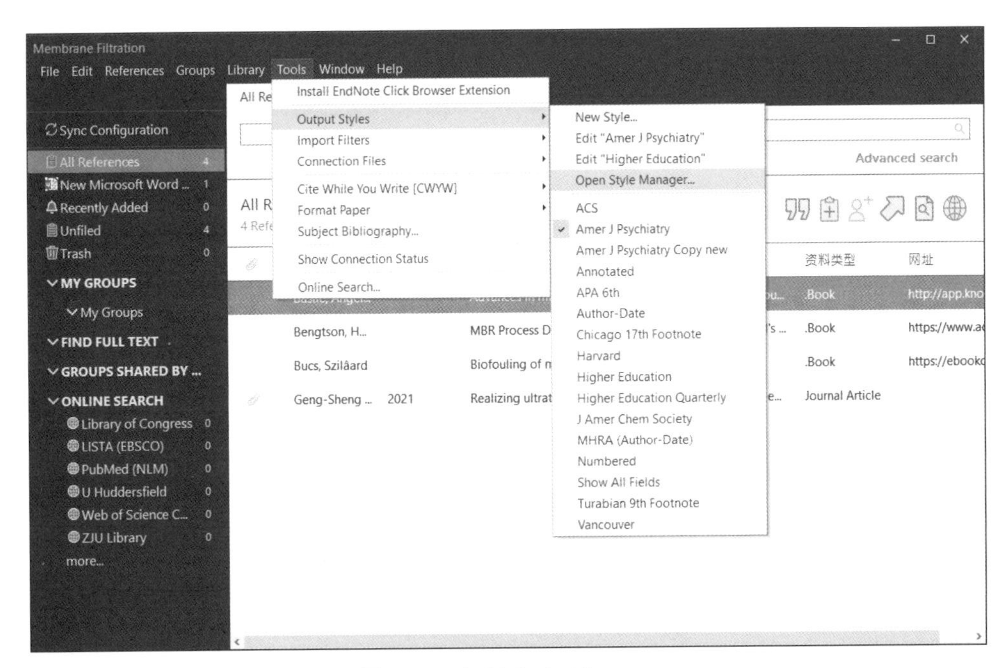

图 3-65 打开 Style Manager

每个格式名称的左侧都有一个复选框，如图 3-66 所示。勾选复选框表示要将这个格式固定至工具列的「Style」下拉列表中；取消勾选则表示要删除这个格式，从而使下拉列表更简洁。这项操作将会同时影响到 EndNote 工具列和 Word 工具列。

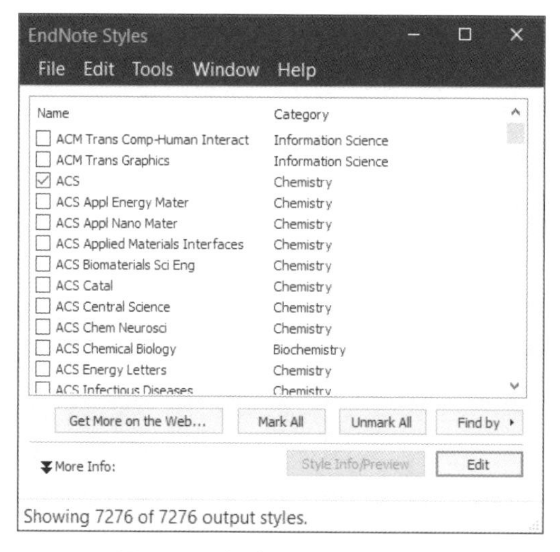

图 3-66　勾选所需的引用格式

Step 02 确定要显示的项目后，单击对话框中工具列的「File」→「Close Style Manager」命令，保存刚才的设定。

回到 EndNote 以及 Word 的工具列可以看到，刚才选用的格式已经固定至下拉列表中了，如图 3-67 和图 3-68 所示。

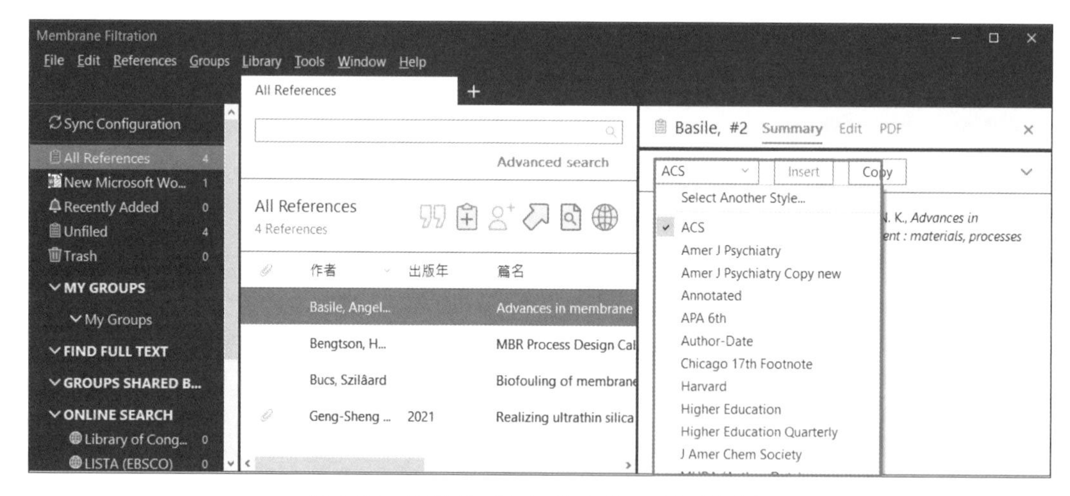

图 3-67　查看 EndNote 的「Style」下拉列表

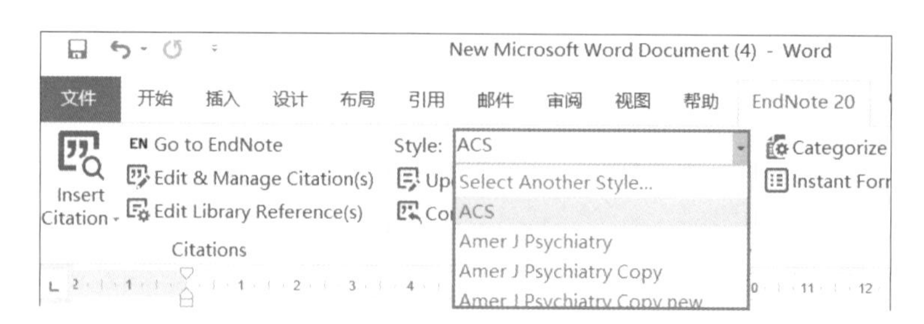

图 3-68　查看 Word 的「Style」下拉列表

3.2.3　自制引文格式

虽然 EndNote 提供了 500 多种论文引用格式（output style），让研究者可以根据投稿对象灵活选用，但这并不代表这 500 多种格式就足以满足所有使用者的需要。当我们找不到适合的引用格式时，解决方法之一是登入 EndNote 网站要求 ISI 公司为我们制作所需要的引用格式，但更快速的方法则是自己动手制作。我们可以在现有的格式（Style）中选择较为相近的格式，然后对其进行修改得到需要的格式。

1. 选择引用格式模板

我们可以利用以下方式预览各种引用格式的外观，即使并非十分相似也无妨，因为修改的工作并不困难。下面以打开 Style Manager 为例，介绍通过以下几种方式浏览不同引用格式的差异。

（1）方式一。

单击 EndNote 工具列的「Tools」→「Output Styles」→「Open Style Manager...」命令，此时弹出「EndNote Styles」对话框。只要勾选格式名称左侧的复选框，下方的预览窗口就会出现该格式的范例，分别是期刊引用格式、书籍引用格式、学位论文格式等，如图 3-69 所示。如果没有看到预览窗口，可先单击 ▼More Info:按钮，再单击「Style Info/Preview」按钮即可。

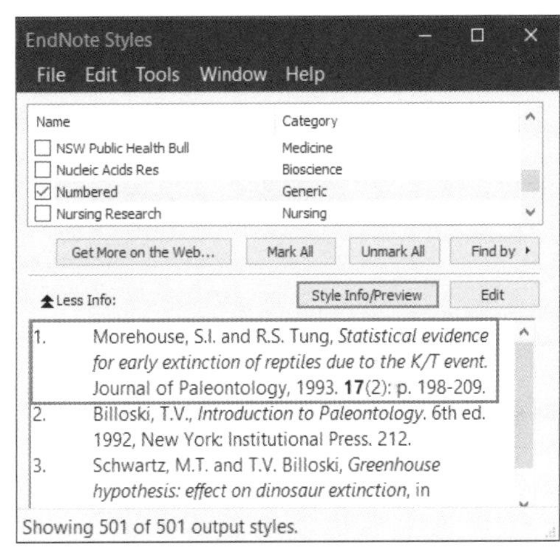

图 3-69　预览引用格式方式一

（2）方式二。

双击任一书目，在右侧出现的「Style」下拉列表中选择「Select Another Style...」选项，如图 3-70 所示，此时弹出「Choose A Style」对话框，也可以进行预览，如图 3-71 所示。

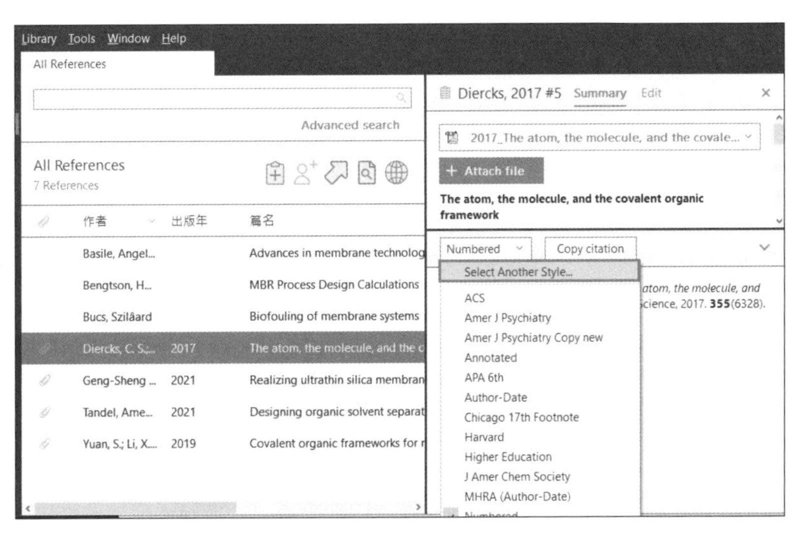

图 3-70　选择「Select Another Style...」选项

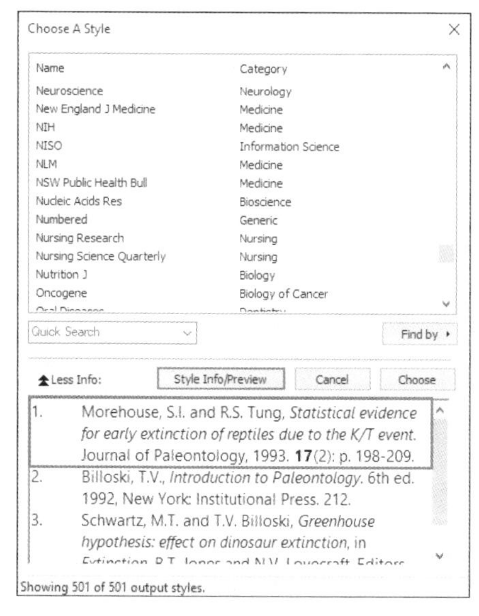

图 3-71　预览引用格式方式二

（3）方式三。

在 EndNote 的预览窗口中预览，但是其缺点在于每笔数据都受限于数据类型。如图 3-72 所示，所选择的数据类型为「Book」，因此我们只能看到投稿「Numbered」所要求的书籍引用格式。至于期刊引用格式则需要选择数据类型为期刊的书目；而学位论文的引用方式则无法预览，因为在这个 EndNote Library 中并没有学位论文的资料在内。

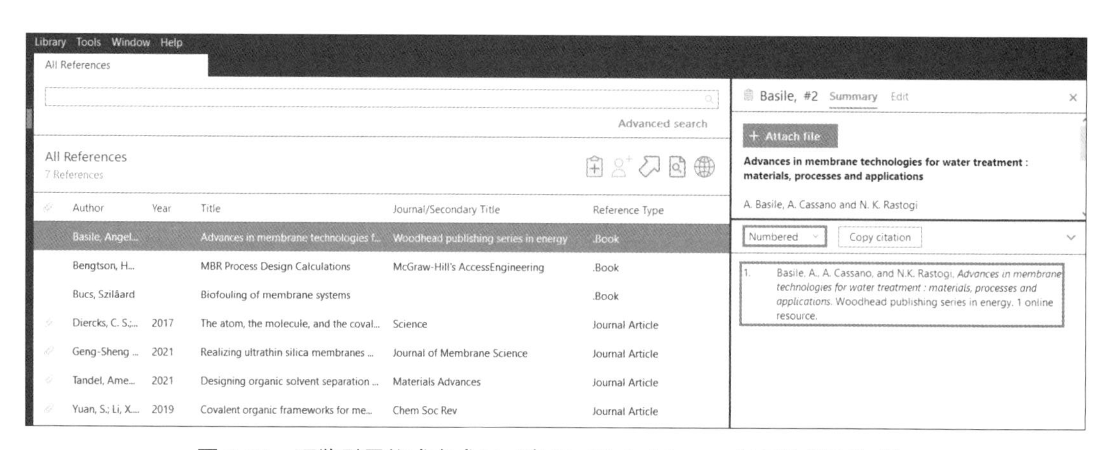

图 3-72　预览引用格式方式三（在 EndNote Library 中查看书目格式）

2. 修改引用格式模板

选定引用格式参考模板之后，必须进入 Style Manager 中进行修改，步骤如下。

Step 01 单击EndNote工具列的「Tools」→「Output Styles」→「Open Style Manager...」命令，弹出「EndNote Styles」对话框。假设在浏览各种投稿格式后，发现「Amer J Psychiatry」的投稿格式最接近我们的理想格式，那么就利用它作为修改的模板。

Step 02 单击「Edit」按钮进入该格式的编辑界面。

Step 03 单击 EndNote 工具列的「File」→「Save As...」命令，弹出「Save As」对话框。

Step 04 在「Style name」文本框中输入「Amer J Psychiatry Copy」，然后单击「Save」按钮，将这个引用格式另存为以「Amer J Psychiatry Copy」为名称的新文件，然后开始进行编辑。

利用 Style Manager，我们可以修改以下资料的标注格式，如图 3-73 所示。

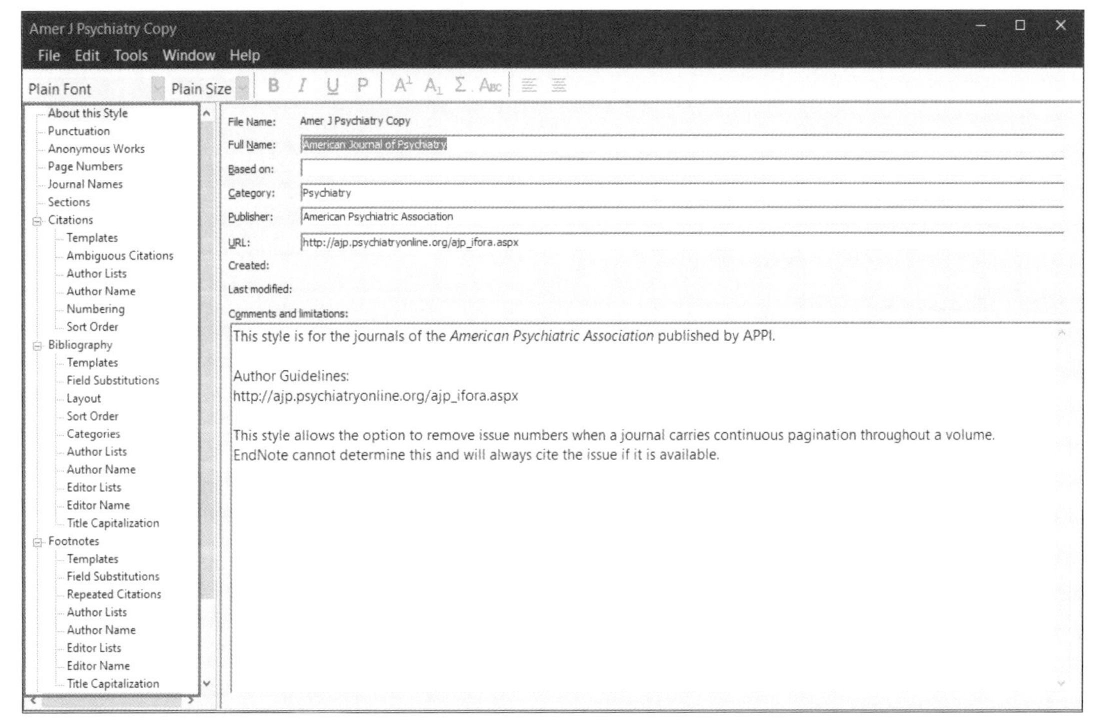

图 3-73　书目格式编辑界面

- Citations：文内的引文。
- Bibliography：文末参考文献。
- Footnotes：脚注。
- Figures & Tables：图表。

我们以文末参考文献（Bibliography）为例，介绍如何修改期刊论文（Journal Article）的引用格式。当然其他数据类型的引用格式也可以在此一并修改，此处将仅以 Journal Article 为例。

选择要修改的引用格式，如图 3-74 所示。假设我们要将引用格式进行如下更改：

- Author →粗体字；
- Title →斜体字；
- Issue →删除；
- 在 Pages 之后增加 ISSN（国际标准期刊号）。

▶ Step 01 利用 B I U P A A Σ 字体工具条调整字体，如图 3-75 所示。

▶ Step 02 对于要删除的项目（Issue），直接利用键盘上的「Delete」键删除即可，如图 3-76 所示。

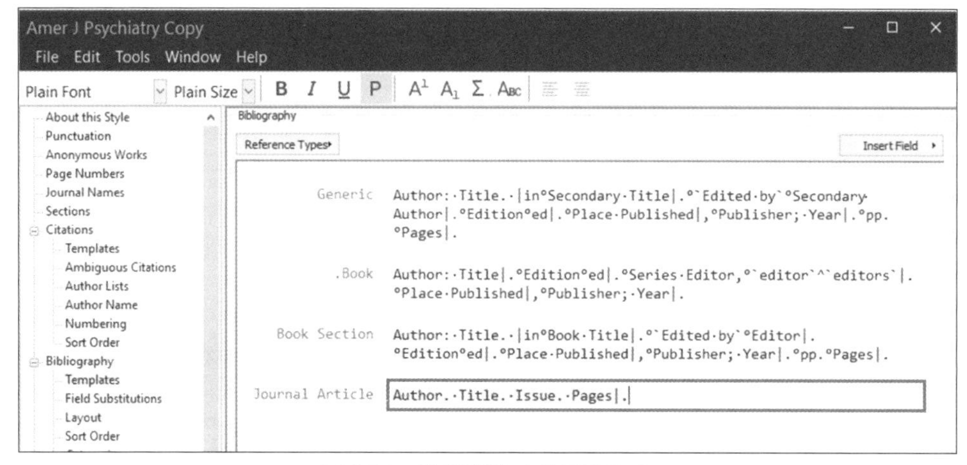

图 3-74　选择要修改的引用格式

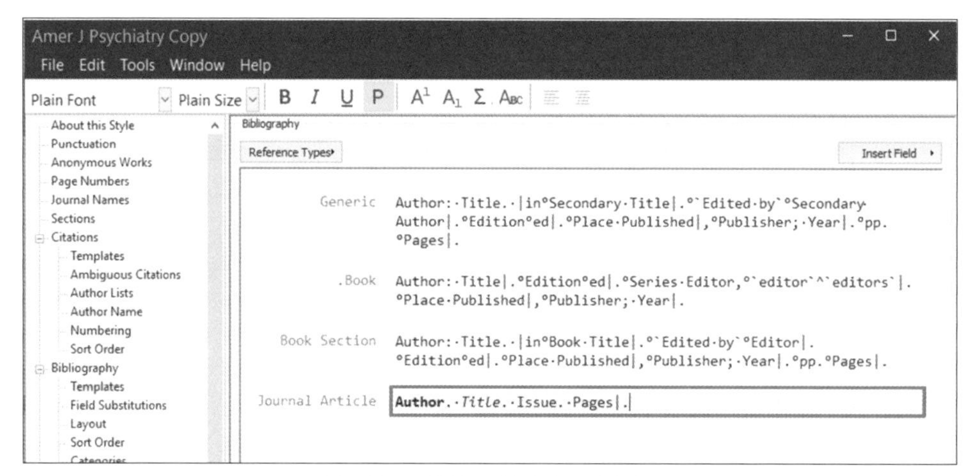

图 3-75　利用字体工具更改字体

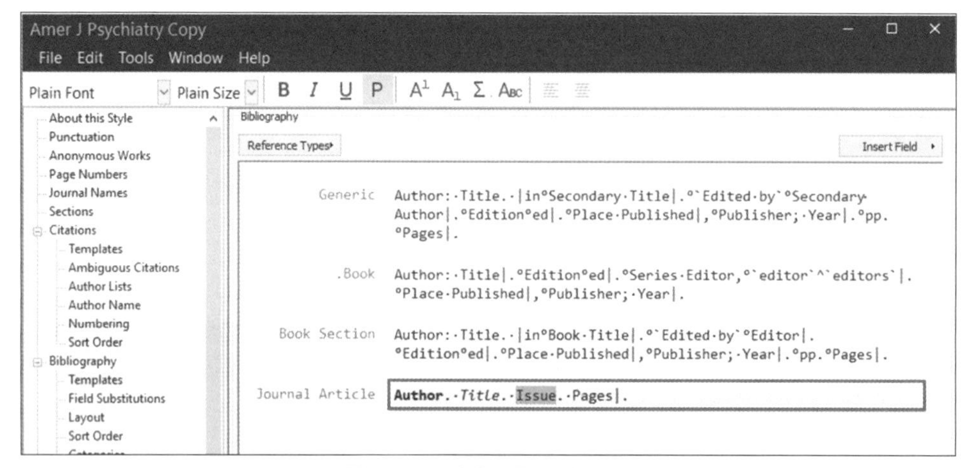

图 3-76　删除不需要的项目

Step 03 在 Pages 之后增加 ISSN。在 Pages 之后单击鼠标定位，然后单击「Insert Field」按钮，在快捷菜单中选择「ISSN」即可，如图 3-77 所示，更改结果如图 3-78 所示。

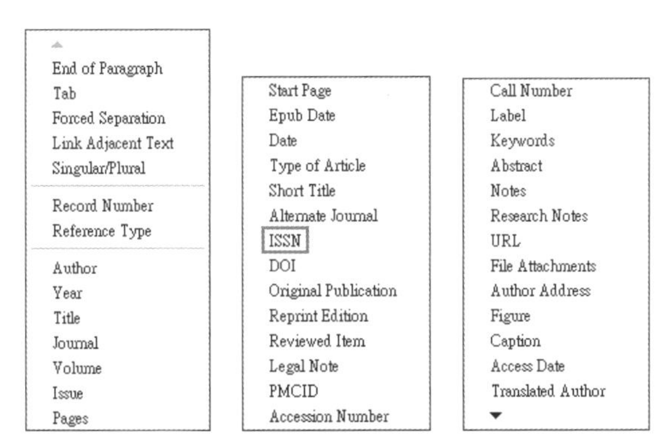

图 3-77 在快捷菜单中选择要增加的项目

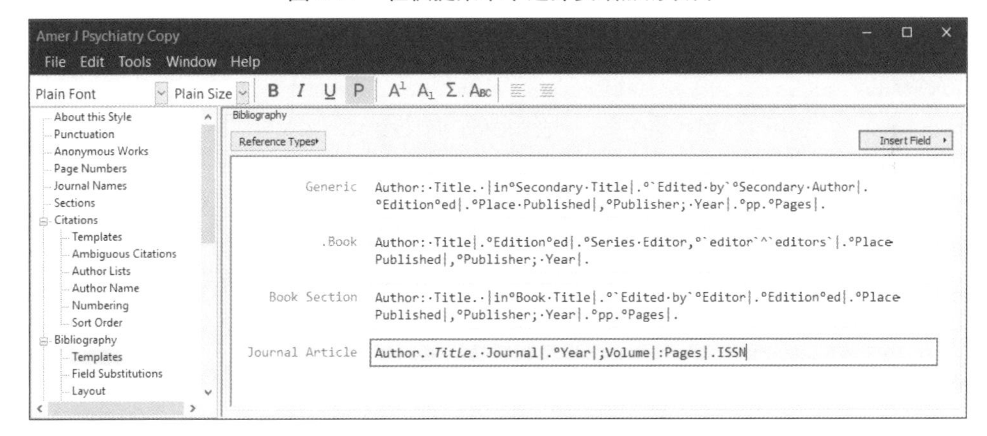

图 3-78 利用「Insert Field」按钮增加显示项目

Step 04 确定一切变更都完成之后，单击「File」→「Save」命令，以及「File」→「Close Style」命令。

比较图 3-79 及图 3-80 可以发现，在书目预览窗口中的引用格式已经变成我们所要求的样式了。

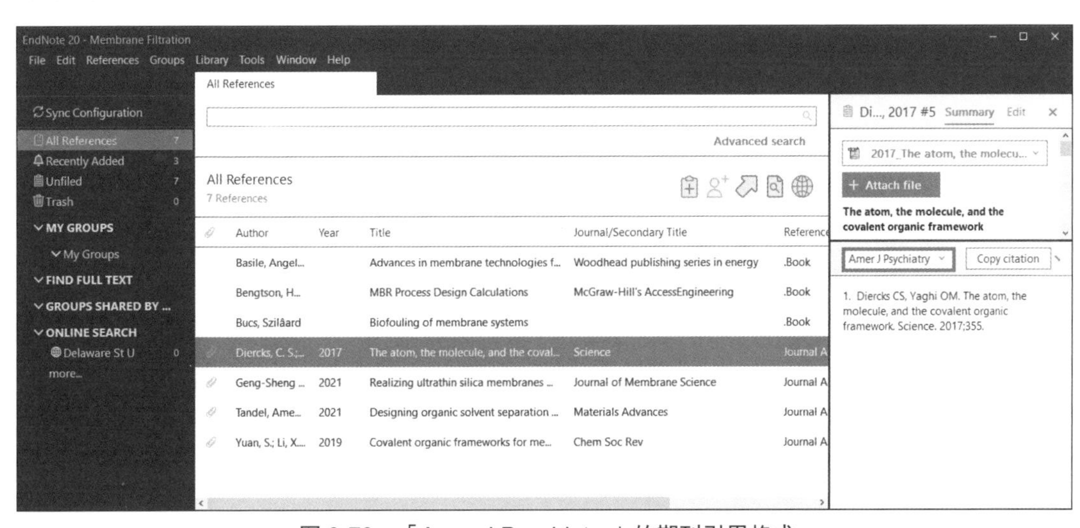

图 3-79 「Amer J Psychiatry」的期刊引用格式

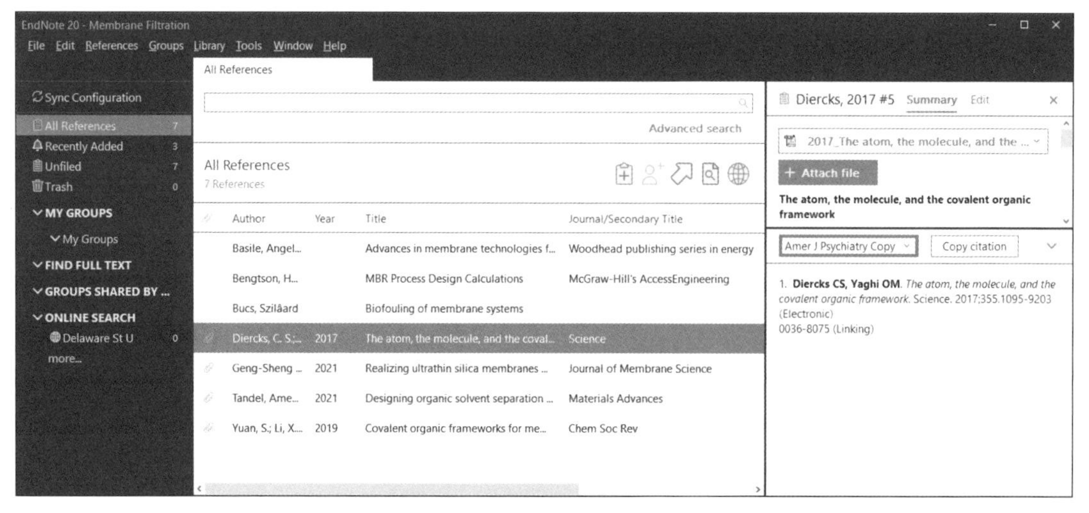

图 3-80　自制的期刊引用格式

提示

由于刚才我们仅以 Journal Article 的引用格式作为范例进行修改，因此只有文献数据是「Journal Article」者才会产生变化。如果要引用的数据类型为「Book」「Patent」等，其引用格式则不会有变化，而有待于我们进行进一步的编辑。

3. 共享自制的引用格式

自制的引用格式也可以利用复制 / 粘贴的方式与他人共享，如图 3-81 所示。例如，各院系或各研究室可将学位论文引用格式制作成 EndNote Style，并公开让学生下载使用。

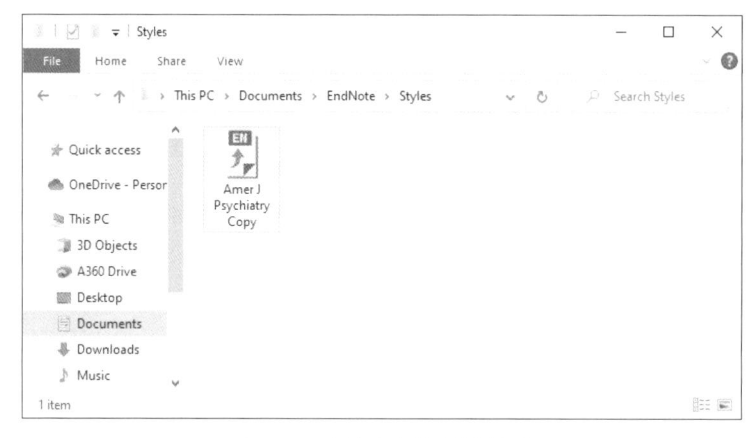

图 3-81　共享自制的引用格式

3.3 完稿

完稿，包括「个别作者结束其负责撰写的部分」和「整篇论文都撰写完成」两种。

当个别作者完成其负责部分时，可以将文稿寄给其他合作者，同时也要将文稿内含的引用文献导出，独自形成一个 EndNote Library，使其他合作者可以参考相关的文献甚至全文数据、图表、多媒体数据等，这个方式称为「Export Traveling Library」。

若当全部的撰写工作都完成时，则需要将稿件转成可以投稿的一般文字文件。因为通过 EndNote 的「Cite While You Write」所完成的稿件带有许多 EndNote makers（标记参数），这些参数可以帮助我们在插入引用文献时自动排序、选择「Format Bibliography」时自动转换格式等，但是在完稿时必须将之移除才算是完全定稿。

下面将就这两种完稿的处理过程进行说明。

3.3.1 Export Traveling Library

「Export Traveling Library」完稿方式的处理过程如下。

Step 01 单击 Word 工具列的「EndNote 20」→「Tools」→「Export to EndNote」→「Export Traveling Library」命令，如图 3-82 所示，弹出「Export Traveling Library」对话框，如图 3-83 所示。

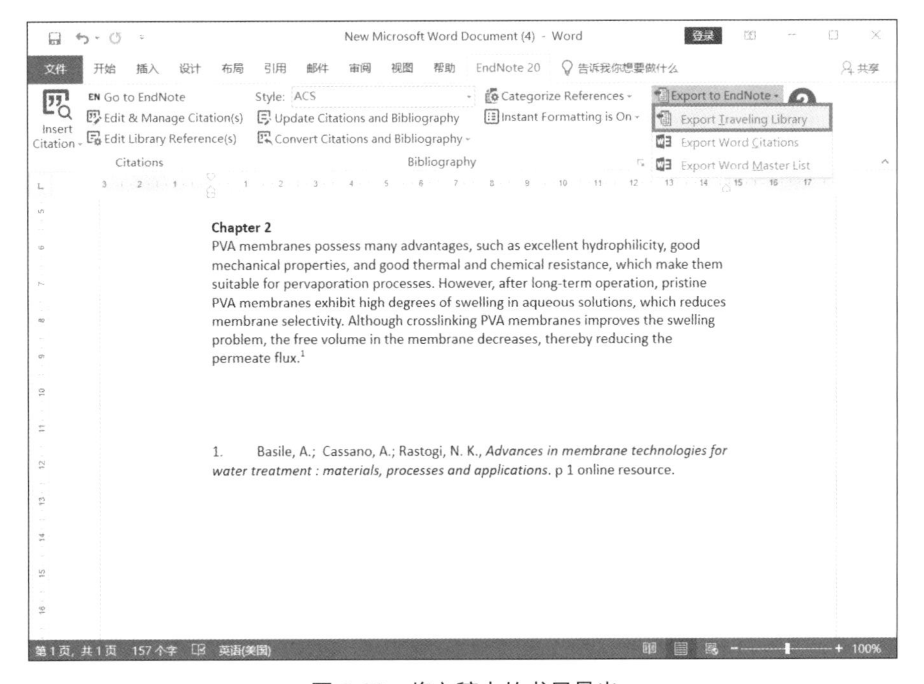

图 3-82　将文稿中的书目导出

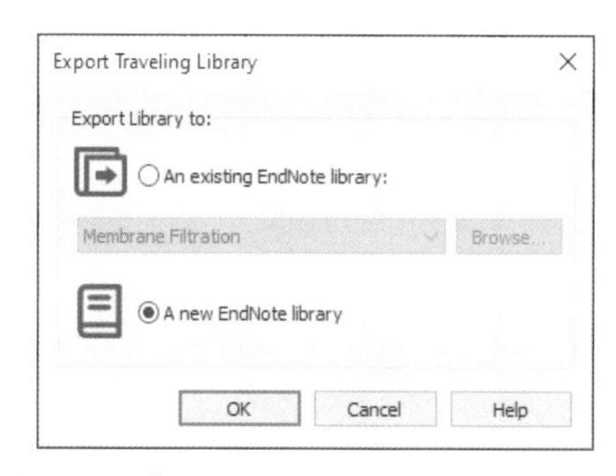

图 3-83　「Export Traveling Library」对话框

在该对话框中有以下两个选项。

- An existing EndNote library：将这些书目导入到现有的 EndNote Library。
- A new EndNote library：另外单独形成一个 EndNote Library。

此处我们以单独形成一个 Library 为例，并为这个新的 Library 命名。

Step 02 点选「A new EndNote library」单选钮，弹出「New Reference Library」对话框，选择保存路径进行保存，然后单击「Export Traveling Library」对话框中的「OK」按钮。

Step 03 查看新图书馆中的书目，正式文稿中所引用的所有书目数据都已经完整导入，结果如图 3-84 所示。

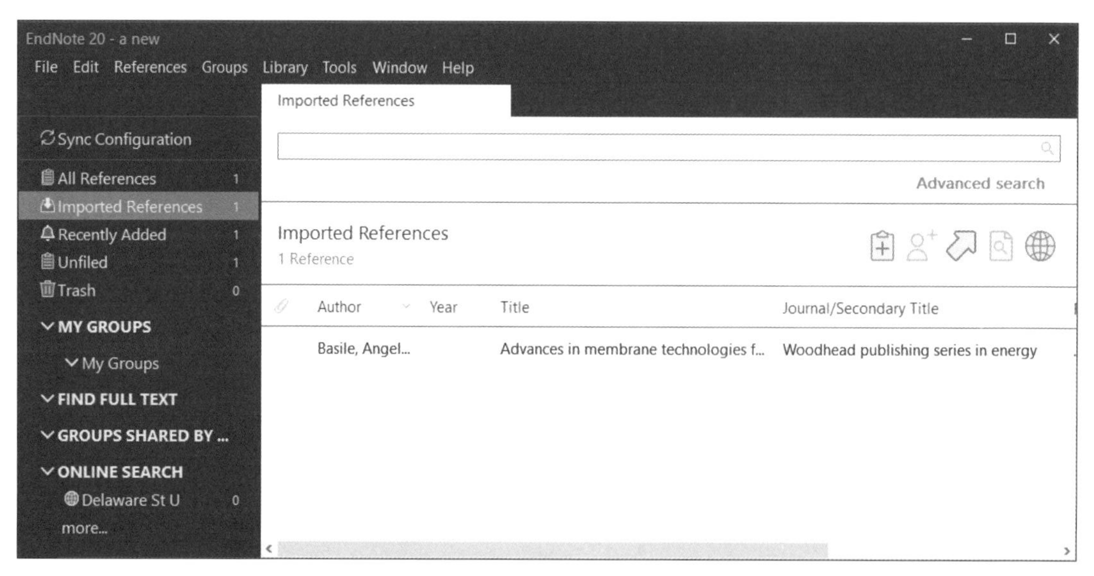

图 3-84　查看新图书馆中的书目

3.3.2 转换为纯文本文件

单击 Word 工具列的「EndNote 20」→「Bibliography」→「Convert Citations and Bibliography」→「Convert to Plain Text」命令，如图 3-85 所示。

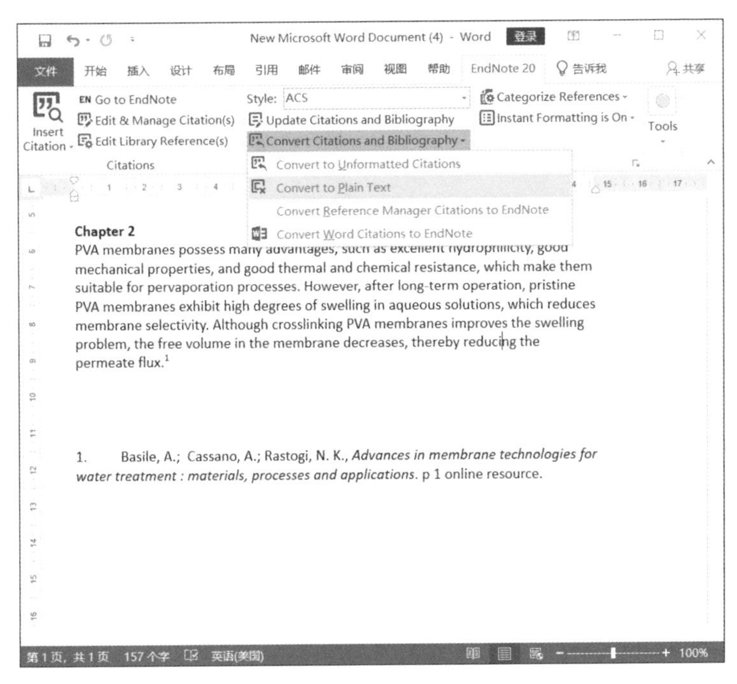

图 3-85 准备移除稿内参数

EndNote 会将移除参数之后的文件另存为一个纯文本文件，并保留原本有参数的文件。

对比参数移除前后两个文档之间的差异可以发现：用鼠标单击纯文本文件的引用文献时，将不再出现阴影的选中区，也就是不再具有自动排序、自动变更文献格式的功能；如果在这个纯文本文件中用 EndNote 插入一笔引用文献，无论加入的位置在哪都将由 1 号开始排序。

至于原本含有参数的文件应该要继续保留，因为从投稿到接受刊登通常都需要不断地进行内容的修正，有时必须回复审查委员提出的问题并在原稿中补充，有时可能面对必须改投其他期刊的状况。若没有保留原稿，那么无论要更改引用格式还是加入新的引用文献，都必须手动地一笔一笔地进行修订。

第4章 EndNote Online 简介

日前，ISI 公司整合了 Web of Science 系统与 EndNote，推出了 EndNote Online。以往的桌面版 EndNote 是通过在计算机中安装执行软件来进行书目管理工作，网络版则可以提供用户在线操作的功能，解决了用户被局限在特定计算机的困境，用户即使出门在外（例如，使用图书馆的公共计算机），一样可以登入个人 EndNote 进行论文撰写、管理的活动，同时也更便于数据的分享。另外，网络版也不会发生桌面软件常见的版本升级问题，只要用户登入 EndNote Online，使用的就一定是最新的版本。

这项服务提供给有权使用 Web of Knowledge 数据库系统的用户，例如清华大学、浙江大学等，且 EndNote Web Library 可以下载并且保存来自各数据库的书目数据，不限于 Web of Science 的 SCI、SSCI 等。现在我们可以由 EndNote Online 网站或由 Web of Science 开始，认识并建立个人的在线图书馆。

4.1 注册 EndNote Online

要使用 EndNote Online，首先必须注册 EndNote 网络账号，填写申请之后就可以立即开通。首先在机构所属的 IP 范围内登入 Endnote Online 首页（https://myendnoteweb.com/），点击「Register」链接进入注册页面，如图 4-1 所示。

此时进入 EndNote Online 注册页面，如图 4-2 所示，然后依次填写各项数据即可，填写完成后，点击「Register」，系统会发一封认证邮件到注册的邮箱，进入注册的邮箱点击确认即可完成注册。其中，密码设定规则如图 4-3 所示。

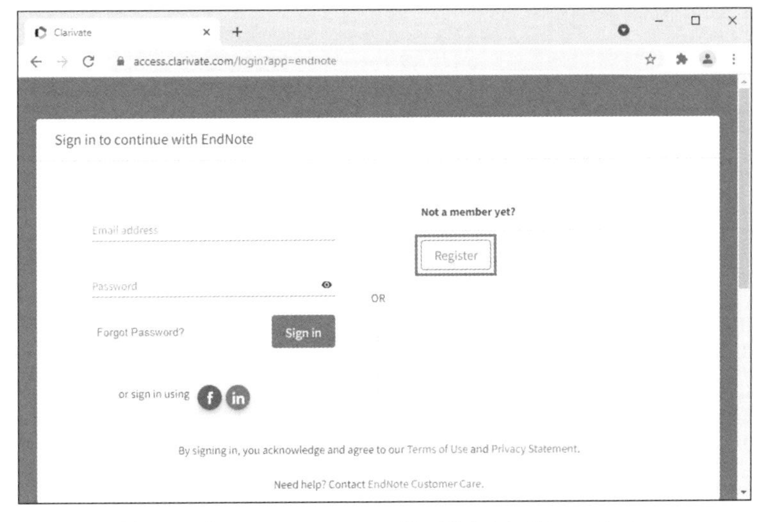

图 4-1 由 Endnote Online 首页登入 EndNote Online

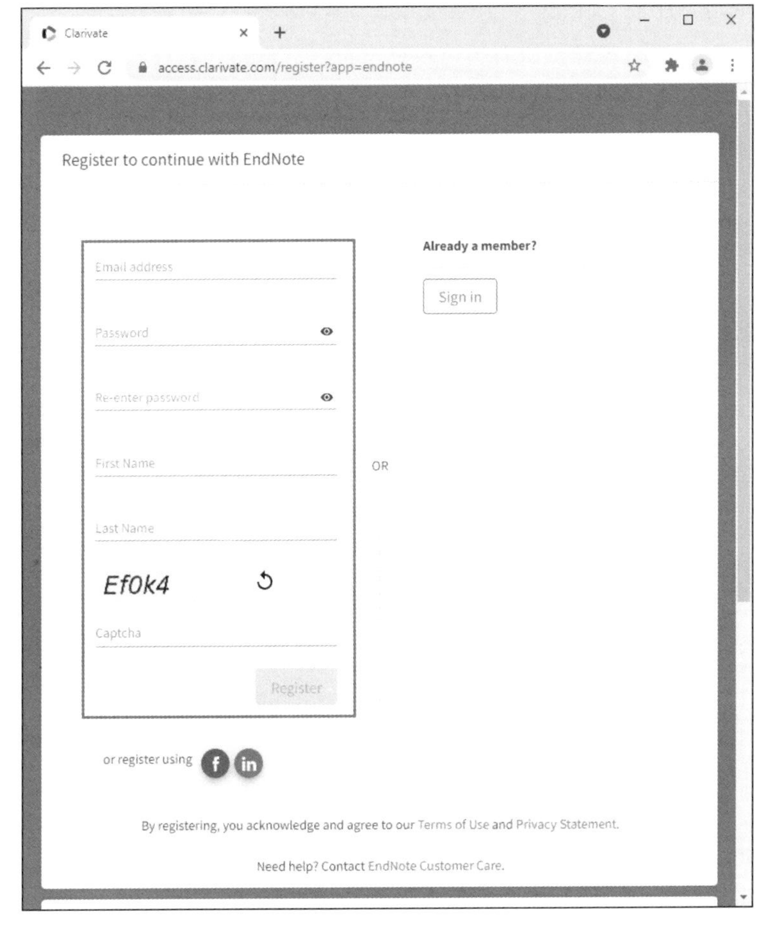

图 4-2 注册页面

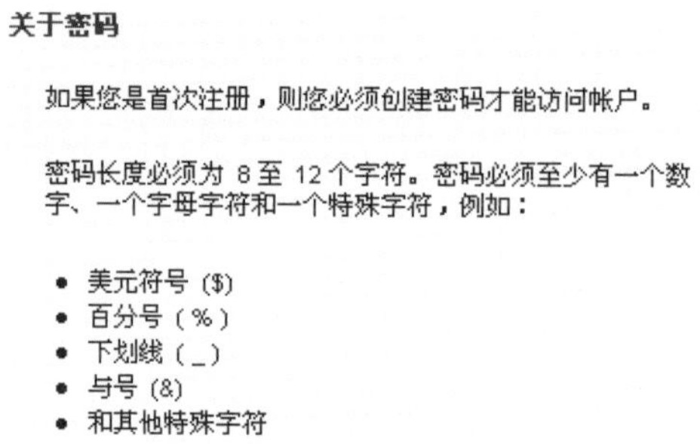

关于密码

如果您是首次注册，则您必须创建密码才能访问帐户。

密码长度必须为 8 至 12 个字符。密码必须至少有一个数字、一个字母字符和一个特殊字符，例如：

- 美元符号 ($)
- 百分号（%）
- 下划线（_）
- 与号 (&)
- 和其他特殊字符

图 4-3　密码设定规则

取得账号和密码后，就成为了正式的用户，并可以立即登入 EndNote Online。

单击「Show Getting Started Guide」链接可以展开 EndNote Online 的功能一览，如图 4-4 所示，其中包括了「Find」（查找）、「Store & Share」（存储并共享）以及「Create」（创建）3 大部分。

同理，若单击「Hide Getting Started Guide」链接则可以关闭此页面。

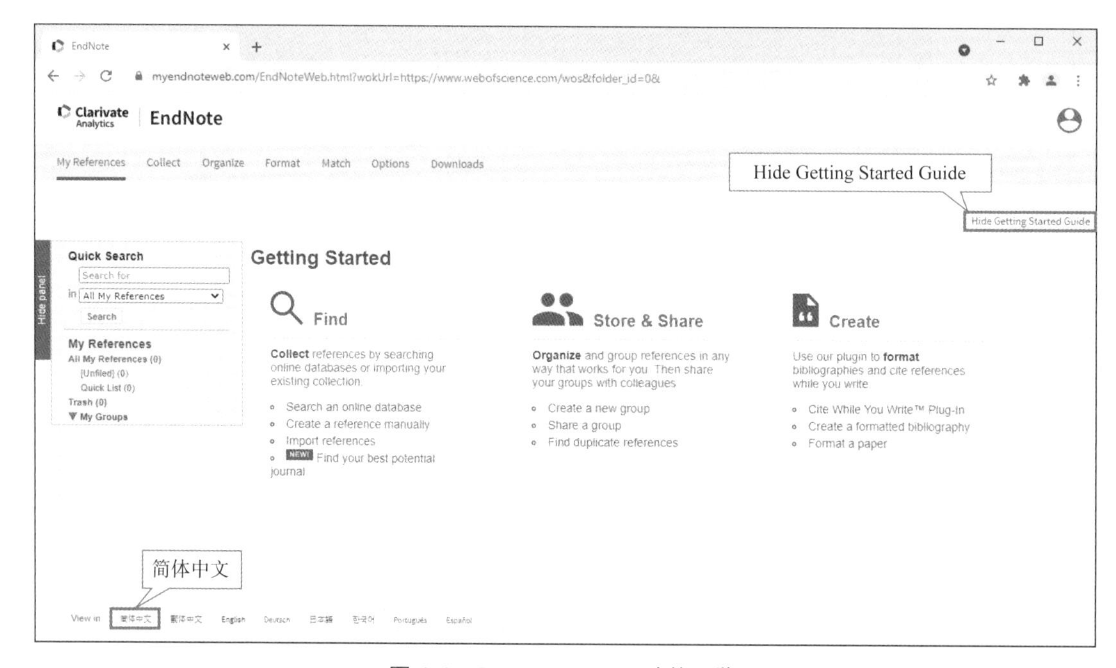

图 4-4　EndNote Online 功能一览

EndNote Online 已经提供使用者简体中文的界面，在页面的下方单击「简体中文」标签，就可以快速切换语言接口。如果要切换回英文接口，只要单击「English」标签即可，如图 4-5 所示。

图 4-5　中文界面的 EndNote Online

4.2　建立 EndNote Online Library

已经成功注册了 EndNote Online 之后，即可开始将数据存在 EndNote 中。

首先，我们可以手动创建参考文献链接，单击「Collect」→「New Reference」标签，打开如图 4-6 所示的界面，按照 1.2 节的方法，将数据一笔一笔地输入进去。

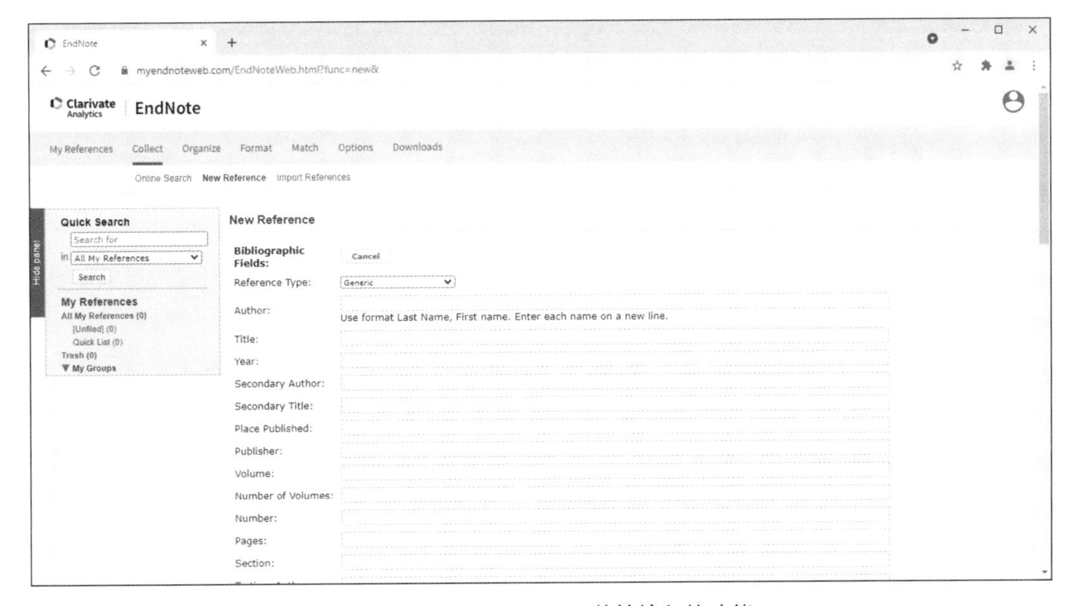

图 4-6　EndNote Online 单笔输入的功能

输入完成后，单击窗口左侧的「All My References」或「Unfiled」链接都可以查看这笔书目数据，如图 4-7 所示。

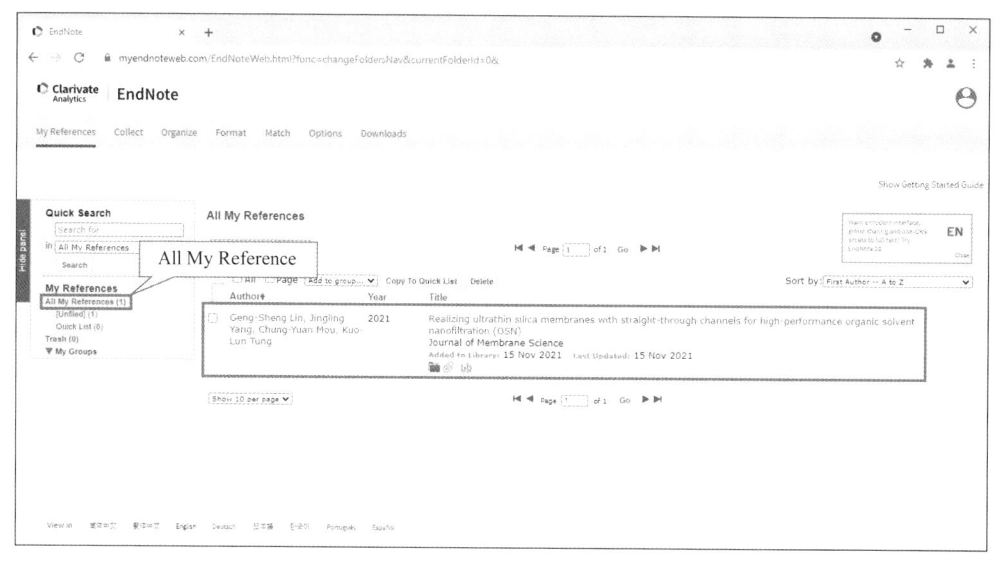

图 4-7　查看书目数据

若要进行批次导入，我们可以先由 ISI Web of Knowledge 的 SCI 数据库查询开始练习。先进行 SCI 数据库的检索，勾选需要导入到 EndNote Online 的数据，此处我们选择 10 笔数据，单击「导出」→「EndNote Online」按钮，将数据保存到 EndNote Online，如图 4-8 所示。

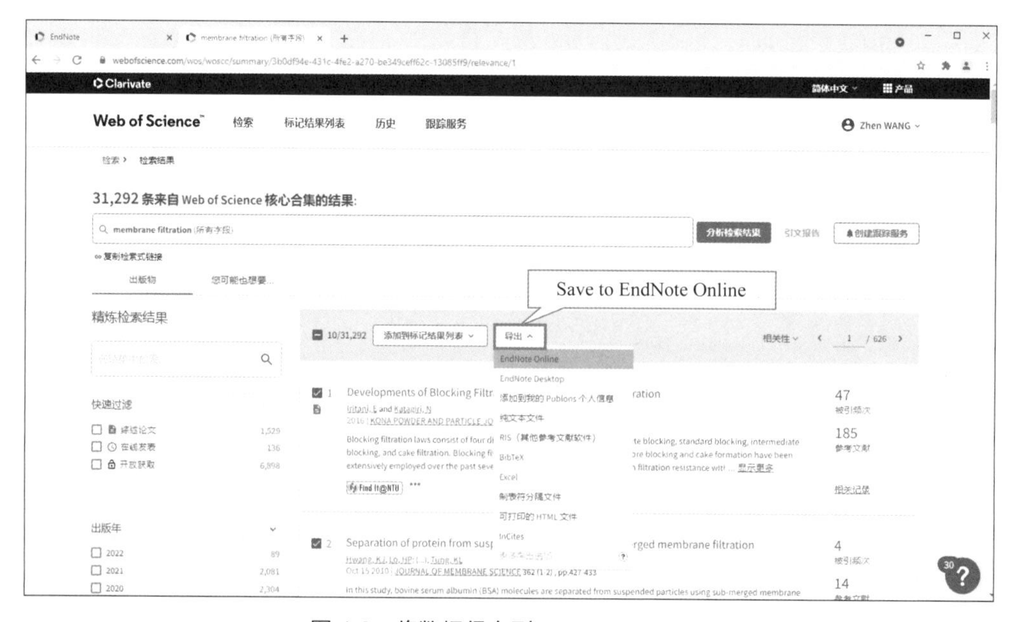

图 4-8　将数据保存到 EndNote Online

已经导入 EndNote Online Library 的数据前方会出现一个标志EN，如图 4-9 所示。

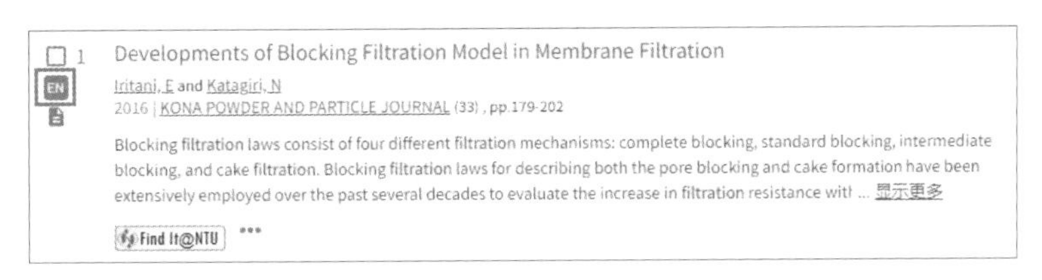

图 4-9 数据导入 EndNote Online Library 后出现标志

回到 Endnote Online 页面，点击刷新页面，此时的数据会被放置于「Unfiled」（尚未归档）组中，如图 4-10 所示。我们可以建立 Group（群组）进行管理。

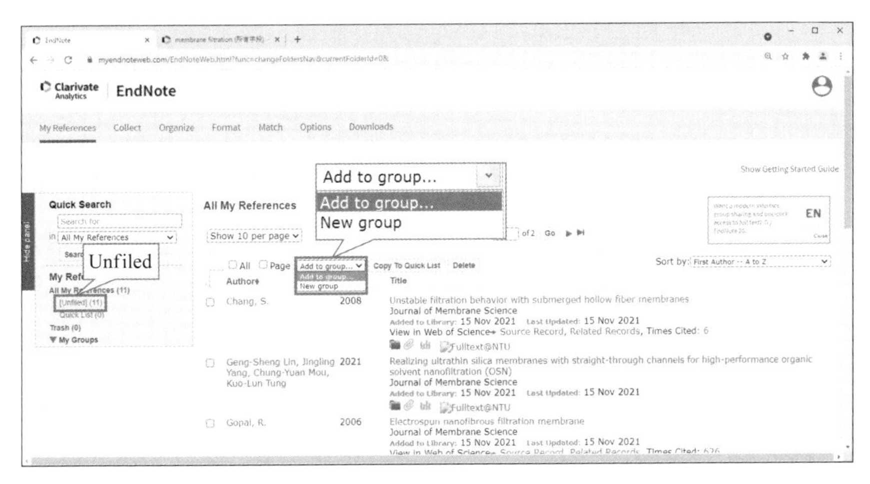

图 4-10 数据被放置于「Unfiled」组中

建立群组有如下两个方法。

方法一：直接在如图 4-10 所示的「Add to group...」下拉列表中选择「New group」选项。

方法二：单击「Organize」→「Manage My Groups」命令，再单击「New group」按钮，建立新的群组，并在弹出的提示框中为这个群组取一个适当的名称，此处输入「Membrane Filtration」，如图 4-11 所示。

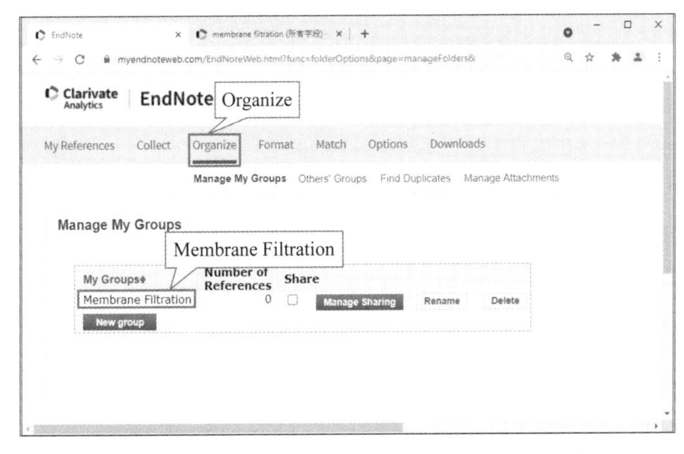

图 4-11 通过「Organize」功能建立群组并命名

建立完成之后，从左侧的工具栏就可以看到 My Groups 中出现名为「Membrane Filtration」的文件夹。

如需新增多个群组，可以单击「New Group」按钮或中文版的「新建组」按钮。

群组创建完成后，可进一步将资料放入「Membrane Filtration」文件夹中进行归类、整理，步骤如下。

Step 01 单击「My References」（我的参考文献）标签，如图 4-12 所示。

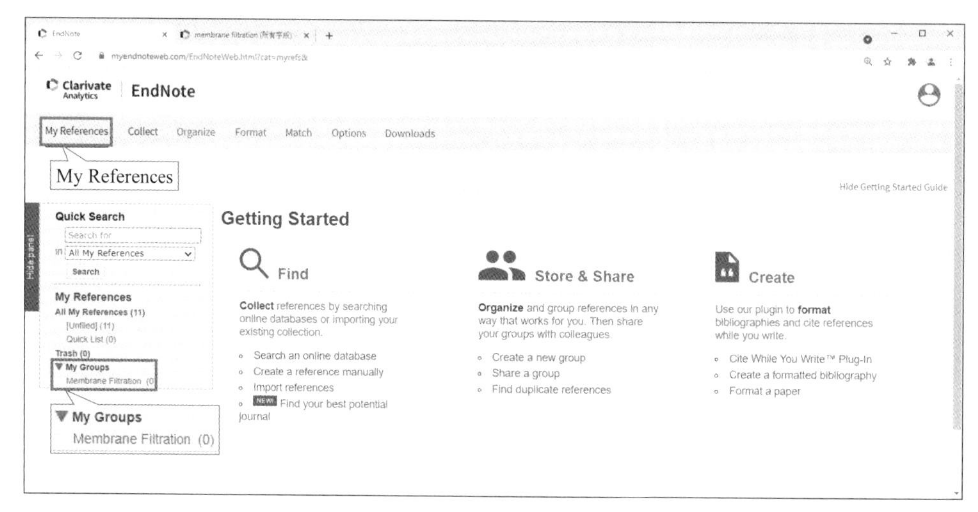

图 4-12 「My References」标签

Step 02 勾选需要的数据并通过「Add to group...」下拉列表将其放入刚才建立的群组「Membrane Filtration」中，如图 4-13 所示。

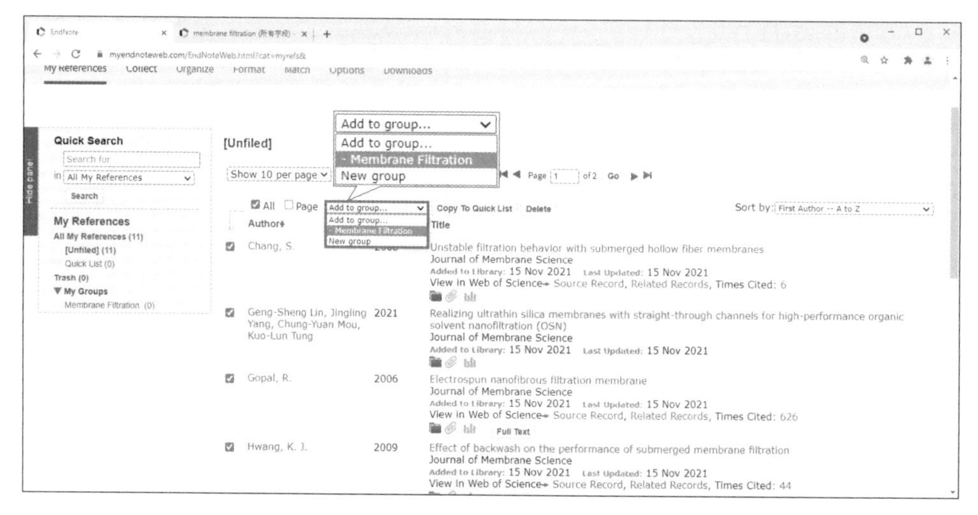

图 4-13 将数据放入新建群组「Membrane Filtration」

▶ Step 03 成功地将 10 笔书目资料放入「Membrane Filtration」群组中，完成数据的整理，结果如图 4-14 所示。

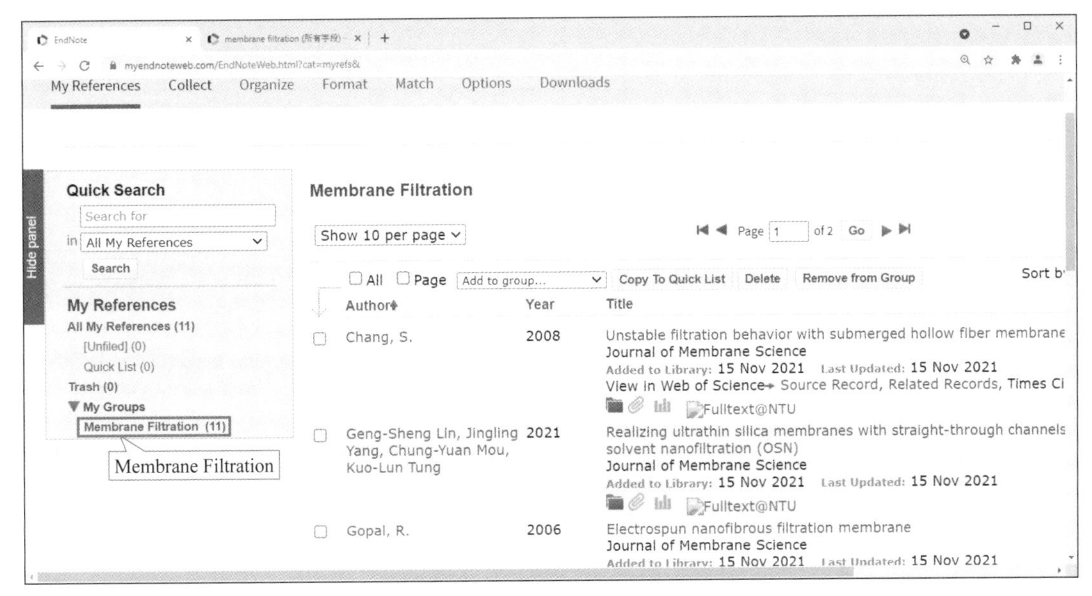

图 4-14 利用群组整理数据

4.3 导入书目数据

本节介绍导入书目数据的两种方法:「Import」(书目导入)和「Capture」(网页撷取)。

4.3.1 Import（书目导入）

除了 SCI、SSCI 数据库外，EndNote Online 一样可以支持其他在线数据库的导入。以 PQDD（ProQuest Digital Dissertations）论文索引数据库（https://www.proquest.com/）为例，当检索出需要的书目时，我们同样可以将这些数据存放到 EndNote Online 中，其步骤如下。

▶ Step 01 勾选要下载的书目数据，再点选 （All save options）单选钮，在弹出的页面中点击 ，接着依次单击「Continue」按钮、「Save」按钮，将其保存成 EndNote 能够导入的文件格式，如图 4-15 所示。

▶ Step 02 回到 EndNote Online，单击「Collect」→「Import References」标签，然后单击「Choose File」按钮，找出刚才保存的文件，并选择正确的文件夹，如图 4-16 所示。

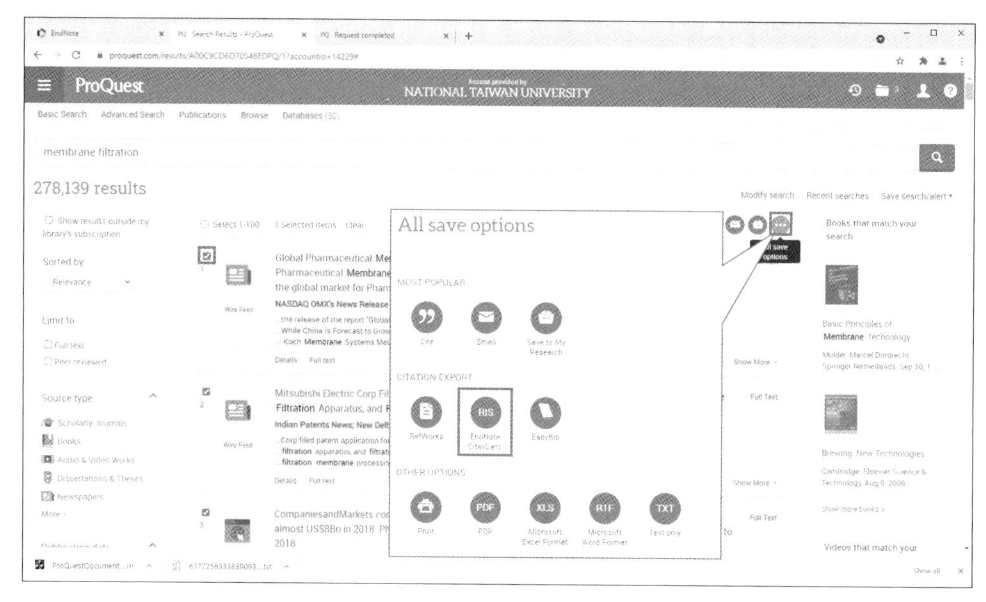

图 4-15　下载能够导入 EndNote 的文件

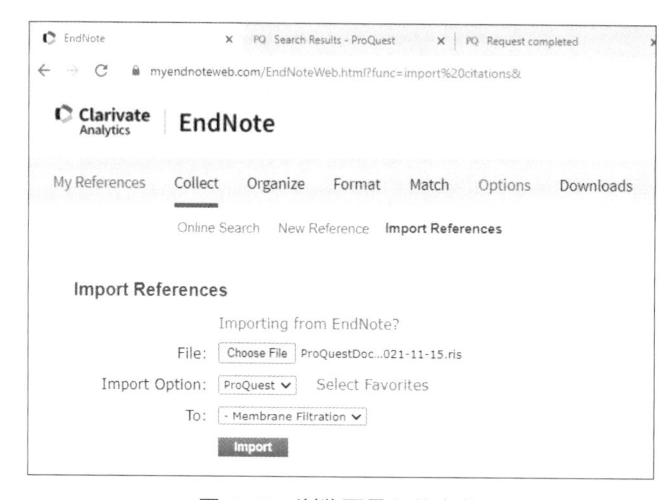

图 4-16　浏览要导入的文件

当看到系统提示「3 references were imported into "[Membrane Filtration]"」时，表示资料已经顺利导入。

通过上述方式，我们可以一步一步建立自己专属的丰富的馆藏文献，而不仅限于 Web of Science 数据库。

4.3.2　Capture（网页撷取）

另一种将数据导入 EndNote Online Library 的方法是利用 Capture 的功能进行数据的辨识与撷取。它可以自动针对网页中的作者、刊名、出版卷期、时间、摘要等数据进行分类，并将这些数据保存在 Library 中。下面就以 Web of Science 数据库为例来说明 Capture 功能的操作步骤。

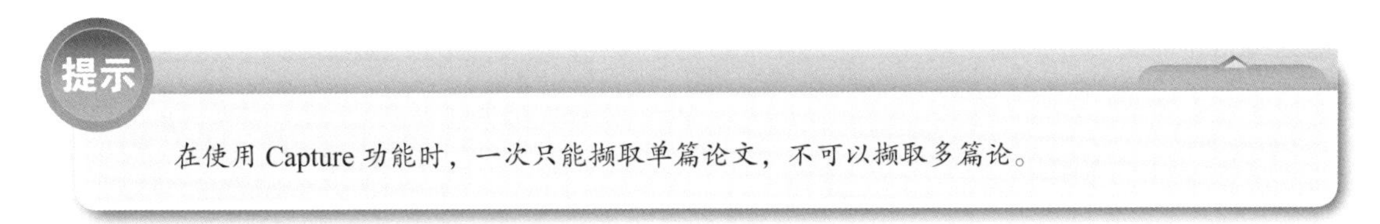

提示

在使用 Capture 功能时，一次只能撷取单篇论文，不可以撷取多篇论。

Step 01 打开 Endnote Online 首页，在「Downloads」页面中将「Capture Reference」拖拽到浏览器的收藏夹，如图 4-17 所示。

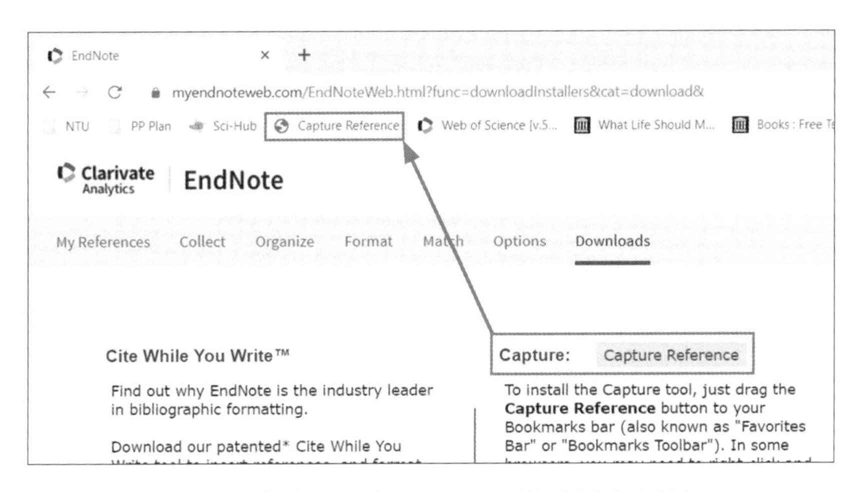

图 4-17 将 Capture Reference 拖拽至浏览器收藏夹

Step 02 进入 Web of Science 首页，在搜索栏中输入想要搜索的论文关键字（此处以「membrane filtration」为例），然后单击「Search」按钮，如图 4-18 所示。

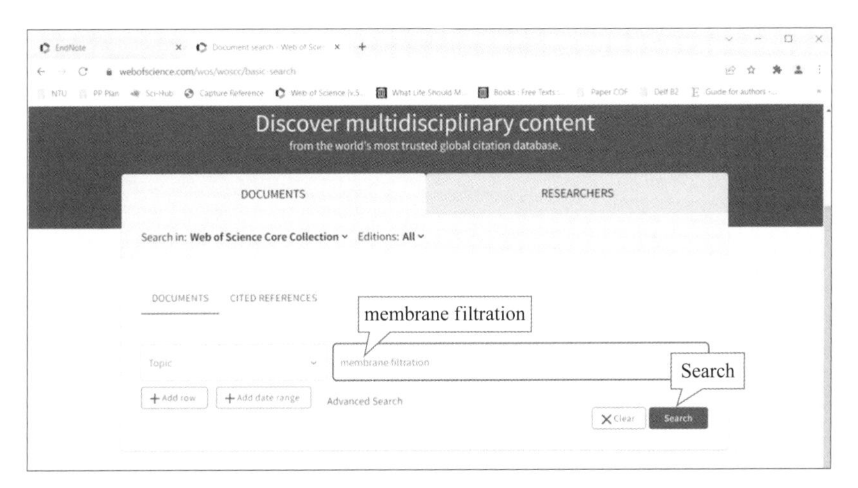

图 4-18 在搜索栏中输入论文的关键字「membrane filtration」

Step 03 选择一篇需要的论文，单击浏览器收藏夹中的 Capture Reference 按钮，浏览器会自动打开一个新窗口。先在弹出的「Log into EndNote」对话框中输入个人 Endnote Online 账号和密码，然后根据需求将论文存入至 EndNote Online 或单机版的 EndNote，如图 4-19 所示。

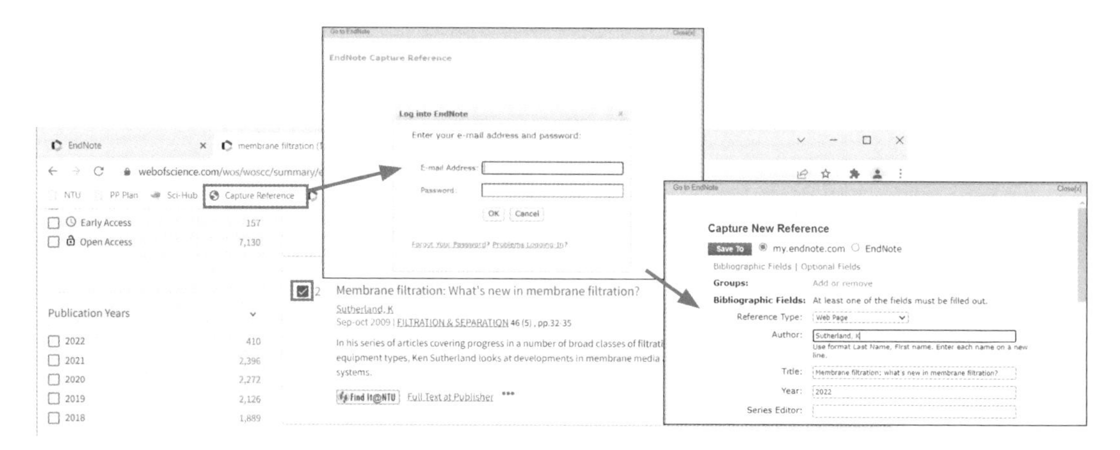

图 4-19　单击「Capture Reference」按钮

这里选择 EndNote Online，并且依次填入「Author」「Title」等信息，输入完成后单击 Save To 按钮，弹出如图 4-20 所示的对话框。

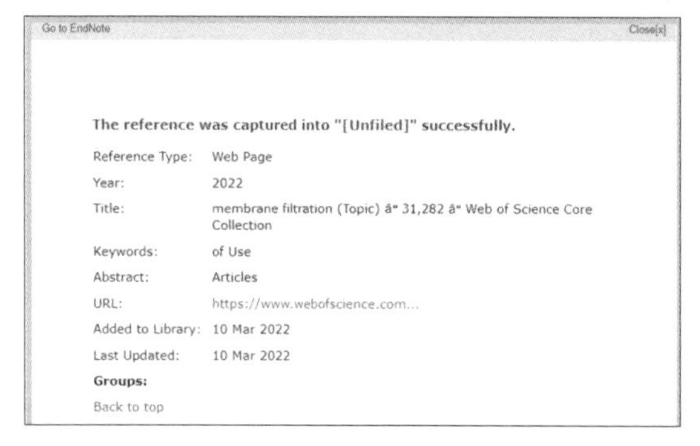

图 4-20　保存完毕后的对话框

Step 04 回到 EndNote Online，在「My References」页面下的「Unfiled」文件夹中出现了一笔新的书目数据，也就是刚才我们撷取的论文，如图 4-21 所示。

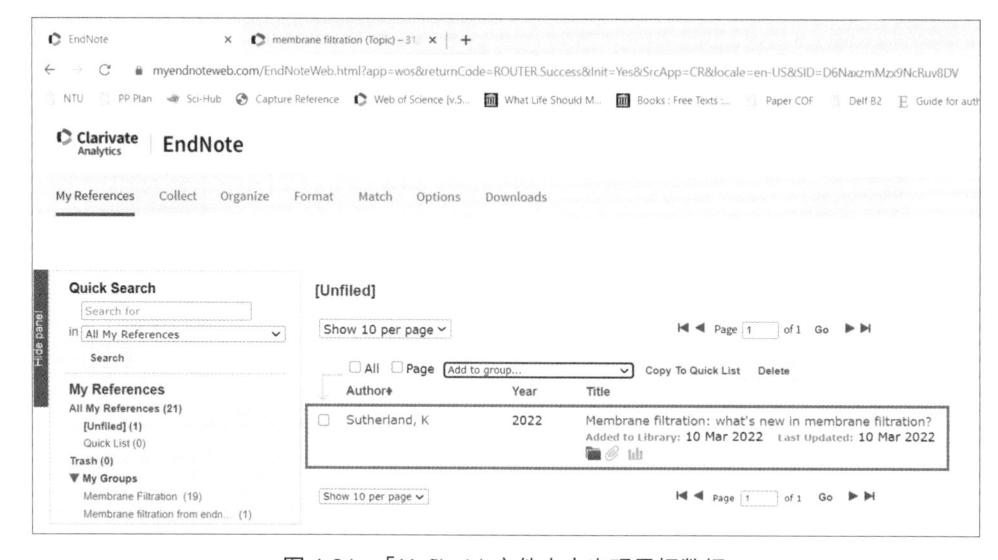

图 4-21　「Unfiled」文件夹中出现目标数据

至于其他非 SCI、SSCI 的数据库，当然也可以这样撷取，但若抓取到的数据并不充分、尚需补齐不足之处时，则须评估何种方式较为省力。

4.4　利用 EndNote Online Library 撰写论文

如果我们的计算机已经安装了 EndNote X2 以上版本的软件，那么就可以直接利用 EndNote Online 撰写论文；如果没有安装 EndNote 软件，而只是单纯使用 EndNote Online，就必须下载 EndNote Online Plug-In 程序。下载方法可以参考前一节的步骤。

4.4.1　切换至 EndNote Online

打开 Word 文档，如果计算机中已经安装了软件版的 EndNote，那么要使用 EndNote Online 时就必须先进行切换，方法如下。

Step 01 单击 Word 工具列的「EndNote 20」→「Tools」→「Preferences」命令，弹出「EndNote 20 Cite While You Write Preferences」对话框。

Step 02 单击「Application」标签，在「Application」下拉列表中选择「EndNote online」选项，如图 4-22 所示。

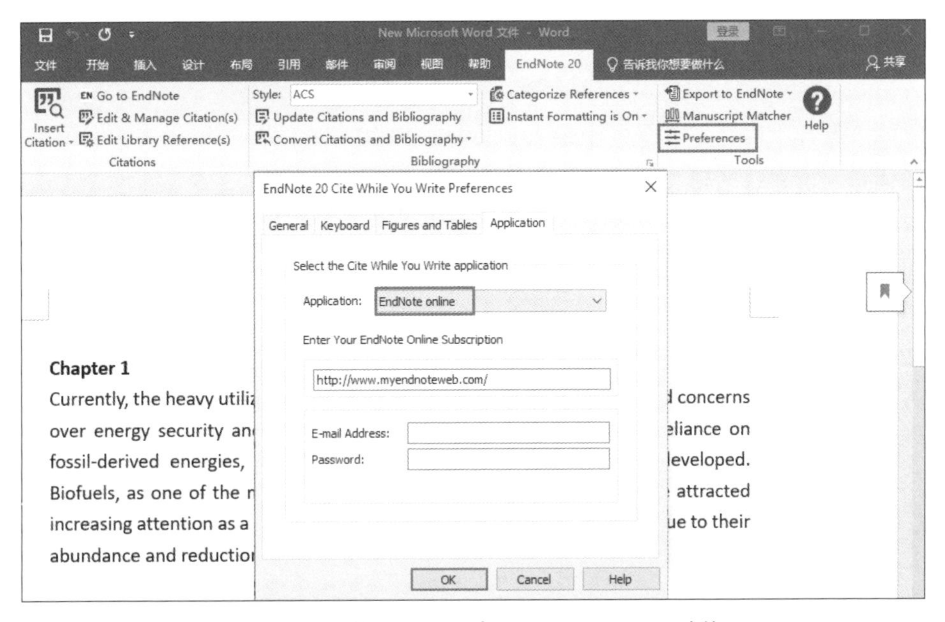

图 4-22　切换 EndNote 与 EndNote Online 功能

Step 03 单击「确定」按钮，则 Word 文档中「EndNote 20」标签就更换成「EndNote」标签了，如图 4-23 所示。

图 4-23　Word 2019 工具列的 EndNote 标签

4.4.2　利用 EndNote Online 撰写论文

利用 EndNote Online 的「Cite-While-You-Write」功能撰写论文的步骤如下。

Step 01 在需要插入引用文献的地方单击鼠标定位，然后单击「EndNote」→「Citations」→「Insert Citations」命令，如图 4-24 所示，弹出「EndNote Find & Insert My References」对话框。

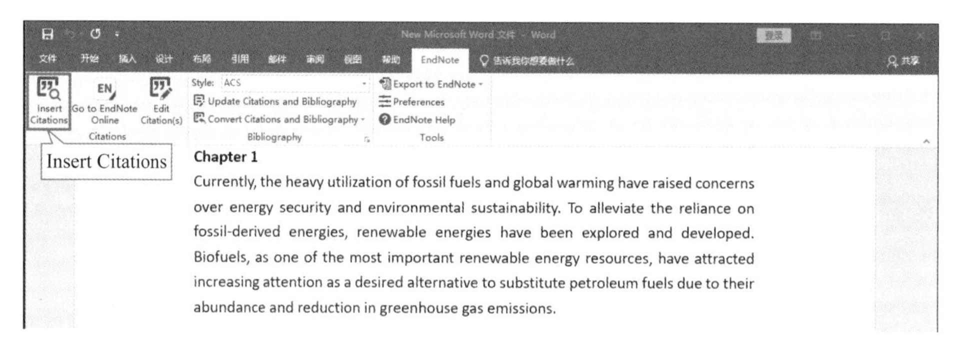

图 4-24　单击鼠标定位

Step 02 在「Find」组合框中输入检索词，例如文献作者、年代、记录编号等，然后单击「Find」按钮寻找符合条件的书目。

Step 03 确定找到需要的数据后，单击「Insert」按钮将这笔数据插入，如图 4-25 所示。此时，书目数据自动形成引用文献，如图 4-26 所示。

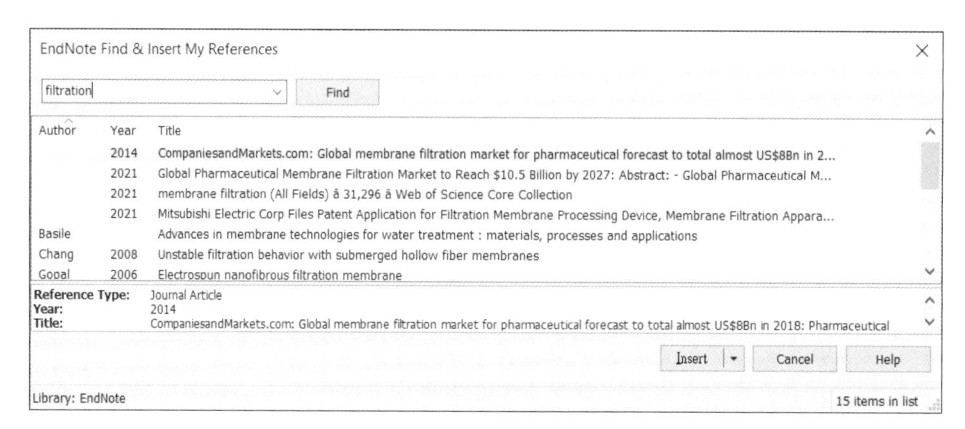

图 4-25　插入数据

大致上，EndNote Online 与 EndNote 的图示及其代表的意义都是一样的，所以只要会使用软件版的 EndNote，就能够轻易掌握 EndNote Online。

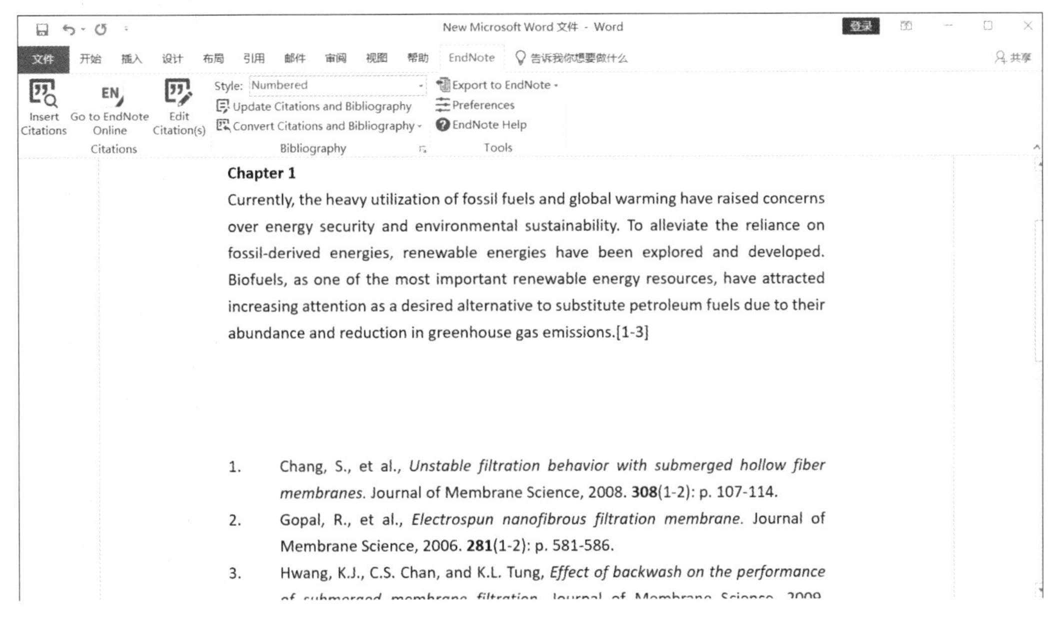

图 4-26　数据插入结果

完成论文撰写后，通过单击 Word 工具列的「EndNote」→「Bibliography」→「Convert Citations and Bibliography」→「Convert to Plain Text」命令，如图 4-27 所示，移除文件中的参数，论文即大功告成了。

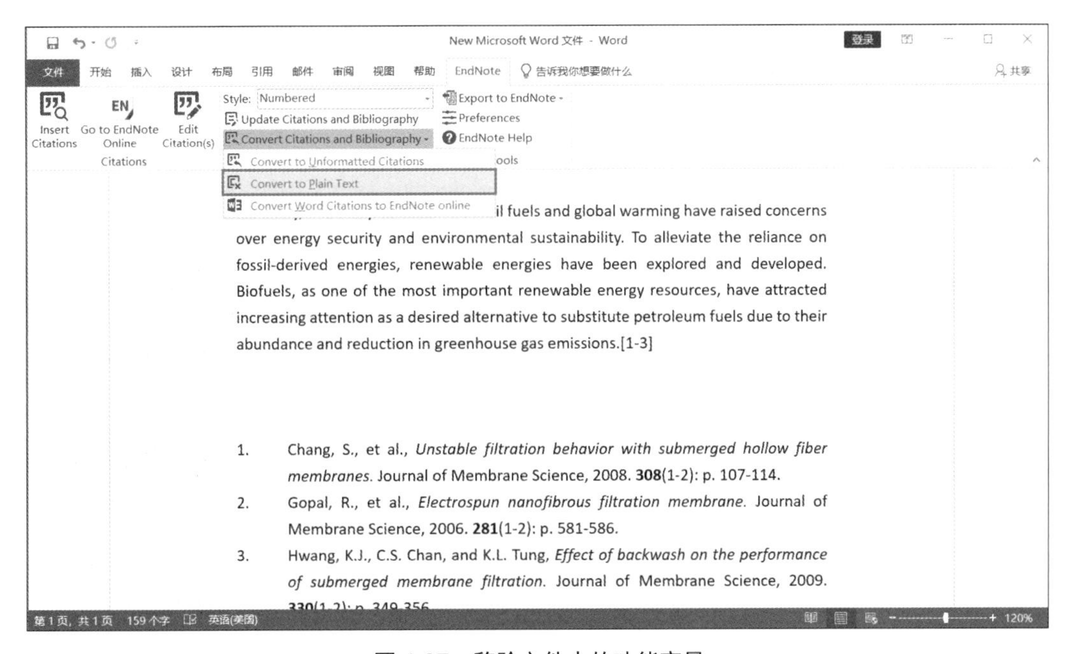

图 4-27　移除文件中的功能变量

4.5 从 EndNote 输出书目至 EndNote Online

同时拥有 EndNote 20 软件版以及网络版 EndNote Online 的用户，可以将数据由 EndNote 20 软件版导入或导出至 EndNote Online 使用。假设出门在外，使用公用计算机时，将数据保存在 EndNote Online 中，等下次使用自己的计算机时，就可以把数据导入，反之亦然。具体操作方法如下。

▶ Step 01 在 EndNote 20 中，双击所需导出的书目，右侧「Style」（此处为 ACS）下拉菜单选择「Select Another Style...」命令，如图 4-28 所示。

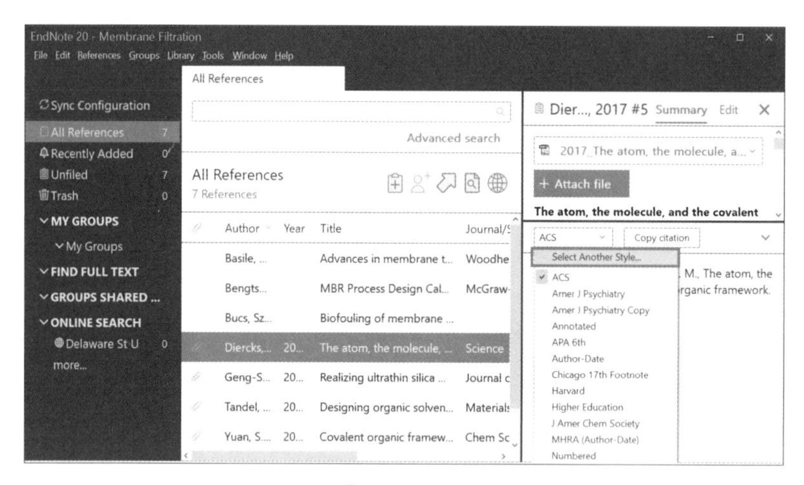

图 4-28 选择「Select Another Style...」

▶ Step 02 在弹出的「Choose A Style」对话框中找到「RefMan（RIS） Export」［可以通过搜索功能，输入关键字（RIS）快速找到］，选中后单击「Choose」按钮，如图 4-29 所示。

图 4-29 在「Choose A Style」对话框中找到「RefMan（RIS） Export」

Step 03 回到 Endnote 首页，单击「File」→「Export...」选项，如图 4-30 所示。在弹出的「Export file name」对话框中，设定好文件的名称后点击「Save」按钮，如图 4-31 所示。

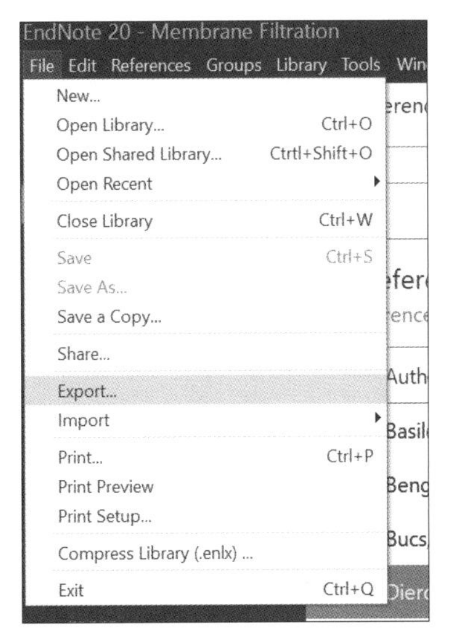

图 4-30 单击「File」→「Export...」选项

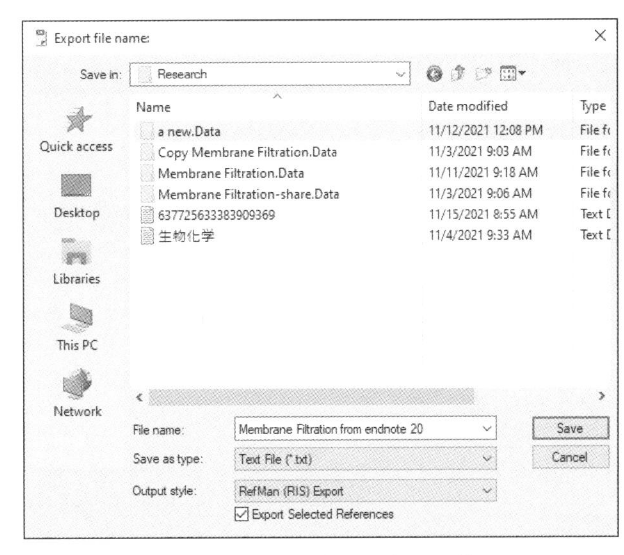

图 4-31 储存输出的书目文件

Step 04 进入 Endnote Online 首页，单击「Collect」→「Import References」链接，进行如下设置：第一行「File」选择在 Step 03 中储存的文件；第二行「Import Option」选择「RefMan RIS」；第三行「To」选择要存放的文件夹，也可以新增一个文件夹。设定好后点击「Import」按钮，在弹出的如图 4-32 所示的对话框中更改文件夹名称，此处改为「Membrane filtration from endnote 20」。然后单击「OK」按钮。

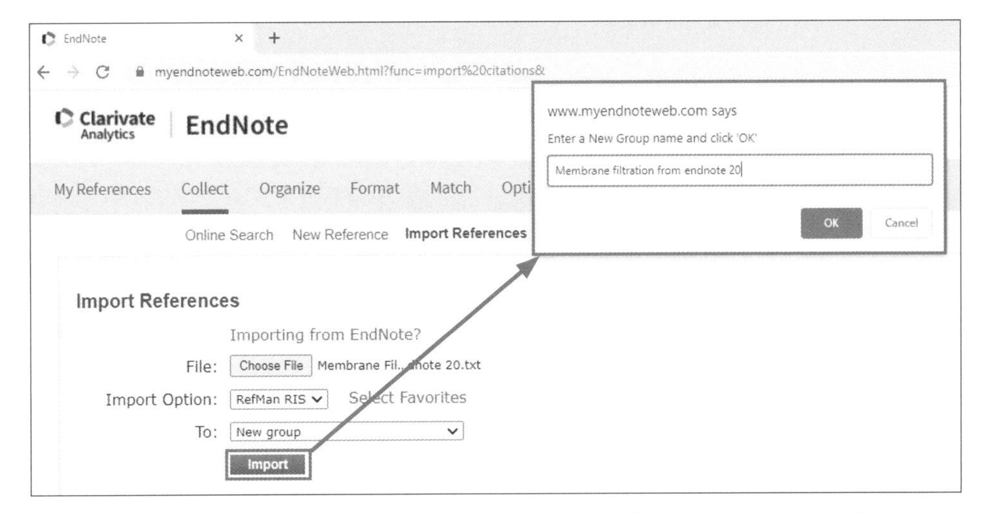

图 4-32 在 Endnote Online 网页选择「Collect」→「Import References」链接

Step 05 当出现「1 reference was imported into “Membrane filtration from endnote 20” group」时，表示此书目已输入至 Endnote Online，点击「My References」即可查看，如图 4-33 所示。

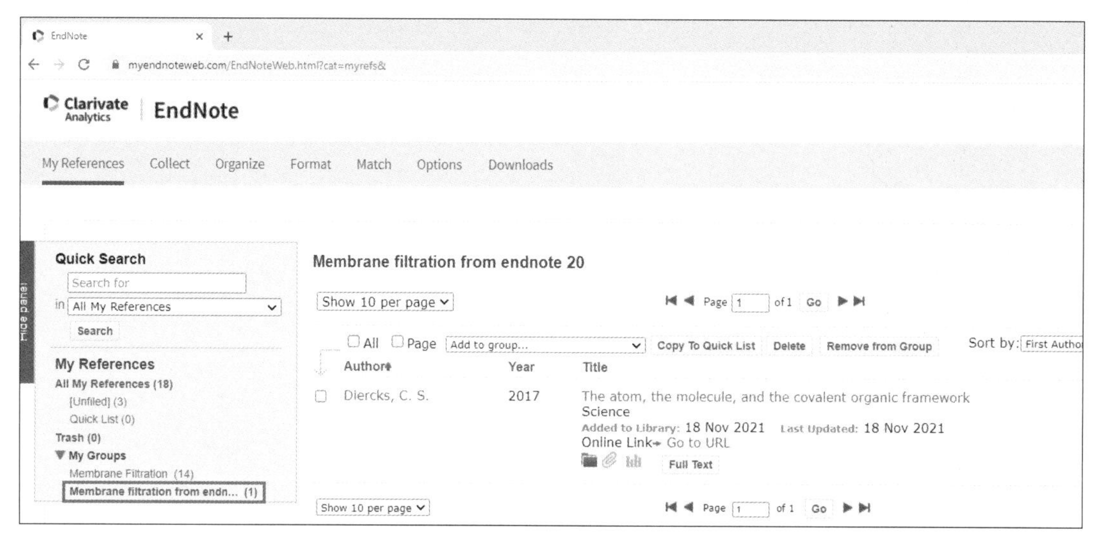

图 4-33　在「My References」中查看新输入的书目

提示

EndNote Online 保存书目数量的上限为 50000 条，提供附件的存储空间为 2GB，在「Organize」→「Manage Attachments」中可以查看数据存储空间，如图 4-34 所示。

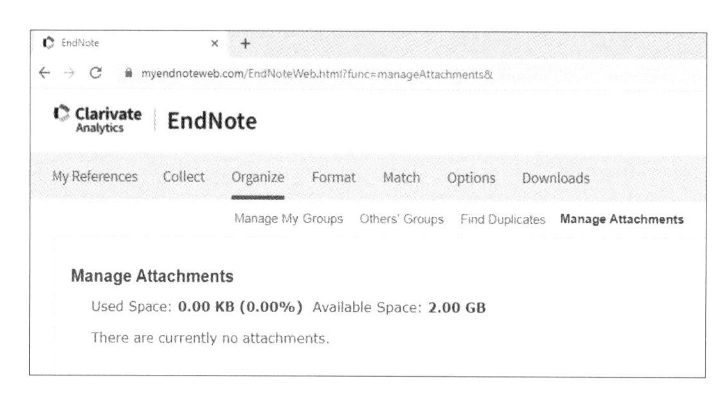

图 4-34　查看数据存储空间

第5章 版面样式与大纲制作

5.1 Word 2019 界面简介

Word 2019 延续了之前 2010 版本指令平面化的特征。如图 5-1 所示，2019 版本的工具也是以标签形式出现的，例如，单击「开始」标签，下方的功能区就会列出与「开始」命令有关的各类功能；如果单击「布局」标签，下方的功能区就会列出与「布局」命令有关的各类功能。

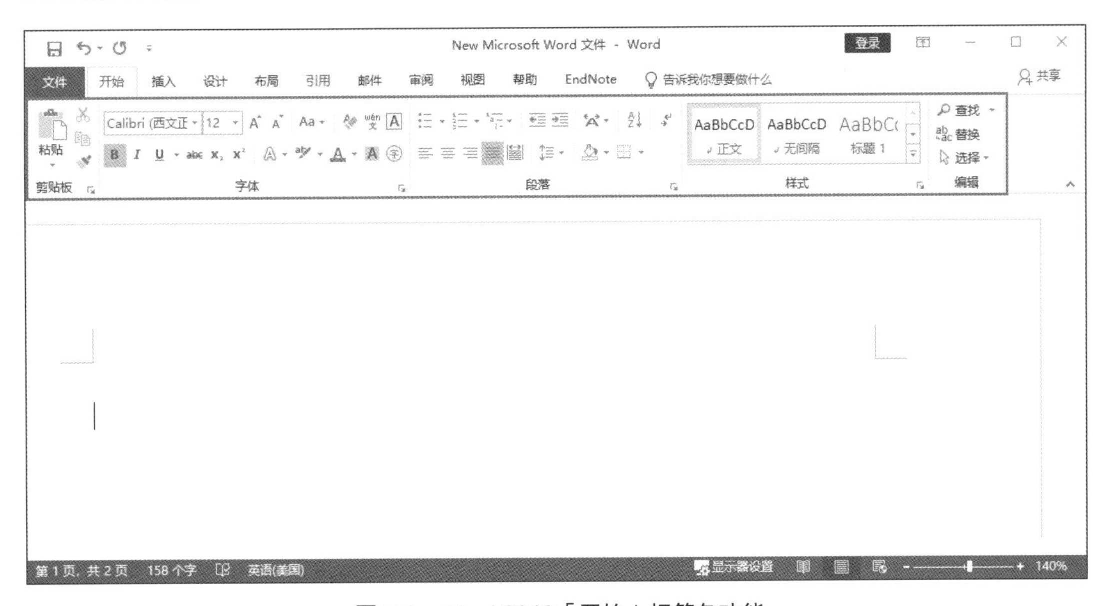

图 5-1 Word 2019「开始」标签各功能

若是觉得功能区所占的屏幕空间太大，也可以将功能区最小化。首先，在工具列上单击鼠标右键，然后在弹出的快捷菜单中单击「折叠功能区」命令，如图 5-2 所示，便可隐藏功能区，当要使用相关命令时，只要单击对应的工具标签即可。

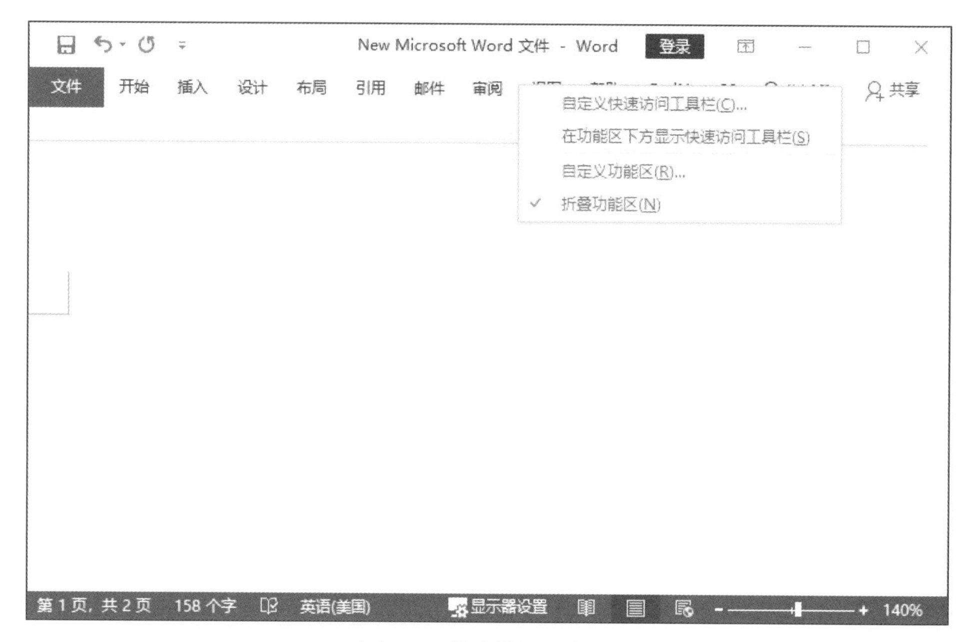

图 5-2　将功能区最小化

另外一个重要的工具区就是「快速访问工具栏」。我们可以将常用的工具固定在快速访问工具栏上，以方便使用。单击▾按钮会展开下拉列表，其中有备选的工具。如果我们需要的工具不在其中，则可单击「其他命令（M）...」选项，如图 5-3 所示，在弹出的「Word 选项」对话框中选择需要的工具命令。

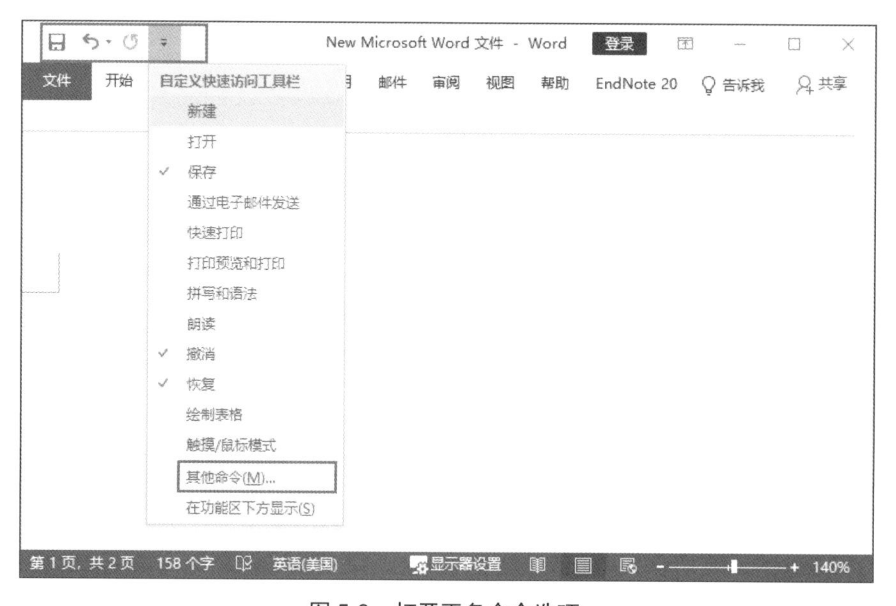

图 5-3　打开更多命令选项

此时，可以在左侧的选项框中选择需要的命令，然后单击「添加」按钮将其新增至快速访问工具栏中，如图 5-4 所示。

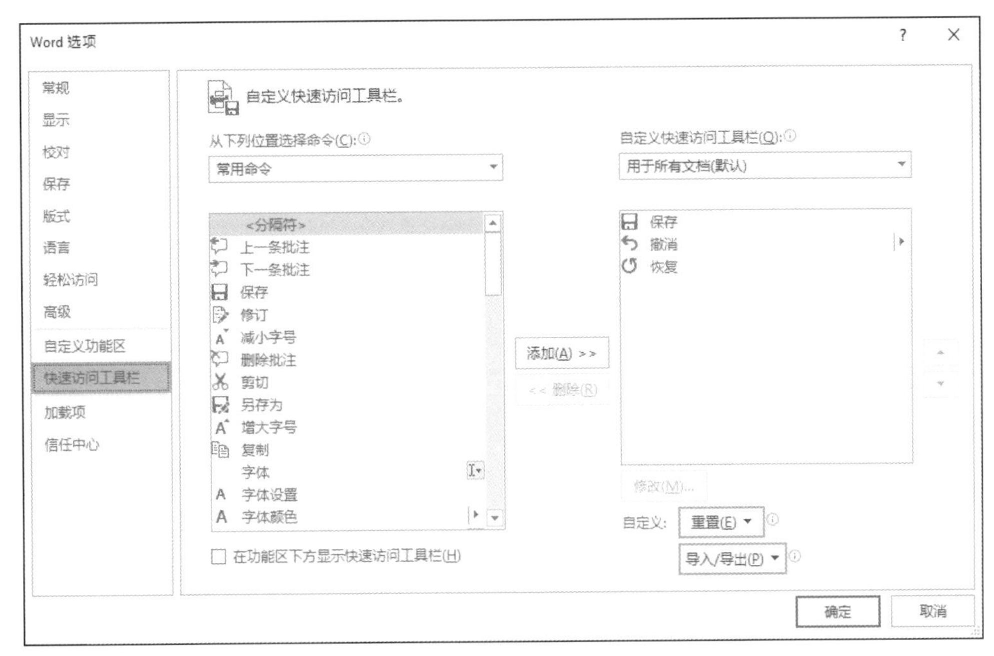

图 5-4　新增命令至快速访问工具栏

界面左上角有一个「文件」标签，单击该标签可以对整份文件进行保存、打印、共享等操作，如图 5-5 所示。若单击「选项」命令，也会弹出如图 5-4 所示的「Word 选项」对话框。

图 5-5　「文件」标签

Word 2019的界面中存在一些功能按钮。右下角从左至右依次为：阅读视图，页面模式，Web 版式视图，缩放滑杆。版面模式按钮的右侧为「缩放滑杆」，用来调整稿件界面的大小，如图 5-6 所示。

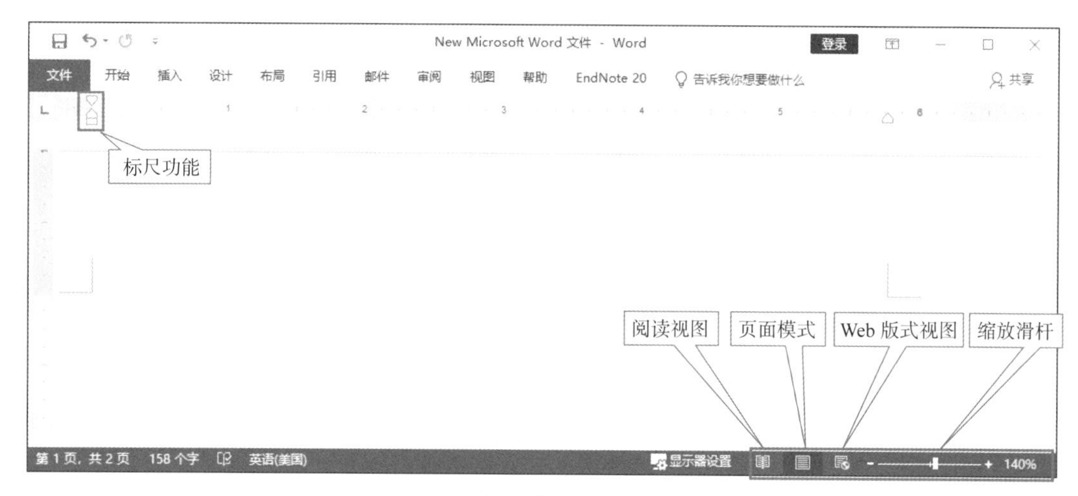

图 5-6　版面模式与缩放比例

开始撰写文章时，首先要打开新文档并制定版面、设定大纲等，本节主要是帮助 Word 2019 的使用者快速了解各种功能的配置。由于大部分用户对于 Word 2019 之前版本的操作都很熟练，对于 Word 2019 版则是在指令的配置上需要一些时间去熟悉。

利用「文件」按钮打开新文档时可以打开不同类别的文件模板，在图 5-5 中单击「新建」命令，弹出「新建文档」对话框，可以选择新建多种类型的文档，如图 5-7 所示。

图 5-7　「新建文档」对话框

由于本书是以撰写学术论文为主，因此我们以打开空白文档为例进行说明。接下来我们以空白文档为示范，并以学位论文为重点进行介绍。

5.2 版面设定

打开一份空白的文档，预设的版面上下边距为 2.54 厘米，左右边距为 3.18 厘米，行距为单倍行距，如图 5-8 所示。但为了满足阅读的舒适度、便于装订、符合投稿规定或为了版面美观等各种因素，我们可以对此加以修改，以下我们将就几种较常用的设定进行说明。

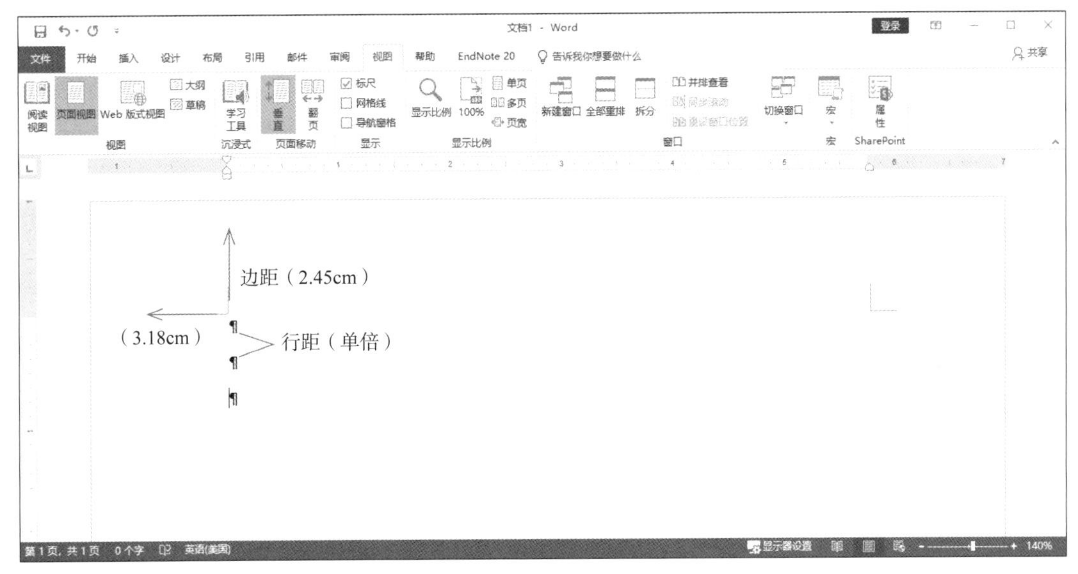

图 5-8 边距与行距

5.2.1 边距设定

撰写学位论文时，必须注意边距的设定，由于学位论文需要进行装订，因此需在稿件左侧预留较大的边距。若是双面印刷时则必须另行设定。边距的设定方式如下。

Step 01 在工具列上单击「布局」→「页面设置」→「页边距」命令，可以在下拉列表中选择 Word 默认的边距选项或点击「自定义页边距 ...」选项（此处以自定义页边距为例进行说明），如图 5-9 所示。

Step 02 单击「自定义页边距 ...」选项，弹出「页面设置」对话框，如图 5-10 所示。

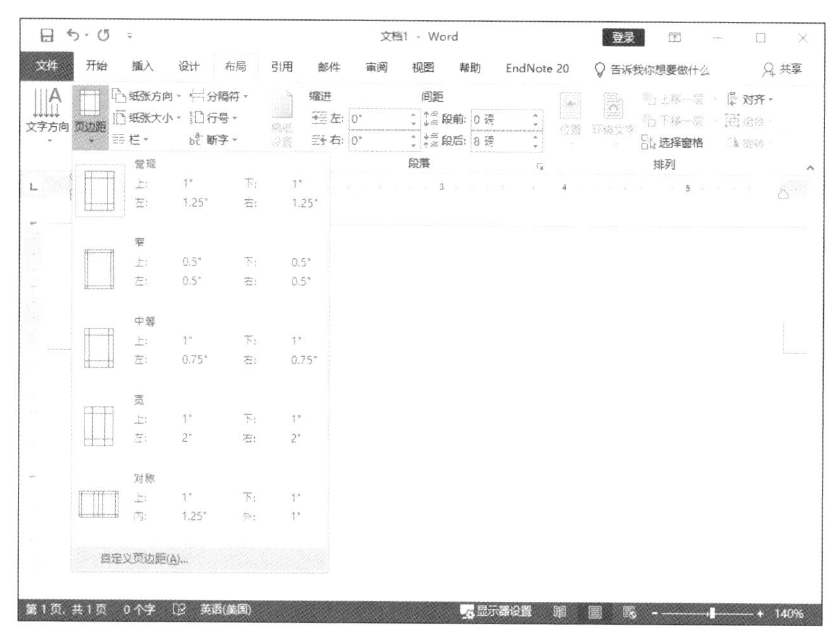

图 5-9　设定页边距宽度

▶ Step 03 设置边距数值。可以在「装订线」组合框中输入预留装订的宽度，然后依据正常宽度在相应的组合框中输入上下左右的边距，如图 5-10（a）所示；或将「装订线」文本框的宽度设为 0 厘米，然后将宽度加入左侧边距内，如图 5-10（b）所示。两者呈现的版面是相同的，结果如图 5-11 所示。

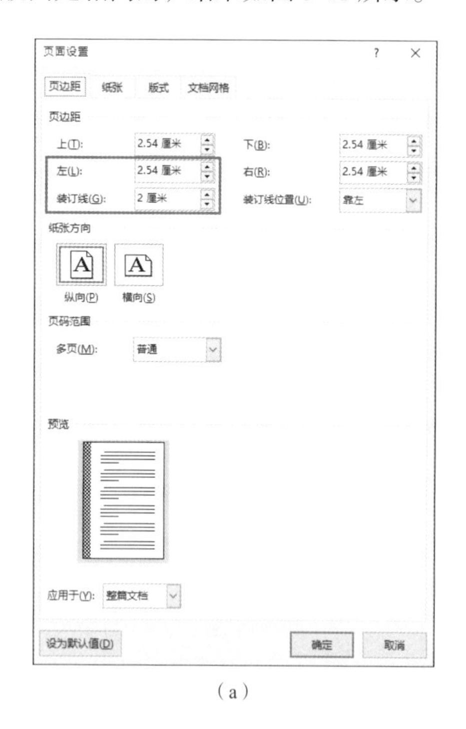

（a）

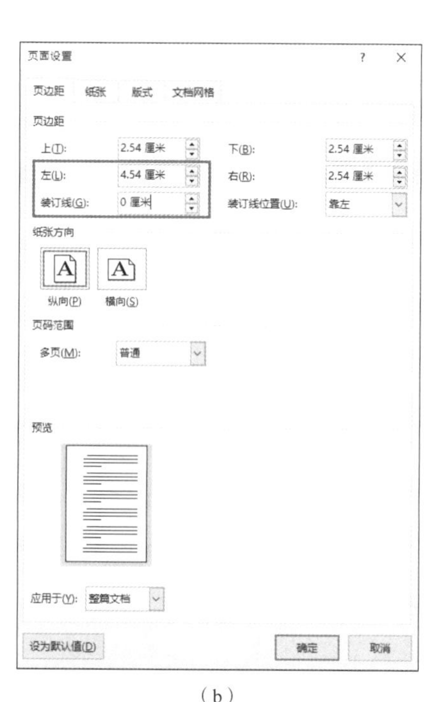

（b）

图 5-10　预留装订线的设定方式

如果论文以双面印刷，则需要在如图 5-10 所示「页码范围」选项组中的「多页」下拉列表中选择「对称页边距」选项，如图 5-12 所示，这样到了偶数页时较宽的边距将会自动更改至页面的右侧，结果如图 5-13 所示。

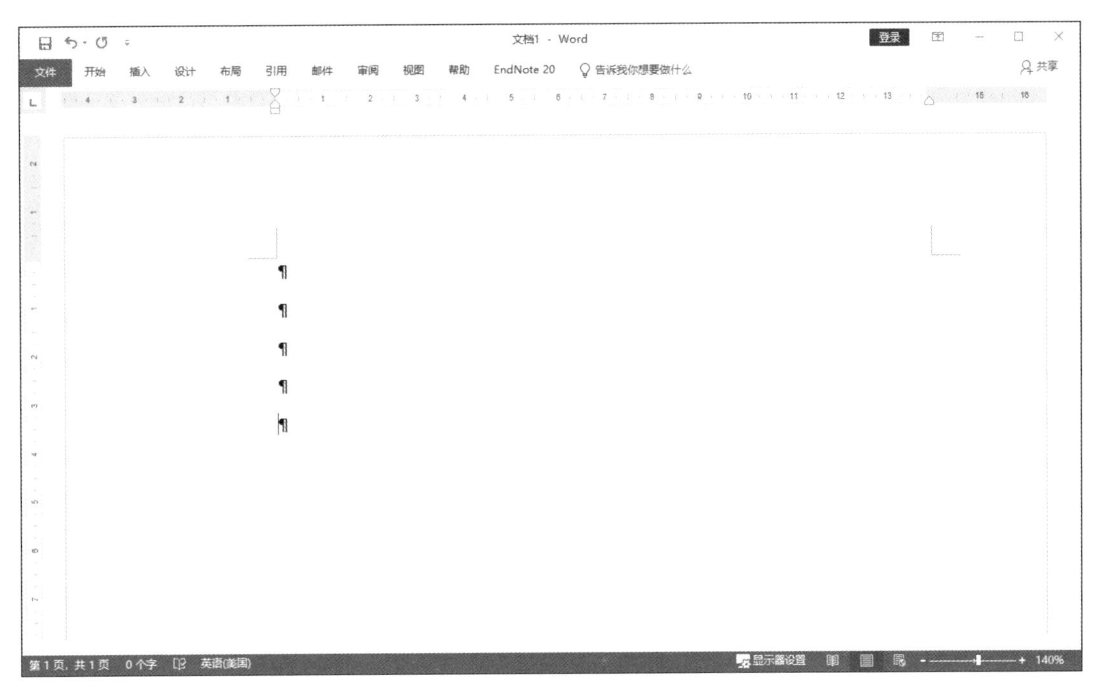

图 5-11 预留装订线的设定结果

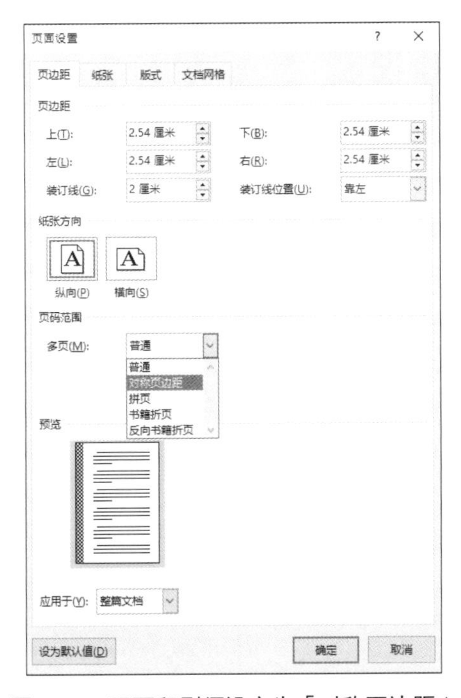

图 5-12 双面印刷须设定为「对称页边距」

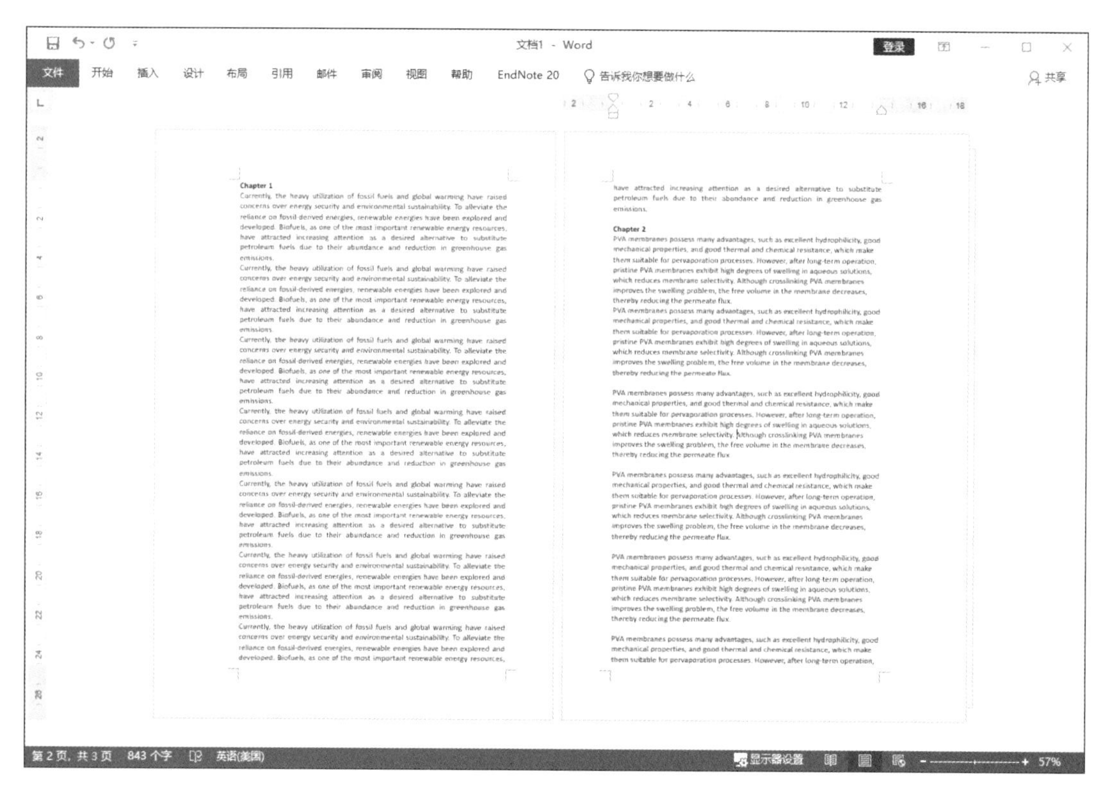

图 5-13　对称页边距的版面

版面设定的其他考虑因素还有页码、Running title（页眉标题）的预留空间等。

5.2.2　行距与缩排设定

投稿至学术期刊时，我们可以通过「Guide for authors」等投稿须知了解撰写稿件的规定。以 Journal of Applied Physics 为例，其投稿规定（见图 5-14）就说明必须采用「double-spaced」（两倍行距）的格式撰写，此外还有关于页码的编号方式、参考书目的引用格式等规定。本小节介绍行距与缩排的设定方法。

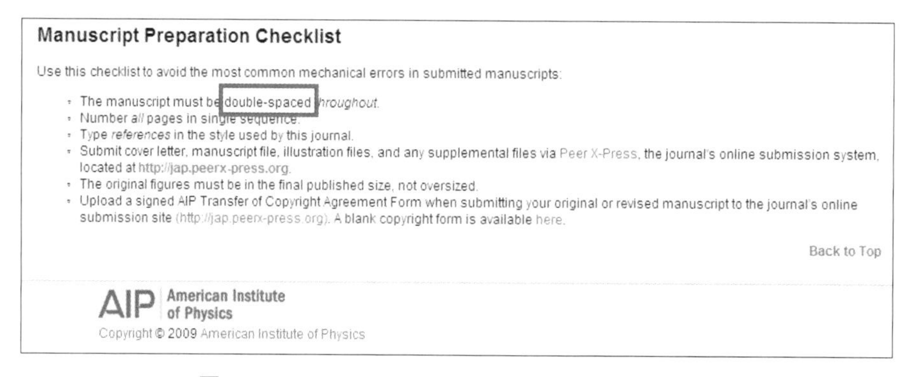

Manuscript Preparation Checklist

Use this checklist to avoid the most common mechanical errors in submitted manuscripts:

- The manuscript must be double-spaced *throughout*.
- Number *all* pages in single sequence.
- Type *references* in the style used by this journal.
- Submit cover letter, manuscript file, illustration files, and any supplemental files via Peer X-Press, the journal's online submission system, located at http://jap.peerx-press.org.
- The original figures must be in the final published size, not oversized.
- Upload a signed AIP Transfer of Copyright Agreement Form when submitting your original or revised manuscript to the journal's online submission site (http://jap.peerx-press.org). A blank copyright form is available here.

Back to Top

AIP American Institute of Physics

Copyright © 2009 American Institute of Physics

图 5-14　Journal of Applied Physics 部分投稿规定

1. 行距设定

打开段落设定功能的方法有以下两种。

方法一：单击工具列的「开始」→「段落」→右下方的按钮，如图 5-15 所示。

图 5-15 打开段落设定功能的方法 1

方法二：单击工具列的「布局」→「段落」→右下方的按钮以展开完整功能，如图 5-16 所示。

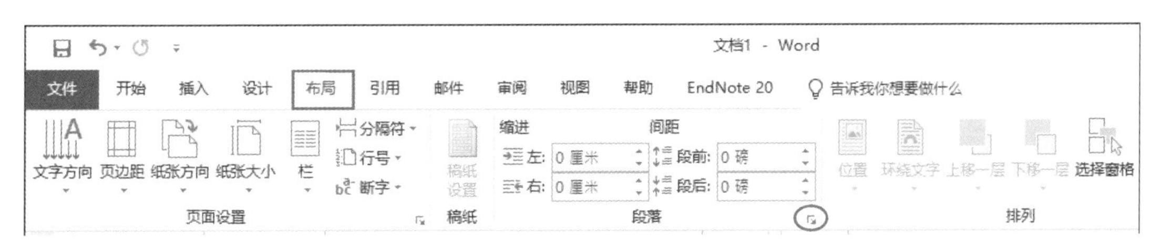

图 5-16 打开段落设定功能的方法 2

两种方法均弹出「段落」对话框。在「行距」下拉列表中选择「2 倍行距」选项，表示将行与行之间的距离设置为原来的两倍，也就是图 5-14 中所规定的「double-spaced」。下方的「预览」窗口可预览设定后的行距与原来单行行距的差别。若「行距」下拉列表中没有所需的行距，我们可以选择下拉列表中的「多倍行距」选项，并通过右侧的「设置值」组合框调整到所需的数字，如图 5-17 所示。

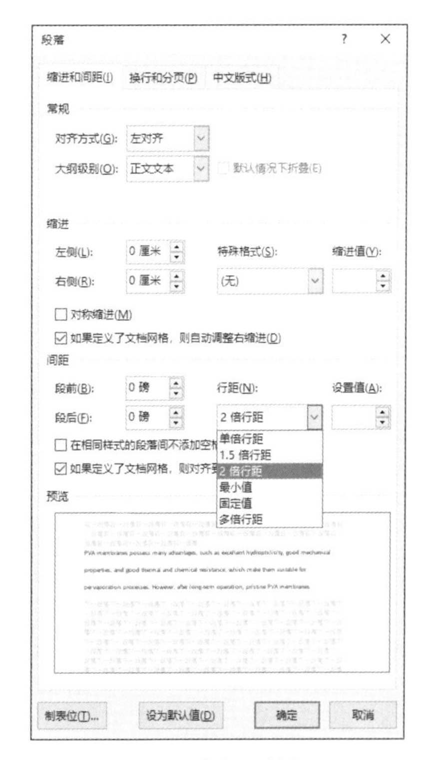

图 5-17 自行调整行距

行距设置完毕，可以比较不同行距在外观上的差异，如图 5-18 所示。

2. 缩排设定

撰写中文论文时可以事先为每个段落进行首行缩进设置，这样只要按「Enter」键换行就会自动让出缩进的空间。此外，段落与段落之间如果保持一些空间，版面将会更加清晰美观。

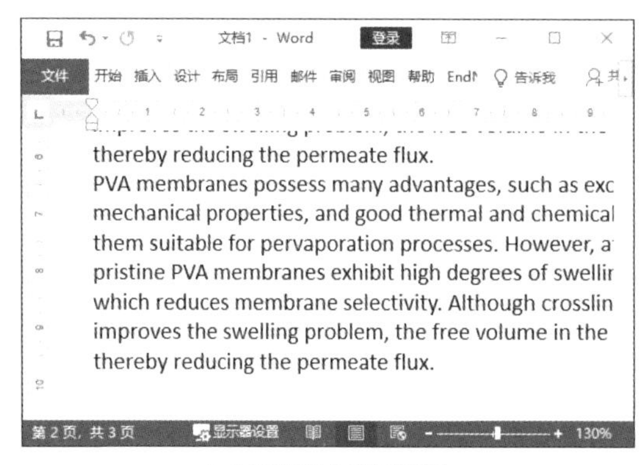

（a）调整前（单倍行距）

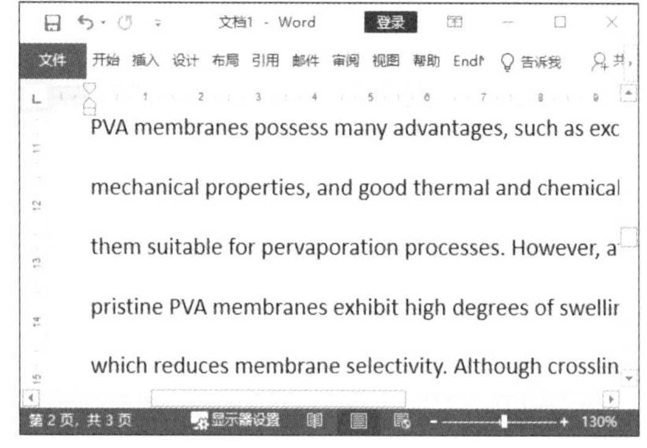

（b）调整后（2 倍行距）

图 5-18　不同行距的显示效果

可以按如图 5-15 或图 5-16 所示的方式调出「段落」对话框，并进行设定。在「缩进」选项组的「特殊格式」下拉列表中选择「首行缩进」选项，在「缩进值」组合框中默认为「1.27 厘米」。将「间距」选项组中的「段前」组合框设置为「6 磅」，如图 5-19 所示。

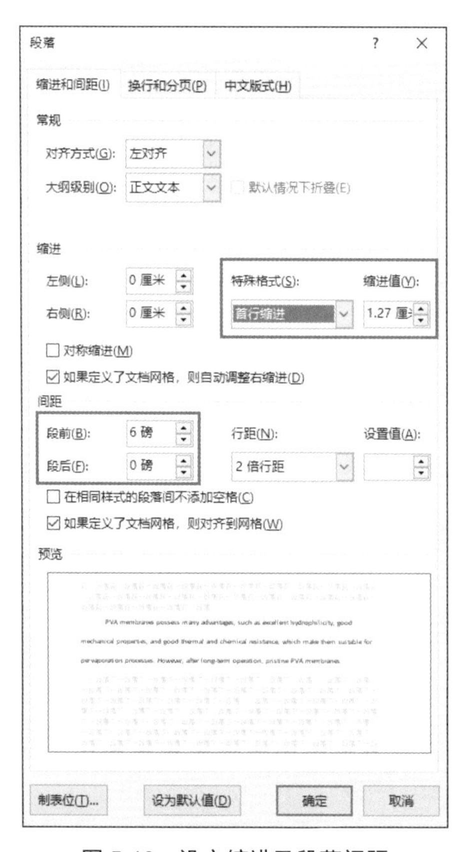

图 5-19　设定缩进及段落间距

单击「确定」按钮，查看缩进以及段落间距的设定结果，如图 5-20 所示，可以发现图（b）的效果比图（a）清晰舒适许多。

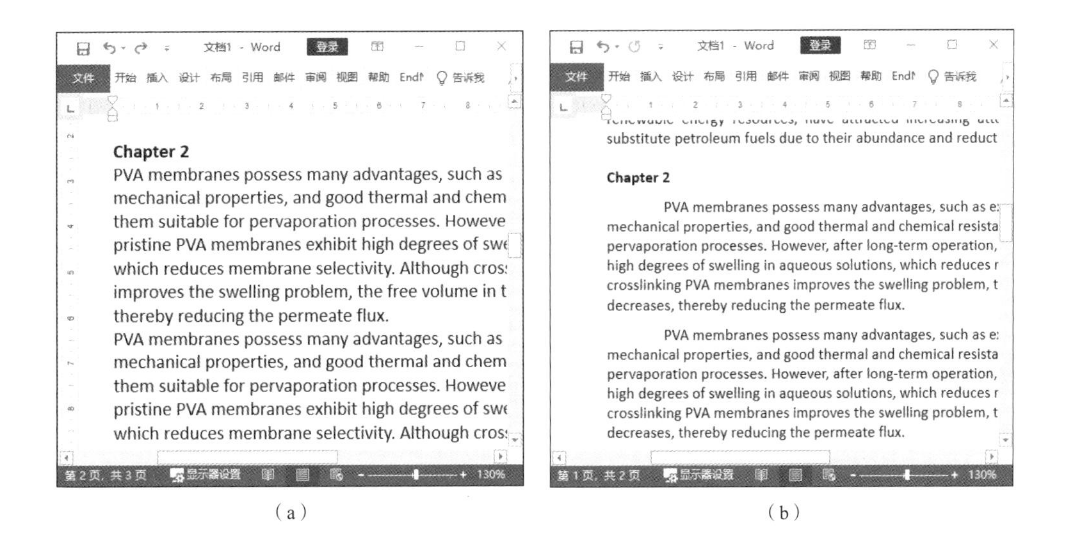

图 5-20 比较设定前后的差异

如果我们指定的不是只进行首行缩进，那么整个段落的每一行文字都会缩进。如图 5-21 所示，只在「缩进」选项组的「左侧」组合框中输入「1.27 厘米」，而不对「特殊格式」下拉列表进行设置，结果将如图 5-22 所示。

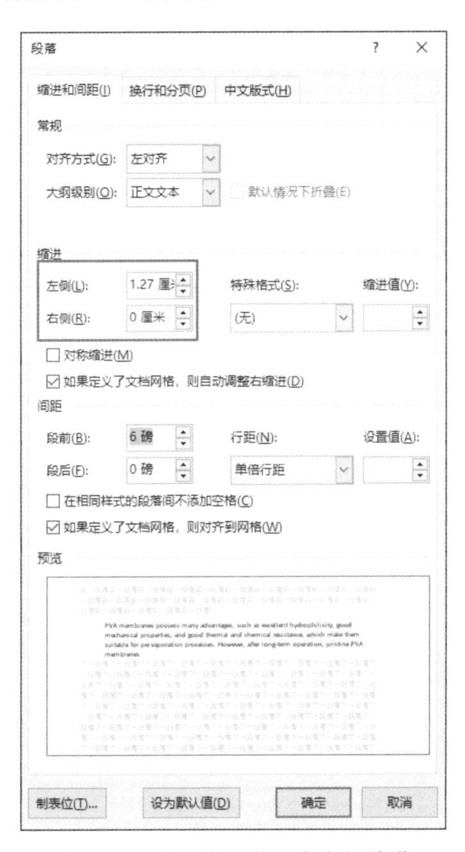

图 5-21 为整个段落设定左侧缩进

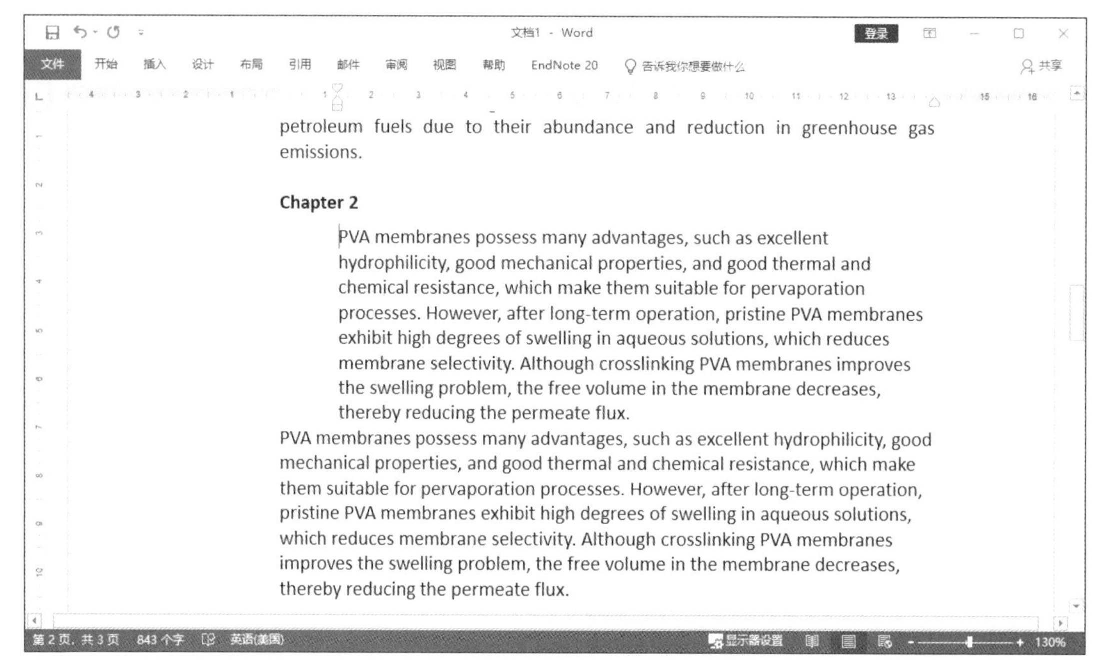

图 5-22　查看整段缩进的结果

5.2.3　标尺工具

前面介绍的版面设定及缩进等工具都是排版时不可或缺的技巧，其实，利用标尺工具也可以轻松地完成这些操作。下面简单介绍标尺工具的用法。

单击「视图」标签，勾选「标尺」复选框可打开标尺工具，如图 5-23 所示。将光标移动到标尺区且变成双箭号（⟷）时，表示可以对边距进行调整。除了左右边距外，也可调整上下边距。

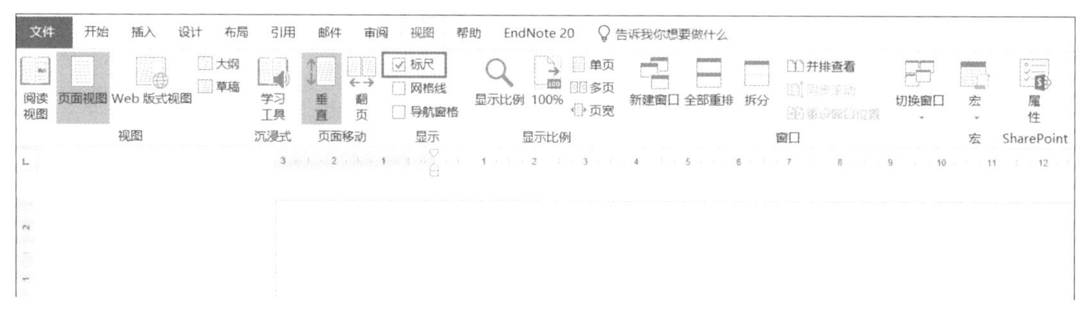

图 5-23　利用标尺调整边距

当我们要调整某个段落的边距或缩进时，首先必须先选定该段落；如果整份文件都要套用相同的设定，则单击工具列的「开始」→「编辑」→「选择」→「全选」命令（或快捷键 Ctrl+A）选定所有内容，如图 5-24 所示。

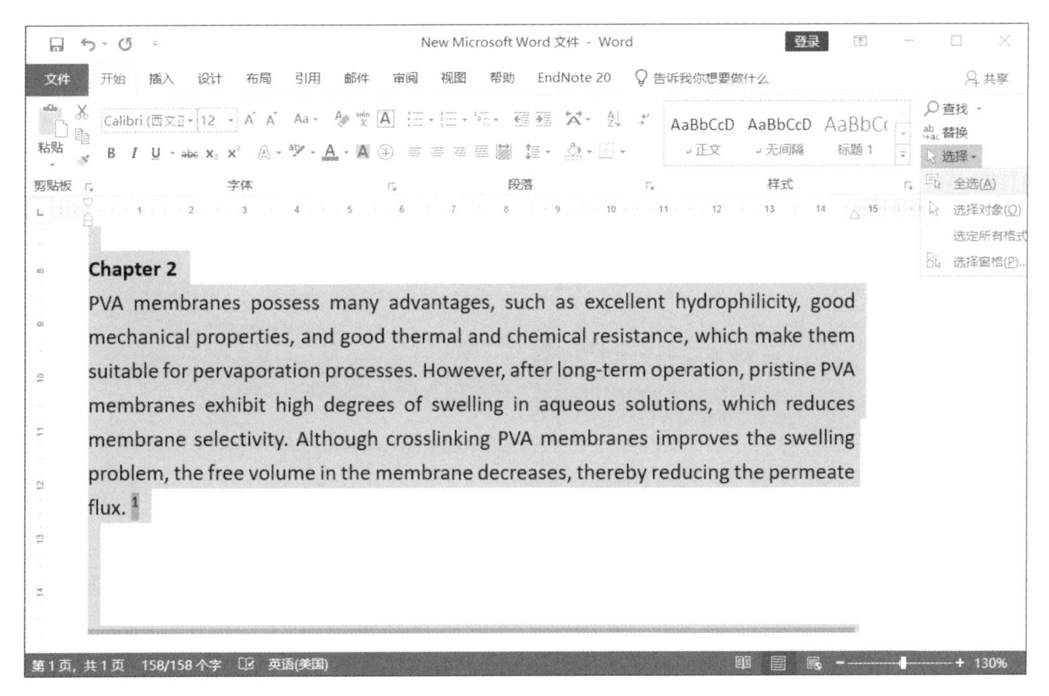

图 5-24　选择要编辑的段落

标尺区不同形状的工具代表的意义不同，分别介绍如下。

- 倒三角形▽：「首行缩进」的定位点，拖曳此三角形可以对段落首行文字进行缩进，如图 5-25 所示。

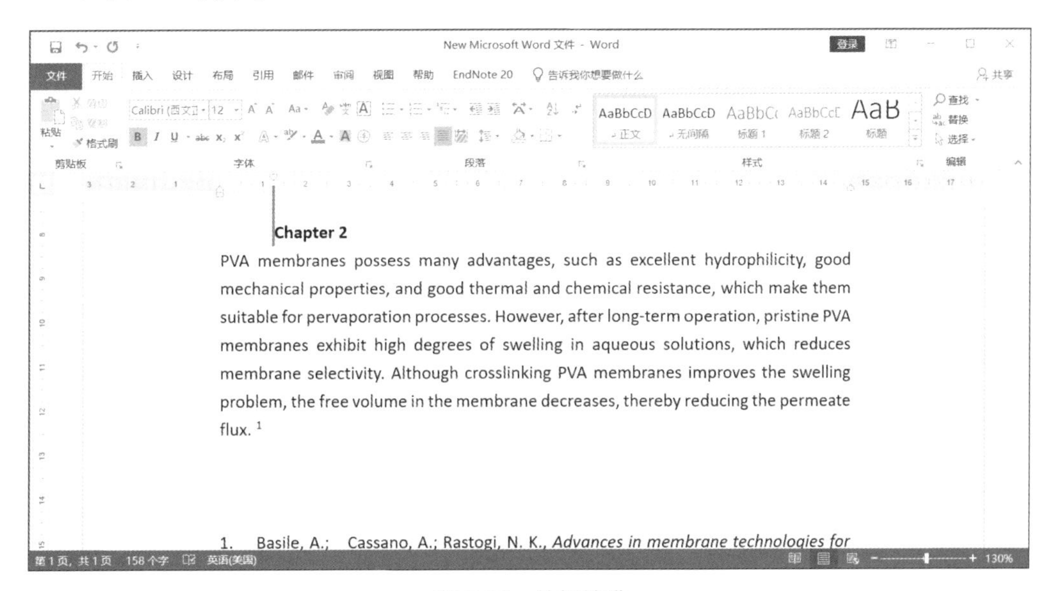

图 5-25　首行缩进

- 正三角形△：「悬挂缩进」的定位点，表示除了每段第一行之外的各行文字都将被限制至指定位置，如图 5-26 所示。

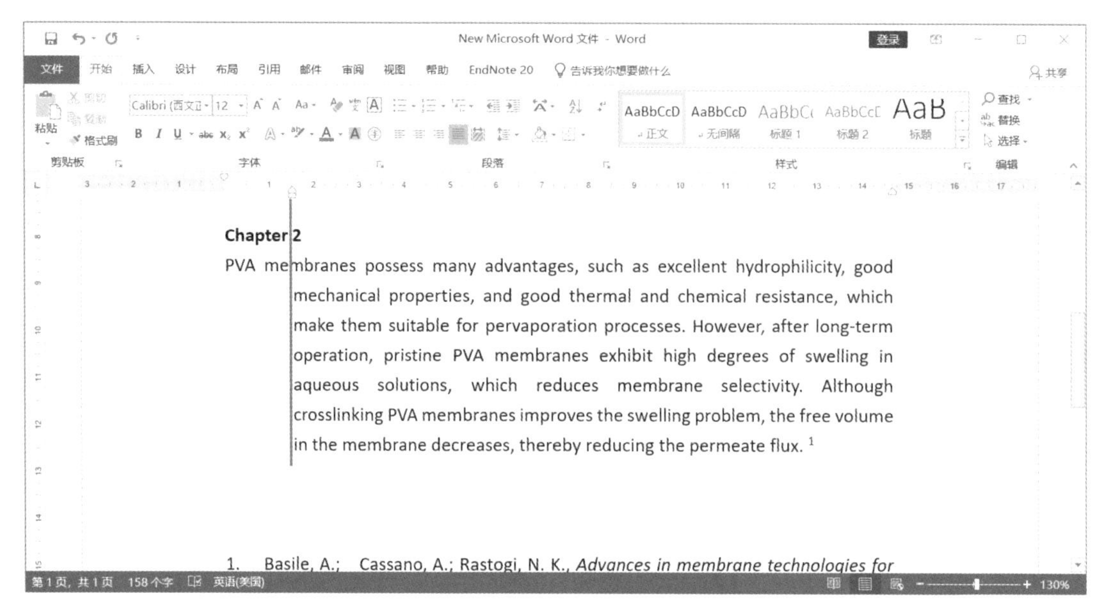

图 5-26 悬挂缩进

- 长方形▭：拖曳代表左缩进的长方形▭时，会将整个段落的所有文字向指定方向移动，如图 5-27 所示。

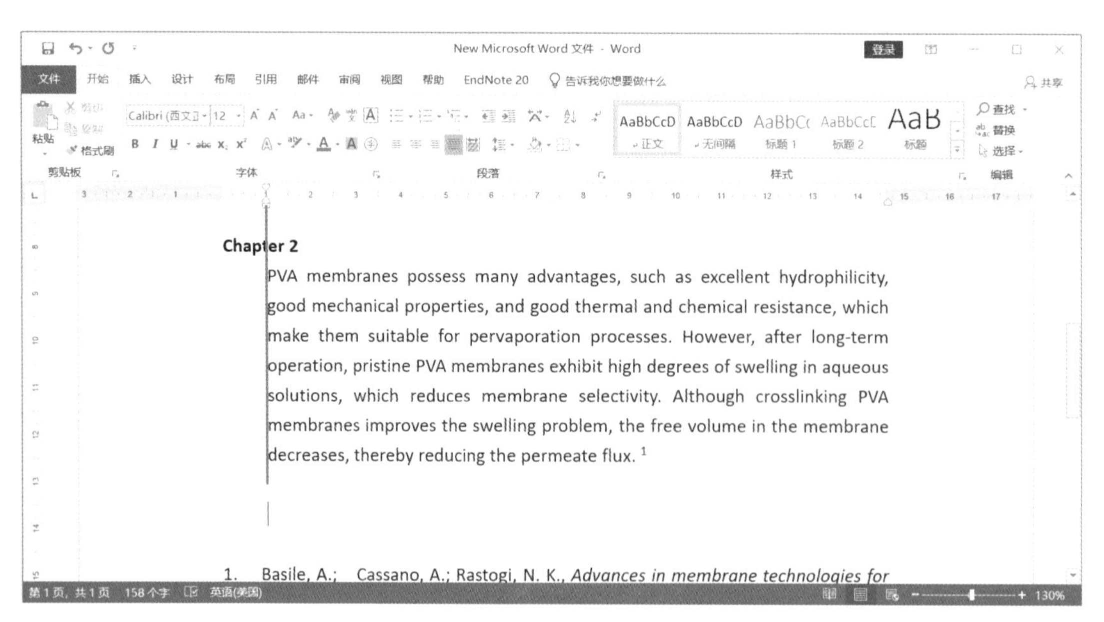

图 5-27 左缩进

另外，也可将此功能延伸应用到图、表等的编排上，以使整个段落更加清晰易读。以图 5-28 为例，利用「悬挂缩进」的正三角形△将首行以外的文字移动至适当位置，调整后的显示效果如图 5-29 所示。

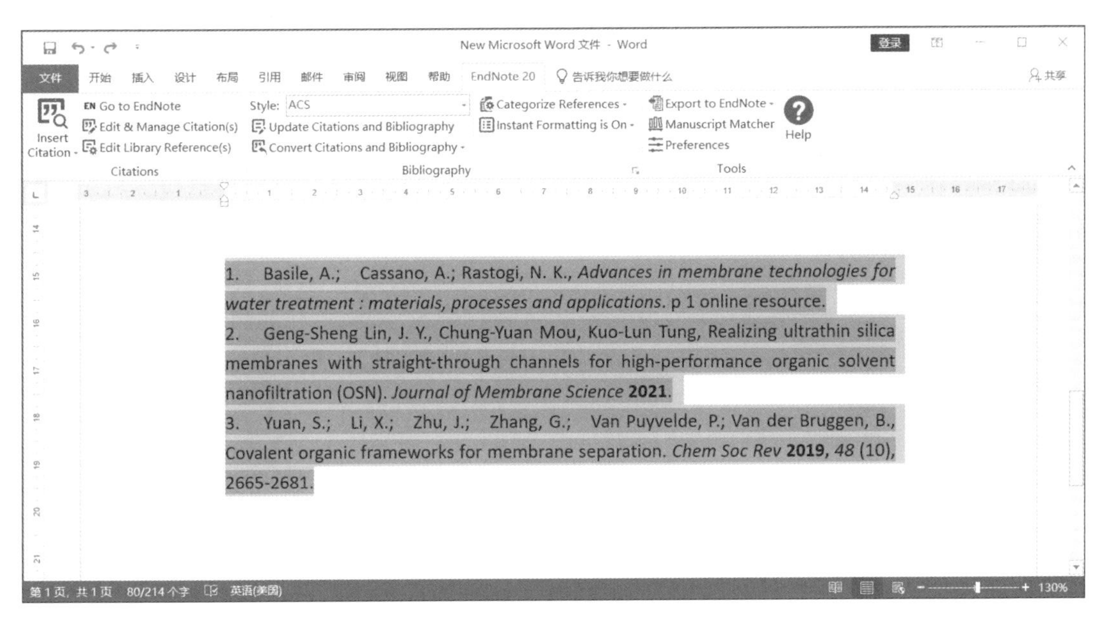

图 5-28 选择要调整的内容

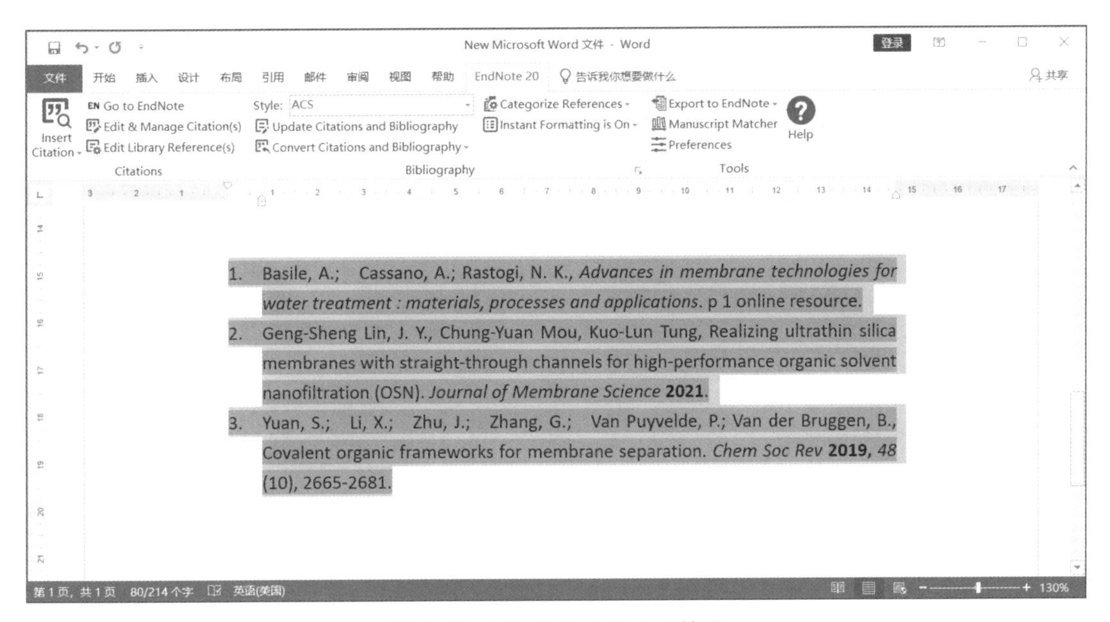

图 5-29 查看调整后的显示效果

5.2.4 页码设定

某些期刊会要求作者标注页码，例如 Journal of Applied Physics，如图 5-14 所示的要求中就有本项规定。而学位论文则更需要标注页码，且通常包含两大部分：前半部分为封面、摘要、目录等内容，一般会采用罗马数字（Ⅰ、Ⅱ、Ⅲ……）编码；后半部分为绪论、文献综述、研究方法、结果与讨论、结论、参考文献及索引、致谢等内容，一般会采用阿拉伯数字（1、2、3……）编码。

若要加入页码，可单击工具列的「插入」→「页眉和页脚」→「页码」命令，在其下拉列表中进行设置。

系统以阿拉伯数字作为默认编码方式。如果要使用罗马数字或中文数字、英文字母、天干地支等编码方式，则在「页码」下拉列表中选择「设置页码格式」选项，弹出「页码格式」对话框，在「编号格式」下拉列表中进行设定，如图 5-30 所示。然后再选择页码所在的位置，例如，选择「页面底端」选项，在弹出的下拉列表中选择页码靠左、靠右或置中、图形等选项。

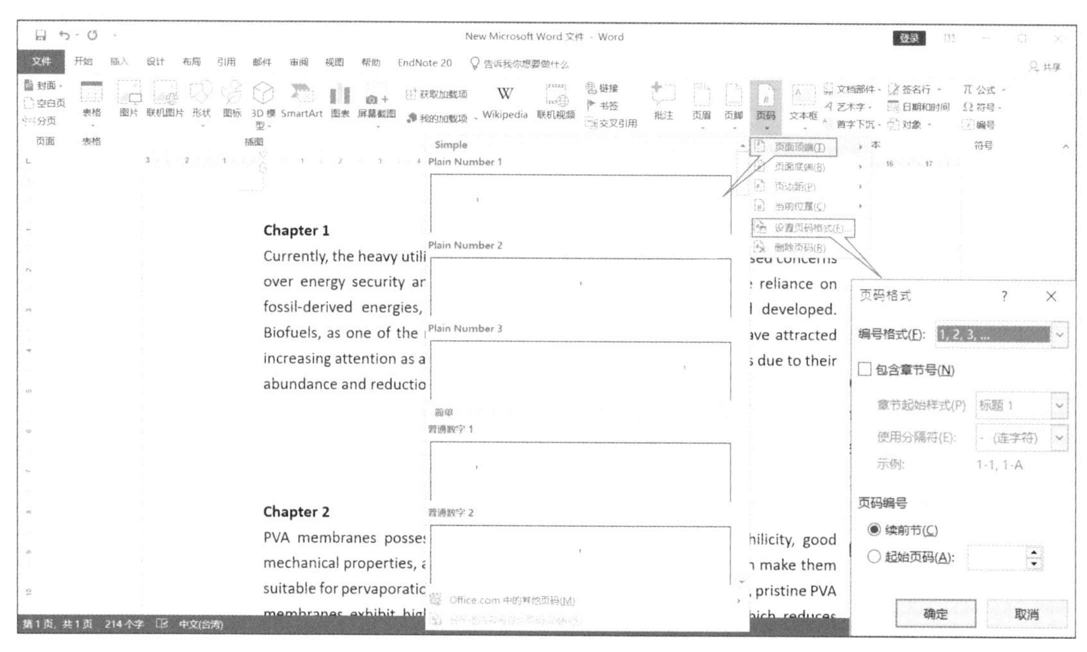

图 5-30　选择页码的编号格式

设置完成后，整份文件都自动设置了页码，结果如图 5-31 所示。

至于前面提到的一份稿件可能需要两种以上的编码方式，例如，前半部分为罗马数字、后半部为阿拉伯数字等，或各章节都重新编码，那么首先需要在文件中插入「分节符」，把整份文件分割成数个部分（由于一般都是以章节为分割点，故称为「分节」），其步骤如下。

Step 01 在预定插入分节符的地方单击鼠标定位，先单击工具列的「布局」→「页面设置」→「分隔符」→「下一页」命令，将在分节处进行换页，如图 5-32 所示。

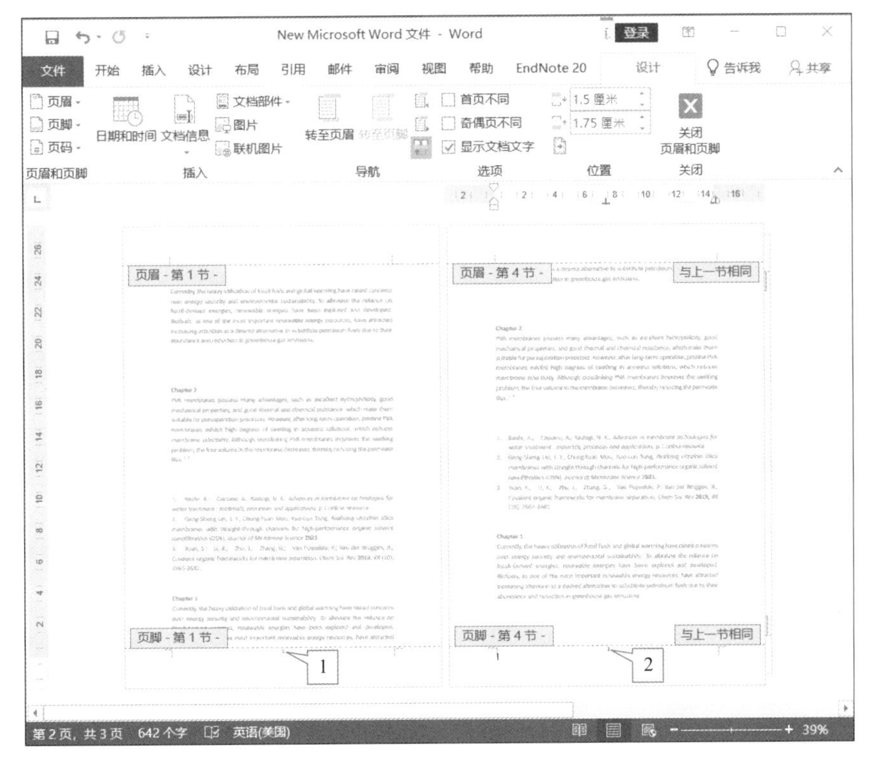

图 5-31　整份文件自动加入页码

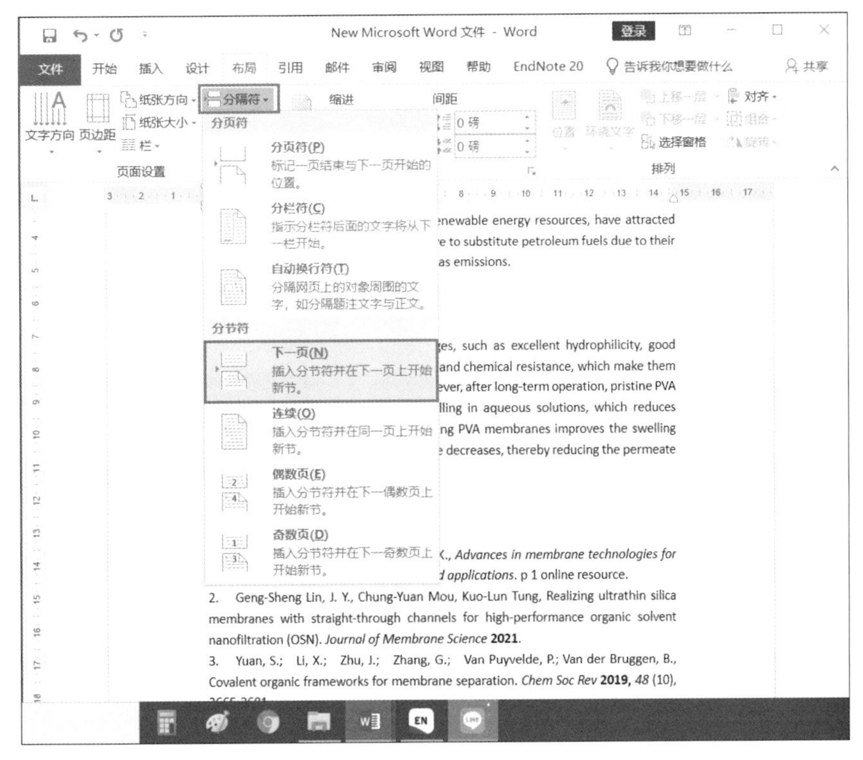

图 5-32　插入分节符

在插入分节符的页面下方可以看到一条横线标记，此即为分节线，横线之前为前一节，之后为后一节，如图 5-33 所示。

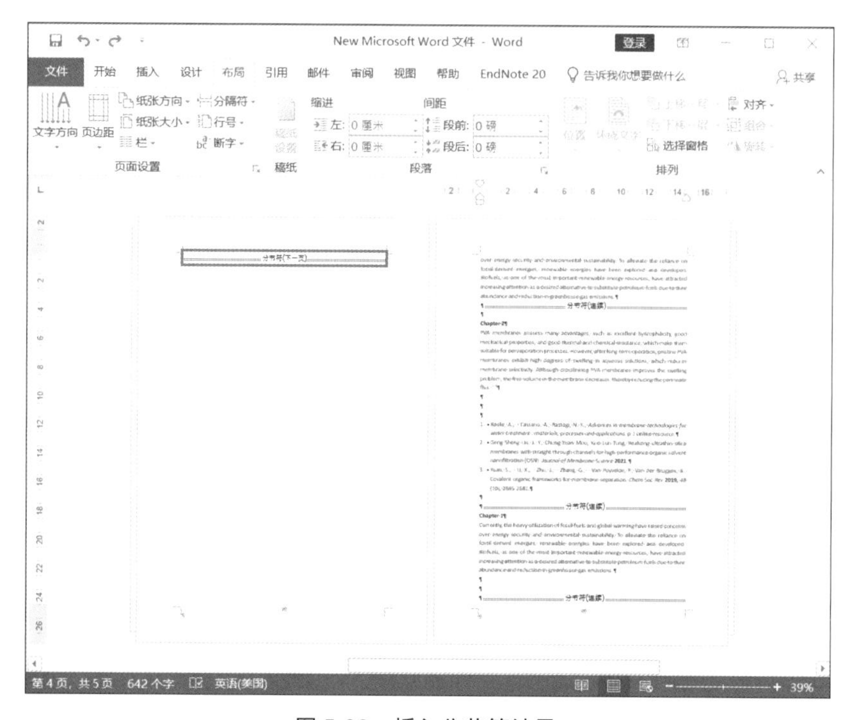

图 5-33　插入分节符结果

▶ Step 02 为整份文件插入页码。利用图 5-30 的方式将编号格式设为罗马数字，此时整份文件都以罗马数字连续编号，如图 5-34 所示。

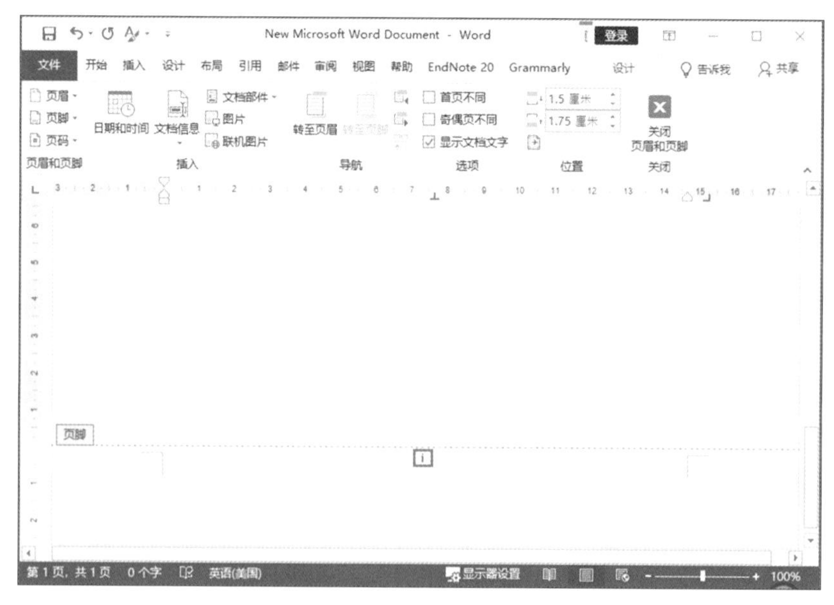

图 5-34　整份文件都以罗马数字标注页码

▶ Step 03 前往次一节首页，也就是分节符后的首页，并且选取下方的页码，单击工具列的「插入」→「页眉和页脚」→「页码」→「设置页码格式 ...」命令，弹出「页码格式」对话框。将「编号格式」调整为阿拉伯数字；将「页码编号」设置为「起始页码：1」，如图 5-35 所示。表示由此页码开始将以阿拉伯数字编号，并且将本页视为第 1 页，更改结果如图 5-36 所示。

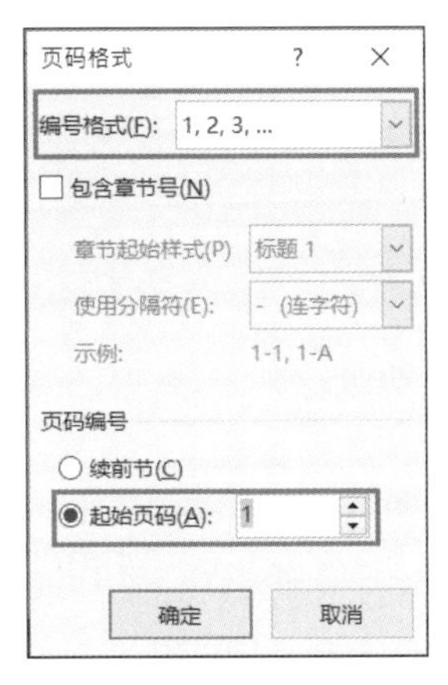

图 5-35 设定次一节的起始页码

图 5-36 查看新页码的外观

如果这份文件分成许多章节且各需不同的页码格式，只要重复上述步骤即可。

▶ Step 04 设置完成后，单击工具列的「页眉和页脚工具」→「设计」→「关闭」→「关闭页眉和页脚」命令（或直接在文档正文中双击鼠标左键），便可结束页码编辑并回到文件编辑界面。

要在既成的页码上进行修改，单击工具列的「插入」→「页眉和页脚」→「页脚」→「编辑页脚」命令（或在页脚上双击鼠标左键），如图5-37所示，即可回到页脚编辑界面。

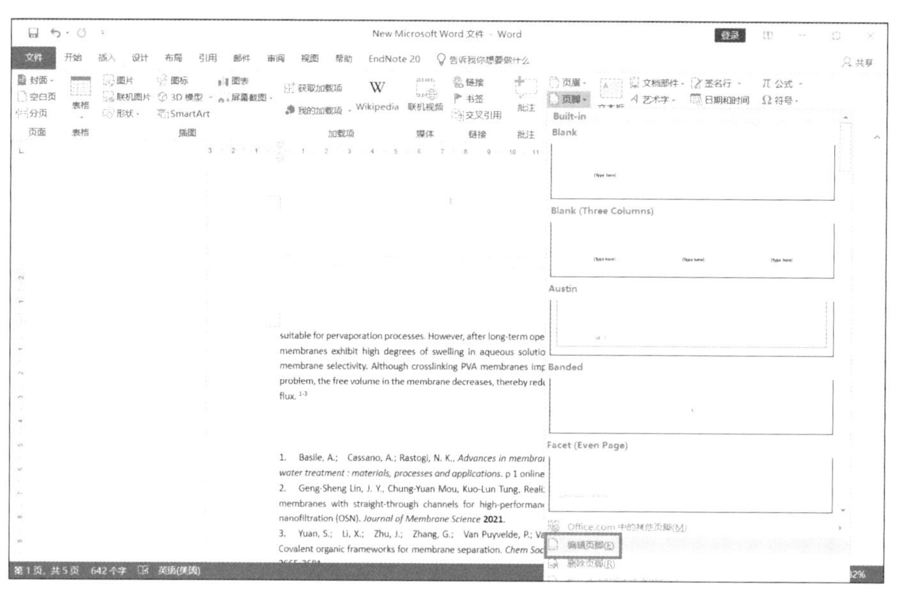

图 5-37　重新编辑既成页码

5.2.5　双栏格式

在编辑版面时，常常因为要节省版面而采用双栏格式编排，因为许多图片并不大，如果使用单栏（一般）格式排版会占去大量空间。如图 5-38 所示，可以看出同样数量的文字和图片，采用不同的分栏格式编排所需的空间大不相同。

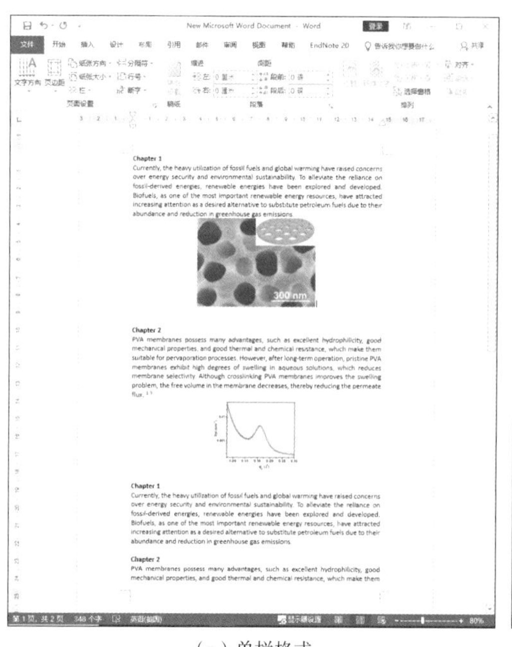

（a）单栏格式

（b）双栏格式

图 5-38　单、双栏格式的比较

再如，在文中需列出物品、原料、专有名词等各种一览表，如果一项物品就要用去一行，那么不但会占去很大篇幅，同时也相当不利于阅读。但是，若将这些数据以适当的栏数显示，如图 5-39 所示，既可以得到良好的视觉效果，又可以节省版面。

要将数据改为双栏格式，须先选定要变动的范围，接着单击工具列的「布局」→「页面设置」→「栏」命令，然后在「栏」下拉列表中选择栏数，如图 5-40 所示。

（a）分栏前

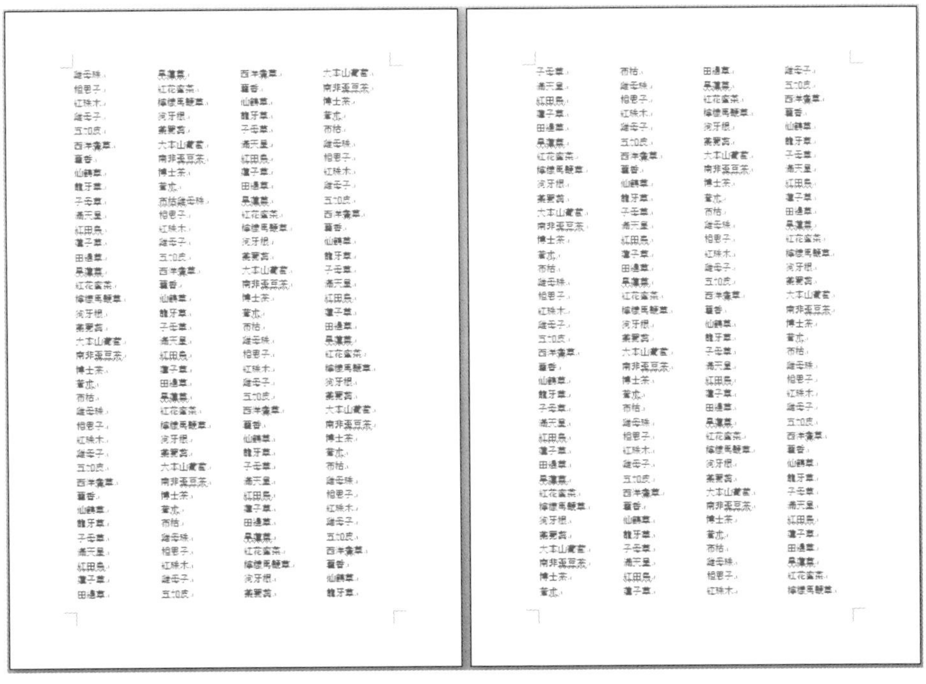

（b）分栏后

图 5-39　利用分栏节省版面并便于阅读

另外，也可以单击「栏」下拉列表中的「更多栏 ...」选项，在弹出的「栏」对话框中进行设定，例如设定宽度不等的两栏或调整栏与栏之间的间距等进阶功能，如图 5-41 所示。

图 5-40　选择栏数

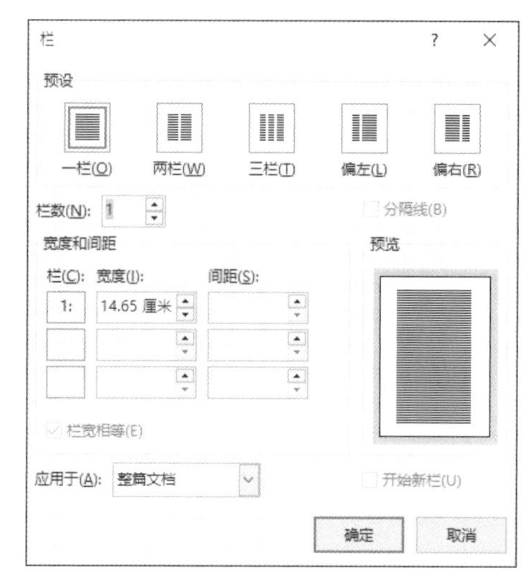

图 5-41　「栏」对话框

若文件中仅某段落需要分栏，我们可以按照下列步骤处理。

首先，选择要更改的部分，再单击工具列的「布局」→「页面设置」→「栏」→「更多栏 ...」命令，弹出「栏」对话框，在「栏数」组合框中选择适合的栏数，如图 5-42 所示。

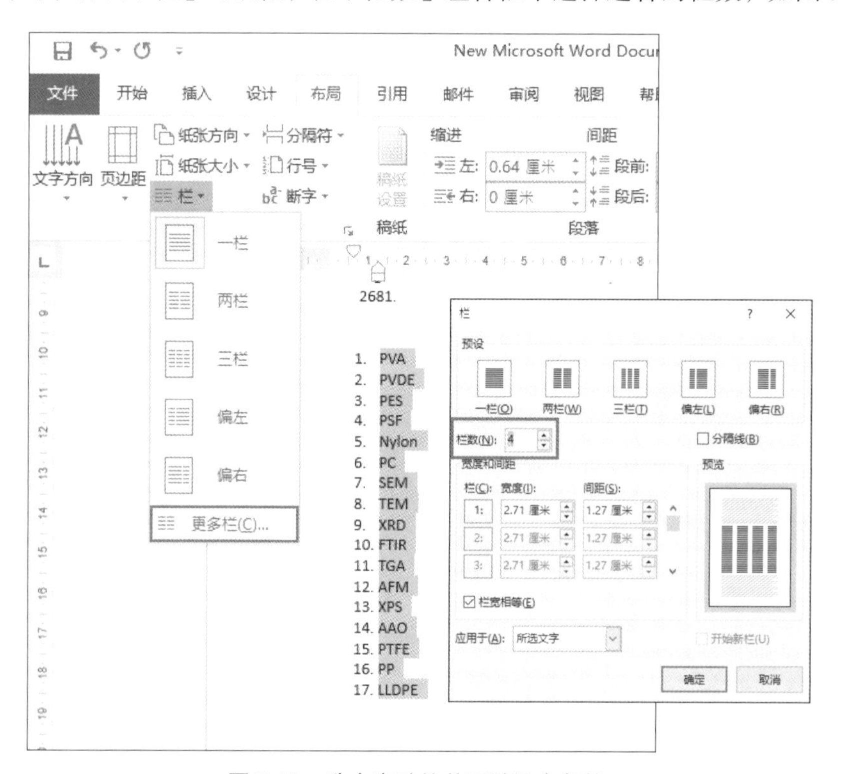

图 5-42　选定变动的范围并设定条件

设定完成后可以看到，选择的部分已经自动按照设定条件完成分栏显示，效果如图 5-43 所示。

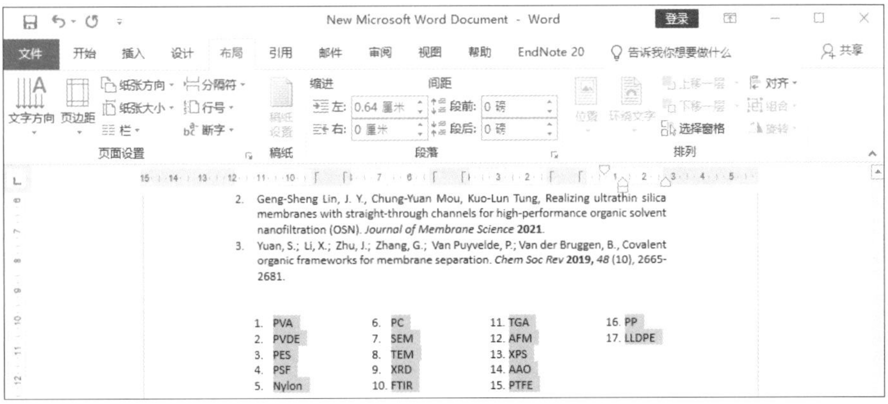

图 5-43 部分内容分栏显示效果

要取消分栏设定也很容易，只要选择要变动的部分，再以同样的方式单击工具列的「布局」→「页面设置」→「分栏」→「更多栏 ...」命令，弹出「栏」对话框，将「栏数」组合框的值设定为 1，然后把分节符删除即可，效果如图 5-44 所示。

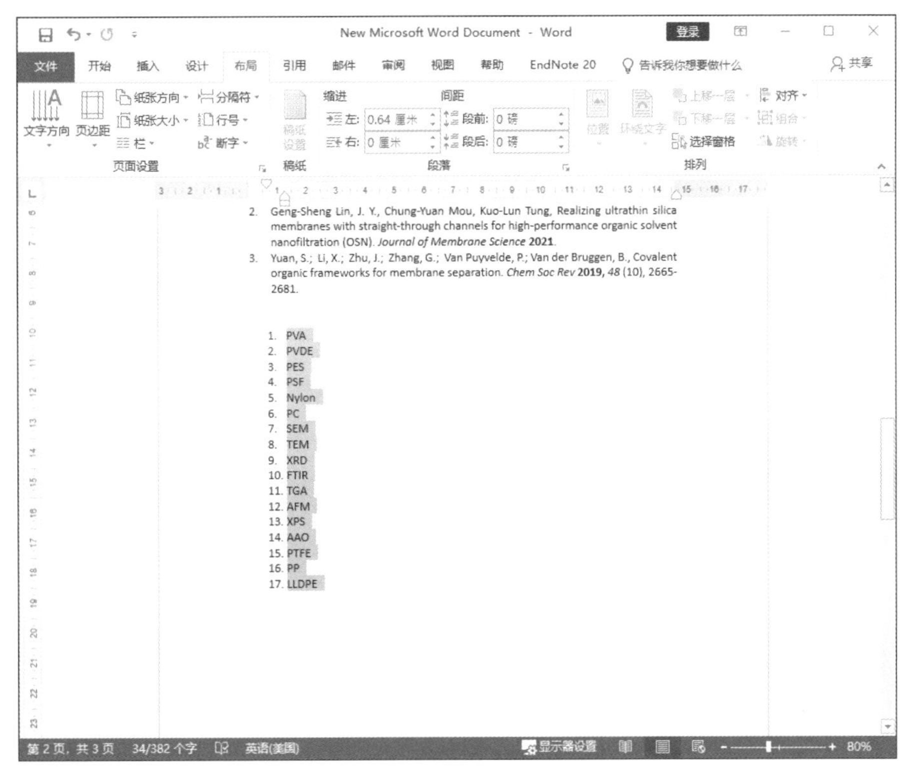

图 5-44 恢复单栏显示效果

另一种常见的「双栏」格式应用于中英文对照的情况，如图 5-45 所示。

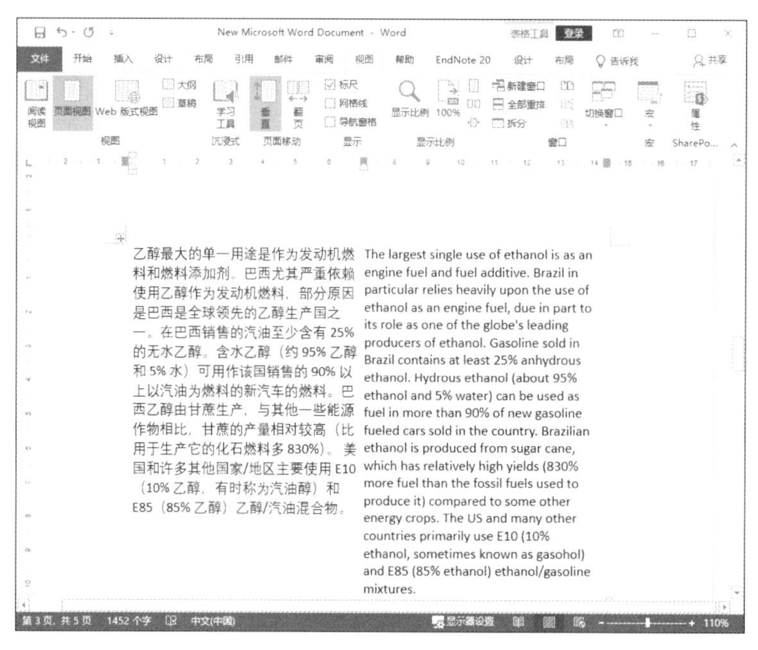

图 5-45　双栏格式的中英文对照文件

这和前述的双栏格式不同，因为双栏格式是将整组文字以左右两栏方式排列，当左栏文字到达页尾时会自动于右栏连接。而中英对照的格式是两组文字，一组在左、一组在右，彼此互不干涉。当左方文字到达页尾时并不会自动换到右方，而会延伸到下一页。因此，双栏格式并不适用于此特殊情况。要解决这个问题只要利用表格功能即可。

▶ Step 01 在文件中单击鼠标定位，然后单击工具列的「插入」→「表格」→「2×1 表格」命令，插入 1 行 2 列的表格（横者为行、竖者为列），如图 5-46 所示。

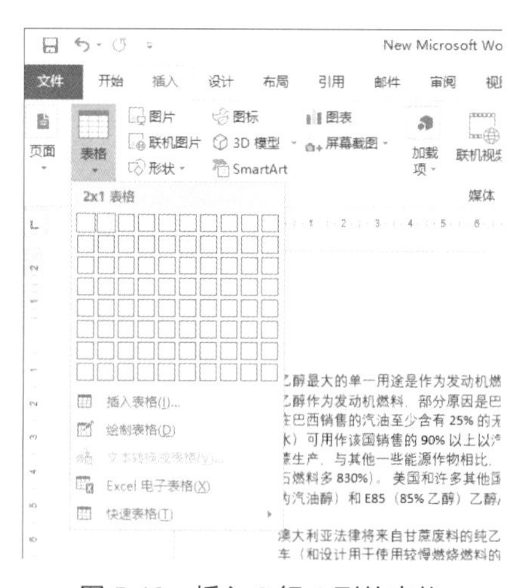

图 5-46　插入 2 行 1 列的表格

▶ Step 02 选择中文文字，拖曳至左栏；再选择英文文字，拖曳至右栏。完成后，双击表格左上角的✥标志以选取整个表格，并进入工具列的「表格工具」→「设计」标签。

▶ Step 03 单击「表格工具」→「设计」→「边框」→「无框线」命令，如图 5-47 所示，将表格设置为无边框形式。

图 5-47　更改框线格式

这样，完成了中英文双栏对照的格式设定，结果即如图 5-45 所示。

如果我们希望两栏之间能保留较大的空间，可以利用 5.2.3 节所提到的标尺工具调整左边或右边缩进，如图 5-48 所示。

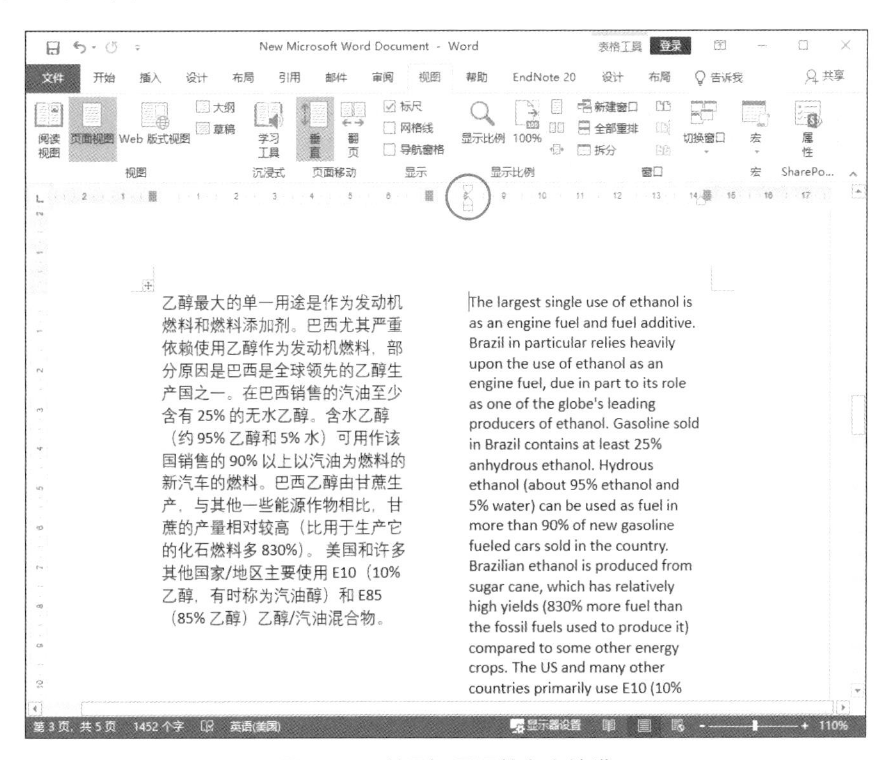

图 5-48　利用标尺调整左右缩进

5.2.6 表格工具

表格工具除了可以用于制作中英文双栏的格式之外，还可以作为图表及说明文字的定位辅助工具。以图 5-49 为例，图片旁边有说明文字，上方有该物质的名称，如果仅依靠「Enter」键和「Space」键来处理，将来极可能发生图文不相邻的问题。

ACTIVATED CARBON

Physical characteristics:

Color: black

Density: 27.5 pounds per cubic foot

Mesh size: 8×30 mesh 12×40 mesh

There are many applications for our various grades of carbons. They may include point of entry-point of use (POE/POU) water filters for removing chlorine and organic contaminants from tap water, extruding carbon block for drinking water cartridges and color and taste removal in water purification processes.

AWWA Standard B604 and NSF Standard 61 approved.

图 5-49 带有文字说明的图片

此时通过表格工具可以将文字和图片连在一起，其步骤如下。

Step 01 插入一个 2 行 2 列的表格，如图 5-50 所示。

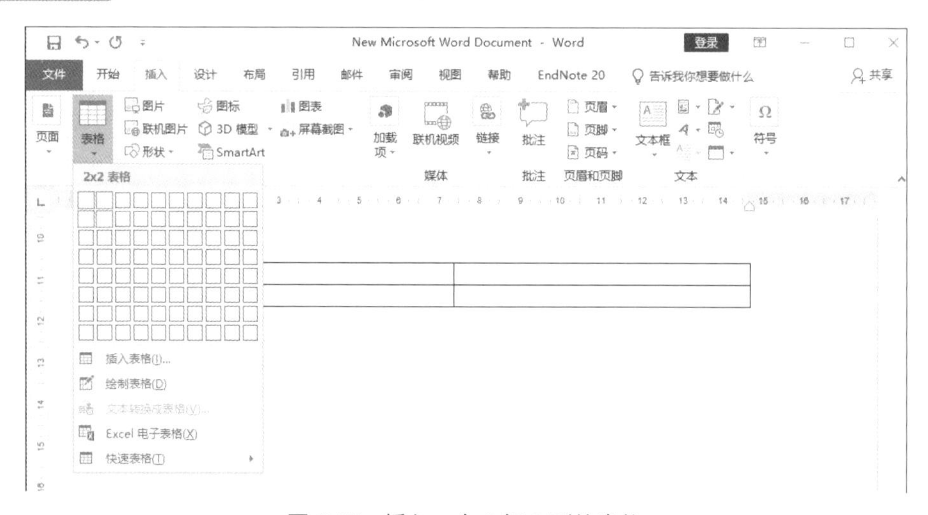

图 5-50 插入一个 2 行 2 列的表格

Step 02 如图 5-51 所示，选定上方两个单元格，单击鼠标右键，在弹出的快捷菜单中选择「合并单元格」选项，使之合并成为一个单元格。

Step 03 在相应的单元格中输入文字并插入图片，如图 5-52 所示。

此时的格式已经非常接近我们需要的外观了，接下来只要去除表格的边框就可以得到我们需要的效果。

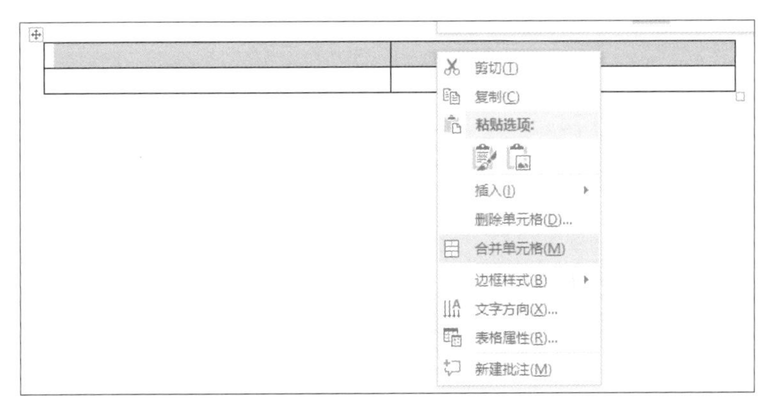

图 5-51　合并单元格

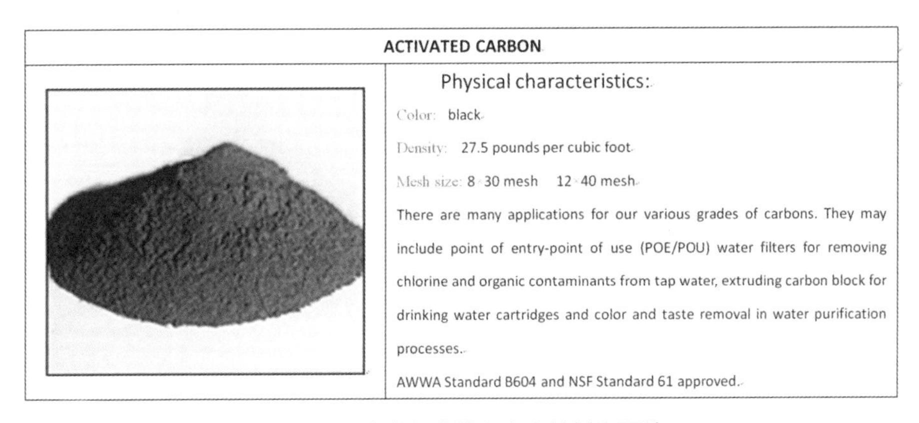

图 5-52　在表格中输入文字并插入图片

Step 04 选定整个表格，然后单击上方工具列的「设计」→「边框」命令，在其下拉菜单选择「无框线」选项，如图 5-53 所示。

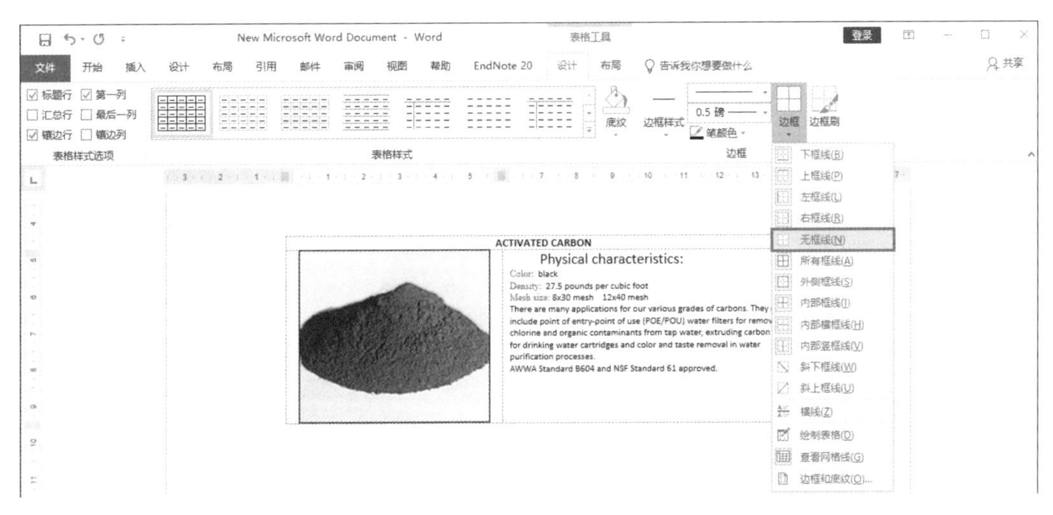

图 5-53　表格设置为「无框线」

设置完成后，可以看到结果如图 5-49 所示。

若觉得无边框的表格不易于重复编辑，那么可以单击工具列的「布局」→「表」→「查看网格线」按钮，如图 5-54 所示，让原本无边框的表格以淡淡的虚线显示出来，效果如图 5-55 所示，这样不仅便于编辑，在打印的时候仍可不打出边框。

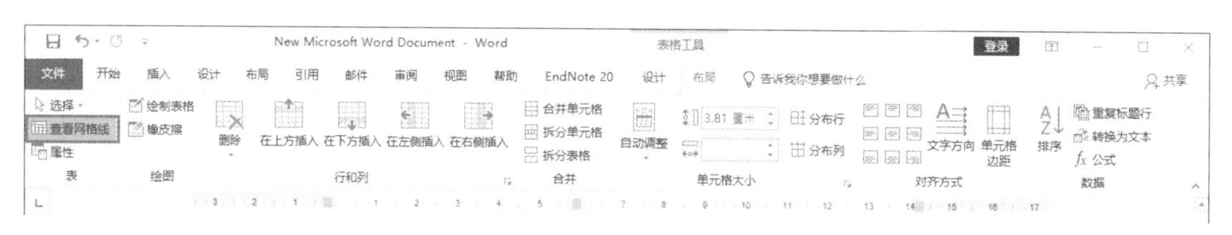

图 5-54　查看表格网格线

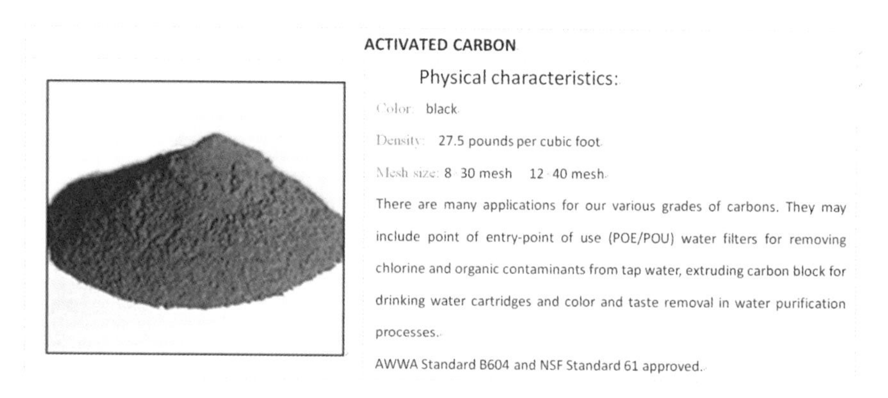
ACTIVATED CARBON

Physical characteristics:

Color: black

Density: 27.5 pounds per cubic foot

Mesh size: 8 30 mesh 12 40 mesh

There are many applications for our various grades of carbons. They may include point of entry-point of use (POE/POU) water filters for removing chlorine and organic contaminants from tap water, extruding carbon block for drinking water cartridges and color and taste removal in water purification processes.

AWWA Standard B604 and NSF Standard 61 approved.

图 5-55　无网格线的表格以虚线表示

除此之外，其他各种复杂的例子也可以通过表格加以整理。当然，在同一组表格中也可以同时将「边框」和「无边框」混合使用，如图 5-56 所示，目的都是为了让读者更清晰地了解作者要表达的意思。打印后的外观如图 5-57 所示，「无边框」处在打印时不显示。

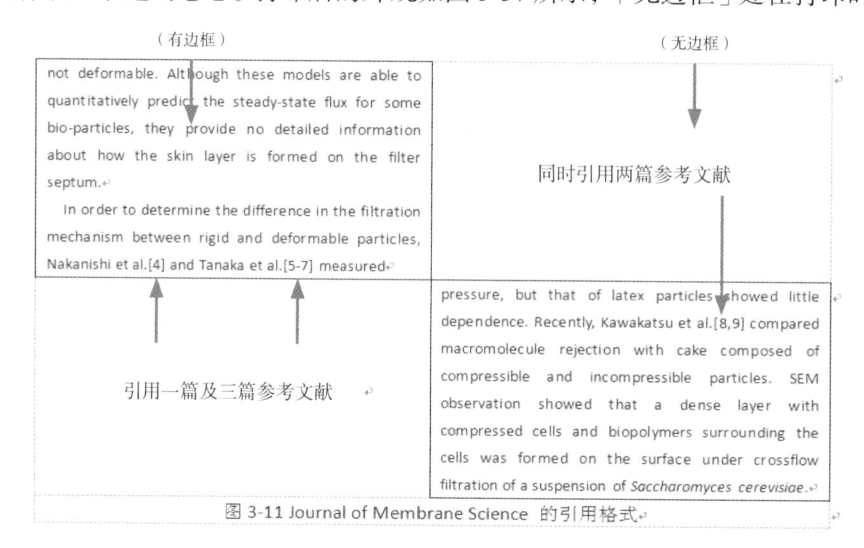

not deformable. Although these models are able to quantitatively predict the steady-state flux for some bio-particles, they provide no detailed information about how the skin layer is formed on the filter septum.

In order to determine the difference in the filtration mechanism between rigid and deformable particles, Nakanishi et al.[4] and Tanaka et al.[5-7] measured

pressure, but that of latex particles showed little dependence. Recently, Kawakatsu et al.[8,9] compared macromolecule rejection with cake composed of compressible and incompressible particles. SEM observation showed that a dense layer with compressed cells and biopolymers surrounding the cells was formed on the surface under crossflow filtration of a suspension of *Saccharomyces cerevisiae*.

图 3-11 Journal of Membrane Science 的引用格式

图 5-56　混用边框的应用

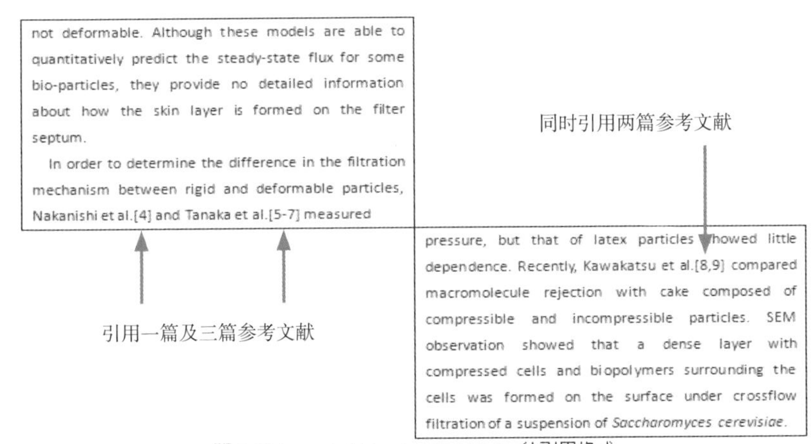
not deformable. Although these models are able to quantitatively predict the steady-state flux for some bio-particles, they provide no detailed information about how the skin layer is formed on the filter septum.

In order to determine the difference in the filtration mechanism between rigid and deformable particles, Nakanishi et al.[4] and Tanaka et al.[5-7] measured

pressure, but that of latex particles showed little dependence. Recently, Kawakatsu et al.[8,9] compared macromolecule rejection with cake composed of compressible and incompressible particles. SEM observation showed that a dense layer with compressed cells and biopolymers surrounding the cells was formed on the surface under crossflow filtration of a suspension of *Saccharomyces cerevisiae*.

图 3-11 Journal of Membrane Science 的引用格式

图 5-57　混用边框的打印外观

5.3　多级列表

撰写论文或长篇著作最常遇到的难题就是章节次序的维护，有时明明只改动一个小细节，却必须将整份文件从头到尾修改一遍，让人不胜其烦，如目录、索引等数据的更新。而通过大纲制作的技巧可轻松解决所有问题，只要在撰写论文之前先行设定论文的层级、格式即可。

首先需认识多级列表的设定环境。

打开 Word 文档，单击工具列的「开始」→「段落」→ →「定义新的多级列表 ...」命令，如图 5-58 所示，此时弹出「定义新多级列表」对话框，如图 5-59（a）所示。

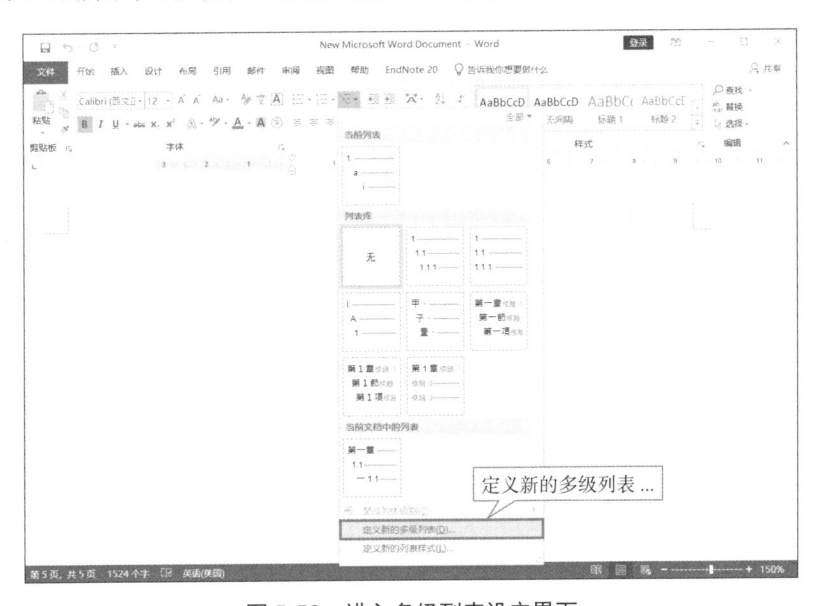

图 5-58　进入多级列表设定界面

在该对话框中单击「更多 >>」按钮以展开右侧框内的功能，如图 5-59（b）所示。

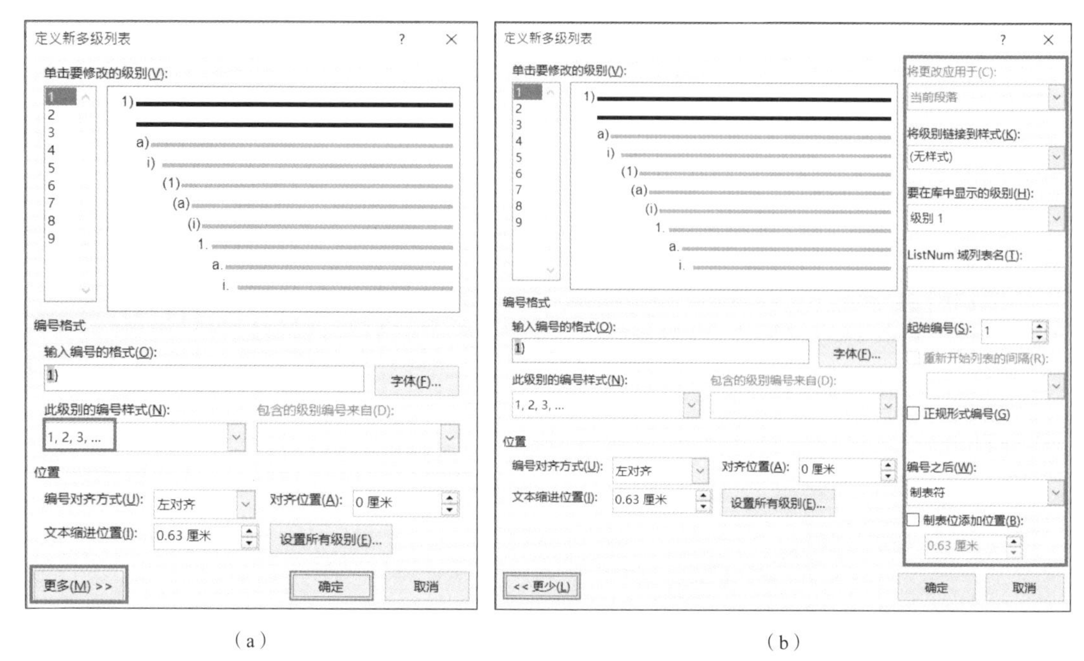

（a）　　　　　　　　　　　　　　　　（b）

图 5-59　「定义新多级列表」对话框

在此先解释什么是「多级列表」。在阅读论文或长篇著作时，常见「篇」「章」「节」「小节」等分类架构，通过章、节可使整部作品的编排井然有序，可以是前后关系，也可以是上下关系。例如，第一篇和第二篇是前后的关系，而第一篇和第一章则是上下的关系。如此层次分明的架构就是「多级」之意。而清单则是指这些层次的集合，也就是一览表。现在我们要设定多级列表，使其结构符合我们的撰写要求。

首先，我们必须先为稿件规划一个适当的架构，例如，是否采用「章」「节」「小节」来安排正文？另外，也必须思考所采用的文字及格式，例如，采用中文数字还是阿拉伯数字？确定之后就可以开始设定「多级列表」了。设定的同时也可以通过多级列表预览窗口进行显示的预览，如图 5-60 所示。

图 5-60　多级列表预览窗口

5.3.1 设定多级列表

假设我们需要的格式为三级结构，其形式如图 5-61 所示，设定步骤介绍如下。

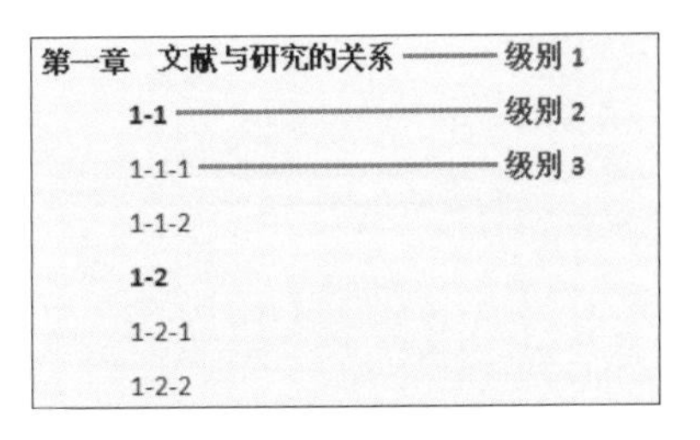

图 5-61 规划文章架构

▶ Step 01 单击工具列的「开始」→「段落」→ →「定义新的多级列表 ...」命令，弹出「定义新多级列表」对话框。在「单击要修改的级别」列表框中选择「1」，表示我们现在要设定级别 1 的格式。由于我们需要的文字形式是「第一章」，因此，先在「输入编号的格式」文本框中输入中文的「第」与「章」，如图 5-62（a）所示。然后在「此级别的编号样式」下拉列表中将样式更改为中文编号样式「一、二、三（简）…」，如图 5-62（b）所示。我们也可以单击「字体 ...」按钮将「第」和「章」的字体更改为楷体或其他字体。

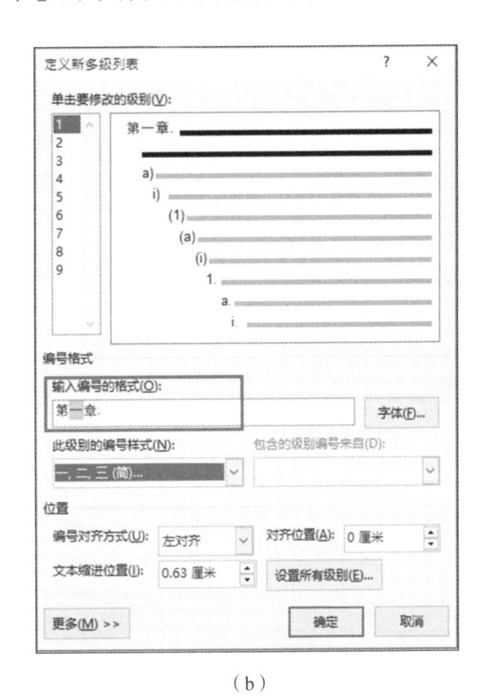

（a）　（b）

图 5-62 设定级别 1 的格式

▶ Step 02 单击「更多 >>」按钮，在「将级别链接到样式」下拉列表中选择「标题 1」，如图 5-63 所示，表示这个级别代表一个「标题」。此处的「标题」与「正文」等样式相对，表示「第一章」之后的文字是标题的性质，而非正文、副标题、引文等性质。

▶ Step 03 在「单击要修改的级别」列表框中选择 2 进行下一级别的设定。由于级别 1 使用的是中文编号样式「一、二、三（简）...」，所以会沿用至级别 2、级别 3 等。如果要将首字改变为阿拉伯数字「1，2，3...」，只要勾选「正规形式编号」复选框即可。然后在「输入编号的格式」文本框中将 1.1 的「.」（点）换成「-」（横线）即可得到我们需要的格式「1-1」，如图 5-64 所示。

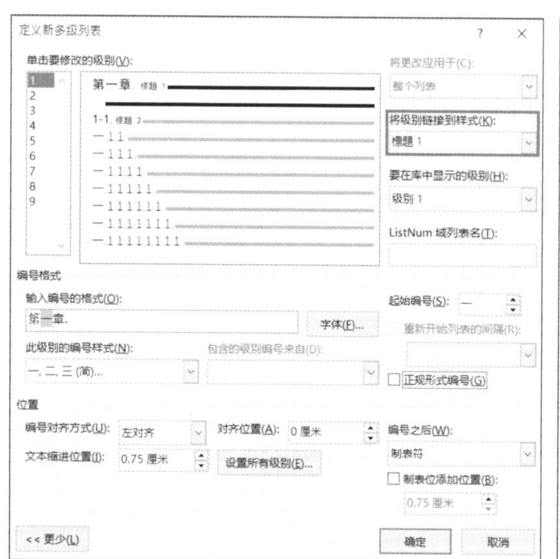

图 5-63　将章节编号和标题链接在一起

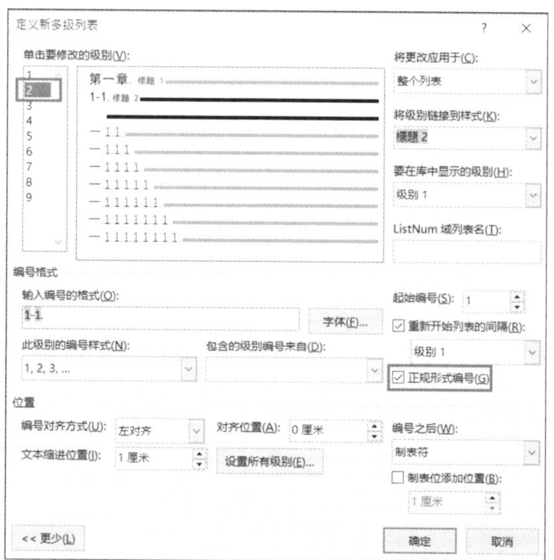

图 5-64　设定级别 2 的格式

同样地，在「将级别链接到样式」下拉列表中选择「标题 2」，表示本级别也属于「标题」的样式，如图 5-65 所示。

级别 3 与级别 2 的设定方式相同，设定结果如图 5-66 所示。

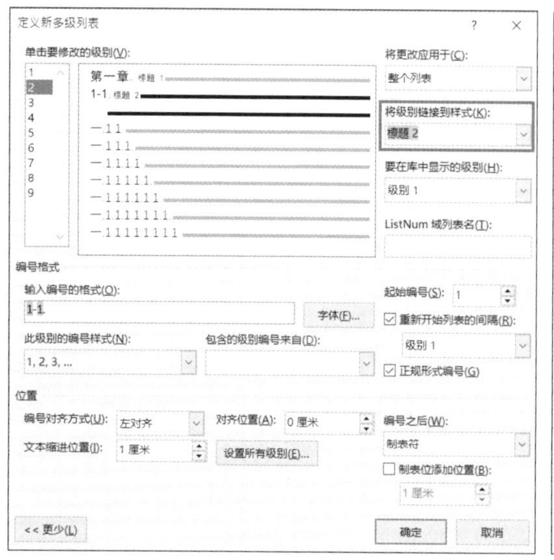

图 5-65　将级别 2 定义为标题样式

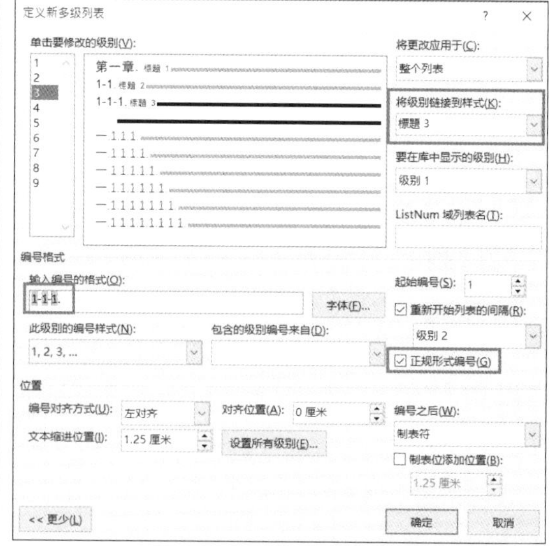

图 5-66　设定级别 3 的格式

这样，我们所需要的 3 个级别都已经设定完成。

▶ Step 04 单击「确定」按钮，回到 Word 文档，即可开始论文撰写工作。

5.3.2 撰写标题及正文

经过 5.3.1 节的设定后，各级别的标题都已经定义完毕，单击 Word 工具列的「开始」→「样式」→右下方的⧉按钮，展开完整的样式功能，如图 5-67 所示。

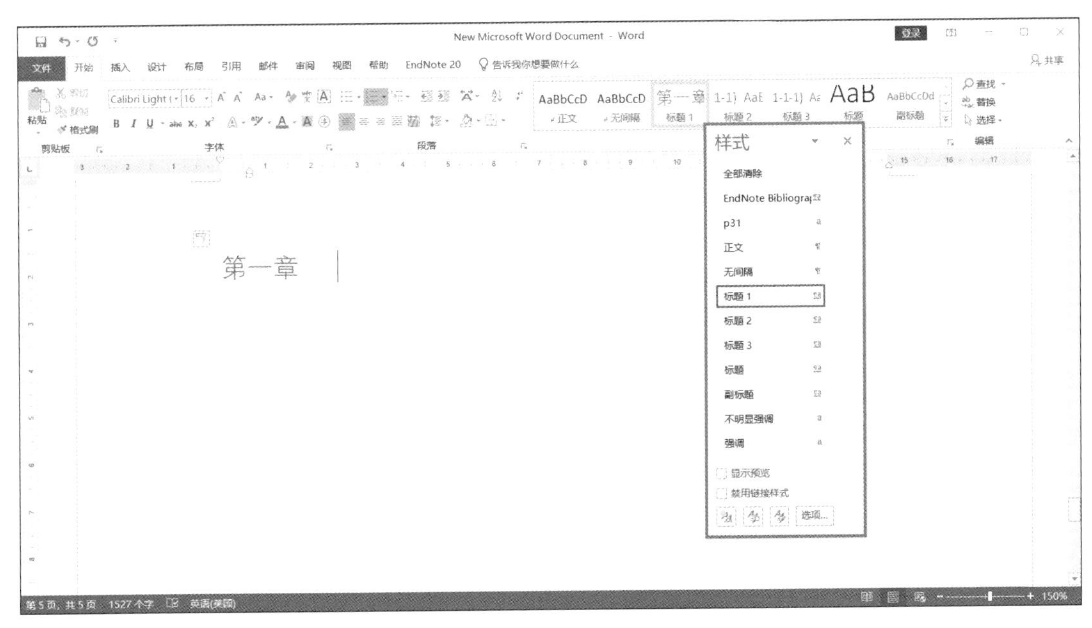

图 5-67　展开完整的样式功能

在「第一章」的后面输入标题文字，如图 5-68 所示。

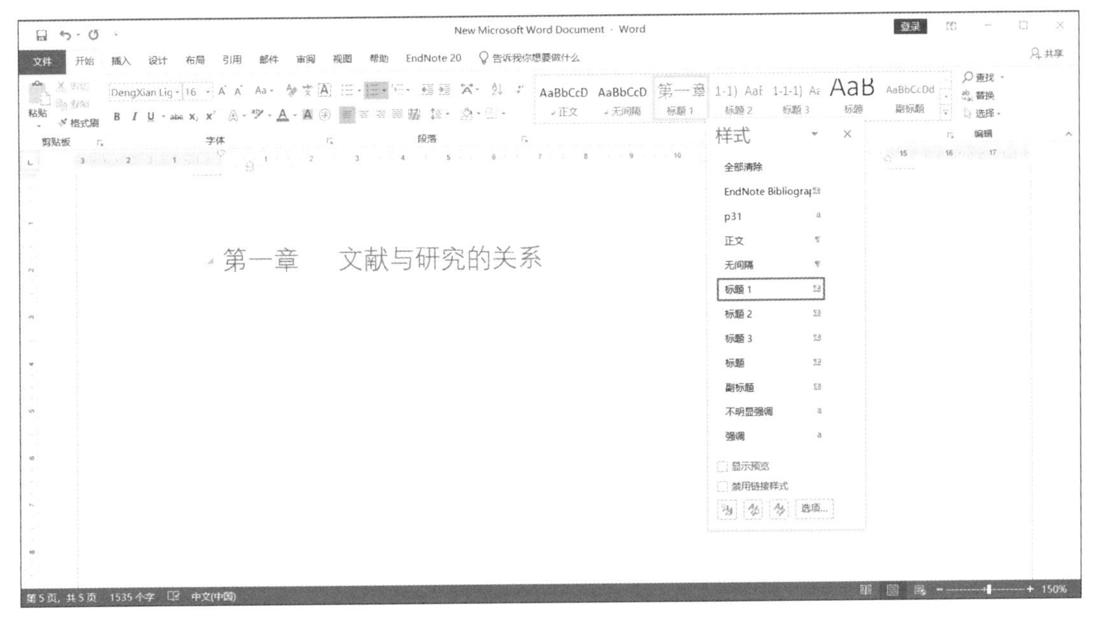

图 5-68　输入标题文字

完成后，按「Enter」键换到下一行。如果要开始编辑标题 2，只要单击样式栏中的「标题 2」就会自动出现「1-1」的字样，如图 5-69 所示。同样可以在此编辑 1-1 的标题文字。

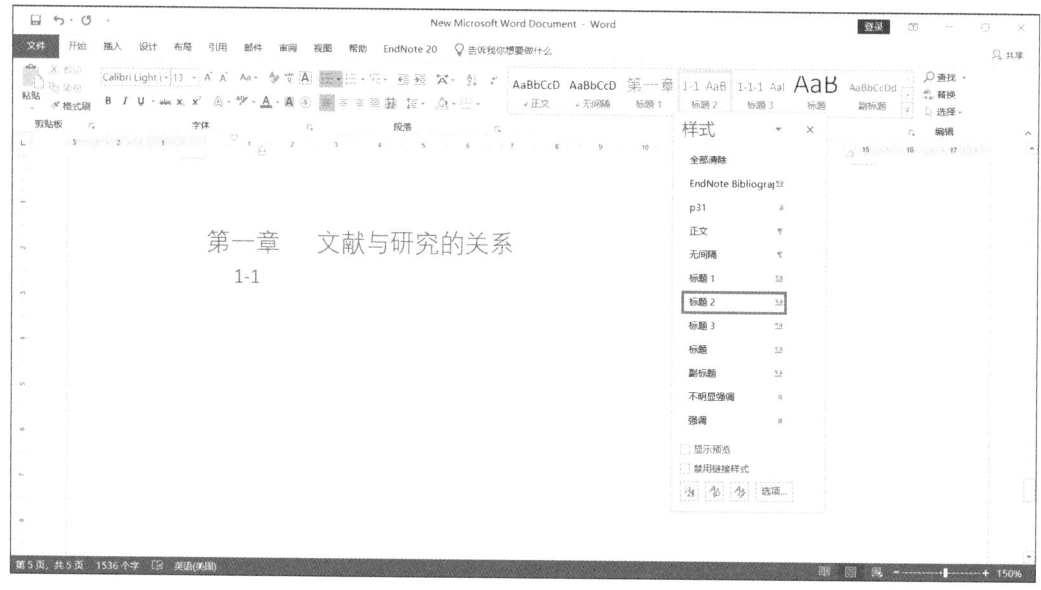

图 5-69　切换至标题 2

开始编写正文时，只要按「Enter」键换行，再单击右侧样式栏中的「正文」就会自动切换到正文样式，如图 5-70 所示。

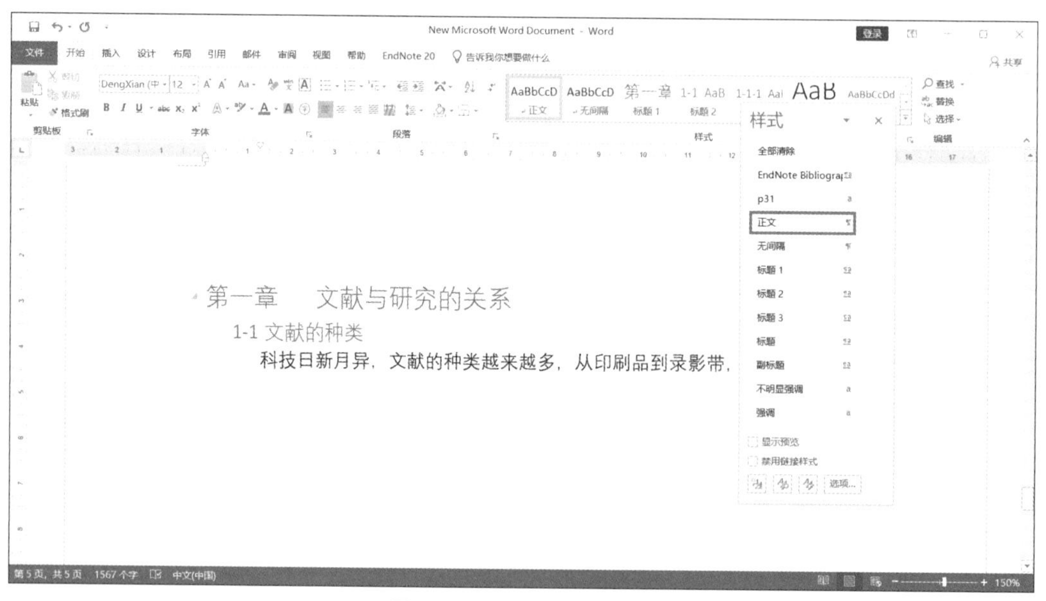

图 5-70　切换至正文样式

由于 Word 默认设定的正文样式为左对齐、无缩进、与前段距离为 0、单倍行距，如果要进行修改，可在样式的「正文」下拉列表中选择「修改 ...」选项，此时会弹出「修改样式」对话框，如图 5-71 所示。

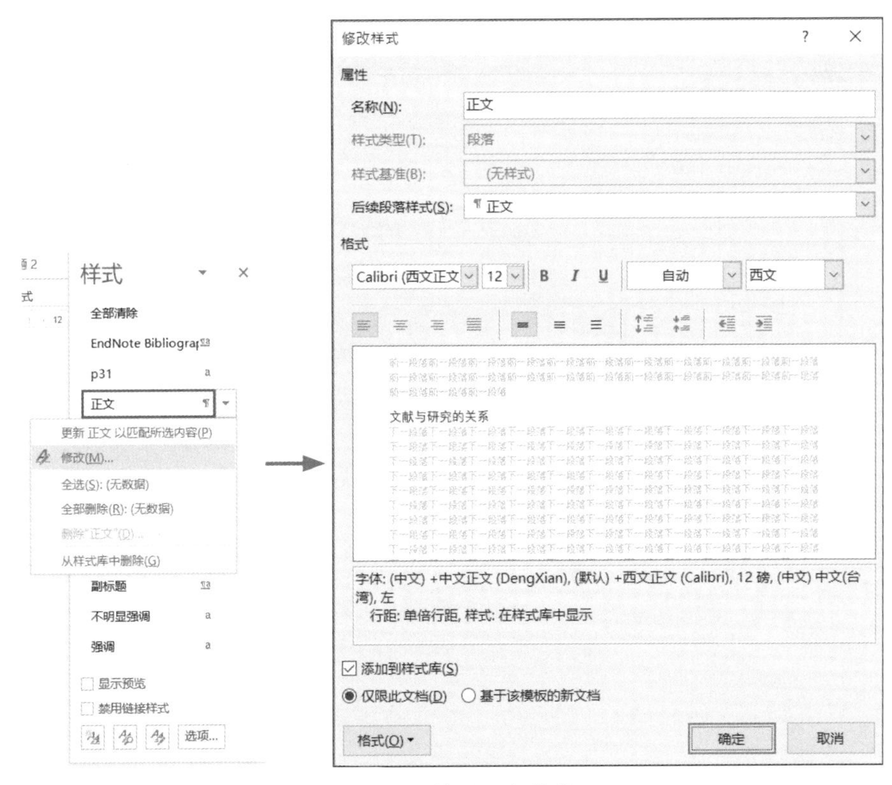

图 5-71　修改正文样式

单击「格式」→「段落 ...」选项，弹出「段落」对话框，可以调整对段落等格式的设定，如图 5-72 所示。

这样，只要撰写正文文字就会自动套用已经设定的格式。

利用这样的方式便可撰写一篇条理分明的文章，如图 5-73 所示。因为在撰写过程中，无论想要删除还是新增章节，所有的层次标号都会自动重新排序，而无须逐项修改，不会发生牵一发动全身的问题。

通过「导航窗格」可以得知目前所在位置，并且可以轻松地跳跃到某章、某节，节省宝贵时间。要打开此模式，只需单击工具列的「视图」→「显示」工具，然后勾选「导航窗格」复选框即可，如图 5-74 所示。

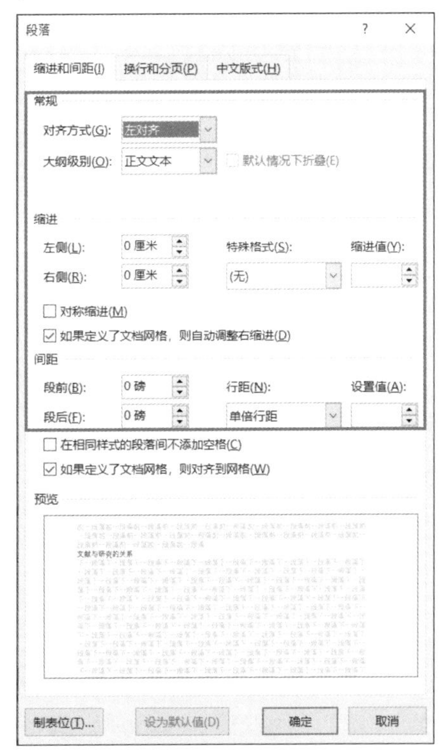

图 5-72　调整「正文」样式的段落设定

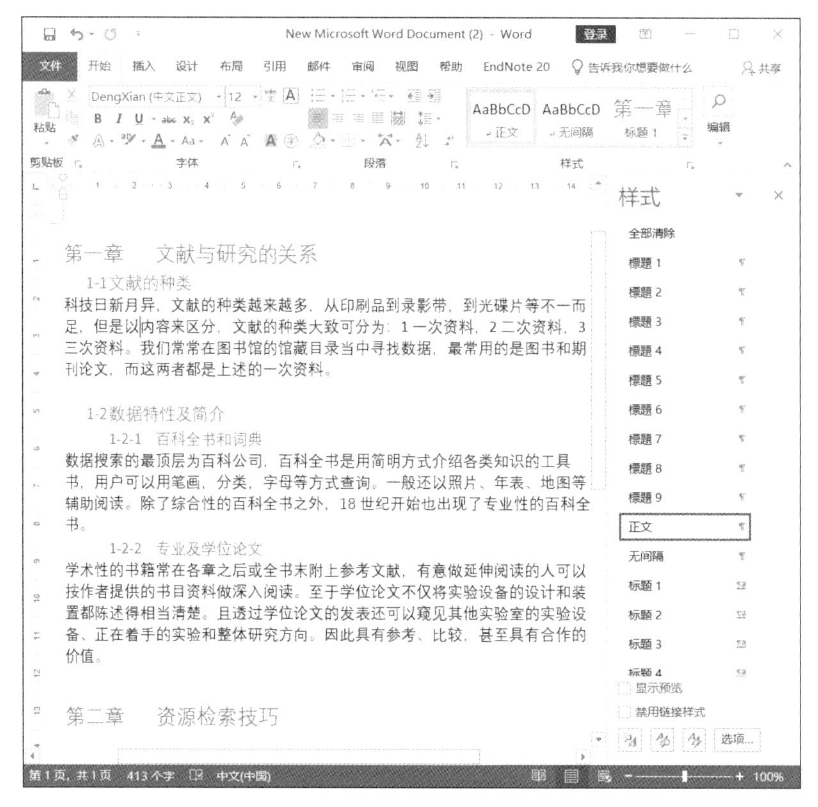

图 5-73　所有标号都自动产生

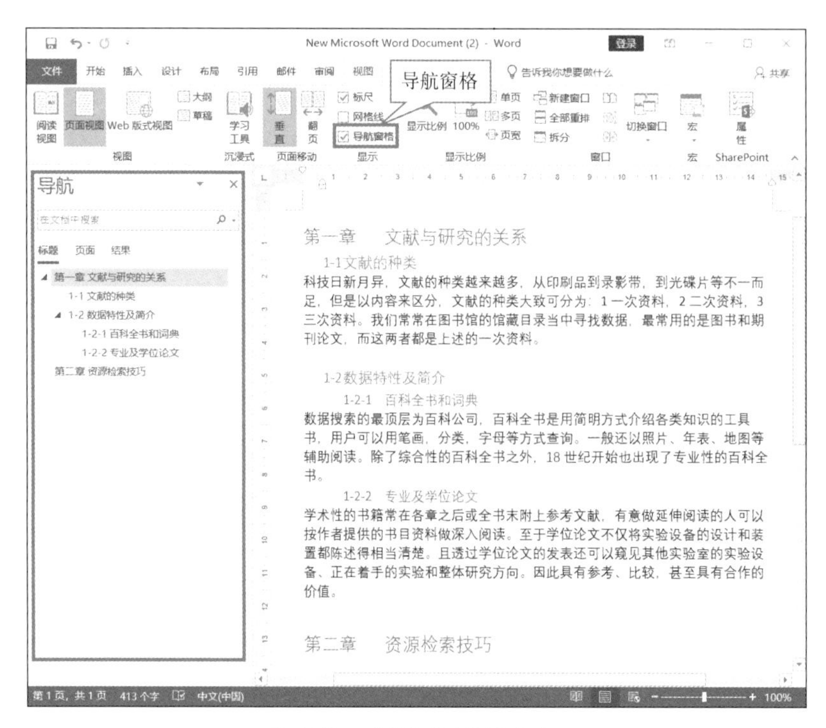

图 5-74　打开「导航窗格」

5.3.3 制作目录

通过设定多级列表撰写的文章，其另一个很大的优势就是可以自动形成目录。不但任何标题细微的变动都可以自动追踪更新，同时还可以将页码一并显示于其上，其优点不言而喻。

如图 5-75 所示，单击工具列的「引用」→「目录」→「自动目录」选项，则自动生成目录，如图 5-76 所示。

所生成目录的题目「目录」可以直接在界面上进行修改，例如，更改为「Table of Contents」等，如图 5-77 所示。修改后的目录如图 5-78 所示。

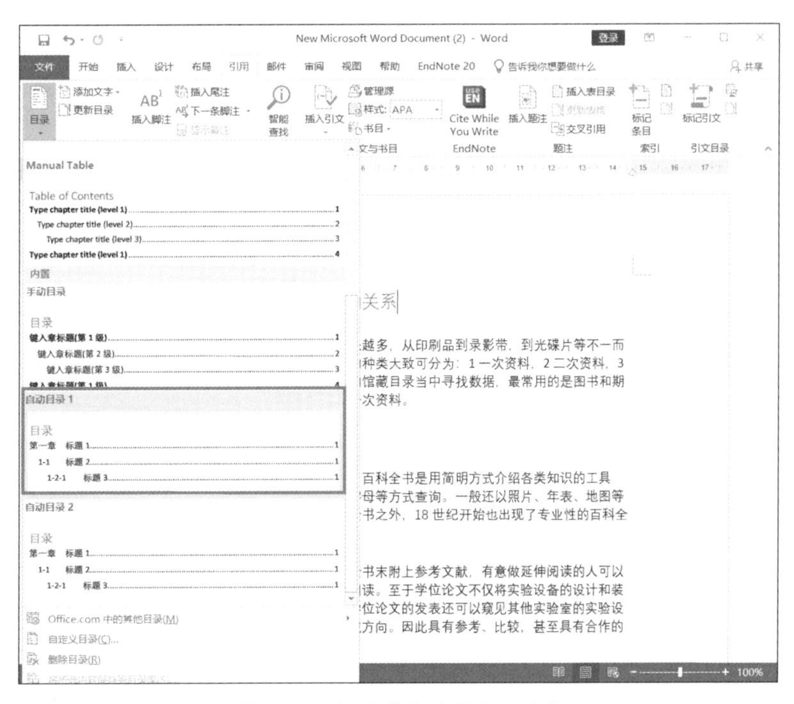

图 5-75　打开「自动目录」功能

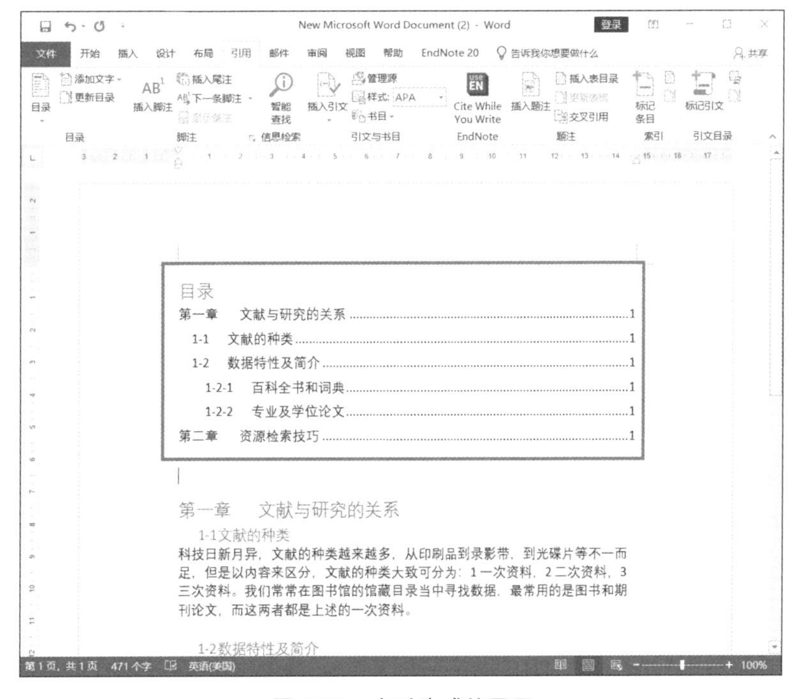

图 5-76　自动生成的目录

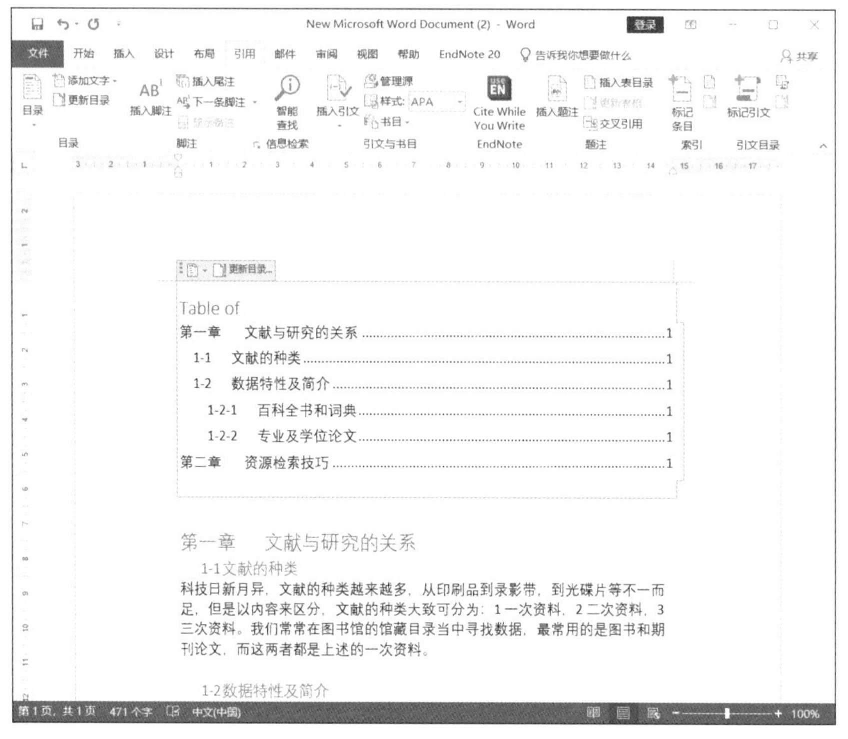

图 5-77　更改目录文字

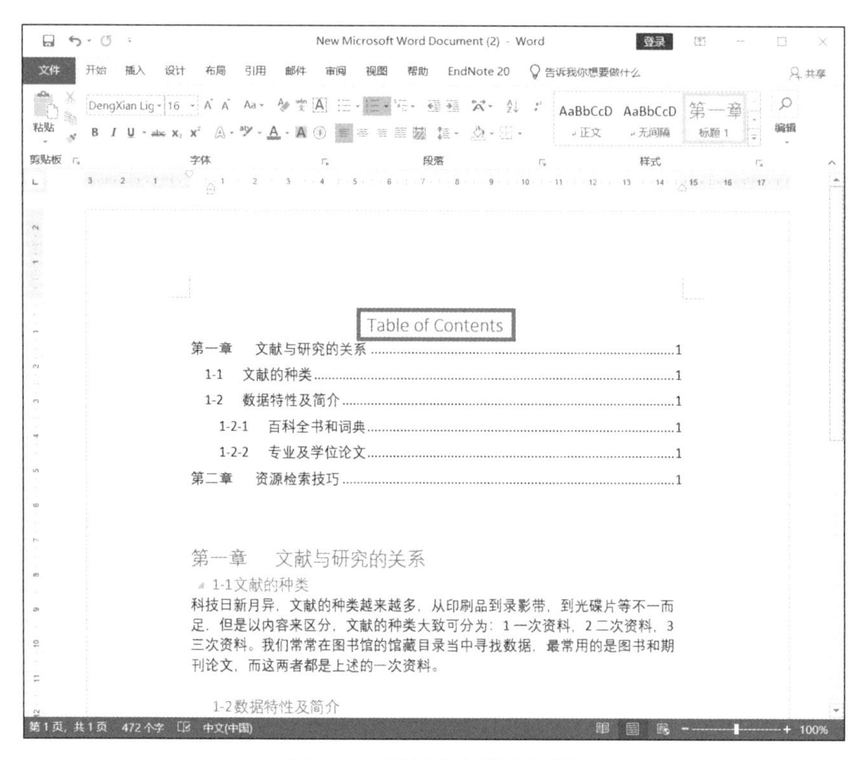

图 5-78　目录文字修改结果

目录所出现的位置将视光标所在位置而定，如果光标所在位置在全文末，目录也将自动产生于全文末。

若要删除目录，则仅需单击工具列的「引用」→「目录」→「删除目录」命令，或选择目录后按「Delete」键即可，如图 5-79 所示。

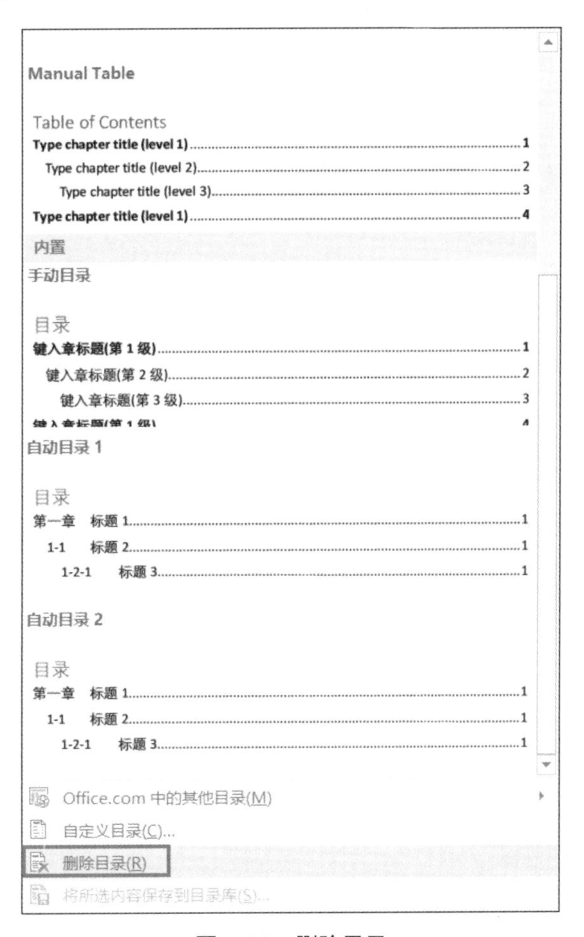

图 5-79 删除目录

第6章 引用与索引

6.1 引用及目录

Word 2019「引用」标签中的各项功能如图 6-1 所示，这些功能对撰写长篇论文有相当大的帮助。许多人都知道它能够帮助作者管理章节、脚注、参考文献，制作目录及索引等，但却很少有人能够很好地将其利用起来。其实这些功能的操作相当简单，管理起整篇论文来也相当容易。当论文越写越长、内容越来越庞杂时，便更会使人感受到事先管理的重要性。

图 6-1 Word 2019「引用」工具

所谓交叉引用指的是将正文文字与标题互相链接，当标题变动时，正文文字也会一同变动。最常见的情况就是章节引用以及图表引用、公式引用。经过设定了的数据内含「功能域」，因此可以自动排序并产生目录。本节将说明如何设定引用及制作目录。

6.1.1 章节交叉引用

要使用章节交叉引用功能，在撰写论文时就必须以本书 5.3 节所述的「多级列表」方式将章节定义清楚，这样，这些被定义的章节都含有「功能域」在内，才能够使用交叉引用功能。章节交叉引用最典型的例子如图 6-2 所示，在文章中出现「见 1-2-1」等字样。如果未使用「章节引用」功能，一旦发生章节调整的状况，就必须一一找出对应的内容并加以修改，操作起来相当烦琐。如果利用「交叉引用」功能将章节和文字相链接，那么无论日后如何更改顺序，两者的内容都会同时更新。

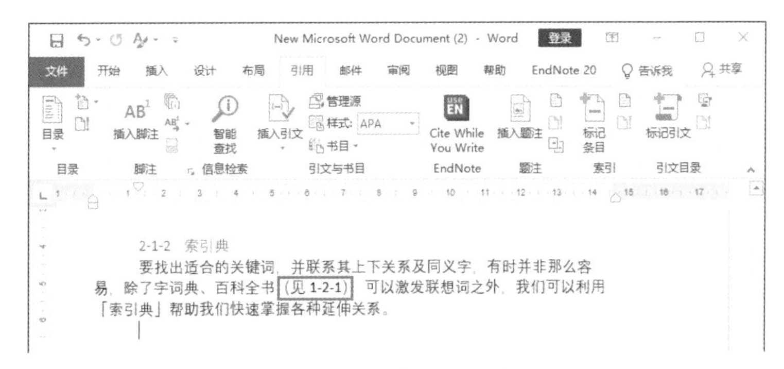

图 6-2　典型章节引用举例

1. 设定章节交叉引用

如果要在文章中加入交叉引用，首先在文件中单击鼠标定位，然后单击工具列的「引用」→「题注」→「交叉引用」命令，如图 6-3 所示。

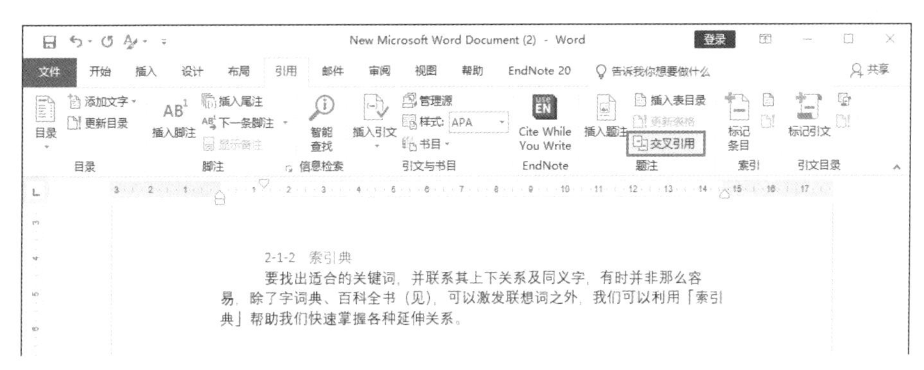

图 6-3　打开「交叉引用」功能

此时会弹出「交叉引用」对话框，如图 6-4 所示。由于这篇文章已经通过多级列表定义出含有「功能域」的架构，因此可以很容易找到要链接的项目。在「引用哪一个编号项」列表框中选择链接项目后，单击「插入」按钮。

接着在刚才鼠标定位处就可以看到「1-2-1」字样已经自动出现在正文中，如图 6-5 所示。

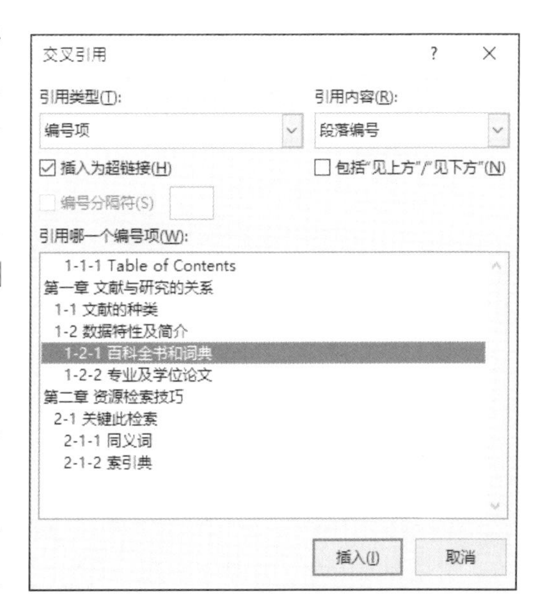

图 6-4　选定要链接的项目

2. 章节交叉引用效果测试

现在做一个试验，在原来的「1-2-1 百科全书及词典」之前另加一节「1-2-1 数据概论」，那么原来的「1-2-1 百科全书及词典」的标号将会自动变成「1-2-2」，如图 6-6 所示。这样对于刚才设定的交叉引用有何影响呢？

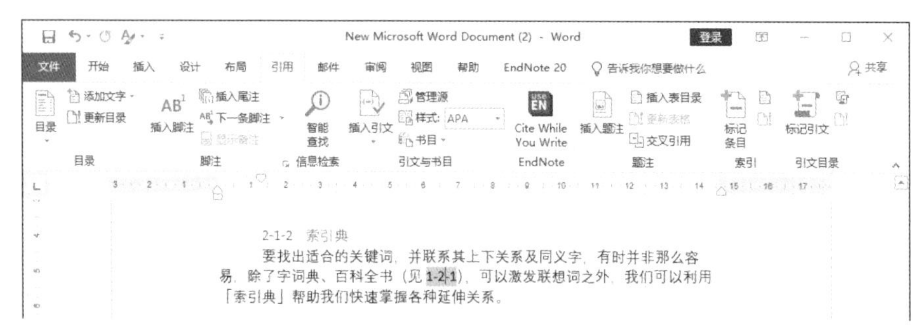

图 6-5　完成引用工作

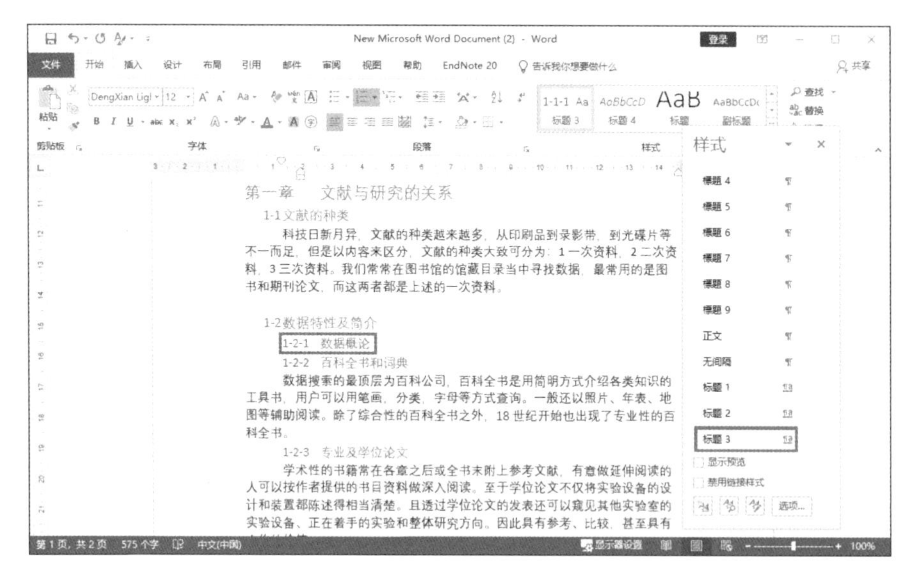

图 6-6　章节次序产生变动

查看刚才的引用文字可以发现，「见 1-2-1」已经变成「见 1-2-2」了，如图 6-7 所示。

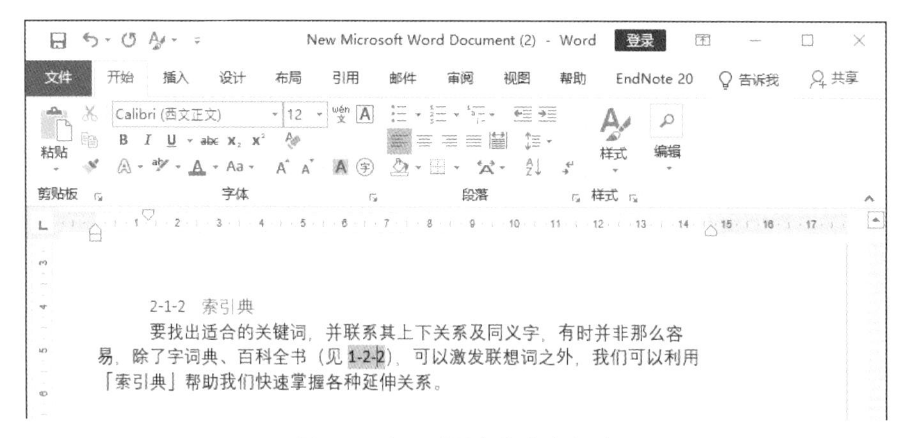

图 6-7　交叉引用文字产生变动

要确保所有变动都是实时的，只要在任何一个引用处单击鼠标右键，然后在弹出的快捷菜单中单击「更新域」命令即可，如图 6-8 所示。

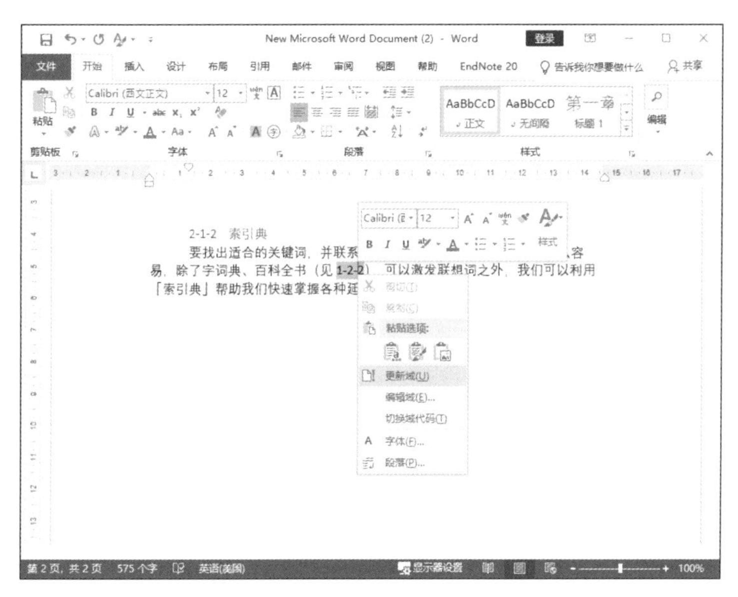

图 6-8 更新域

6.1.2 图表交叉引用与目录

1. 设定图表交叉引用

图表交叉引用与章节交叉引用的意义相同，也是将正文与图表标题相链接，一旦图表序号改变，指示用的正文也会一并改变。而如同章节架构需要通过多级列表产生功能域，使 Word 可以追踪其变化一样，图表也需要功能域才能与文字产生链接。

假设我们希望建立如图 6-9 所示的图表引用，可以按照以下步骤进行操作。

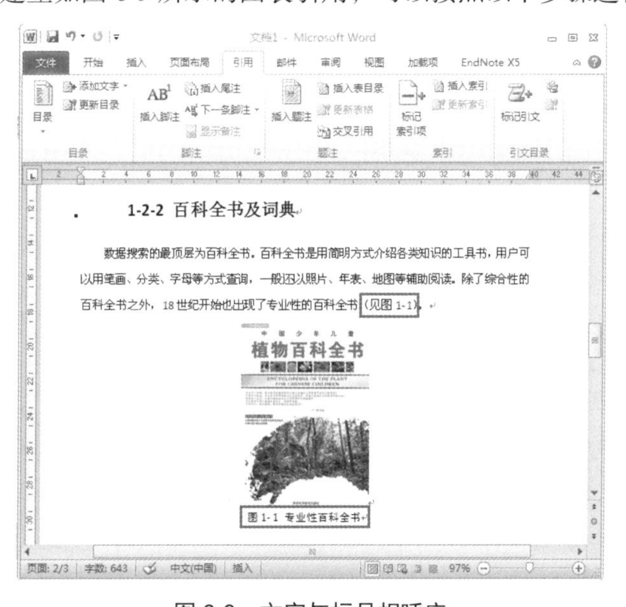

图 6-9 文字与标号相呼应

▶ Step 01 在图片下方要插入标号处单击鼠标定位，接着单击工具列的「引用」→「题注」→「插入题注」命令，如图 6-10 所示，此时弹出「题注」对话框。

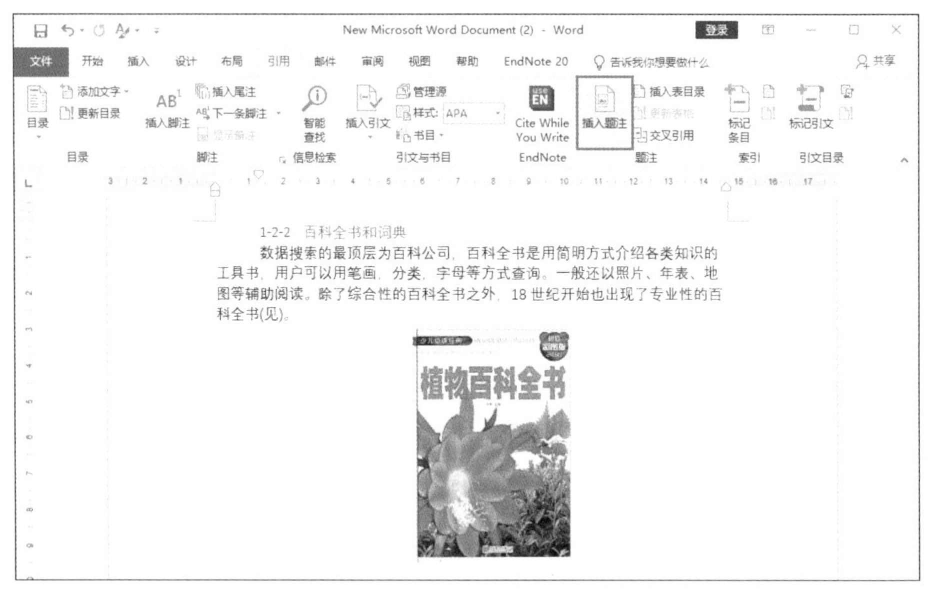

图 6-10 打开「插入题注」功能

Word 默认的题注标签是「Figure」，后面的「1」则是自动产生、带有功能域的标号。如果希望将「Figure」改成「Fig.」或「图」「表」等文字，只要单击「新建标签 ...」按钮，弹出「新建标签」对话框，在「标签」文本框中输入相应的文字，便可自行建立新的标签。此处我们在「标签」文本框中输入「图 1- 」，如图 6-11 所示。

▶ Step 02 单击「确定」按钮，回到「题注」对话框，「题注」文本框中自动产生带有功能域的「图 1-1」，如图 6-12 所示，确认格式无误之后单击「确定」按钮。

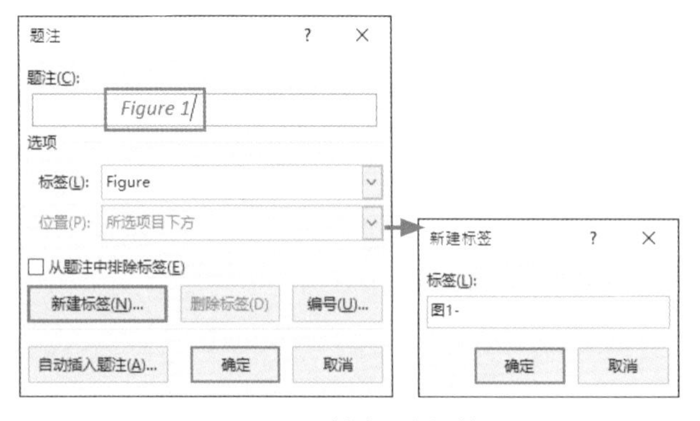

图 6-11 新建题注标签

图 6-12 题注会自动产生

▶ Step 03 单击「题注」对话框中的「确定」按钮，回到 Word 文件，图片下方已经产生了「图 1-1」的字样，如图 6-13 所示，只需补上图题即可。

那么，如何将图表标签与引用文字相连？

图 6-13　带有功能域的图表题注

同样地，在要插入引用链接处，也就是「见」字后面单击鼠标定位，再单击「引用」→「题注」→「交叉引用」命令，此时弹出「交叉引用」对话框，如图 6-14（a）所示。在「引用类型」下拉列表中选择刚才我们自定义的标签「图 1-」，然后在「引用内容」下拉列表中选择题注显示的方式。如果选择「整项题注」选项，意味着将「图 1-1 Stedman's Medical Dictionary」接在「见」字之后；如果选择「仅标签和编号」选项，则是将「图 1-1」接在「见」字之后。此处可以连续选择，并不限于只插入一种引用数据，例如，可以加入「整项题注」以及「页码」选项。此处我们以插入「仅标签和编号」为例，如图 6-14（b）所示。

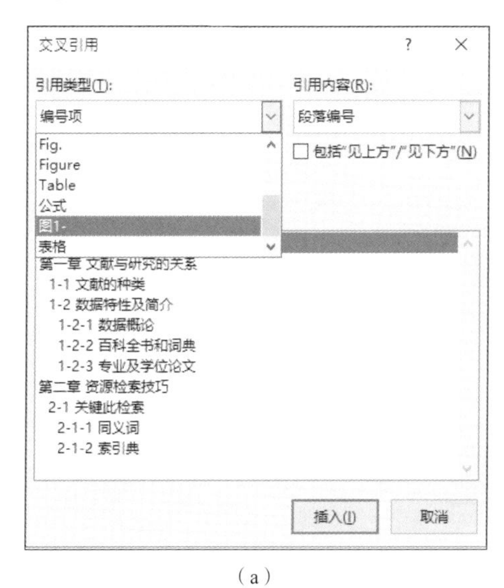

（a）

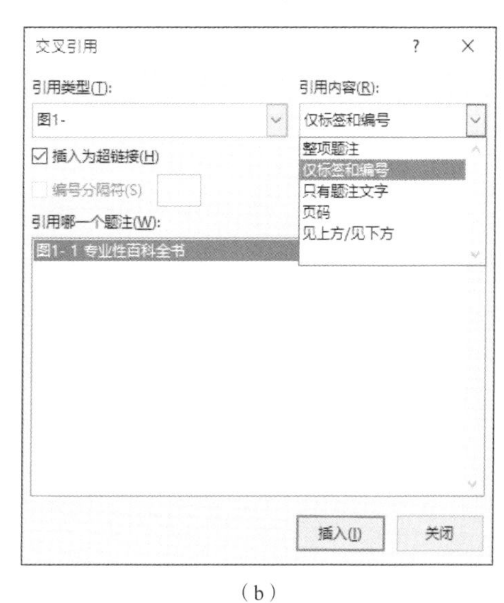

（b）

图 6-14　选定引用题注

回到文件就可以看到这项交叉引用已经顺利完成，如图 6-15 所示。将来不管有什么变动，这些标号之间都将互相链接、自动更新，使用起来相当便利。

图 6-15　图表引用设定结果

2. 制作图表目录

利用图表引用的另一个优点是可以轻易地制作出图表目录。这里以制作图目录为例介绍如下。

Step 01 输入表示图目录的标题文字和目录的范围，例如「图目录」或「List of Figures」「第一章」或「Chapter 1」等，如图 6-16 所示。

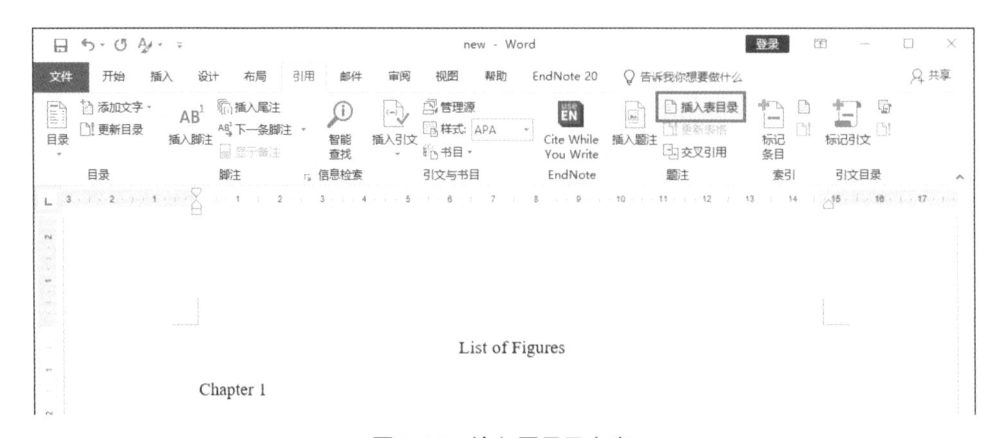

图 6-16　输入图目录文字

▶ Step 02 单击「引用」→「题注」→「插入表目录」命令，此时弹出「图表目录」对话框，可以设定目录所要显示的样式。例如，仅显示图题文字还是一并显示页码？页码要靠右对齐还是接续在图题文字之后？是采用模板格式还是正式格式、经典格式？这些设定的效果可以通过「打印预览」窗口进行观察。接着最重要的是选定目录的范围，也就是选定「题注标签」下拉列表，如图 6-17 所示。

▶ Step 03 单击「确定」按钮，可以看到图目录已经自动形成于文件中，如图 6-18 所示。

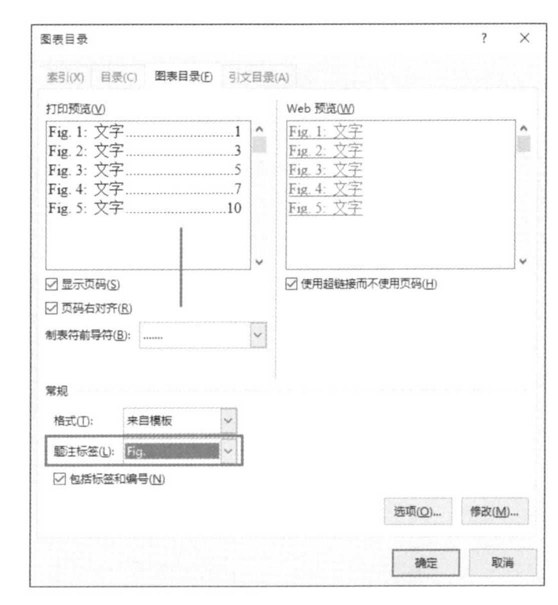

图 6-17　选定图题文字的题注

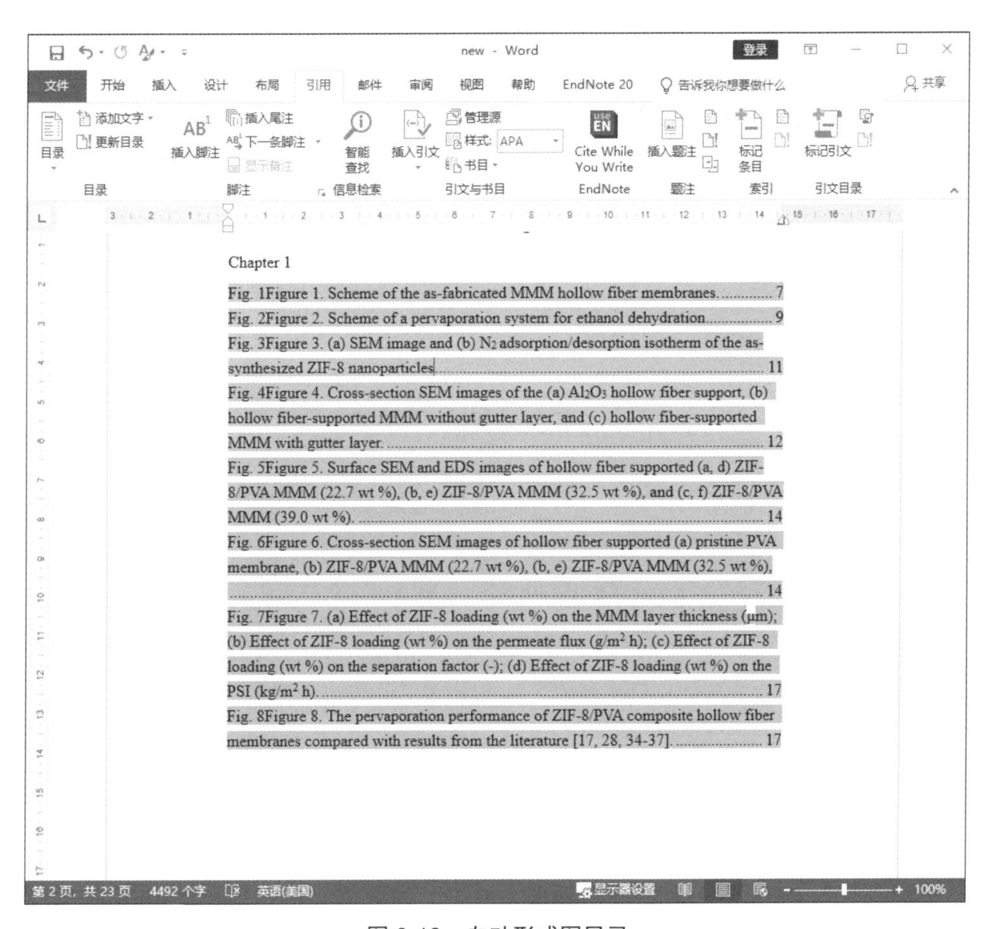

图 6-18　自动形成图目录

Step 04 借助于标尺工具（见本书5.2.3节），可将目录调整得更美观，如图6-19所示。

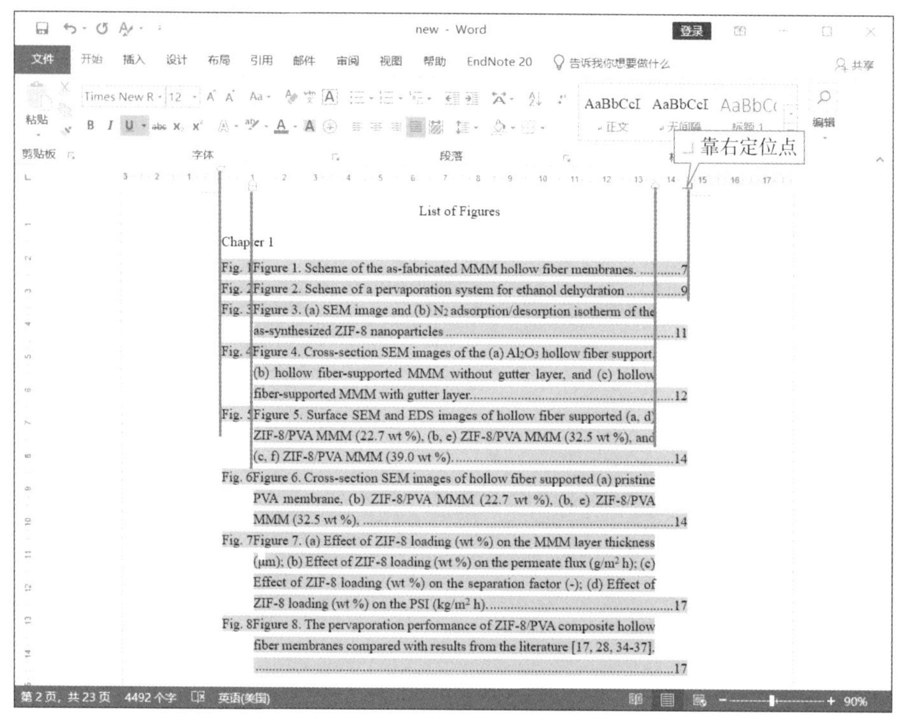

图6-19　图目录的调整结果

6.1.3　公式交叉引用与目录

1. 设定公式交叉引用

公式引用的方法与章节引用及图表引用相同，即通过单击「引用」→「题注」→「插入题注」命令使题注和指示文字（表述如“见式2-1”）链接。而通过同类型的数据都使用同类型题注标签的特性（例如Fig.、Table），在制作目录时只要将这些题注集合在一起即形成各公式的目录。

如图6-20所示为一篇论文中的公式，此处以该公式为例介绍公式交叉引用的操作方法。

泰勒级数

$$f(z)=\sum_{n=0}^{\infty}\frac{f^{(n)}(a)}{n!}(z-a)^n \qquad (5\text{-}1)$$

图6-20　论文中的公式

若要使用Word 2019的公式工具，可单击「插入」→「符号」→「公式」命令，如图6-21所示。

此处我们再度利用5.2.6节所介绍的无边框表格使方程式和标号固定在一定的位置上。单击「引用」→「题注」→「插入题注」命令，如图6-22所示。

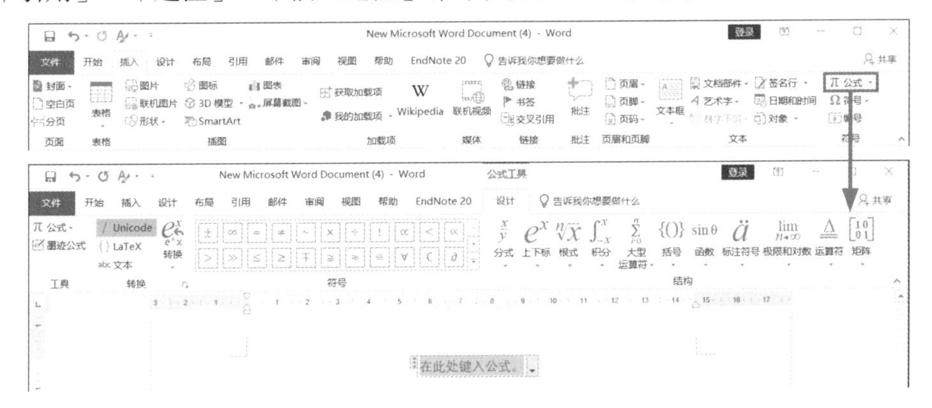

图6-21 打开公式编辑工具

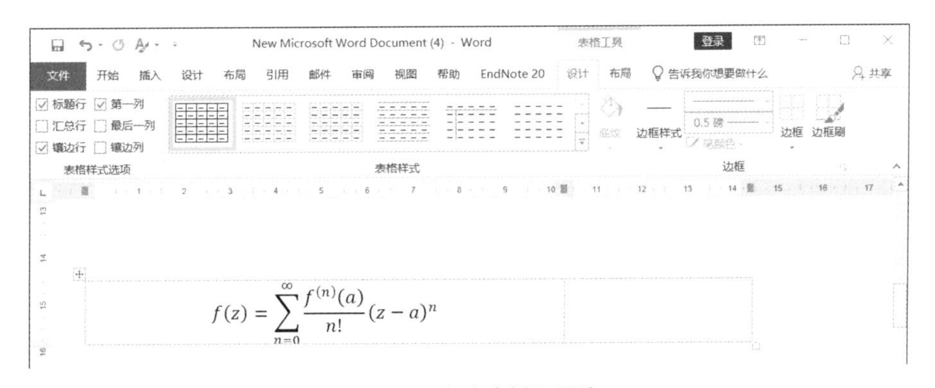

图6-22 为公式插入题注

此时弹出「题注」对话框，如图6-23（a）所示。单击「新建标签 ...」按钮，弹出「新建标签」对话框。在「标签」文本框中输入「（5-」，即设定该题注标签为「（5-」，如图6-23（b）所示。

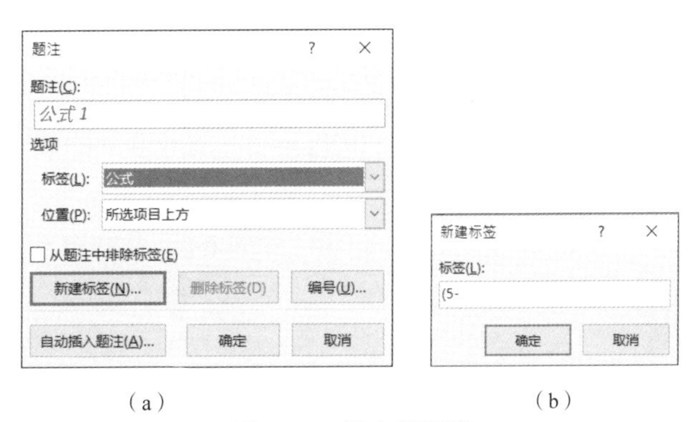

（a） （b）

图6-23 设定新标签

插入的题注标签将只有「（5-1」的字样，如图6-24所示，流水号1的右侧需由我们自行补上右括号。

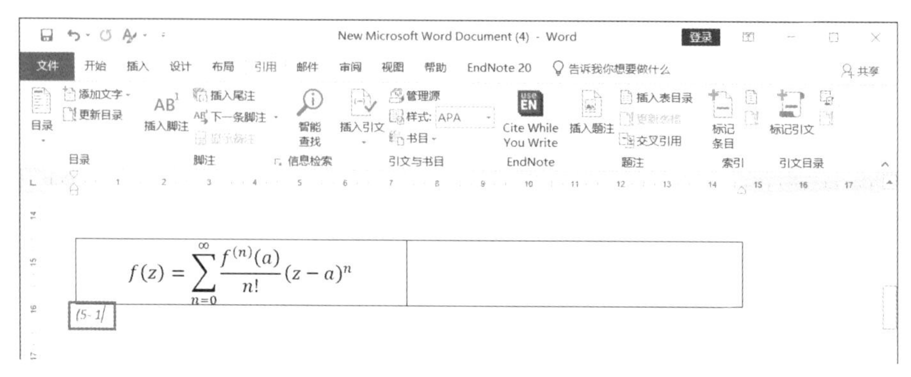

图 6-24　标签会出现在表格外

将标签右侧的小括号「）」补齐之后拖曳到表格中即可，如图 6-25 所示。

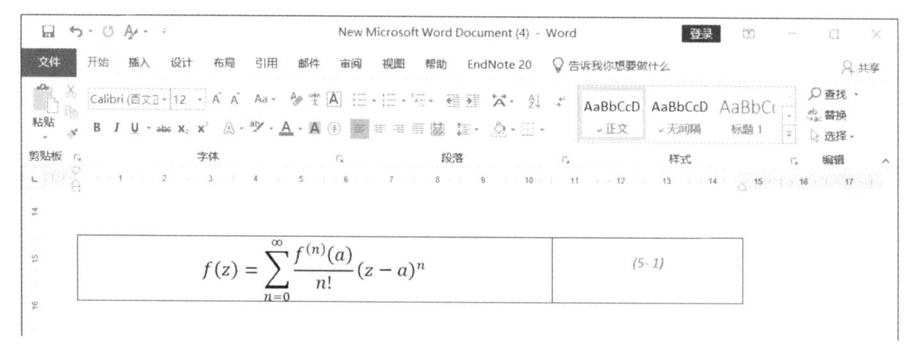

图 6-25　将标签置入表格中

要将标签和文字互相链接，同样要采用「交叉引用」功能。在要插入引用之处单击鼠标定位之后，单击「引用」→「题注」→「交叉引用」命令，如图 6-26 所示。

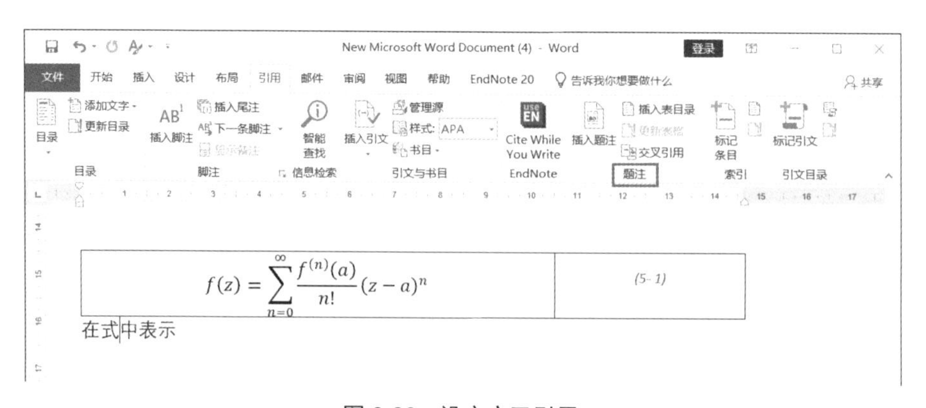

图 6-26　设定交叉引用

此时弹出「交叉引用」对话框，在「引用类型」下拉列表中选择刚才新增的题注标签，并在「引用哪一个题注」列表框中选择要链接的标签，如图 6-27 所示。

这样，公式的引用就完成了，结果如图 6-28 所示。

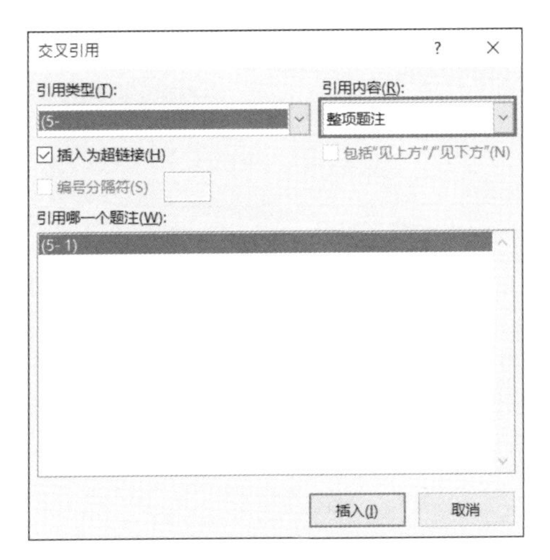

图 6-27　选择引用题注

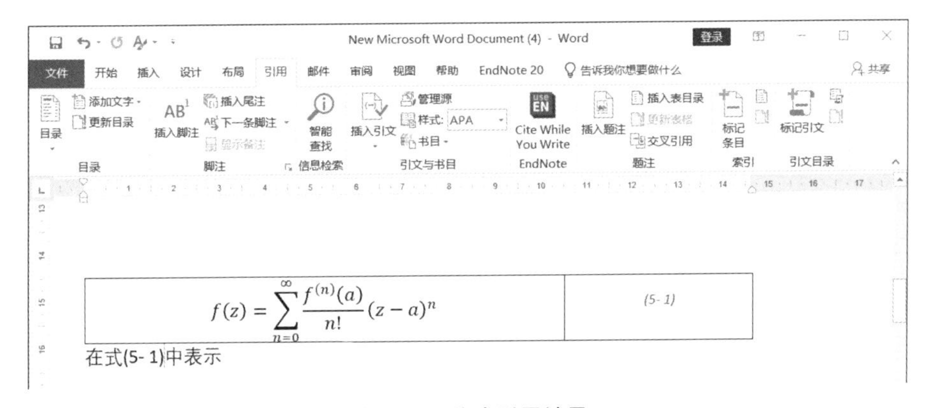

图 6-28　公式引用结果

2. 制作公式目录

公式目录的制作与图表目录相同，也是单击「引用」→「题注」→「插入表目录」命令，在弹出的「图表目录」对话框中进行设置，如图 6-29 所示，此处不再赘述。

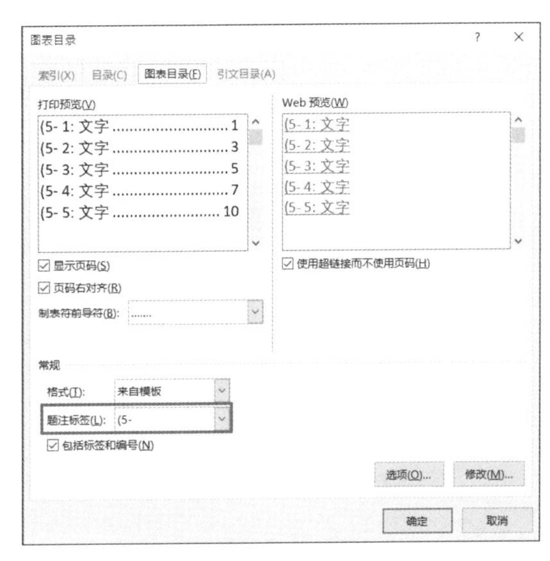

图 6-29　制作公式目录

6.2 引文及脚注

6.2.1 参考文献

利用 EndNote 插入引用文献的方式在本书第 3 章中已经作了说明。当 EndNote Library 已经保存了所需的书目时，就可以轻松地将其以多种格式（output style）插入到论文中。但即使没有书目管理软件的用户依然可以插入引文，利用 Word 2019 工具列上的「引用」→「引文与书目」功能即可轻松插入引用文献。

1. 插入引用文献

首先，在要插入引用文献处单击定位，然后单击工具列的「引用」→「引文与书目」→「插入引文」→「添加新源 ...」命令，如图 6-30 所示，此时弹出「创建源」对话框，如图 6-31 所示。其中有几个选项需要进行设定，如「源类型」「语言（国家 / 地区）」「标记名称」等。

- 源类型：此处指的是引用数据的类型，例如期刊文章或图书、研讨会论文集、画作等。根据数据源的不同，下面的字段也会出现变化。
- 语言（国家 / 地区）：如果以英文撰写论文时，建议选用英文，以免引用文献时出现「页」而非「p.」等情况。
- 标记名称：该选项是为了将来管理引文时易于辨识，这个名称会由 Word 自动生成。

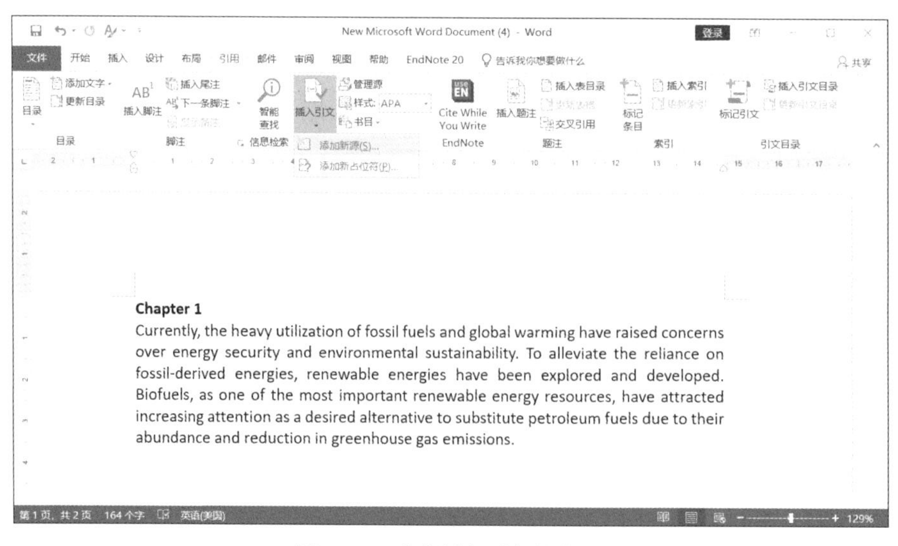

图 6-30　选定插入引文的位置

设置完成后，单击「确定」按钮，数据就会自动在文章中形成引用文献，如图 6-32 所示。

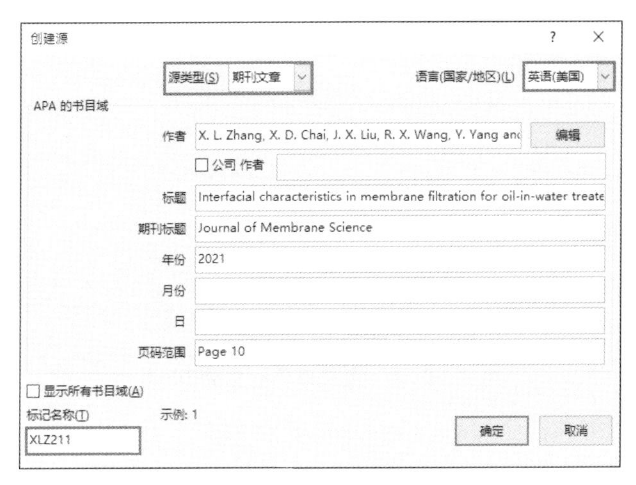

图 6-31　填入书目数据

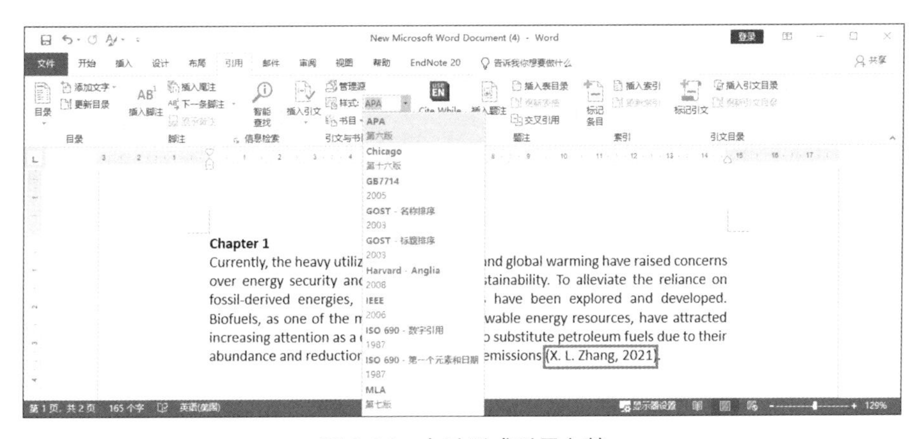

图 6-32　自动形成引用文献

同时，这笔书目数据也会保存在 C 盘（预设）的「Bibliography」文件夹中。这样，这笔书目数据只需输入一次，将来在本文件中需要再次引用时只需单击「插入引文」命令，再从下拉列表中选择所需的书目即可，如图 6-33 所示。

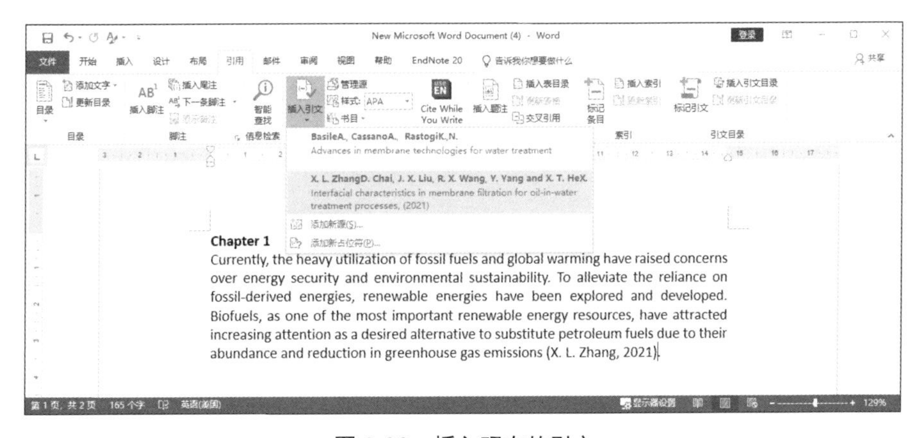

图 6-33　插入现有的引文

如果我们要在另一份文件中引用这笔数据，那么必须事先将这笔数据放置在新文件的列表中，否则将看不到任何可用的书目，如图 6-34 所示。

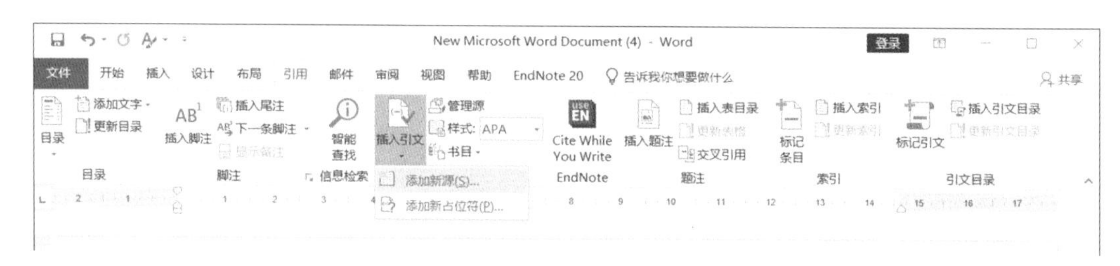

图 6-34　新文件的引文列表

要将既有的数据加入新文件的引文列表，首先单击「引用」→「引文与书目」→「管理源」命令，此时会弹出「源管理器」对话框。在左侧「主列表」列表框中选择引文数据，单击「复制」按钮将其加入到「当前列表」列表框中，如图 6-35 所示。

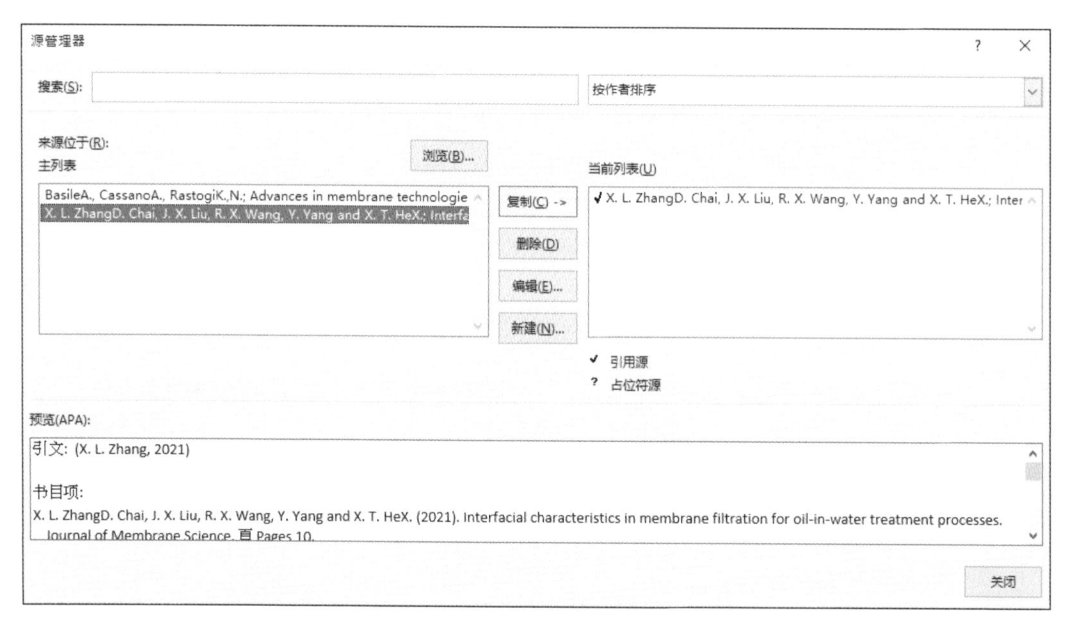

图 6-35　将数据复制到「当前列表」

回到新文件的界面重新查看「插入引文」功能，如图 6-36 所示，可以看到刚才加入的数据已经出现在其下拉列表中。

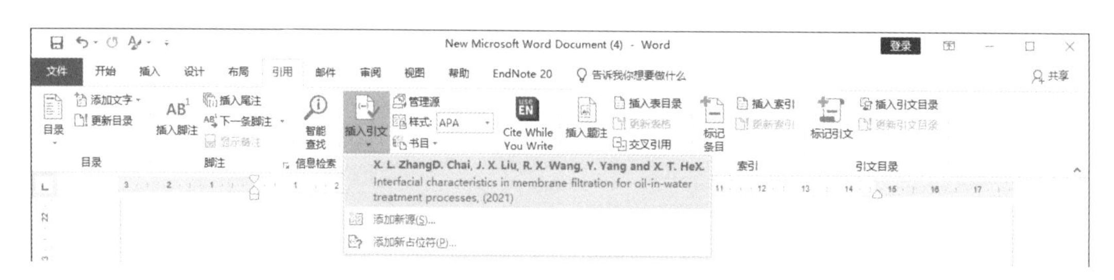

图 6-36　完成引文列表的复制

2. 编辑引用文献

重新编辑引用文献也很容易，只要单击引文，再单击右侧的▼按钮即可打开功能列表，如图 6-37 所示，可以看到有 4 个选项可供选择，其含义如下。

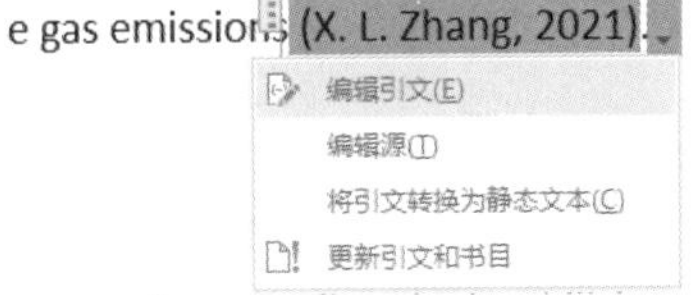

图 6-37　编辑现有的引文

- 编辑引文：选择该选项，弹出「编辑引文」对话框，可编辑「（X.L.Zhang，2021）」的字样，使出现较多或较少的信息。例如，希望能显示这篇引文的起始页，就在的「页数」文本框中输入「10」，如图 6-38 所示。

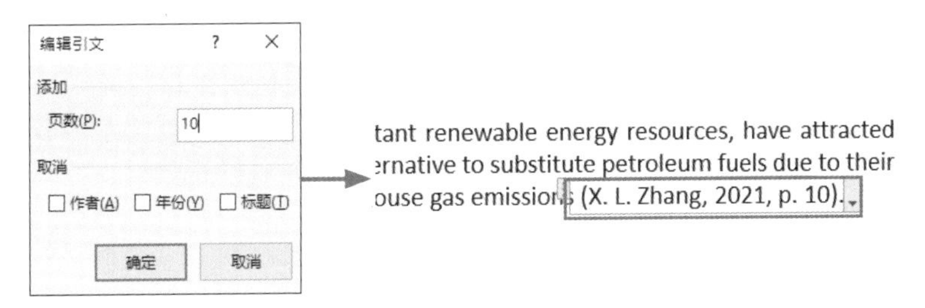

图 6-38　编辑引文

- 编辑源：选择该选项，弹出如图 6-39 所示的「编辑源」对话框重新进行编辑。

编辑源
源类型(S) 期刊文章
语言(国家/地区)(L) 英语(美国)
APA 的书目域
作者 X. L. Zhang, X. D. Chai, J. X. Liu, R. X. Wang, Y. Yang anc
编辑
公司 作者
标题 Interfacial characteristics in membrane filtration for oil-in-water treatr
期刊标题 Journal of Membrane Science
年份 2021
月份
日
页码范围 Pages 10
显示所有书目域(A)
标记名称(T) 示例: 1
XLZ21
确定
取消

图 6-39　填入书目数据

- 将引文转换为静态文本：选择该选项，可移除引文中的功能域，将其变成普通文字。
- 更新引文和书目：选择该选项，可更新带有功能域的书目数据。

3. 更改引用格式

由于引文内含功能域，因此可以自由地转换成各种不同的引用格式。假设我们要将原来 APA 的「Author-Date」引用格式更改为数字参照的「Numbered」格式，只要在「样式」下拉列表中选择数字参照格式「ISO 690—数字引用」即可，如图 6-40 所示，其结果如图 6-41 所示。更改样式的功能对整份文件产生作用，也就是将整份文件的所有引文数据同时更改为新的引用格式。

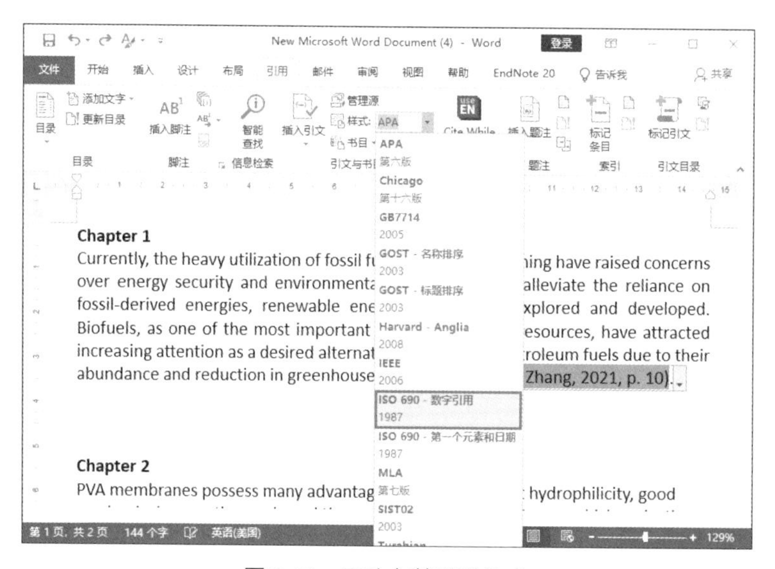

图 6-40　更改文献引用格式

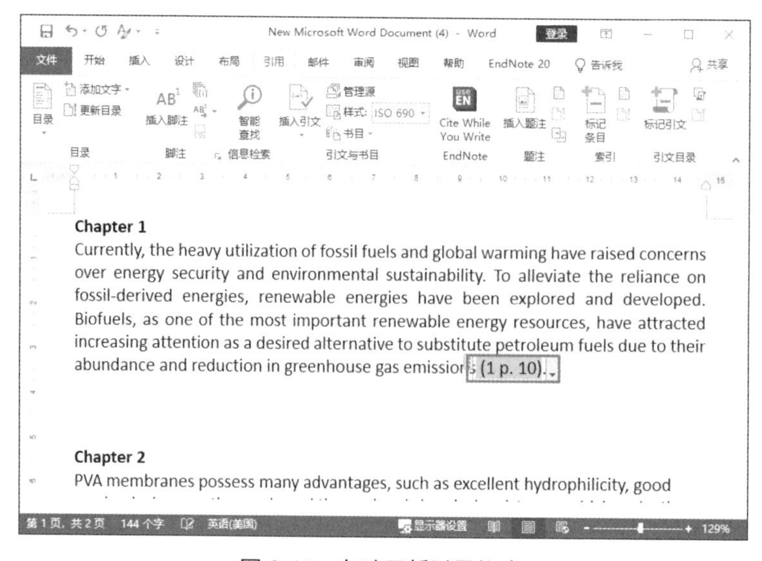

图 6-41　自动更新引用格式

4. 参考文献列表

只需要单击「书目」选项，如图 6-42 所示，文件中所有的引文都会自动编列成为参考文献，并出现在鼠标定位处，如图 6-43 所示。

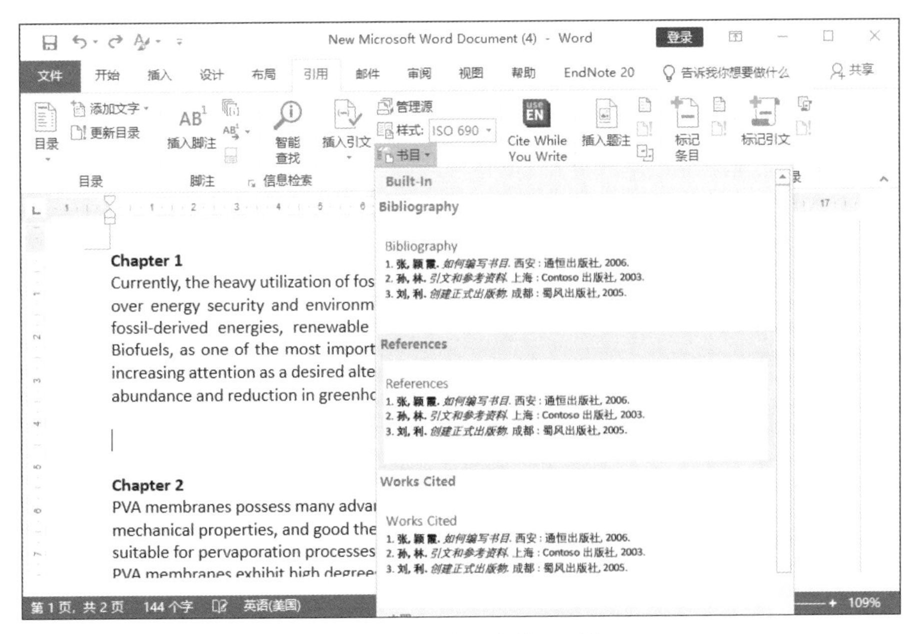

图 6-42　制作参考书目列表

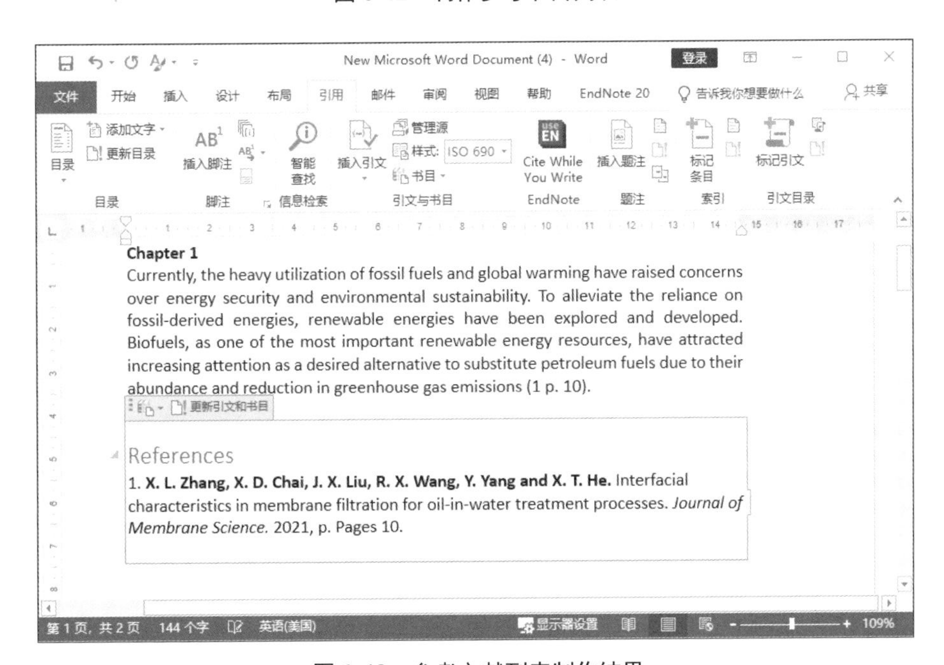

图 6-43　参考文献列表制作结果

至于「References」二字，可以自行更改为「参考文献」「参考书目」「References」「Literature Cited」等，如图 6-44 所示。

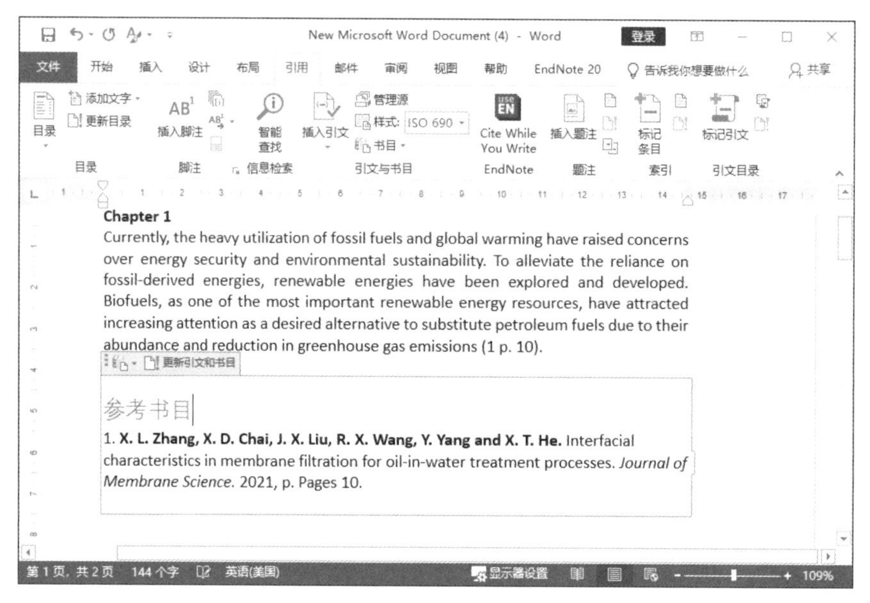

图 6-44 自行变更书目字样

6.2.2 脚注及尾注

脚注（footnote）和 6.2.1 所介绍的参考文献（references）的差异在于脚注的内容可以比较自由，它可以像参考文献一样严谨地注明文献的作者、篇名、刊名、出版年、卷期等信息，也可以用来说明与本文有关的补充资料，甚至要补充的内容可能与本文不连贯但有必要说明的。脚注和尾注的样式分别如图 6-45 和图 6-46 所示。

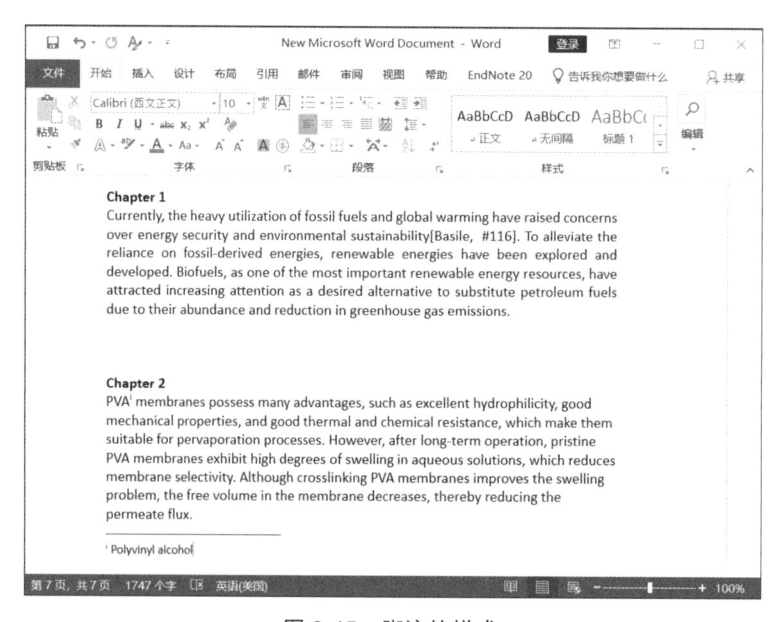

图 6-45 脚注的样式

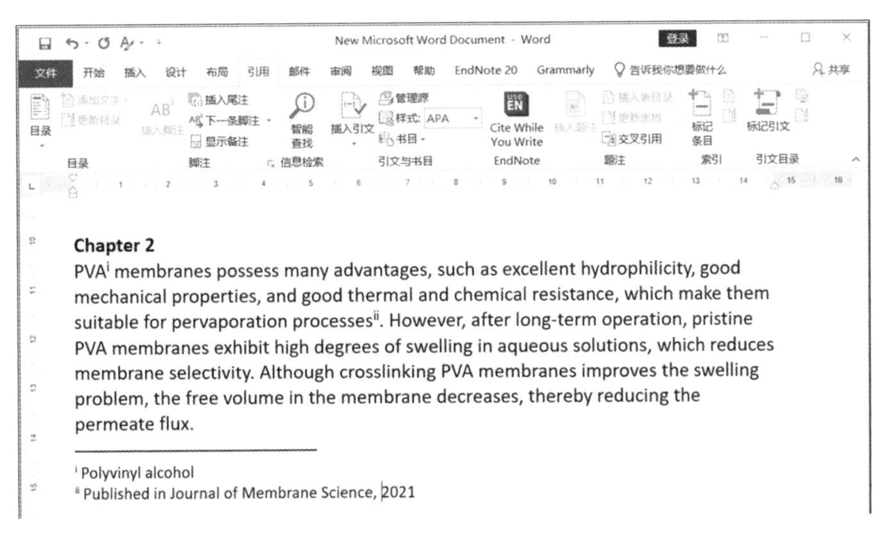

图 6-46 尾注的样式

「脚注」与「尾注」功能位于「引用」标签下，如图 6-47 所示。它们的差异在于脚注出现的位置在每一页的下方或文字下方，便于一边阅读一边参照，但当说明文字很长时将会被继续编排至次页下方。而尾注则出现于章节结束或文件结尾的位置，如果要补充的数据文字较长或与正文不大相关，那么将它设成尾注会较为合适。

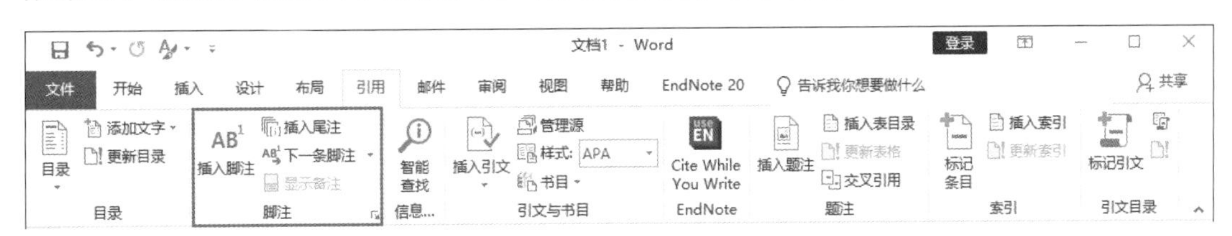

图 6-47 「脚注」及「尾注」功能

单击工具列的「引用」→「脚注」→ 按钮，弹出「脚注和尾注」对话框，可以选择标号出现的位置，如图 6-48 所示。

在需要插入脚注处单击鼠标定位，接着单击「引用」→「脚注」→「插入脚注」命令，然后在页面下方的短横线下开始输入脚注文本即可，如图6-49所示。

脚注内含功能域，会自动产生编号并排序，列于该页下方作为补充数据，如图 6-50 所示。

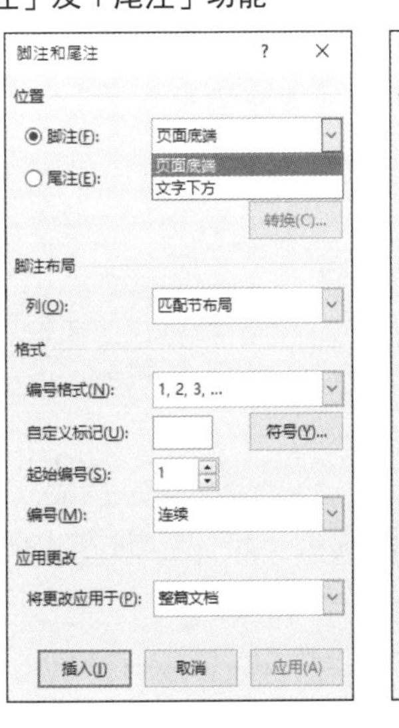

(a)

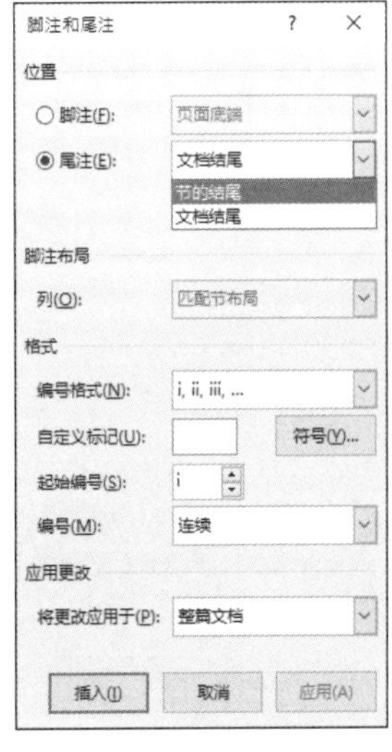

(b)

图 6-48 可选择标号出现的位置

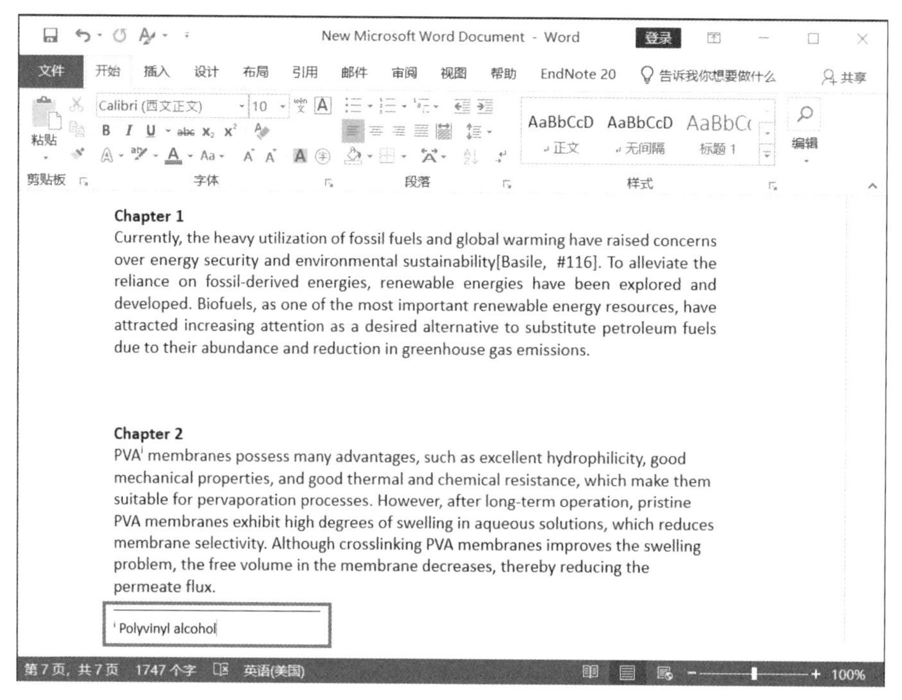

图 6-49　在横线下方输入脚注文本

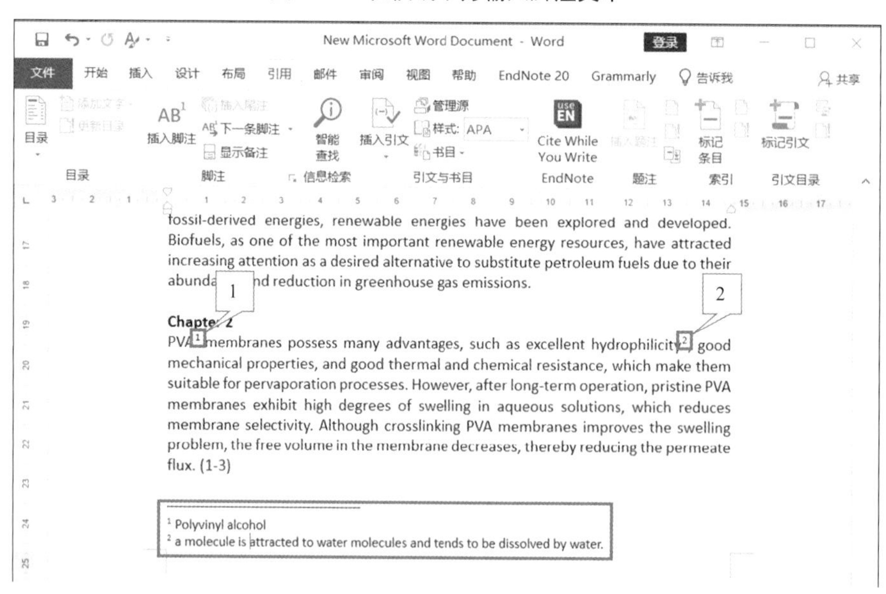

图 6-50　脚注出现在页面下方

同样的文字，如果使用「尾注」的方式插入正文，其说明文字将被置于文件末，如图 6-51 所示。

脚注与尾注可以并存于一份文件中，但为了避免读者混淆，Word 2019 自动将脚注以阿拉伯数字 1、2、3……表示，而尾注则以小写的罗马数字 i、ii、iii……表示，如图 6-52 所示。

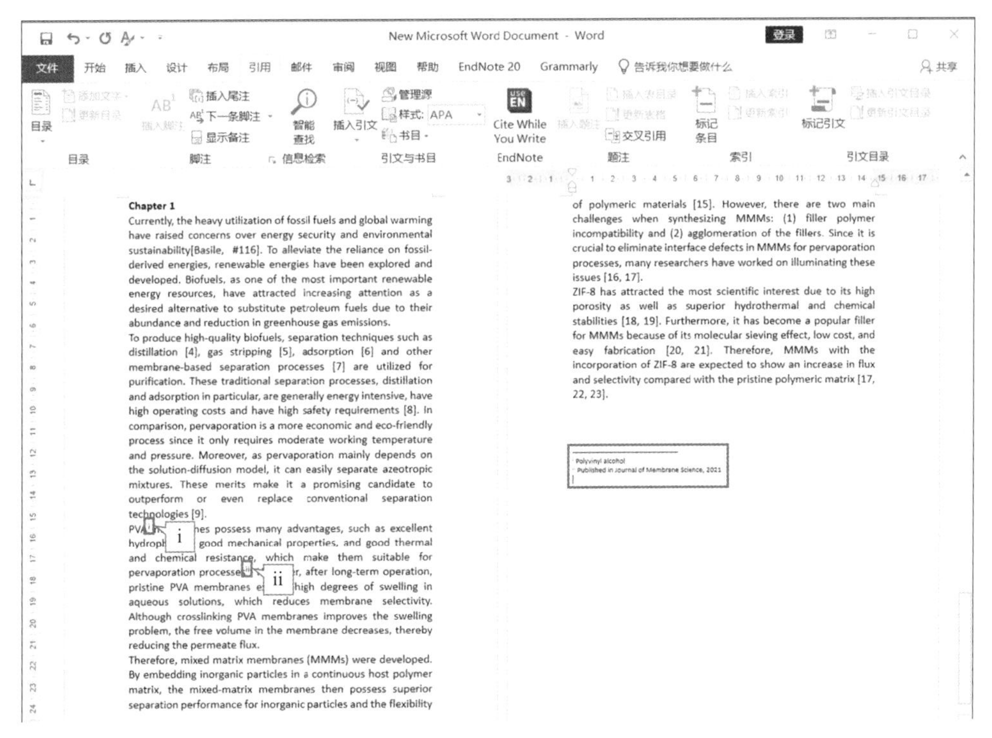

图 6-51 尾注出现在文件末

当然，Word 也允许使用者更改标号方式，单击工具列的「引用」→「脚注」→右下方按钮，在弹出的「脚注和尾注」对话框中选择需要的编号格式即可，如图 6-53 所示。

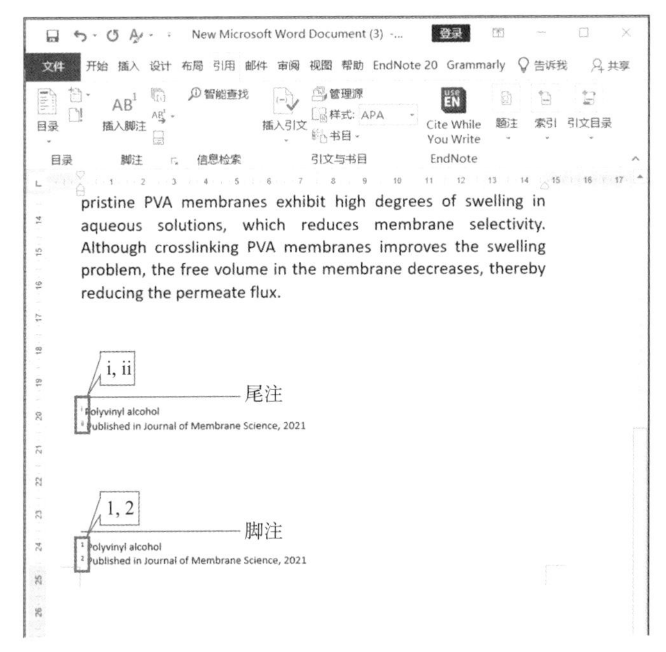

图 6-52 尾注与脚注并存

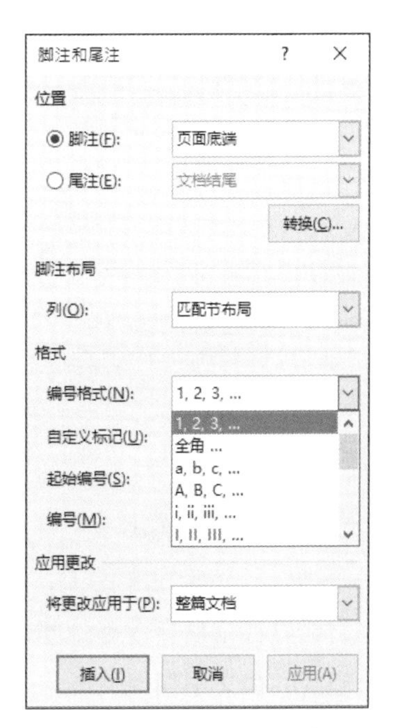

图 6-53 选择编号格式

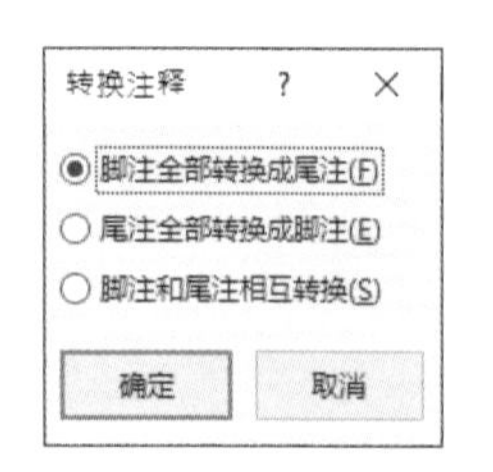

图 6-54　设置转换标注类型

论文撰写完成后，若发现采用尾注的方式比脚注更为合适，或采用脚注的方式比尾注更适合，那么可以单击「脚注和尾注」对话框中的「转换 ...」按钮，在弹出的「转换注释」对话框中设置转换标注类型，如图 6-54 所示。

要删除脚注或尾注，只需删除正文的参照标记即可，其说明文字将会被一并自动删除。如果仅删除说明文字，那么在正文中的参照标记将仍留在原处。

6.3　索引及审阅

6.3.1　索引制作

长篇学术论文通常会附有索引（Index），它集合了文件中的各种专有名词和主题，并给出页码，使读者可以快速查询这些名词所在的位置，如图 6-55 所示。

SUBJECT INDEX

ABCD Hierarchy, 45–6
Abkhazia, 116–8; 119
Abkhaz alphabet, 117
acronyms, 53; 67
All-Union Turcological Conference, 49; 122–3
alphabet development, 48–51; 81; 89–90; 98; 191; 206
  in the Caucasus, 114; 117; 118; 120; 131; 132
  in Central Asia, 137; 141; 142; 145–8 *passim*; 150
  in Daghestan, 129
  in Siberia, 160–2; 165; 167; 168–9; 171–7 *passim*; 180–3 *passim*
Altai language development, 181–
Altaic, 9
agglutination, 10; 13; 14; 16; 19
annexation of Baltic states, 94; 95; 102–3
Arabic, as lingua franca, 127–8

  Tatar-Bashkir Republic, 68; 70; 79; 80
Belarusan, status of, 85–6; 88
Belorussian SSR, 85–8
Bessarabia, 73; 88–90
bilingual instruction, 59–61
bilingualism, 21; 26; 31; 65; 88; 90; 155–6; 157; 166; 182; 184; 191–4; 197
Birobidzhan, 74–6 *passim*
birth rates, 197–8
boarding schools, 165–6
Bogoraz, V. G., 160; 166; 167; 172; 174
books, 3; 68; *see also publishing*
Brezhnev, 58–9; 104–5; 193
Buriat language development, 177–9

calques, 52; 96; 147
Castrén, M. A., 170; 172
Catherine the Great, 76

图 6-55　英文索引图例

要制作索引当然不是从首页到末页、一笔一笔地找出专有名词记录在纸上，然后再一字一字地誊写到空白文件上，用户可以通过 Word 的索引功能快速地找出文件中的所有关键词，经过标记后自动形成附有页码的索引。下面将介绍索引的制作步骤。

首先，在文中找出关键词，例如「membrane」，选定之后单击工具列的「引用」→「索引」→「标记条目」命令，如图 6-56 所示。

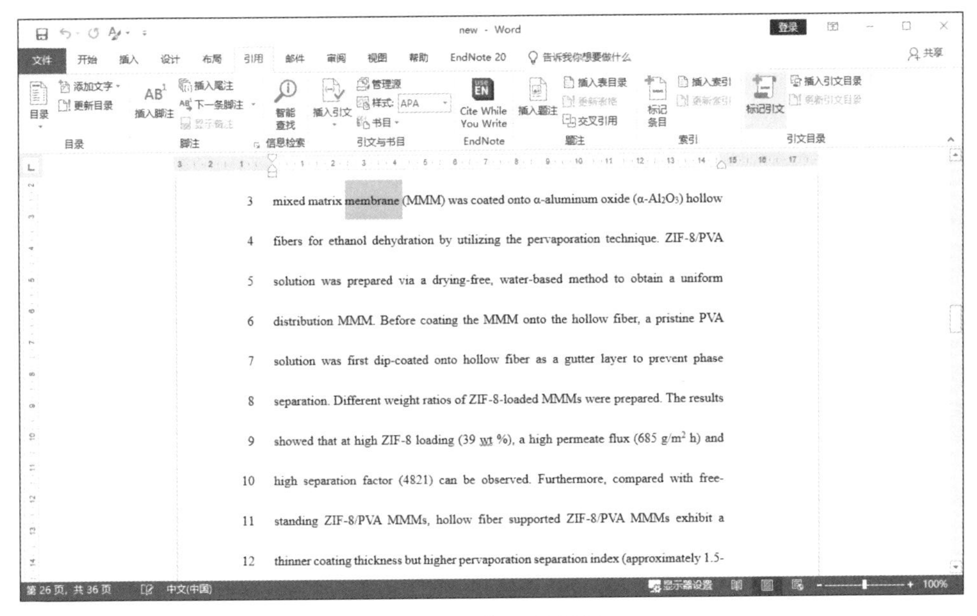

图 6-56　标记关键词

此时弹出「标记索引项」对话框，询问要对此关键词进行何种设定，如图 6-57 所示。单击「标记全部」按钮，表示将文件中所有「membrane」字样都进行索引标记。

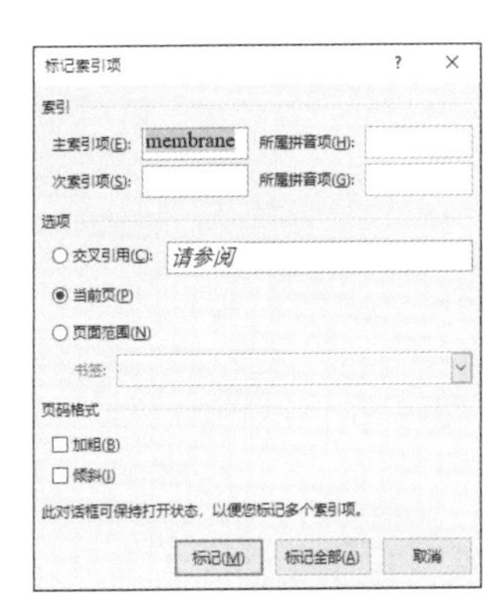

图 6-57　标记文内所有 membrane

在「membrane」字样后面会出现一个大括号，表示「membrane」已经被成功地标记成含有功能域的词组。利用同样的方式将其他关键词一一进行标记即可，如图 6-58 所示。

在打印时，大括号内的其他功能域文字并不会被显示出来。如果不习惯在界面中看到这些功能域，只要单击工具列的「开始」→「段落」→ 按钮就可以将其隐藏。

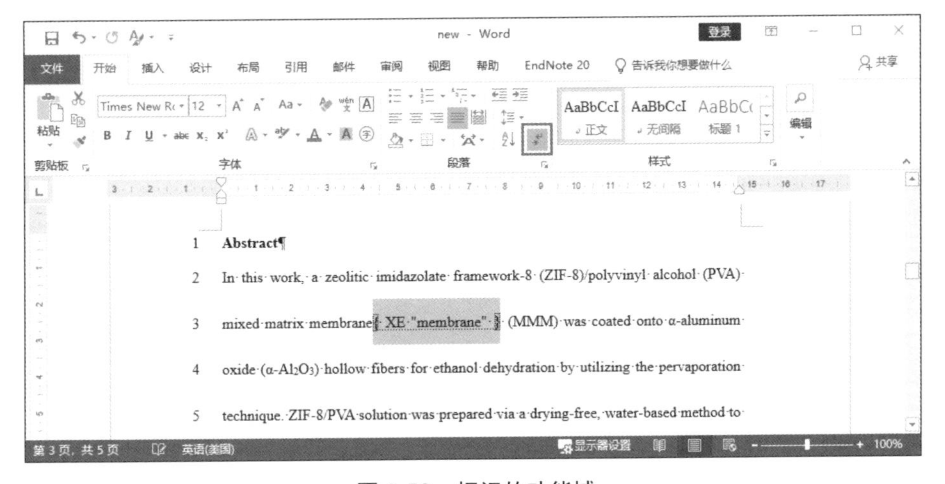

图 6-58　标记的功能域

制作索引时，单击工具列的「引用」→「索引」→「插入索引」命令，如图 6-59 所示，在弹出的「索引」对话框中设定索引显示的样式，如图 6-60 所示，就会自动在光标停留处形成索引。

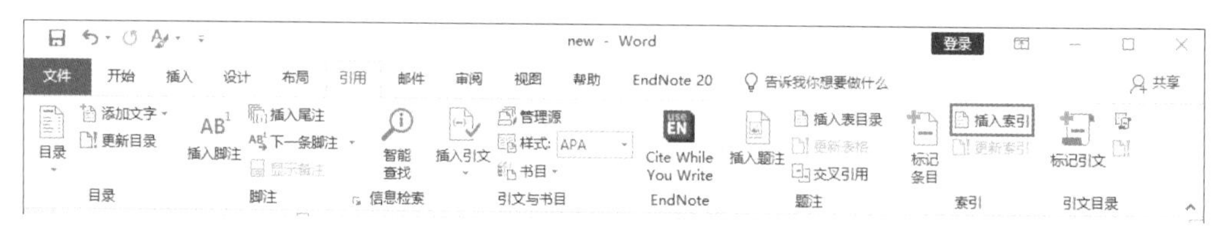

图 6-59　索引标记的功能域

图 6-60　设定索引样式

索引不但会自动形成，也会依据笔划或字母顺序排列，如图 6-61 所示。

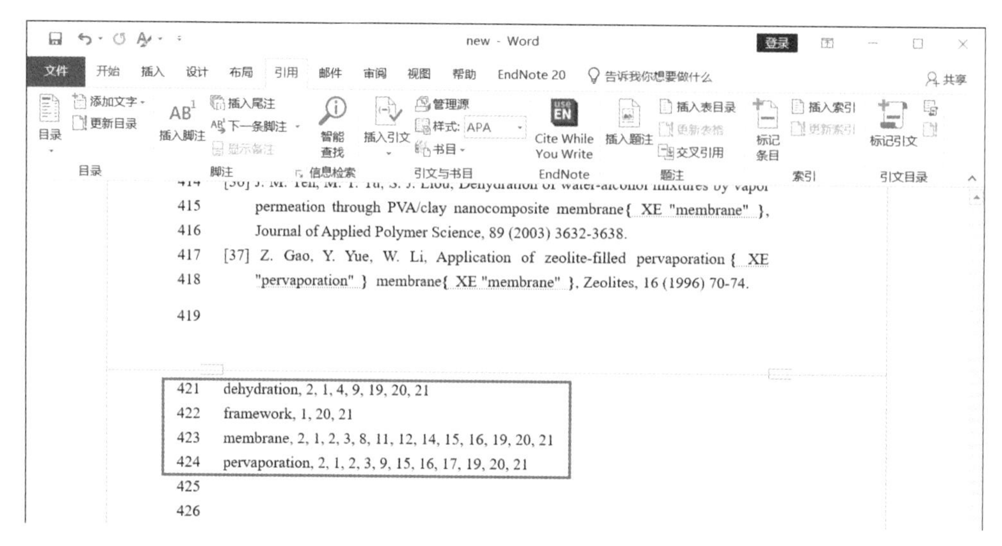

图 6-61　索引制作结果

单击工具列的「引用」→「索引」→「插入索引」命令，在弹出的「索引」对话框中可改变索引的显示样式。例如，若要将索引字段改成一栏、页码右对齐，页码与关键词之间以横虚线相连，则点选「缩进式」单选钮，在「栏数」组合框中输入「1」，勾选「页码右对齐」复选框，并在「制表符前导符」下拉列表中选择「......」，如图 6-62 所示。然后单击「确定」按钮，索引样式变成如图 6-63 所示。

图 6-62　更改索引样式设定

要解除被标记的关键词，只需删除正文中的大括号即可。

另一个常见的问题是同义字及相近字。例如提到薄膜，读者可能会以「film」来寻找索引，但论文中可能不用「film」，而是用「membrane」这个词，所以我们必须引导读者到 membrane 的页面。做法是在文件中任一处（例如文件结尾处）单击，然后单击「引用」→「索引」→「标记条目」命令，在弹出的「标记索引项」对话框中进行下列设定：在「主索引项」文本框中输入「film」，点选「交叉引用」单选钮，在其对应的文本框中输入「membrane」，如图 6-64 所示。

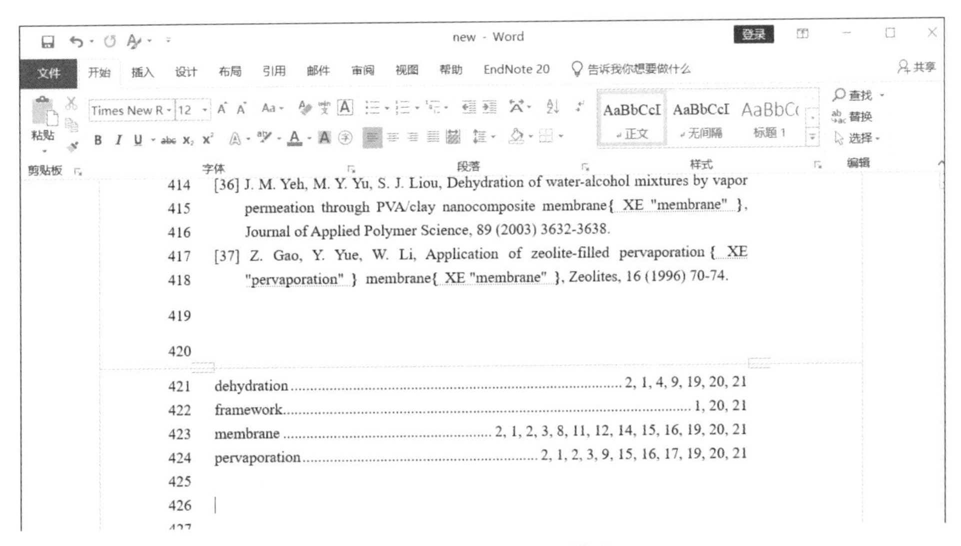

图 6-63　不同的索引样式

此处的「请参阅」可以自行更改为「见」「参见」「See」等。确定后单击「标记」按钮，接着就可以看到索引中出现了「film 请参阅 membrane」的文字，如图 6-65 所示。这样就可以指引读者至本文件所采用的名词处。

图 6-64　进行参阅设定

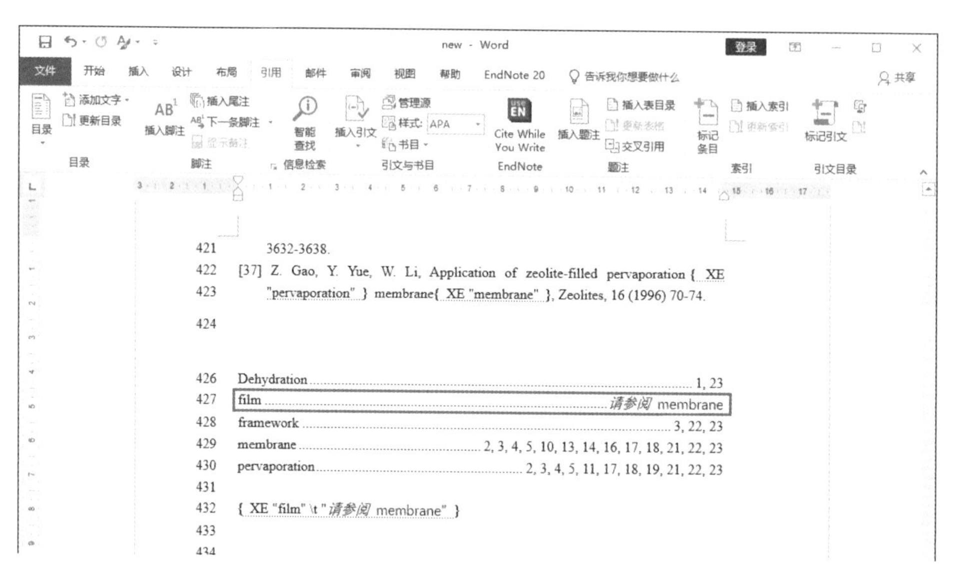

图 6-65　指示读者参阅其他名词

如果本文同时使用「film」及「membrane」两个词，但我们希望查询「film」的读者也可以参考「membrane」的相关资料时，除了进行如图 6-64 所示的设定外，还需要将与「交叉引用」对应的文本框中默认的「参阅」一词改成「See also」（又见），如图 6-66 所示。

「See also」的意思是「又见」「另见」，也就是告诉读者，除了「film」之外，还可以浏览「membrane」方面的数据。单击「标记」按钮，结果如图 6-67 所示。

图 6-66　设定「See also」（又见）索引标记

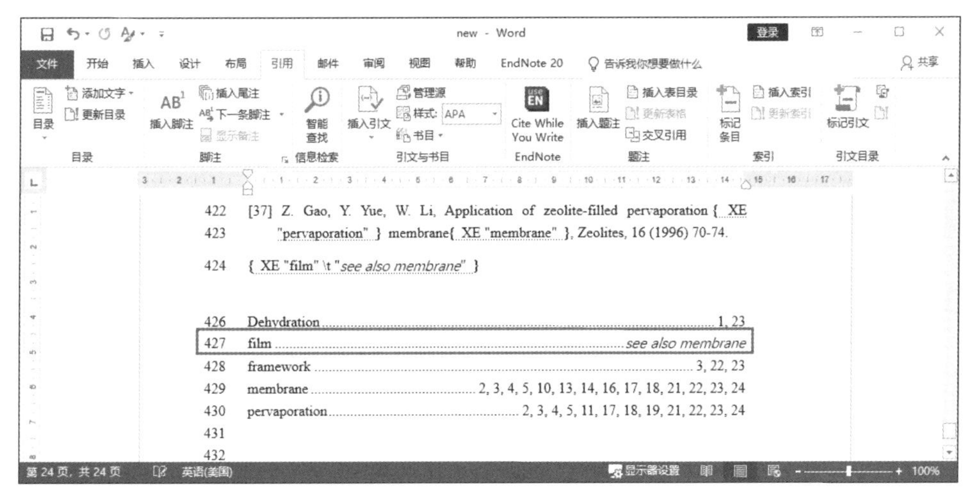

图 6-67　查看「See also」的设定

6.3.2 审阅

文件的审阅可以分成撰稿者和修订者两方的操作，以学位论文而言，就是学生和指导教师两方的操作。通常学生完成论文初稿后还需要指导教师帮忙审阅、修订，指出逻辑、文字或格式的问题，或需要加强说明之处，然后学生再依据教师的意见修改论文。这项工作通常不只一次，而是重复数次之后才能完成一篇令人满意的作品。

本节将从这两方面出发，讲解审阅时的操作方法，并介绍如何合并双方审阅后的文档并最终完稿。

1. 修订者

假设学生已经完成一份初稿，现在需要指导教师对这份稿件进行修订，那么在修订之前需先单击工具列的「审阅」→「修订」→「修订」命令，如图 6-68 所示。单击该命令时，「修订」按键会变色，再单击一次则会关闭「修订」功能。

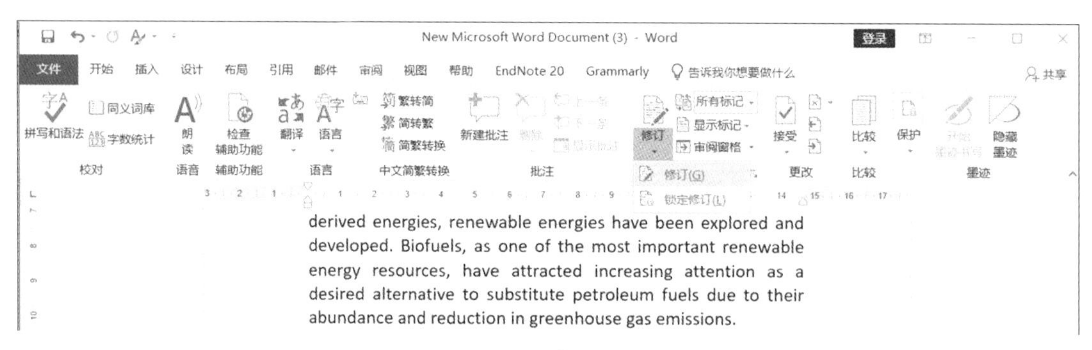

图 6-68　打开「修订」功能

接着只要用一般方式修改论文，例如增删某些文字等，更改过的文字将会显示为红色，而变动过的段落左侧将会出现直线标示。如图 6-69 所示，右侧的方框称为「批注框」，作用是说明修订的类型和内容。

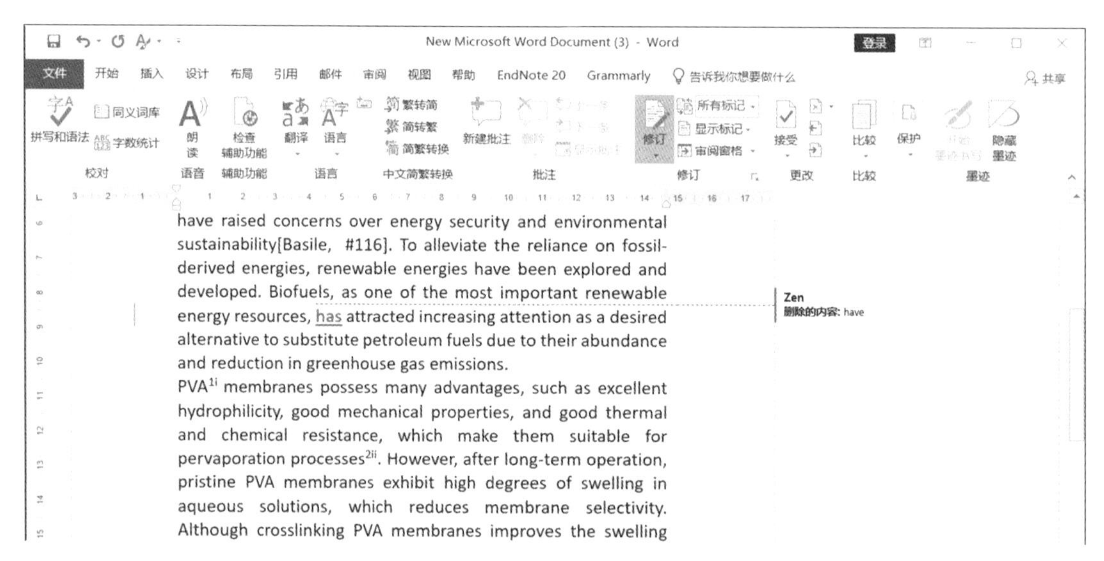

图 6-69　打开「修订」功能时修改文字后的文档

那么，哪些项目变动时会显示在批注框中呢？单击工具列的「审阅」→「修订」→「显示标记」命令，如图 6-70 所示，在「显示标记」下拉列表中有 3 个选项，我们可以自行选择哪些改动无需显示，以免使页面显得杂乱。

如果对某段文字有修改意见需要说明，可以在选定该段文字后单击工具列的「审阅」→「批注」→「新建批注」命令，然后在批注框中输入意见，如图 6-71 所示。

图 6-70　批注框的类型

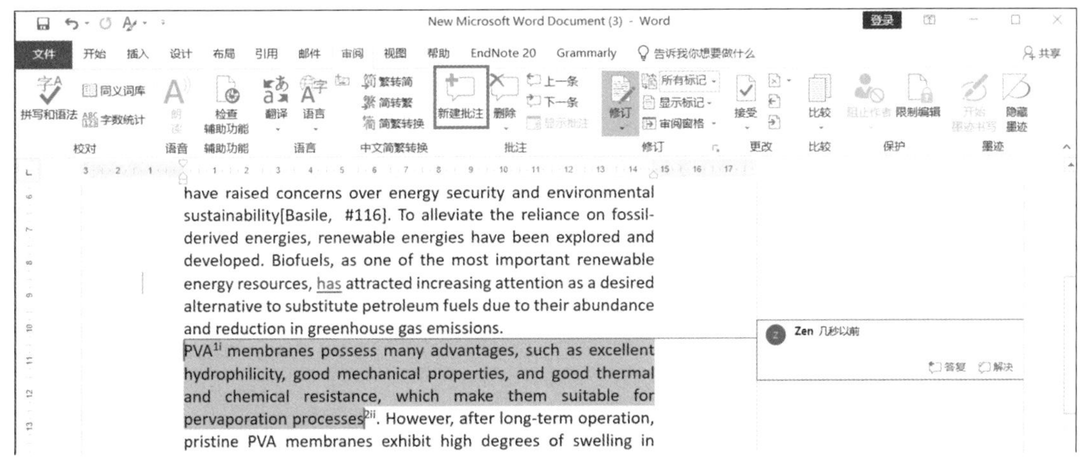

图 6-71　新建批注

如果我们不习惯整个版面看起来过大，希望隐藏右侧的批注框，只要单击工具列的「审阅」→「修订」→「显示标记」→「批注框」→「以嵌入方式显示所有修订」命令即可，效果如图 6-72 所示。

将文章依照上述步骤修改完毕后，直接保存即可。

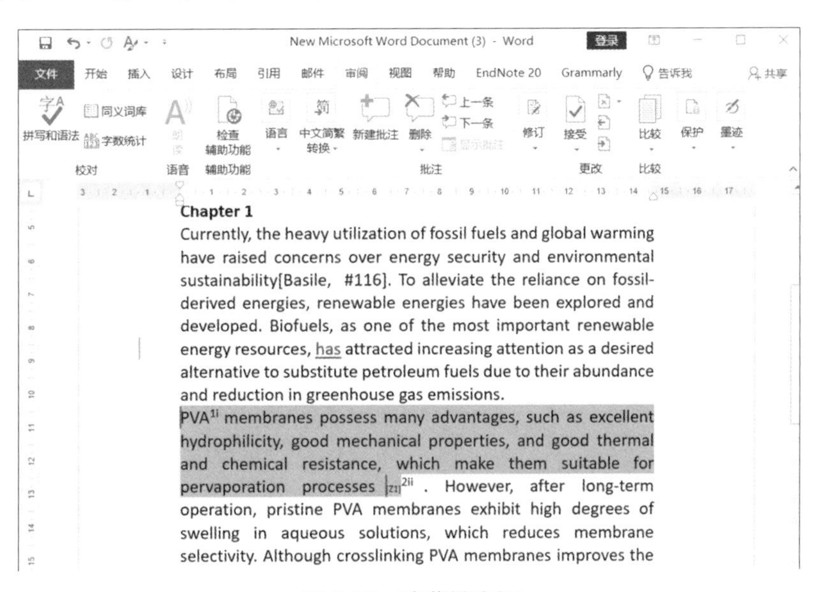

图 6-72　隐藏批注框

2. 撰稿者

打开经过修订的稿件时，需先确定已经将「修订」功能关闭，以免 Word 程序将撰稿者本身进行的修改当作修订者的操作。接着，单击文本右侧的批注框，右击，弹出快捷菜单，如果愿意接受变更，可单击「接受格式更改」等命令，如图 6-73 所示。

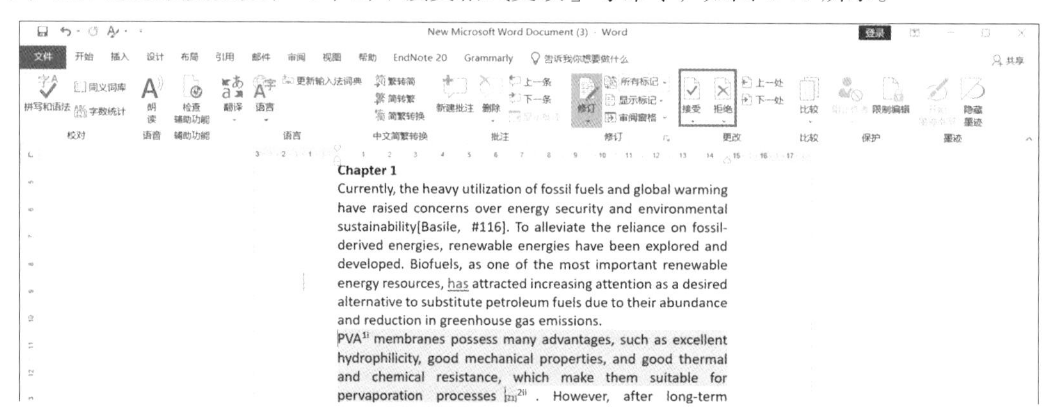

图 6-73　逐项确认修订批注框

更便利的方法是直接单击工具列的「审阅」→「更改」→「接受」（或「拒绝」）命令。一个项目处理完毕后会自动跳到下一个项目，我们只需重复地单击「接受」（或「拒绝」）命令即可。

当所有批注框都确认完毕后，版面又会恢复为原来的版面大小，此时即完成修订工作，并可将文件保存或再次请审阅者过目。

3. 合并文件

如果一份稿件同时送给两人以上审阅，我们可以先合并这些文件，然后再进行修订工作，避免一再修订重复的问题。要合并文件，首先打开一份空白文件，单击工具列的「审阅」→「比较」→「合并 ...」命令，将两份文件合并，如图 6-74 所示。

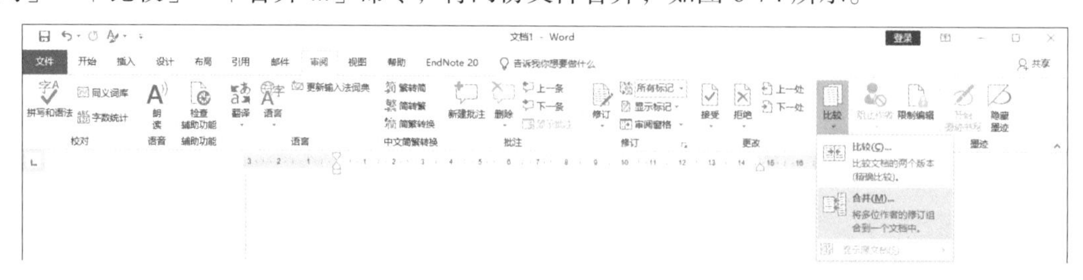

图 6-74　打开「合并」功能

此时弹出「合并文档」对话框，单击📂按钮，找出要合并的两份文件，然后单击「确定」按钮完成合并，如图 6-75 所示。

接着文档中变成 3 个窗口的界面，左侧是合并后的新文件，右侧则是刚才选择的两份文件，如图 6-76 所示。合并后可以将右侧的窗口关闭，如图 6-77 所示，并开始修改合并后的新文件。

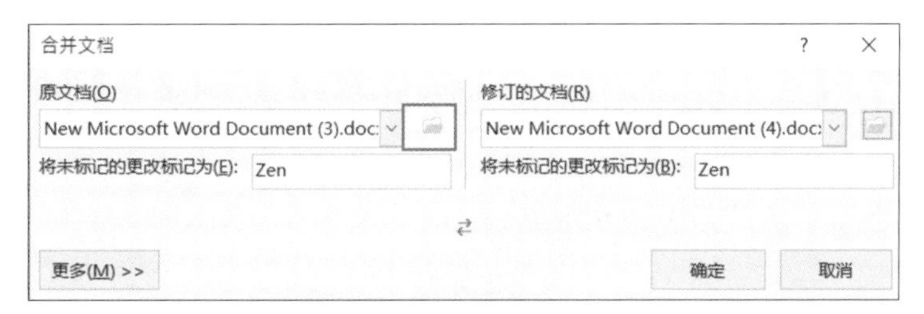

图 6-75 找出要合并的文件

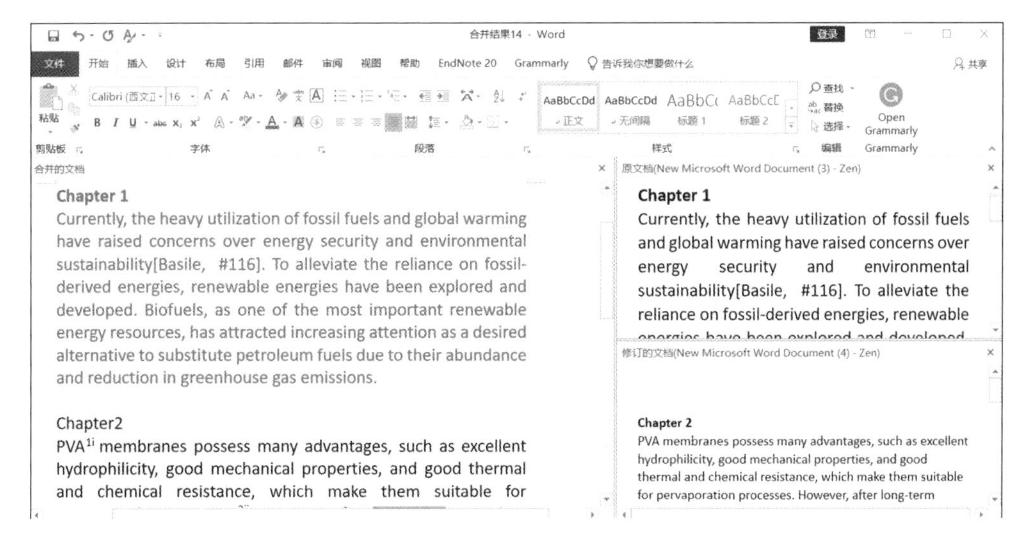

图 6-76 将两份文件合并

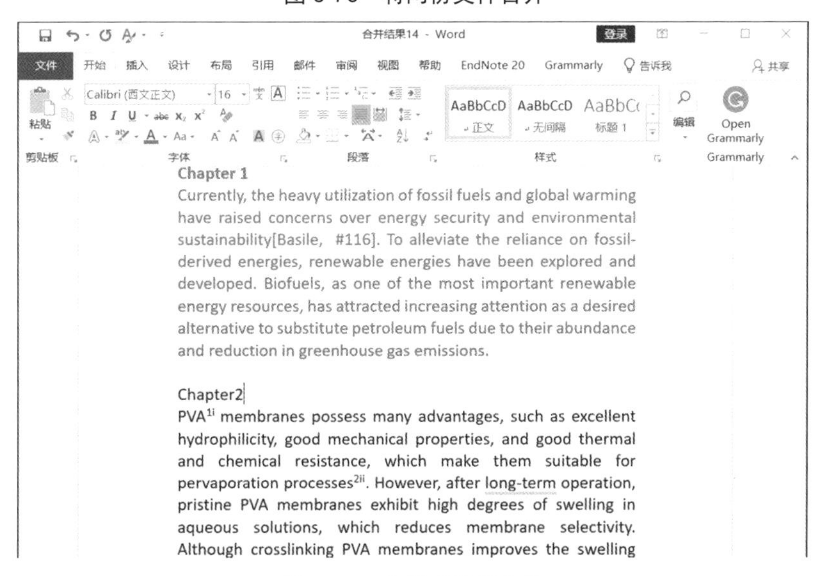

图 6-77 合并后的新文件

提示

3 份以上的文件合并时，可以先合并其中的两个，再将合并后的新文件与第 3 个文件合并。

附录 A　常用数据库的导入

常见数据库的导入方式及下载步骤见表 A-1。

表 A-1

出版者	数据库名称	导入方式		下载步骤
Association for Computing Machinery（ACM）	ACM 期刊全文数据库（信息计算机领域）	存成文本文件再导入	1	Export Citation
			2	BibTeX BibTeX EndNote ACM Ref
			3	
American Chemical Society（ACS）	ACS 期刊全文数据库（化学领域）	存成文本文件再导入	1	Export RIS
			2	Select Citation Manager/File Format: RIS (ProCite, Reference Manager) BibTex Include: Citation for the content below; Citation and references for the content below; Citation and abstract for the content below
			3	Download Citation(s)
American Institute of Physics（AIP）	Scitation（科技数据索摘 / 全文数据库）	存成文本文件再导入	1	TOOLS
			2	Download Citation
			3	Format RIS (ProCite, Reference Manager) EndNote BibTex Medlars RefWorks
			4	DOWNLOAD ARTICLE CITATION DATA
American Mathematical Society（AMS）	MathSciNet（数学文献数据库）	存成文本文件再导入	1	Reviews (HTML) Reviews (HTML) Reviews (PDF) Reviews (PDF for printing) Citations (ASCII) Citations (BibTeX) Citations (AMSRefs) Citations (EndNote)
			2	另存为文本文件
Annual Reviews Journals Online	Annual Reviews（年评）	存成文本文件再导入	1	Download Citation
Annual Reviews Journals Online	Annual Reviews（年评）	存成文本文件再导入	2	Format RIS (ProCite, Reference Manager) EndNote BibTex Medlars RefWorks
			3	Download article citation data
			4	保存成文本文件

续表

出版者	数据库名称	导入方式		下载步骤
American Society of Agricultural and Biological Engineers	ASABE Technical Online Library（农业文献数据库）	存成文本文件再导入	1	(Export to EndNotes)
			2	保存成文本文件
American Society of Civil Engineers（ASCE）	ASCE（美国土木工程数据库）	存成文本文件再导入	1	TOOLS
			2	DOWNLOAD CITATION
			3	Please select one from the list Please select one from the list RIS (ProCite, Reference Manager) EndNote BibTex Medlars RefWorks
			4	DOWNLOAD
American Society of Mechanical Engineers（ASME）	ASME Digital Library（美国机械工程数据库）	存成文本文件再导入	1	Cite
			2	EndNote
Cambridge Scientific Abstracts（CSA）	Illumina（科技文献索引摘要检索系统） 包括： • Aerospace & High Technology Database • AGRICOLA • Biological Sciences Database • Computer Information Database …… 共 15 个数据库	存成文本文件再导入	1	Save/Print/Email Records
			2	Show full record
			3	保存成文本文件（*.txt）
			4	打开 EndNote 并导入
EBSCO 系统	EBSCOHost Web 例如： • Academic Search Premier • Newspaper Source • ERIC ……	直接导入	1	Cite
Elsevier	SDOL（爱思唯尔）	存成文本文件再导入	1	Export
			2	Export Save to RefWorks Export citation to RIS Export citation to BibTeX Export citation to text
			3	另存为纯文本文件
	SDOS（电子期刊全文数据库）	直接导入		见 1.5.3 说明

续表

出版者	数据库名称	导入方式	下载步骤	
Elsevier	EJOS（SDOS 新检索界面）	存成文本文件再导入	1	勾选需要导入的数据
			2	Cite this article
			3	Download citation
			4	另存为纯文本文件
Engineering Information Inc.	Ei Engineering Village 2（工程类文摘数据库） 例如： • Compendex • Referex • CRC ENGnetBASE ……	直接导入	1	Choose format: Citation Abstract Detailed record
			2	Download
			3	RIS, EndNote, ProCite, Reference Manager BibTex format RefWorks direct import Plain text format (ASCII) Download
			4	打开(O)
百度	百度学术	直接导入		见 1.3.2 节说明
The H. W. Wilson Co.	Wilson Web 包括： • Applied Science & Technology Full Text • Art Full Text • Education Full Text • General Science Full Text • Wilson Business Full Text …… 共 11 个期刊索摘 / 全文数据库	存成文本文件再导入	1	Exporting / Citing 或 Export
		存成文本文件再导入	2	Download Record(s) into: RefWorks' Direct Export Tool The EndNote Filter For exporting to Bibliographic Software Export
			3	Import Option: WilsonWeb
Institute of Physics and IOP Publishing Limited	IOP Electronic Journals（英国皇家物理学会电子期刊）	存成文本文件再导入	1	Export citation and abstract BibTeX RIS
			2	另存为纯文本文件
JSTOR	JSTOR 电子期刊全文数据库（人文社会领域）	存成文本文件再导入	1	Cite
			2	Export to NoodleTools Export to RefWorks Export to EasyBib Export a RIS file (For EndNote, ProCite, Reference Manager, Zotero, Mendeley...) Export a Text file (For BibTex)
			3	另存为纯文本文件
Ingenta	IngentaConnect	直接导入		Tools Reference exports - EndNote BibTEX

续表

出版者	数据库名称	导入方式	下载步骤	
U.S. National Library of Medicine	PubMed（医学文献索引摘要数据库）	存成文本文件再导入	1	“ Cite
			2	Copy　Download .nbib　Format: NLM
OCLC FirstSearch 系统	• FirstSearch – Article First ECO Paper First Proceedings First • WorldCat	直接导入		（若无法导入，请改用英文接口）
			1	Export
			2	EndNote
OVID	例如： • OvidSP • Biological Abstracts • BIOSIS Previews • Books • Econlit • Medline • PsycINFO ……	存成文本文件再导入	1	Fields ○Citation (Title,Author,Source) ○Citation + Abstract ○Citation + Abstract + Subject Headings ◉Complete Reference
			2	Result Format ○Ovid ○BRS/Tagged ○Reprint/Medlars ○Brief (Titles) Display ◉Direct Export
			3	Actions Display Print Preview Email Save
Oxford University Press（OUP）牛津大学出版社	Oxford Journals Online（电子期刊全文数据库）	直接导入	1	“ Cite
			2	Select format Select format .ris (Mendeley, Papers, Zotero) .enw (EndNote) .bibtex (BibTex) .txt (Medlars, RefWorks)
			3	Download citation
ProQuest 系统	例如： • ABI/INFORM Archive • Accounting & Tax • Reference • PQDT –（ProQuest Dissertations & Theses）	直接导入	1	” Cite
			2	Export to a citation manager or file RefWorks　RIS EndNote, Citavi, etc.　EasyBib　XLS Microsoft Excel Format

续表

出版者	数据库名称	导入方式		下载步骤
Science	Science Online 例如： • Science Magazine • Science	直接导入	1	CITE ”
			2	Please select one from the list Please select one from the list RIS (ProCite, Reference Manager) EndNote BibTex Medlars RefWorks
			3	EXPORT CITATION
Scopus	引用文献数据库	直接导入	1	Export
			2	RIS Format *EndNote,* *Reference Manager*
			3	Export
SpringerLink	SpringerLink （电子期刊数据库）	存成ENW文件再导入	1	.ENW EndNote
			2	另存为enw文件，再打开
Web of Knowledge系统	• Web of Science – SCI、SSCI、JCR • Current Contents Connect	直接导入		见1.3.1说明
Wiley	Wiley InterScience （电子期刊全文数据库）	存成RIS文件再导入		见1.5.2说明
中国学术期刊（光盘版）电子杂志社	CNKI（中国期刊全文数据库）	存成文本文件再导入	1	存盘
			2	EndNote
			3	输出到本地文件
			4	打开(O)
			5	EndNote Import
万方数据集团公司	万方数据资源系统	存成文本文件再导入	1	点选篇名
			2	导出
			3	EndNote
			4	导出

附录 B　期刊评价工具

在这个信息泛滥的年代，无论是出版物还是电子数据、无论是学会网站还是自媒体等，到处都充满了信息。可是这些信息如果没有经过质量检验，我们很难衡量应该花多少时间、甚至值不值得花时间去阅读和吸收。即使我们将范围缩小，仅就学术期刊而言，同一领域的学术期刊可能就不下数百种，那么辛辛苦苦查询到的大量数据又应该依据何种顺序取舍呢？此时就必须借助于期刊评价数据库了。

最普遍采用的评价途径有两种，分别是 Journal Citation Reports 以及 Essential Science Indicators 这两个数据库，两者都属于 ISI 公司的 Web of Knowledge 系统。虽说排名方式是量化的统计而非质性统计，但是在没有其他评价工具的状况下，以参考排名来衡量期刊或作者的表现也不失为一种客观的做法。

与关键词相符程度越高、被点阅次数越高的文章越容易出现在首页。此外，由于被引用次数也可评估一篇论文的影响力，百度学术搜索也将被引用次数的多少视为重要的排序要素而加重其权重，进而影响其出现的顺序，如图 B-1 所示。首页文章通常比第二或第三页的文章有更多的被引用次数，这样利于使用者先阅读被引用次数较多、较有影响力的文章。

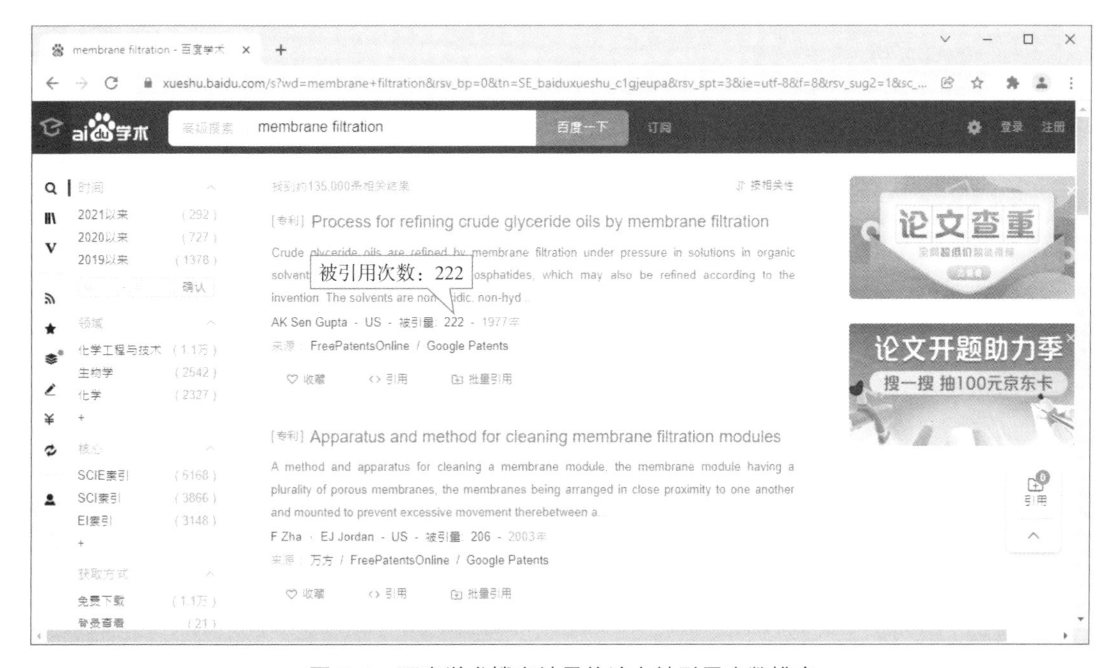

图 B-1　百度学术搜索结果依论文被引用次数排序

与前述 JCR 和 ESI 不同，百度学术搜索的结果依据我们所输入的关键词而定，寻找到的数据是单篇「论文」，JCR 则是以「期刊」被引用的总数为评价基础，而非单篇论文被引用的次数，而且能够进入 JCR 排名的期刊，都是进入 SCI（Science Citation Index）的优质学术期刊。至于 ESI，同样是精选优良学术期刊加以排名，其中有期刊的排名，也有作者、单篇论文的排名，如图 B-2 所示。既然我们身为科研工作者，就应该对身边的应用工具有一定的了解，让自己把时间和精力投入到影响力较大的信息上。

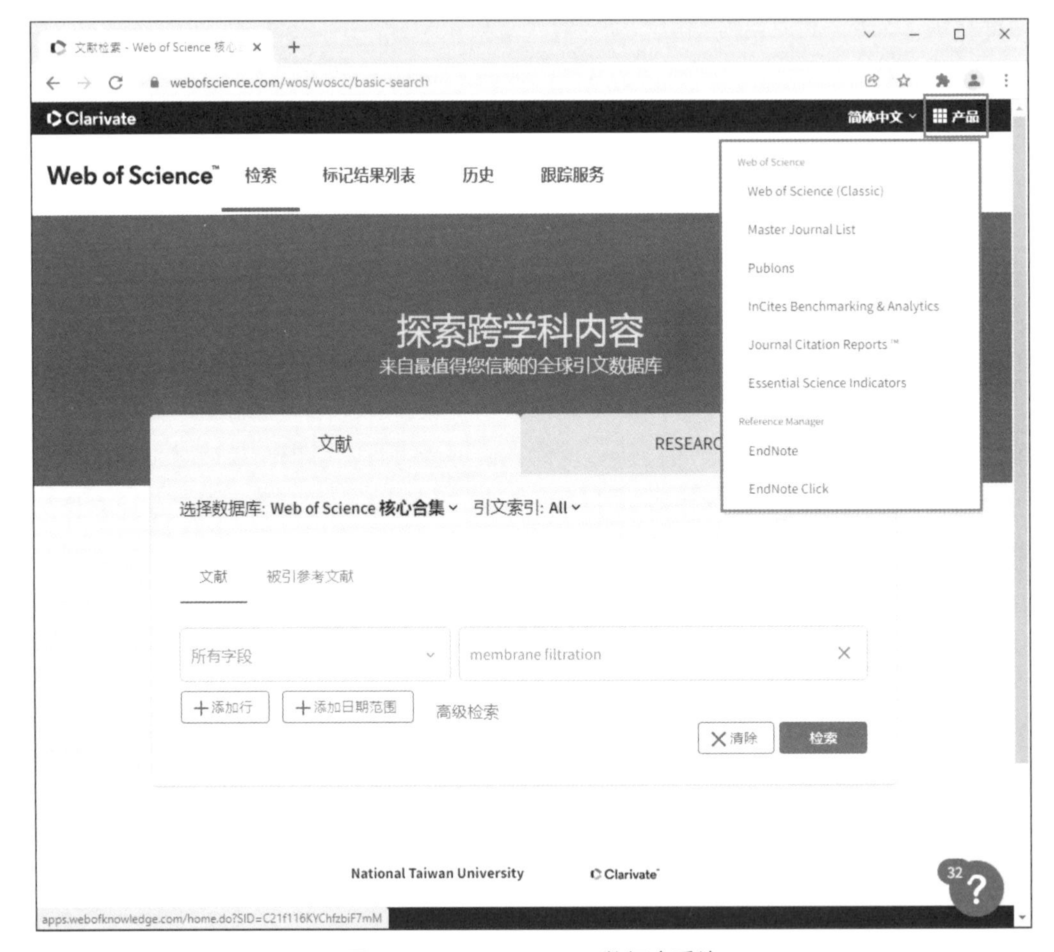

图 B-2　Web of Science 数据库系统

下面介绍两种期刊评价数据库的操作方式和意义。

B.1　Essential Science Indicators

在图 B-2 页面，点击右上角「产品」→「Essential Science Indicators」，即可进入到 ESI 数据库的首页，如图 B-3 所示。可以查询 8500 种以上经 SCI 和 SSCI 索引的期刊，内容包含期刊论文、评论、会议论文和研究记录，并将其分为 22 个学科领域。ESI 的各项查询功能如表 B-1 所示。

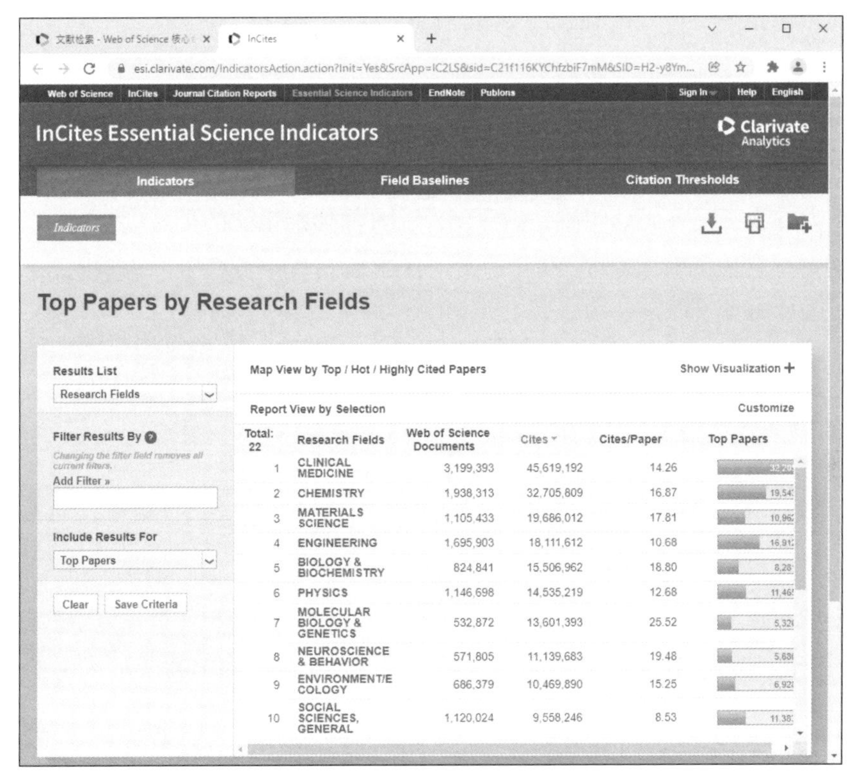

图 B-3 ESI 数据库首页

表 B-1 ESI 查询功能一览表

查询对象	细 分	说 明
Indicators（指标）	Results List	结果清单
	Filter Results By	通过…筛选结果
	Include Results For	结果包含…
Field Baselines（领域基准）	Citation Rates	引用率
	Percentiles	百分数（引用的级别）
	Field Rankings	领域排名
Citation Thresholds（引用门槛值）	ESI Thresholds	ESI 门槛指示前 1% 的作者和机构以及前 50% 的国家和期刊在 10 年内收到的引用次数
	Highly Cited Thresholds	高被引用门槛显示了 10 个数据库年中每年前 1% 的论文获得的最低引用次数
	Hot Paper Thresholds	热门论文门槛显示了过去两年前 0.1% 的论文在最近两个月内收到的最低引用次数

B.1.1 Indicators

通过被引用排名可以了解到哪位学者、哪个机构 / 学校、哪个国家或哪个期刊最具有学术影响力。通过这项查询，我们可以将研究精力专注于这些对象。例如，手边查到许多数据时，我们可以优先阅读被引用率较高的作者所撰写的论文；如果要进行跨国合作，也可以优先选择引用率高的机构或国家。当我们准备投稿期刊论文时，当然也可以将引用率高的期刊作为首选，一方面证明研究的深度，一方面增加论文的可见度。

被收录在排名内的对象都是 10 年内被引用次数具有十分亮眼的表现的，其排名方式及其收录范围如表 B-2 所示。

表 B-2 排名方式及其收录范围

排名方式	收录范围	排名方式	收录范围
作者	被引用次数为前 1% 的科学家	期刊	10 年内被引用次数为前 50% 的 4500 种期刊
机构	被引用次数为前 1% 的研究机构	国家 / 地区	10 年内被引用次数为前 50% 的 150 个国家

以查询研究机构为例，在图 B-3 所示页面中单击「Indicators」链接，进入新页面，然后在「Filter Result By」→「Add Filter」文本框中输入「STANFORD UNIVERSITY」，并单击右侧列表出现的「STANFORD UNIVERSITY」，结果如图 B-4 所示。

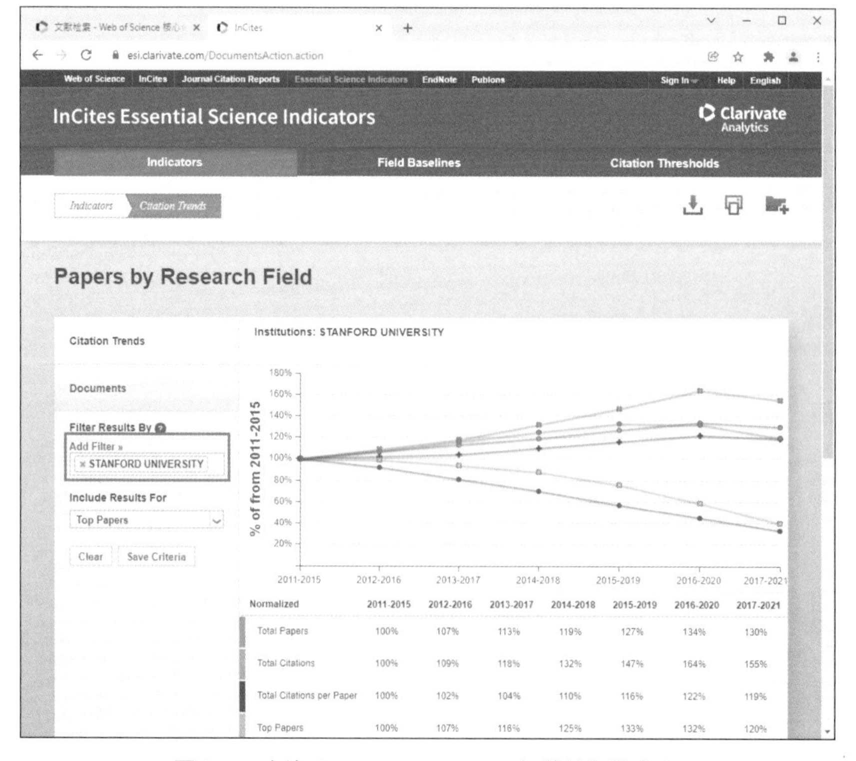

图 B-4 查询 Stanford University 各学科领域表现

若在文本框中输入「NEW YORK UNIVERSITY」，则结果如图 B-5 所示。利用两者相比可以看出两校的强项以及强度。

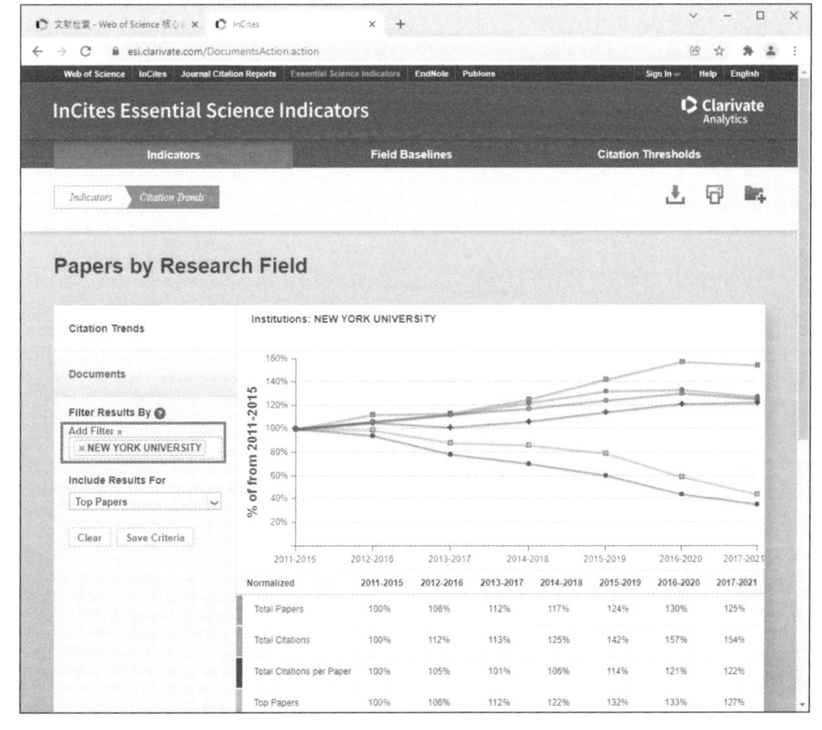

图 B-5 查询 New York University 各学科领域表现

同样地，我们也可以比较国与国、作者与作者，以及期刊与期刊的影响强度。如图 B-6 所示是工程类期刊引用率排名，可以以此对工程类各期刊进行比较。

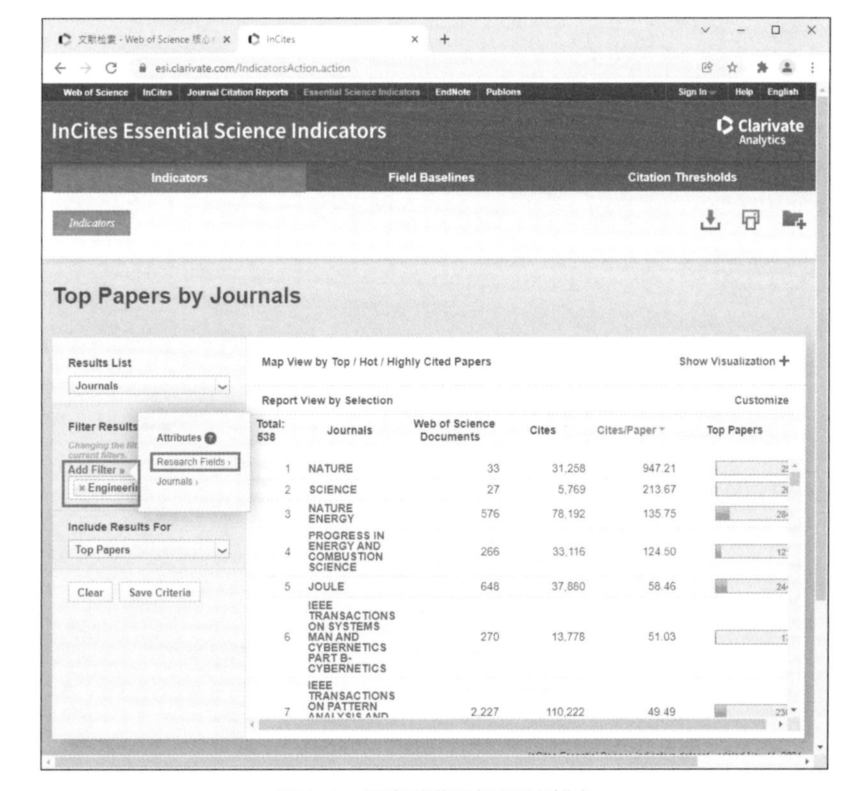

图 B-6 工程类期刊引用率排名

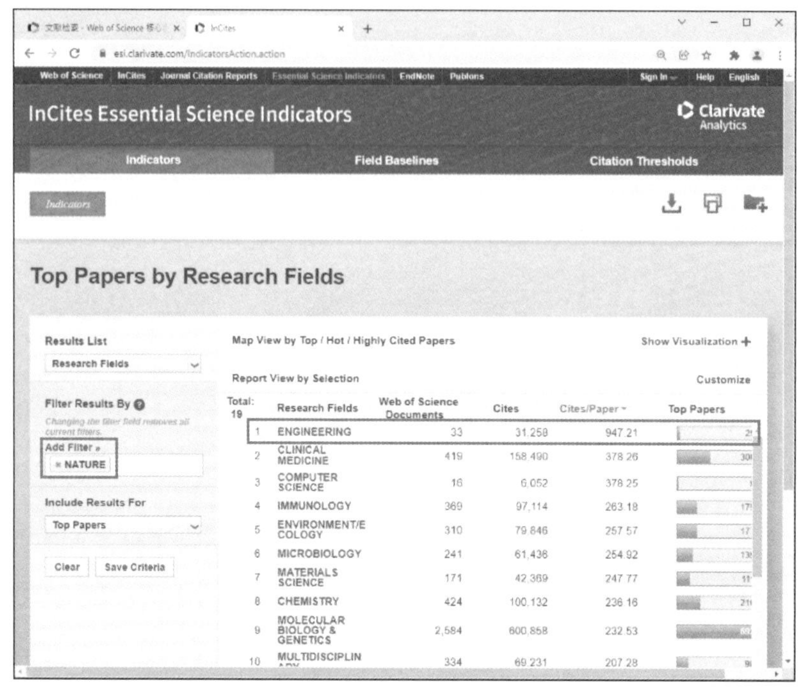

图 B-7　跨领域期刊将细分单篇论文类别

与下一节要介绍的 JCR 不同，ESI 收录的每种期刊都只归类于一个学科领域，跨学科的期刊则被分类于 Multidisciplinary 中。不过，这些跨领域期刊所刊登的单篇论文被引用时，将会因引用它的期刊的领域而影响系统将其自动分类的结果。如图 B-7 所示，我们以 Nature 期刊为例，可以发现它所收录的论文大致跨越了 19 个领域，其中以 AGRICULTURAL SCIENCES 领域最多。由此，我们也可以了解到本期刊较偏重的研究方向等信息。

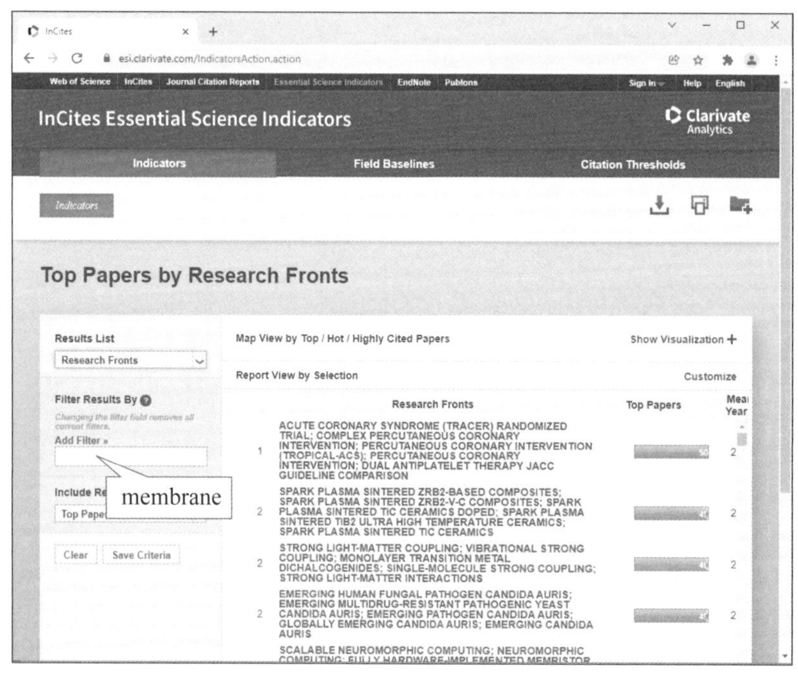

图 B-8　输入关键词寻找热门文献

「Research Fronts」研究趋势是比对 5 年内单篇论文的参考文献和脚注，如果发生共同引用时就会出现一个集合，这个集合就是所谓的 fronts，也就是目前最热门、受到重视的研究焦点。在如图 B-3 所示的页面中单击「Results List」下拉菜单，选择「Research Fronts」，进入 ESI Research Fronts 页面，如图 B-8 所示。

要进行查询，只要在文本框中输入研究主题即可，例如「membrane」，在「Fronts」栏内可以看到许多词组，这些词组也可以视为近年 membrane 研究的重点方向，这边选择第一个「Advanced wastewater treatment」作为例子，如图 B-9 所示。

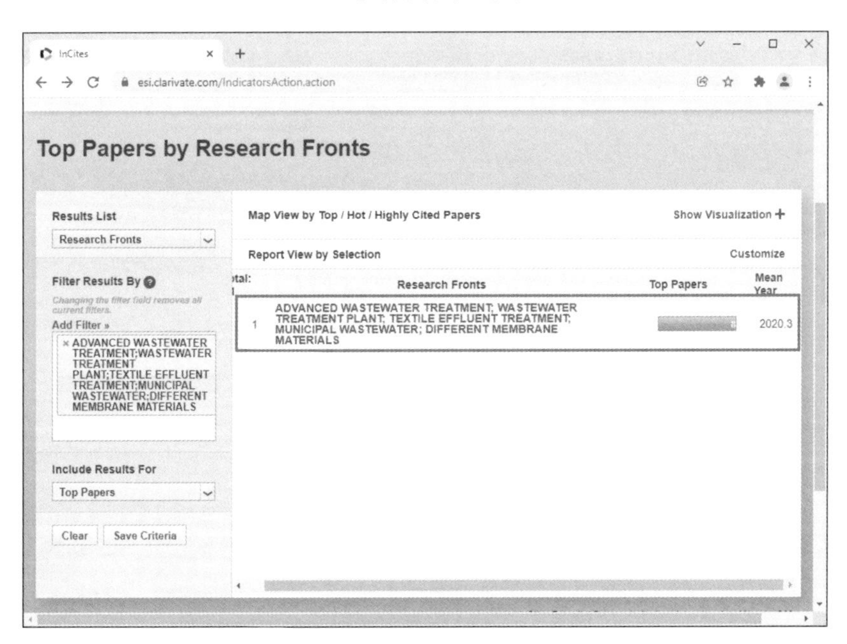

图 B-9 通过共同引用比对找出研究趋势

以这项为例，1 年内与这些研究趋势有关的重点论文有 8 篇。点进去再单击左侧的「Documents」会出现这 8 篇论文的书目数据，如图 B-10 所示。

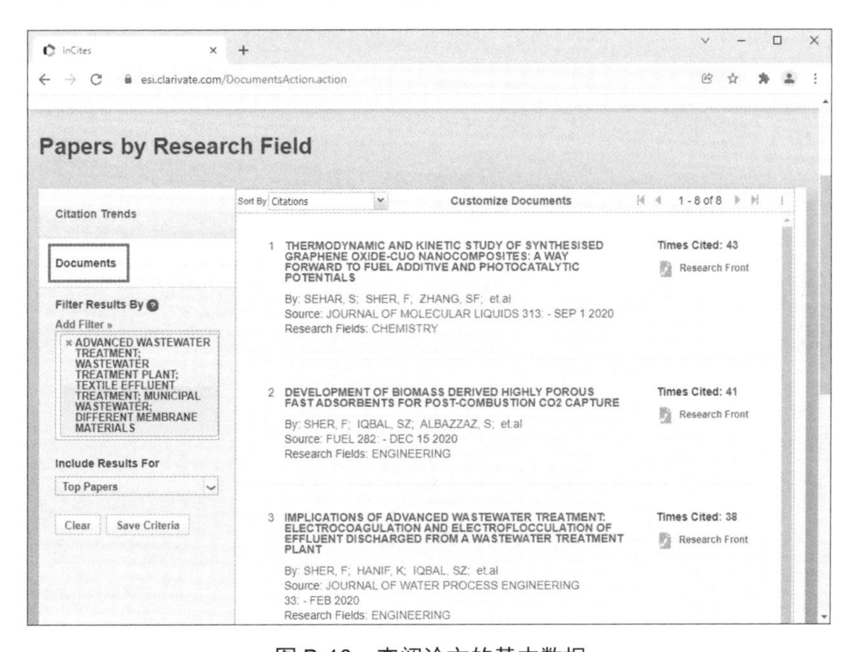

图 B-10 查阅论文的基本数据

这边以第一笔为例，点击后，在打开的新窗口中可以单击「出版商处的全文」按钮以阅读全文，或者可以单击「导出」按钮，将数据导入到文献管理软件中，如图 B-11 所示。

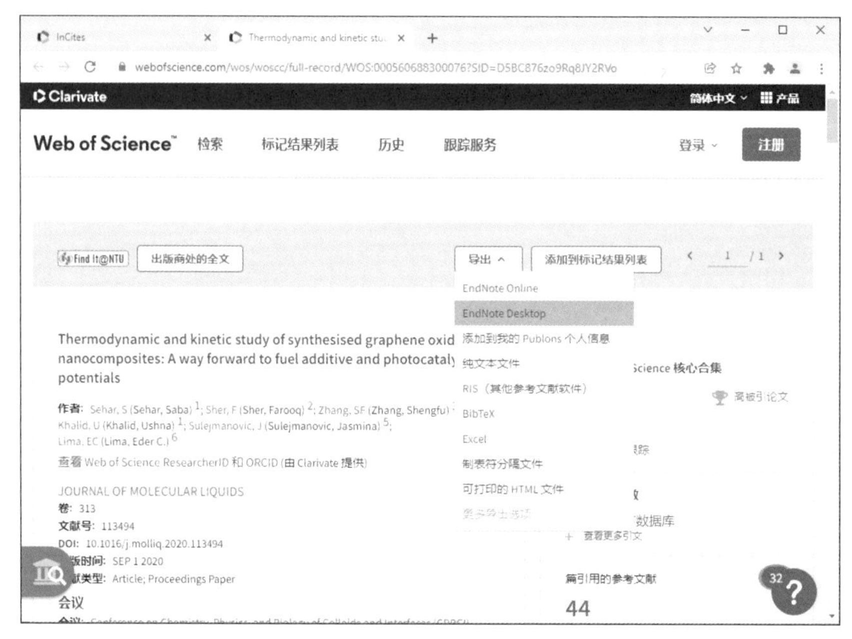

图 B-11　SCI 数据库可链接全文

B.1.2　Field Baselines

利用引用分析可以对照出我们自身或所在领域的研究热度、判断趋势、了解各领域间的差异等。

在如图 B-3 所示的页面上单击「Field Baselines」标签，进入 ESI Baselines 页面，如图 B-12 所示。ESI Baselines 的各项功能如表 B-3 所示。

表 B-3　ESI Field Baselines 功能一览表

引用文献分析 Baselines menu	说　明
Citation Rates	Citation Rates are yearly averages of citations per paper. 引用率是每篇论文的年度平均引用次数。
Percentiles	Percentiles define levels of citation activity. The larger the minimum number of citations, the smaller the peer group. 百分位数定义了引用活动的级别。
Field Rankings	Field Rankings provide 10-year citation rates and aggregate counts of highly cited papers. 提供了 10 年的引用率和高引用论文的总数。

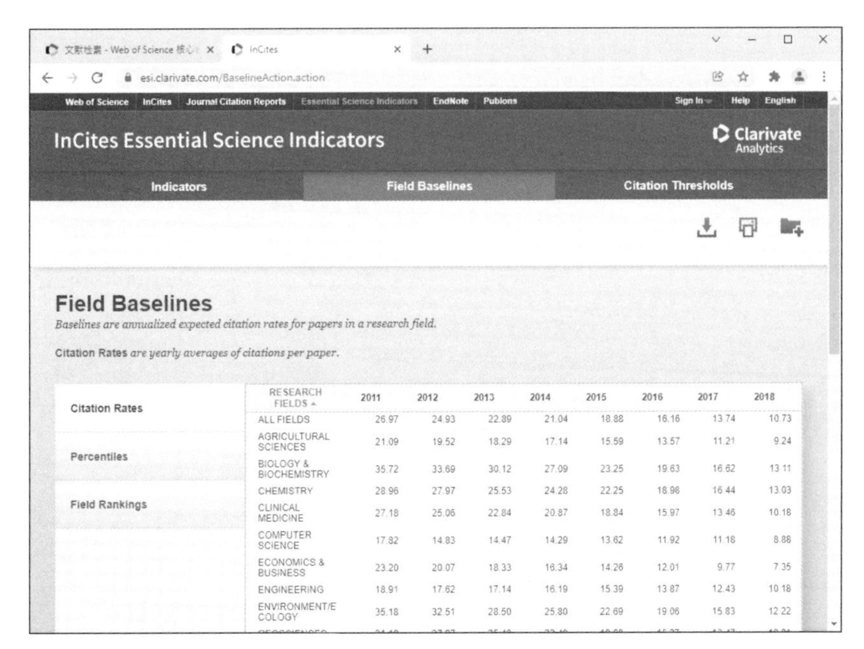

图 B-12 ESI Field Baselines 页面

单击「Citation Rates」链接，进入平均被引用率页面，如图 B-13 所示，红框内的数字「28.96」表示在 2011 年化学领域所发表的论文平均每篇被引用 28.96 次。依照这个数据，我们可以查看自己所发表的论文是否达到这个水平。如果答案为否，那么可以思考是研究方向不够热门？还是曝光率不够？或投稿的期刊知名度不高？或者论文题目或关键词选用不合适？

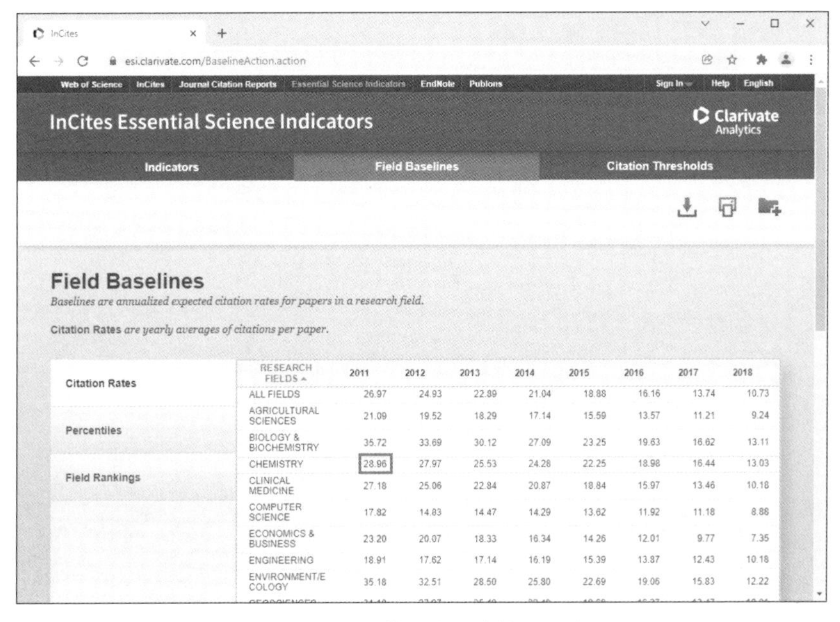

图 B-13 单篇论文平均被引用率

若查看「Percentiles」这项功能，在如图 B-12 所示的页面中单击「Percentiles」，展示如图 B-14 所示的页面。以 Agriculture Sciences 的数字「5」为例，它代表的是，要在 2011 年挤进热门论文前 1%，必须至少被引用 148 次；同理，要在 2011 年挤进热门论文前 0.01%，必须至少被引用 789 次。

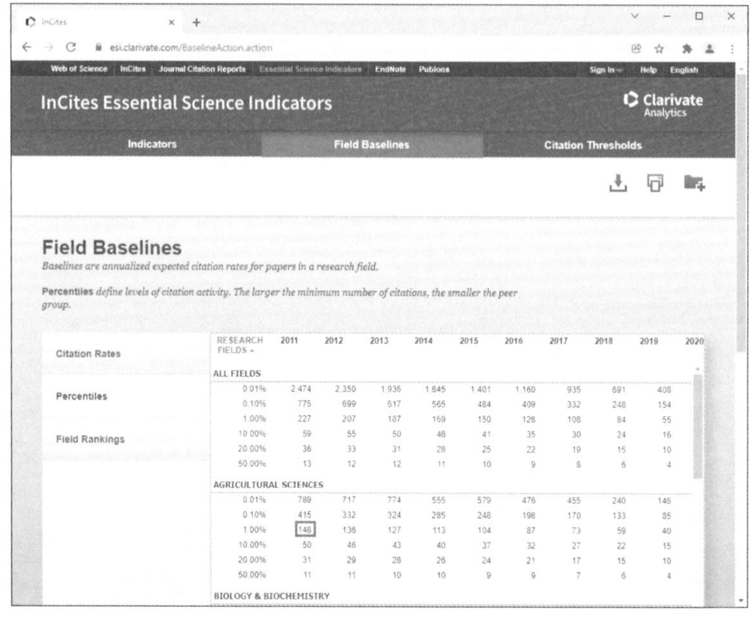

RESEARCH FIELDS	2011	2012	2013	2014	2015	2016	2017	2018	2019	2020
ALL FIELDS										
0.01%	2,474	2,350	1,936	1,645	1,401	1,160	935	691	408	
0.10%	775	699	617	565	484	409	332	248	154	
1.00%	227	207	187	169	150	128	108	84	55	
10.00%	59	55	50	46	41	35	30	24	16	
20.00%	36	33	31	28	25	22	19	15	10	
50.00%	13	12	12	11	10	9	8	6	4	
AGRICULTURAL SCIENCES										
0.01%	789	717	774	555	579	476	455	240	146	
0.10%	415	332	324	285	248	198	170	133	85	
1.00%	148	136	127	113	104	87	73	59	40	
10.00%	50	46	43	40	37	32	27	22	15	
20.00%	31	29	28	26	24	21	17	15	10	
50.00%	11	11	10	10	9	9	7	6	4	
BIOLOGY & BIOCHEMISTRY										

图 B-14　登上各领域名次百分比所需的被引用次数

在如图 B-12 所示的页面中单击「Field Rankings」链接，如图 B-15 所示，利用「Field Rankings」来查询每个学科领域中平均单篇论文被引用次数，以了解该学科的动态。

InCites Essential Science Indicators

Field Baselines

Baselines are annualized expected citation rates for papers in a research field.

Field Rankings provide 10-year citation rates and aggregate counts of highly cited papers.

RESEARCH FIELDS	No. OF PAPERS	No. OF CITATIONS	CITATIONS PER PAPER	HIGHLY
CLINICAL MEDICINE	3,199,393	45,619,192	14.26	
CHEMISTRY	1,938,313	32,705,809	16.87	
MATERIALS SCIENCE	1,105,433	19,686,012	17.81	
ENGINEERING	1,695,903	18,111,612	10.68	
BIOLOGY & BIOCHEMISTRY	824,841	15,506,962	18.80	
PHYSICS	1,146,698	14,535,219	12.68	
MOLECULAR BIOLOGY & GENETICS	532,872	13,601,393	25.52	
NEUROSCIENCE & BEHAVIOR	571,805	11,139,683	19.48	
ENVIRONMENT/ECOLOGY	686,379	10,469,890	15.25	
SOCIAL SCIENCES, GENERAL	1,120,024	9,558,246	8.53	
PLANT & ANIMAL SCIENCE	829,676	8,910,805	10.74	
GEOSCIENCES	552,270	8,090,474	14.65	
PSYCHIATRY/PSYCHOLOGY	492,220	6,717,248	13.65	
PHARMACOLOGY & TOXICOLOGY	471,951	6,663,349	14.12	
IMMUNOLOGY	291,906	5,979,630	20.48	
AGRICULTURAL SCIENCES	505,530	5,784,864	11.44	

图 B-15　论文被引用率排名——以领域分

B.2　Journal Citation Report

Journal Citation Report（JCR）是应用最普遍的工具。与 ESI 不同的是，JCR 只统计「期

刊」的被引用次数，如果要查询「单篇论文」或「个人」的学术表现就非利用 ESI 不可。此外，JCR 的期刊可以跨领域，而 ESI 不可以。下面将简要说明如何利用 JCR 查询期刊排名。

进入 JCR 的首页，如图 B-16 所示，可以直接在搜索栏输入想要查找的期刊名字，或者点击上方的「Browse journals」进入文献筛选页面，如图 B-17 所示。各项主要排序标准的含义如表 B-4 所示。

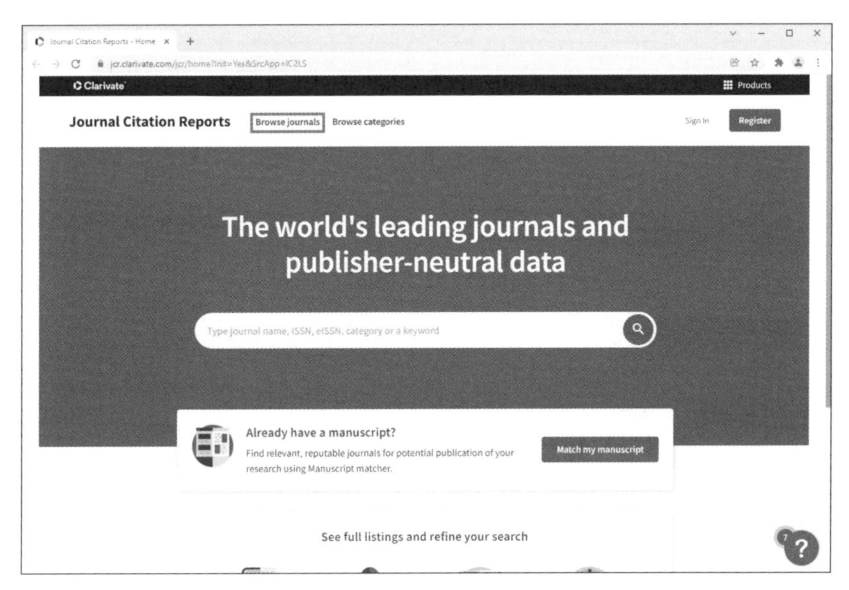

图 B-16　JCR 数据库首页

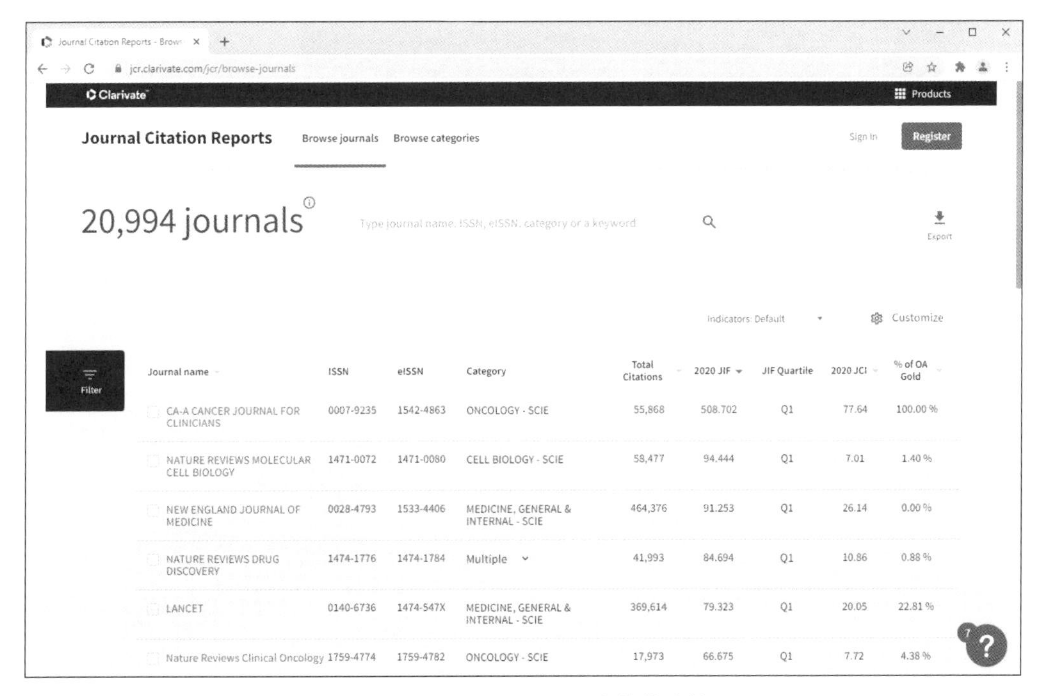

Journal name	ISSN	eISSN	Category	Total Citations	2020 JIF	JIF Quartile	2020 JCI	% of OA Gold
CA-A CANCER JOURNAL FOR CLINICIANS	0007-9235	1542-4863	ONCOLOGY - SCIE	55,868	508.702	Q1	77.64	100.00 %
NATURE REVIEWS MOLECULAR CELL BIOLOGY	1471-0072	1471-0080	CELL BIOLOGY - SCIE	58,477	94.444	Q1	7.01	1.40 %
NEW ENGLAND JOURNAL OF MEDICINE	0028-4793	1533-4406	MEDICINE, GENERAL & INTERNAL - SCIE	464,376	91.253	Q1	26.14	0.00 %
NATURE REVIEWS DRUG DISCOVERY	1474-1776	1474-1784	Multiple	41,993	84.694	Q1	10.86	0.88 %
LANCET	0140-6736	1474-547X	MEDICINE, GENERAL & INTERNAL - SCIE	369,614	79.323	Q1	20.05	22.81 %
Nature Reviews Clinical Oncology	1759-4774	1759-4782	ONCOLOGY - SCIE	17,973	66.675	Q1	7.72	4.38 %

图 B-17　Browse journals 文献筛选首页

表 B-4　各项主要排序标准

选　项	说　明	选　项	说　明
Journal name	依期刊名称	2020 JCI (Journal Citation Indicator)	依 2020 期刊引用指标
Total Citations	依总引用数	% of OA(Open Access) Gold	依论文开放权限
2020 JIF (Journal Impact Factor)	依 2020 影响因子		

接着点击左侧的「Filter」进行查询：Categories（领域）、Publishers（出版者）或 Country/region（国家 / 地区）。由于我们要查询的是某期刊在某个领域中的表现，因此直接点击「Categories」，在右侧选定学科领域，可以发现 JCR 对领域分类相当仔细，仅工程领域下就划分出许多子类，如图 B-18 所示。

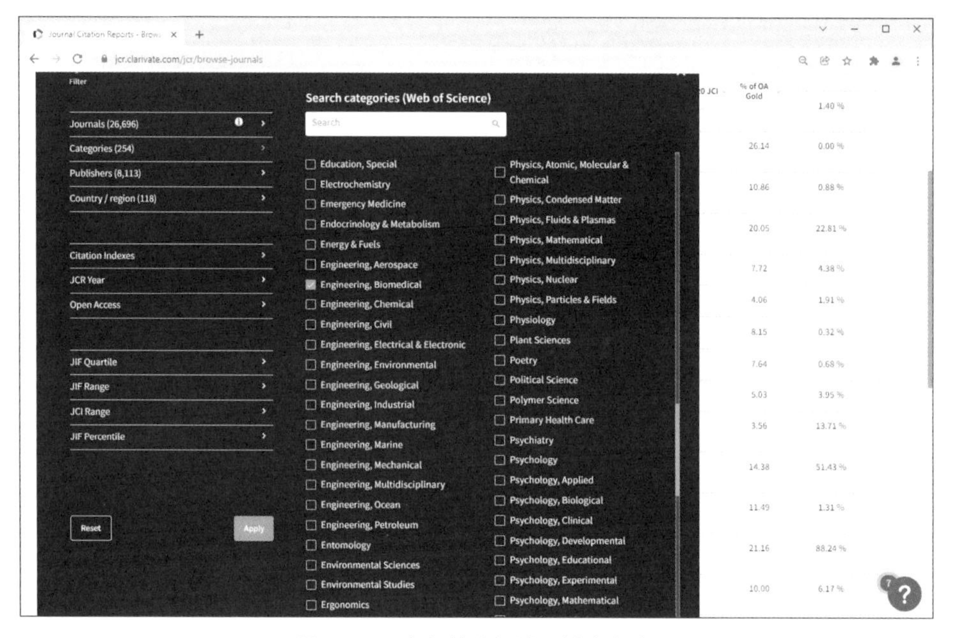

图 B-18　选定学科领域及排序方式

负责国内科学发展及经费补助的相关机构一般采用 JCR 数据库的数据作为评价论文优劣的标准，并以 Impact Factor 高低为依据。

所谓 **Impact Factor**（影响因子）是指每个期刊在第一、第二年登载的论文，在第三年被引用的比率。以 2010 年度的期刊为例：

$$2010\text{ 年某期刊的影响因子} = \frac{\text{在 2010 年被引用的次数}}{\text{2009 年和 2008 年登载论文的总数}}$$

被引用次数越多，该期刊的影响因子就越高。将同领域的每个期刊依照影响因子排序就是所谓的期刊排名了。

设定完成之后，单击「Apply」按钮，结果如图 B-19 所示。

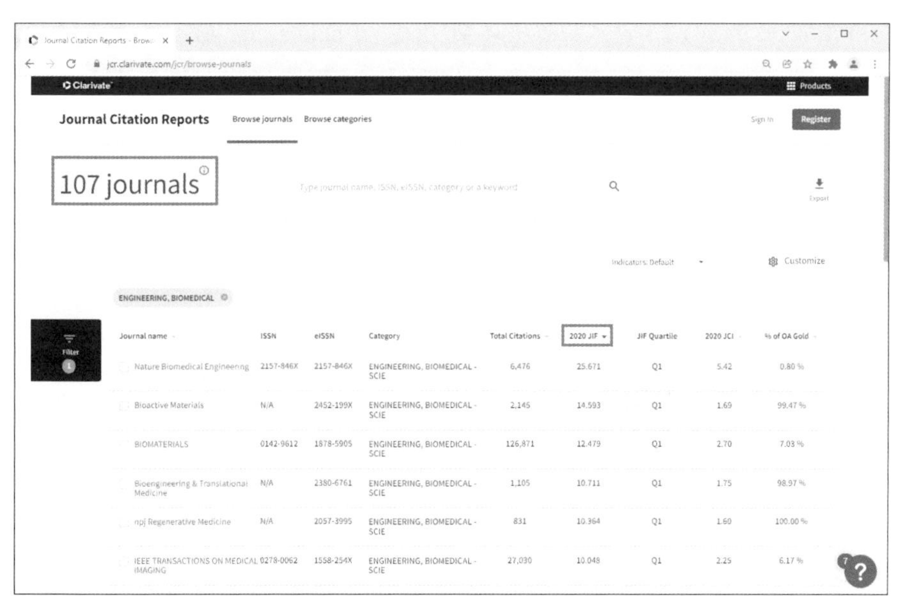

图 B-19　依据影响因子排名的结果

以排行第三的期刊 BIOMATERIALS 为例，若以百分比计算，该期刊在该领域（总共期刊数是 107 个）的排名是：

$$\frac{3}{107} \times 100\% = 2.8\% \approx 3\%$$

也就是其影响力在该领域是 Top 3 的期刊。

Immediacy Index（立即指数）按下式进行计算：

$$2010\text{ 年某期刊的立即指数} = \frac{\text{在 2010 年被引用的次数}}{\text{2010 年度刊载的论文数}}$$

由于当年度发表的论文立刻在当年度被引用，可见该论文具有相当高的可见度，很有可能是目前相当热门的研究话题或新兴的领域。

Eigenfactor Score（特征系数值）是以过去 5 年被引用的次数为依据，排除自我引用（self-citation）后的结果。其数值越高，表示影响力越大。同时，SCI 以及 SSCI 期刊论文的引用都列入计算。如果引用它的期刊是影响因子高的期刊，这个引用值还会被加权计算。

Article Influence Score（论文影响值）则是计算该期刊每一篇论文的「平均影响力」，计算方式为：

$$\text{某期刊的论文影响值} = \frac{\text{EigenfactorScore（特征因子分析）}}{\text{该年度刊载的论文数}}$$

如果得到的结果大于 1，表示这个期刊的论文影响值高于平均表现，反之则表示本期刊的表现低于平均影响值。

有些期刊的性质是跨领域的，例如，图 B-19 中排名第三的期刊 BIOMATERIALS 跨了两个学科领域，如图 B-20 所示。虽然本期刊在「Engineering, Biomedical」类别中排名第三，但是在其他类别中的排名却可能更高或更低，也就是说它在每个领域的影响力各有不同，通过查询 JCR 就可以了解到该期刊的强项。

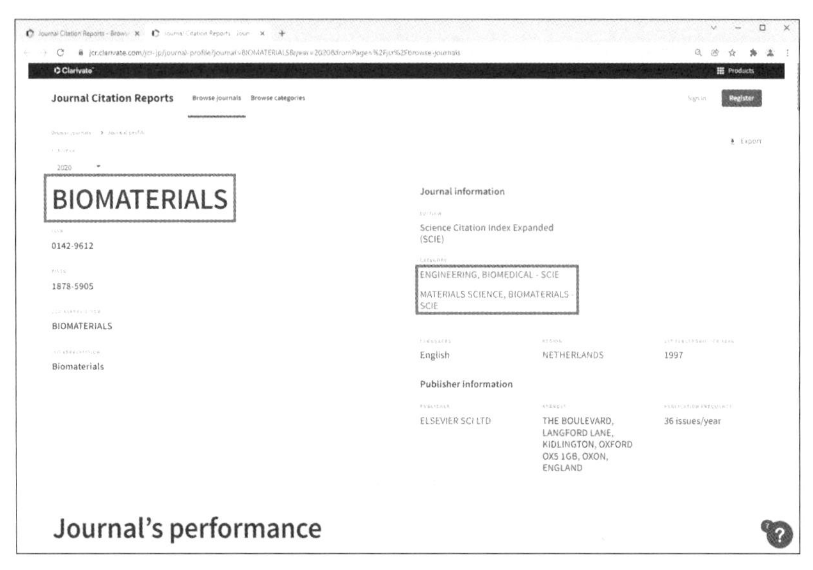

图 B-20　跨领域的期刊

要查阅本期刊在「Materials science, Biomaterials」领域的排名，只需点击图 B-20 中的「MATERIALS SCIENCE, BIOMATERIALS_SCIE」，结果如图 B-21 所示。由此可知，这个领域共收录 41 种期刊，本期刊排名第二，是本领域 Top 5 的期刊。

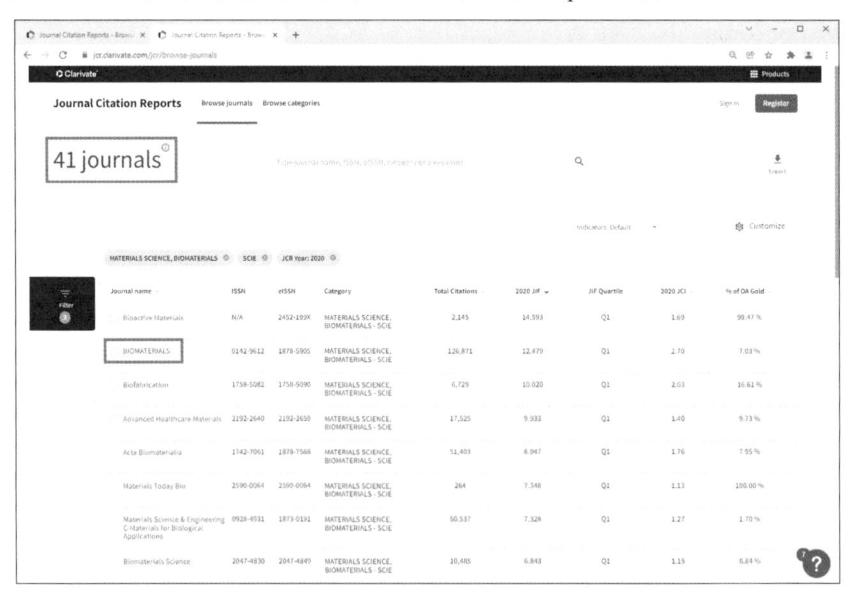

图 B-21　期刊在不同领域中有不同的表现

以上就是 ESI 与 JCR 两个期刊评价数据库的介绍及操作方式，读者可依照个人需求加以运用，以达到节省时间、事半功倍的效果。